工业副产石膏
资源化综合利用及相关技术

主　编　李东旭
副主编　刘　军　张菁燕

中国建筑工业出版社

图书在版编目（CIP）数据

工业副产石膏资源化综合利用及相关技术/李东旭主编．—北京：中国建筑工业出版社，2012.11
ISBN 978-7-112-14723-6

Ⅰ.①工…　Ⅱ.①李…　Ⅲ.①石膏-资源化-综合利用-研究
Ⅳ.①TQ177.3

中国版本图书馆 CIP 数据核字（2012）第 231255 号

工业副产石膏资源化综合利用及相关技术

主　编　李东旭
副主编　刘　军　张菁燕

*

中国建筑工业出版社出版、发行（北京西郊百万庄）
各地新华书店、建筑书店经销
北京科地亚盟排版公司制版
北京市密东印刷有限公司印刷

*

开本：850×1168 毫米　1/32　印张：13¼　字数：353 千字
2013 年 2 月第一版　　2013 年 2 月第一次印刷
定价：**38.00** 元
ISBN 978-7-112-14723-6
（22782）

工业副产石膏是各行业在生产主产品的过程中排放的一种工业废弃物，其主要成分为硫酸钙，会有零至两个结晶水。目前工业副产石膏的主要利用途径是用做水泥缓凝剂以及制备石膏板，但是其利用的过程中或多或少存在一定的问题；且工业副产石膏的利用率极低，大部分企业的处理方式是直接堆放处理。

本书综合国内外对工业副产石膏的利用方法，结合工业副产石膏综合利用的研究工作，对工业副产石膏的有关理论进行了阐述，同时对工业副产石膏在胶凝材料、水泥、混凝土、建筑石膏、传统建筑制品和新型建筑材料等方面的应用进行了分析，提供了具体的技术工艺，对其在利用中易出现的问题给出了解决的措施。理论联系实践，适合从事工业副产石膏生产、科研和应用等技术人员阅读参考。

责任编辑：唐炳文
责任设计：董建平
责任校对：姜小莲　赵　颖

前　言

石膏是传统三大胶凝材料之一，是人类最早使用的重要人工材料。在现代化建设中，从简单的家居建筑使用的板材和部件，到复杂的具有多功能和高科技含量的高效节能制品，都能找到石膏的身影，因此石膏的需求量也在逐年上升。尽管我国天然石膏资源居世界第一，但随着人们环保意识的提高以及可持续发展战略的实现，国家对开采天然矿产资源的控制越来越严格，在这种背景下，另一种天然石膏的替代品逐渐走进人们的视线——工业副产石膏。

工业副产石膏主要是指各行各业在生产主产品过程中排放的一种以含零至两个结晶水的硫酸钙为主要成分的副产品或废渣，如电厂排放的脱硫石膏、磷肥厂排放的磷石膏、钛企业排放的钛石膏等。目前，我国工业副产石膏的年排放量随工业生产规模的扩大在大幅度增加，但是其利用率却很低，大部分企业将这些工业副产品用作地基填料或者直接堆放，不仅占用了大量的土地资源，同时其中含有的有害离子渗入大地，造成土地、地下水污染，危害人体健康，因此寻找一种合适的利用途径去综合利用这些工业副产石膏具有重要的意义。

目前出版的书籍有部分或全部介绍了天然石膏或某一种工业副产石膏的基本特征和资源化利用，但随着时代的发展和社会的进步，有必要从理论和应用方面更新和补充工业副产石膏资源化综合利用及相关技术知识。针对这种情况，本书主编组织了在石膏建筑领域从事科研、生产的教授、学者和博士对工业副产石膏资源化综合利用及相关技术进行了整理编写，内容包括石膏的分类和石膏的晶体学特性、工业副产石膏的基本理化特性以及各种工业副产石膏如脱硫石膏、磷石膏、钛石膏等的产生过程和原理，并对工业副产石膏在胶凝材料、水泥混凝土、建筑石膏、传统建筑制品以及新型建筑材料中的应用进行了分析，企盼能为工业副产石膏的资源化综合利用贡献一分微薄之力。

本书由李东旭（南京工业大学教授）担任主编，刘军（沈阳建筑大学教授）、张菁燕（常州建筑科学研究院有限公司教授级高级工程师）担任副主编，参编人员有王晴教授、冯春花博士、张毅博士、蒋青青工程师等。其中李东旭编写绪论、第一章、第五章，并负责全书审稿；刘军编写第二章，并参与第三章、第四章审稿；张菁燕编写第六章，并参与第七章、第八章审稿；王晴编写第三章；冯春花编写第四章；张毅编写第七章；蒋青青编写第八章。

本书在编写过程中吸纳了同行相关论著、专利和论文等，得到了多位研究人员的帮助，同时，本书得到了国家十一五科技支撑项目“住宅室内外装饰装修材料的研究开发与应用”（2006BAJ04A04）、国家十二五科技支撑项目“石膏复合胶凝材料和储能材料的研究与开发”（2011BAE14B06）的资助，在此一并表示衷心感谢。

由于本书涉及内容广泛，鉴于编者水平有限，本书难免有不完善之处，敬请同行和读者批评指正。

编　者

目　　录

绪　论

石膏是一种普遍存在于地壳层内、形似岩石的矿物质，一般呈白色、无色或者灰色。其形成过程主要是在古代的地质运动中海水涌入内陆形成海水内陆湖，海水蒸发后，海水内的盐类（其中包括 NaCl、$CaSO_4 \cdot 2H_2O$ 和镁盐等）沉积下来，形成的结晶，这类结晶物质就是石膏。

石膏是传统三大胶凝材料（水泥、石灰与石膏）之一，是人类最早使用的一种人工材料。人类发现和应用石膏有非常悠久的历史，在人类发现火以前只使用天然木材、石材或石穴，发现火之后，人们利用火煅烧天然矿石发现了一些产物具有胶凝作用，可用来粘结石材等块材，也可制成一些制品使用，这些就是最早的石膏及石膏制品。公元前 9000 年，人类已经可以把石膏加工成石膏浆和雪花石膏用于建筑和装饰领域，人们在位于亚洲的卡塔于育克遗址的地下壁画中发现了石膏浆，在以色列一处公元前 7000 年形成的石膏基地面自流平层中也发现了石膏浆。石膏为人类的古代文明作出了不朽的贡献，埃及的金字塔、古罗马建筑和敦煌的莫高窟等古代建筑物都是采用石膏作为胶凝材料。中国也是世界上较早利用石膏的国家之一，古籍《神农本草经》就有关于石膏的发现与利用的记载，2000 多年前的长沙马王堆汉墓在建造中也用到了石膏。

石膏的用途大致可以分为两大类：第一，石膏不经煅烧而直接使用，主要用于调节水泥凝结时间、冶炼镍、豆腐凝固、光学器械、石膏铸型等；第二，石膏经煅烧成熟石膏，用于生产建筑材料、陶瓷模型、牙料、粉笔、工艺品、研磨玻璃等。石膏主要应用于以下几个方面：

（1）用做水泥缓凝剂

石膏用作硅酸盐水泥的缓凝剂，其掺量一般为 2%～5%。

另外，对于石膏矿渣水泥、硫铝酸盐水泥、自应力水泥和膨胀水泥等，石膏更是不可缺少的重要组成材料；石膏还可以作为加气混凝土的调节剂，可增加混凝土的强度、减少坯体收缩、提高其抗冻性。

（2）用于生产石膏制品与石膏胶凝材料

以石膏为主要原料生产的石膏制品有纸面石膏板、石膏砌块、石膏条板、纤维石膏板、石膏刨花板、石膏装饰板、石膏矿渣板、墙体覆面板（保温、防火、吸声用）、粉刷石膏、自流平材料用石膏、粘结石膏、石膏刮墙腻子、石膏嵌缝腻子、建筑卫生陶瓷模具、特种石膏板以及装饰线角、花盘、石膏柱、主体雕塑、浮雕等。石膏胶凝材料包括建筑石膏、高强石膏、无水石膏胶凝材料、石膏和石膏复合胶凝材料等。

在美国，水泥、石灰、石膏三大胶凝材料的比例是100∶22∶26，而我国仅为100∶32∶0.14。20世纪80年代，原西德已有70%左右的内墙粉刷工程采用粉刷石膏。在我国，经过近20年的应用研究，粉刷石膏已有批量生产，其优良的材料性能已经逐渐被人们接受，用量也在逐步增加。

（3）路基或工业填料

利用石膏与水泥配合加固软土地基或改善半刚性路基材料，其加固强度比单纯用水泥加固成倍提高，且可节省大量水泥，降低固化成本。特别是对单纯用水泥加固效果不好的泥炭质土，石膏的增强效果更加突出，从而拓宽了水泥加固技术适用的土质条件范围。而直接用石膏、石灰、粉煤灰生产的固结材料，可以获得较高的早期强度，具有较好的抗裂性能，并能节省一定数量的石灰，节约了工程造价。美国佛罗里达磷酸盐研究所将石膏用于露天停车场，将石膏和土的混合料用于Polk县附属公路路基，均取得了良好的效果。

（4）石膏在其他领域的应用

在农业上，石膏可用来改良土壤，使用于碱性或微碱性的盐碱地上，可以显著降低土壤碱度，对土壤的酸碱度能起缓冲作用，甚至消除碱性。石膏也可用作硫、钙含量少的土壤的肥料，成为硫肥和钙肥。

在化工方面，可利用石膏生产硫酸并联产水泥，也可作为生产硫酸钾、硫酸铵等高效肥与复合肥的原料使用。石膏的主要成分是 $CaSO_4$，在高温下可以分解出 CaO 与 SO_2 气体，CaO 与 SiO_2、Al_2O_3、Fe_2O_3 形成水泥熟料，SO_2 气体送入硫酸装置制取硫酸。纯化后的石膏还可用作各种工业填料，如作造纸填料，可改善纸张的白度、机械强度和印刷性质。作干燥剂，可吸收各种液体和有机化合物。作铸造模具及玻璃工业的抛光材料，可降低易耗材料成本。

在模型制造、工艺美术与医疗方面，应用 α-半水石膏或与 β-半水石膏的混合物可以制造各种各样的模型与模具。

在饮食业上，石膏作为凝胶沉淀的晶核，被用于制作豆腐等，还可掺入饮料，特别是酒中，用来调节水的硬度。

因为石膏水化后可形成纤维状晶体，石膏晶须的生产方式已经发明，它可作为纤维增强材料成为石棉的代用品，也可用于生产高级新闻纸。

随着我国石膏工业的迅速发展，石膏开采量逐年增加。目前的石膏开采量在 5000 万 t 以上，且随着我国建筑节能和墙体材料改革的不断推进与深化，石膏的用量将来会有很大的增加。然而天然石膏终将随着开采量的增加而逐渐减少，最终枯竭。尽管我国天然石膏资源居世界第一，但具有工业开采价值的二水石膏资源却相对缺乏，且资源分布不平衡，相当一部分地区缺乏石膏资源。工业石膏远途外购，既加剧运输紧张的矛盾，又会增加生产成本。

随着工业和科学技术的发展，除了天然石膏外，另一种工业副产石膏逐渐被人们所重视。工业副产石膏是指工业主产品生产中由化学反应生成的以含零至两个结晶水的硫酸钙为主要成分的副产品或废渣，也称化学石膏。与天然石膏矿越来越少相比，我国工业副产石膏的排放量每年均大幅度增加。由于工业化规模的扩大和副产石膏利用率较低，致使大量工业副产石膏对外排放，不仅占用了大量的土地资源，造成二次环境污染，还会污染土地、地下水和地上资源，危害人体健康，影响农作物的生长，同时也给排放企业带来巨大的经济负担。

目前，磷石膏和脱硫石膏是两种排放量较大的工业副产石膏。随着我国磷肥行业的高速发展，磷石膏的排放量迅速增加。火电厂是二氧化硫排放的重点行业，烟气脱硫技术是目前世界上控制火电厂二氧化硫排放的最有效且唯一规模推广的技术，燃煤烟气中的二氧化硫排入大气中随雨降落便形成酸雨，酸雨严重污染环境、破坏生态平衡、损害人体健康，是当今世界三大问题之一，脱硫石膏是火电厂燃煤烟气脱硫后的副产物，从我国能源结构和能源需求发展分析，未来脱硫减排的压力很大。磷石膏和脱硫副产石膏的资源化和综合利用将成为磷肥行业和脱硫企业的重要发展方向。此外还有其他工业副产石膏如柠檬酸石膏、钛石膏、氟石膏、盐石膏等等。

由于这些工业副产石膏与天然石膏在成分上几乎相似，甚至有些副产石膏品位比天然石膏还要高，理论上，工业副产石膏完全可以替代天然石膏，因此，研究工业副产石膏的综合利用，既有利于保护环境，又能节约能源和资源，符合我国可持续发展战略，具有重要的社会意义。

各种工业副产石膏中的 $CaSO_4 \cdot 2H_2O$ 或 $CaSO_4$ 含量都较高，通常在90%以上。目前工业副产石膏主要的利用是作为天然石膏的等同代替原料，主要用于纸面石膏板、石膏砌块、纤维石膏板、粉刷石膏、水泥缓凝剂和模型石膏等。

随着社会的进步，人类的环保意识不断提高，利用石膏作为主要原料制备的石膏基建材作为一种公认的环保建材，受到越来越多的关注，其在建筑中的应用范围也在科学技术的发展和支撑下逐步扩大，从简单的用于家居装饰装修材料到多功能的节能相变材料的制备，都与石膏基材料有关。石膏正在以其自身的优势帮助人们筑就更多、更好、更舒适的环保建筑。

石膏基材料是具有性能优异和环境调节的绿色环保建材，符合我国循环经济和可持续发展的战略方针。石膏基建材的优越性主要体现在以下几个方面：

（1）石膏基建材原料来源丰富，产品价格较低。无论是天然石膏还是工业副产石膏，我国均有着丰富的资源，且利用工业副产石膏制备的石膏建材价格较同类产品便宜，性能也较为优异，因此在市场上广受欢迎。

（2）石膏基建材凝结硬化快，早期强度高。凝结硬化快是石膏最显著的性能。一般说来，半水石膏加水后 15min 内基本水化，可形成高强度的硬化体，在快速成型、填补、抢修工程等方面有其独特的用途。而水泥、石灰、树脂等材料的固化时间都较长，有的虽可采用快速方法，但一般只有在较为苛刻的条件下才能完成。

（3）石膏基建材具有质轻、保温、隔热性较好等特点。石膏硬化体的表观密度约为 1150kg/m^3，远低于常用的建筑材料。建筑物的自重限制了建筑物的高度，同时建筑物的较大的自重使地基处理要求提高，使梁、柱等承重结构构件的尺寸增大，降低建筑物的抗震能力。石膏制品质轻的特点使其成为我国墙体材料改革的导向产品。石膏制品的导热系数为 0.121～0.205W/(m·K)，大大低于其他常用的建筑材料，使用石膏砌块、石膏条板、粉刷石膏等可显著提高建筑物的保温隔热性，使建筑物自身具有“冬暖夏凉”作用，能耗大大降低。

（4）石膏基建材膨胀收缩小。石膏的这种微膨胀性可使硬化体表面光滑饱满，干燥时不开裂，且能使制品造型棱角十分清晰，有利于制作各种复杂图案花型的装饰石膏制品。

（5）石膏基建材可加工性好，施工快捷、高效。石膏料浆的流动性很好，大多数石膏制品可采用浇注成型，且石膏呈中性，几乎可以在所有的母模上浇注而不产生侵蚀作用，成型制品的表面几乎可保持母模的原貌。而且石膏凝结硬化快，硬化过程中产生微膨胀，所以采用石膏制造的制品尺寸偏差很小。石膏制品一般具有可钉、可锯、可刨的性能，便于使用、安装以及制品的再加工。

(6) 石膏基建材具备良好的耐火性能，有效保证了建筑的安全。石膏属于无机材料，具有不燃性。其最终水化产物二水硫酸钙中含有两个结晶水，其分解温度约在1070～1700℃之间。因此，当遇到火情时，$CaSO_4 \cdot 2H_2O$脱出结晶水，结晶水吸热蒸发时，在制品表面形成水蒸气膜，有效地阻止火的蔓延或赢得宝贵的疏散、灭火时间。

(7) 石膏基建材可以提高居住的舒适度。石膏材料呈中性，生产和应用过程中均不排放不利于人体健康的有害物质，外观光滑细腻，与人体亲和性好。而且与其他材料有很好的相容性，不对其他材料产生侵蚀作用，是典型的绿色环保材料。此外石膏制品还有独特的“呼吸效应”，可以随周围环境变化而吸湿或放湿，采用石膏墙体或粉刷石膏时，可起到自动调节室内空气湿度的作用，提高居住的舒适度。

(8) 石膏基建材具有明显的节能效应，可回收循环利用。石膏中的主要产品建筑石膏的生产不需要高温煅烧，所以单位质量建筑石膏的生产能耗约为石膏的1/2，水泥的1/3。石膏基建材是一种节能、节材、可回收利用、不污染环境、性能价格比优越的绿色建材。废弃的石膏建材，经破碎、筛选、再煅烧后又可作为生产石膏建材的原料，不产生建筑垃圾，可实现石膏资源的循环利用。

当然，石膏基建材也有其自身的缺点。一般石膏基建材的强度不太高，不宜用作承重结构构件。另外，因二水石膏的溶解度较大（20℃时为2.08g/L），且其结晶接触点更易溶于水，故石膏制品的耐水性一般较差，极大地限制了石膏制品的使用范围。

随着我国经济建设的发展，石膏已被国家列入重点发展的非金属矿产业之一。石膏已不仅仅是水泥工业配套的原料，在我国墙体材料改革中，石膏建筑制品作为新型内墙材料的主导产品，将起着举足轻重的作用，今后中国石膏工业将为社会主义现代化建设做出更大的贡献。工业副产石膏是一种非常好的再生资源，综合利用工业副产石膏，既有利于环境，又有利于节约能源和资源，符合我国可持续发展战略要求。同时我们也应该看到由于工业副产石膏在生成过程中往往夹带少量主产品及主产品生产原料含有的杂质，而杂质的存在使工业副产石膏的利用甚至排放存在不少问题，工业副产石膏要想得到完全利用还需要我们进一步的研究探索。

第一章　石膏的种类和晶体学特性

内容提要：石膏的种类繁多，一般分为天然石膏和工业副产石膏两大类，各种石膏有其各自的共性和特性。本章主要介绍了石膏的种类以及其晶体学特性，并对不同石膏的应用进行了简单介绍。

石膏是单斜晶系矿物，解理度很高，容易裂开成薄片，主要化学成分是硫酸钙（$CaSO_4$），常有黏土、有机质等机械混入物，有时含 SiO_2、Al_2O_3、Fe_2O_3、MgO、Na_2O、CO_2、Cl 等杂质，通常为白色、无色，无色透明晶体称为透石膏，工业副产石膏有时因含杂质而呈灰、浅黄、浅褐等色。

石膏的种类繁多，一般分为天然石膏与工业副产石膏两大类。

第一节　石膏的种类

天然石膏是天然存在于地壳层内、形似岩石的矿物质，一般呈白色、无色或者灰色，其主要成分为 $CaSO_4$。天然石膏又可分为天然二水石膏（$CaSO_4 \cdot 2H_2O$）和天然无水石膏（硬石膏，$CaSO_4$）两大类。

工业副产石膏是指工业产品生产中由化学反应生成的以含零至两个结晶水的硫酸钙为主要成分的副产品。根据物理成分的不同可分为磷石膏、脱硫石膏、钛石膏、柠檬酸石膏、盐石膏、芒硝石膏与氟石膏等。

将天然石膏或工业副产石膏在不同温度和压力条件下进行加工脱去结晶水后，制备得石膏产品可分为：高强石膏、建筑石膏、无水石膏等；

根据石膏中的含水量不同，石膏可分为二水石膏、半水石膏和无水石膏，其中半水石膏又可分为α-半水石膏和β-半水石膏两种形态；

根据石膏颜色的不同可分为：红石膏、黄石膏、绿石膏、青石膏、白石膏、蓝石膏、彩色石膏等；

根据石膏物理特征的不同可分为：白云质石膏、黏土质石膏、绿泥石石膏、雪花石膏、滑石石膏、含砂质石膏和纤维石膏等；

根据石膏用途可分为：建材用石膏、化工用石膏、模具用石膏、食品用石膏和铸造用石膏等。

一、天然石膏

天然石膏的形成过程是古代的地质运动中海水涌入内陆形成海水内陆湖，海水蒸发后，海水内的盐类（其中包括 NaCl、$CaSO_4 \cdot 2H_2O$ 和镁盐等）沉积下来，形成了石膏结晶。通常所说的石膏包括石膏和硬石膏两种天然硫酸钙产物。天然石膏因石膏在形成过程中的环境不同，因此产生多个品种，主要有：

纤维石膏：解理呈长纤维状，白色，质地很纯，二水硫酸钙含量大于 98%，湖北应城所产纤维石膏品位较佳，山东矿石内常夹杂少量纤维石膏。

透明石膏：又称透石膏，解理为白色，透明片状组成，其特征具有一定的透光性，有一定的光泽，质地较好，大块状内常夹杂黏土。

雪花石膏：是指其细小颗粒为白色粒状结构，类似雪花。雪花石膏有白色雪花石膏和青、灰、微黄色雪花石膏 4 种基本类型，白色质地更纯，一般雪花石膏二水硫酸钙含量 95%以上，是一种较好的石膏。几个世纪以来雪花石膏主要用于雕塑、雕刻及其他装饰品。意大利的佛罗伦斯（Florence）、利佛诺（Livorno）、米兰（Milano）以及德国的柏林是雪花石膏贸易的重要中心。

泥石膏：泥石膏是指石膏内夹杂许多黏土或其他杂质，二水硫酸钙含量在70%～85%，不适合制作各种石膏制品，只适用于生产水泥。

硬石膏：硬石膏是一种硫酸盐矿物，它的成分为无水硫酸钙（$CaSO_4$），密度比二水石膏大（2.9～3.1g/cm^3），质地比二水石膏坚硬，一般呈灰蓝色，与石膏的不同之处在于它不含结晶水。硬石膏是天然产出的硫酸盐矿物，广泛分布于蒸发作用所形成的盐湖沉积物中，盐湖中由于温度和含盐度不同，既可形成硬石膏，也可形成石膏，或两者共生。在石灰岩或白云岩的金属矿床中由于含硫酸溶液的作用也可形成硬石膏。

图1-1为几种石膏的宏观形貌。

纤维石膏　透明石膏

雪花石膏　硬石膏

图1-1　几种石膏的宏观形貌

二、工业副产石膏

工业副产石膏是人工合成的石膏，是指工业产品生产中由化学反应生成的以含零至两个结晶水的硫酸钙为主要成分的副产品或废渣，也称化学石膏，其化学组成和物理性能等与天然石膏相似。工业副产石膏的种类很多，排放量较大。

1. 磷石膏

磷素肥料主要用天然磷矿加工制造。高浓度磷肥、复合肥料还涉及磷矿用硫酸提取出磷酸溶液、磷酸再加工成磷酸铵、磷酸钙和复合肥料的过程。磷矿的主要组分是氟磷酸钙($3Ca_3(PO_4)_2 \cdot CaF_2$)，它被硫酸分解时的反应式如下：

$$Ca_{10}F_2(PO_4)_6 + 10H_2SO_4 + 20H_2O \longrightarrow 6H_3PO_4 + 10CaSO_4 \cdot 2H_2O + 2HF\uparrow$$

当磷矿含有少量方解石和白云石时，它们也与硫酸发生反应，生成二水硫酸钙：

$$CaCO_3 + H_2SO_4 + H_2O \longrightarrow CaSO_4 \cdot 2H_2O + CO_2\uparrow$$

$$CaCO_3 \cdot MgCO_3 + 2H_2SO_4 \longrightarrow CaSO_4 \cdot 2H_2O + MgSO_4 + 2CO_2\uparrow$$

由反应式可知，用磷矿和硫酸制取磷酸时生成的硫酸钙的分子数多于磷酸的分子数。用多数商品磷矿（P_2O_5：30%～40%，CaO：48%～52%）制磷酸时，每得到 1t P_2O_5 的磷酸，消耗 2.6～2.8t 硫酸，生成 4.8～5t 主要成分为二水硫酸钙（$CaSO_4 \cdot 2H_2O$）的磷石膏。

磷石膏含有游离磷酸、磷酸盐、氟化合物、铁、铝、镁、硅等杂质。由于多数磷矿还含有少量的放射性元素，磷矿酸化时铀锑化合物溶解在酸中的比例较高；铀的自然衰变物镭，以硫酸镭的形态（$RaSO_4$）与硫酸一起沉淀，镭与氡一样有放射性，因此，磷石膏中一般含有少量的放射性物质。

2. 脱硫石膏

脱硫石膏又称排烟脱硫石膏或 FGD 石膏（Flue Gas Desulphurizaton Gypsum），是对含硫燃料（煤、油等）燃烧后产生的烟气进行脱硫净化处理而得到的工业副产石膏。其定义如下：脱硫石膏是来自排烟脱硫工业，颗粒细小、品位高的湿态二水硫酸钙晶体。

燃煤电厂应用最广泛和最有效的二氧化硫控制技术是石灰/石灰石-石膏法。石灰/石灰石-石膏法脱硫机理与脱硫石膏的形成过程如下：通过除尘处理后的烟气导入吸收器中，细石灰或石灰石粉料浆通过喷淋的方式在吸收器中洗涤烟气，与烟气中的二氧化硫发生反应生成亚硫酸钙（$CaSO_3 \cdot 0.5H_2O$），然后通入大量空气强制将亚硫酸钙氧化成二水硫酸钙（$CaSO_4 \cdot 2H_2O$）。其反应方程式为：

$$CaO + H_2O \longrightarrow Ca(OH)_2$$

$$Ca(OH)_2 + SO_2 \longrightarrow CaSO_3 \cdot 0.5H_2O + 0.5H_2O$$

$$CaSO_3 \cdot 0.5H_2O + 0.5O_2 + 1.5H_2O \longrightarrow CaSO_4 \cdot 2H_2O$$

$$CaCO_3 + SO_2 + 0.5H_2O \longrightarrow CaSO_3 \cdot 0.5H_2O + CO_2 \uparrow$$

通过电镜照片和能谱分析，脱硫石膏中主要的杂质是碳酸钙、氧化铝和氧化硅。

3. 柠檬酸石膏

柠檬酸石膏是柠檬酸生产过程中产生的一种废渣，每生产1t柠檬酸约产生1.5t柠檬酸石膏。柠檬酸是由淀粉原料经发酵产生柠檬酸发酵液，然后由碳酸钙中和，再加入硫酸酸解，提取后所得到的废渣即为柠檬酸石膏。其反应式为：

$$2C_6H_8O_7 \cdot H_2O + 3CaCO_3$$
$$\longrightarrow Ca_3(C_6H_5O_7)_2 \cdot 4H_2O \downarrow + 3CO_2 \uparrow + H_2O$$

$$Ca_3(C_6H_5O_7)_2 \cdot 4H_2O + 3H_2SO_4 + 2H_2O$$
$$\longrightarrow 2C_6H_8O_7 + 3CaSO_4 \cdot 2H_2O$$

柠檬酸废渣其原始状态呈膏状，含水率40%～50%，颜色呈灰白色，其二水硫酸钙的含量在85%以上。在柠檬酸石膏中主要的杂质为未反应完的柠檬酸钙及少量未经提取的柠檬酸。

4. 氟石膏

氟石膏是生产氟化氢的副产品。HF的主要生产方法是用硫酸分解萤石（CaF_2），其反应式如下：

$$CaF_2 + H_2SO_4 \longrightarrow CaSO_4 + 2HF\uparrow$$

氟石膏从反应炉中排出时，料温为 180～230℃，燃气温度为 800～1000℃，排出的石膏为无水硫酸钙，在有充分水的条件下，堆放三个月左右，可基本转化为二水硫酸钙。在排出的氟石膏中，常伴有未反应的 CaF_2 和 H_2SO_4，有时 H_2SO_4 的含量较高，使排出的石膏呈强酸性，不能直接弃置。

5. 盐石膏与芒硝石膏

盐石膏是海水浓缩过程中从饱和溶液中析出二水硫酸钙，此时二水硫酸钙的含量较高，达 95%以上。我国每年可收集盐石膏约 100 多 t。盐石膏中主要的杂质有泥砂、石英、Cl^- 和黏土。芒硝石膏是以钙芒硝为原料生产芒硝时的副产品，含有的主要杂质有芒硝、石英、白云石和镁硅钙石。

各种工业副产石膏中的 $CaSO_4 \cdot 2H_2O$ 或 $CaSO_4$ 含量都较高，一般在 90%以上，但是工业副产石膏的利用率并不是很高，主要原因是石膏中的杂质对产品的性能影响很大，所以利用难度大，预处理费用高，工艺较复杂，使利用工业副产石膏作原料和利用天然石膏相比在成本上没有优势。只有在天然石膏资源贫乏的国家与地区，如在日本工业副产石膏才得到广泛的利用，但对这些工业副产石膏排出前的工艺、设备及排放标准都有更高的要求。另一方面是生产工艺及设备问题。由于利用工业副产石膏时需要进行预处理消除杂质的不利影响，煅烧前一般需要烘干，而做水泥缓凝剂时一般也需要造粒，从而会造成成本的增加。因此，如何研究低成本的工业副产石膏应用技术是当前研究的重点。

三、其他石膏

建筑中使用最多的石膏品种是高强石膏、建筑石膏、模型石膏，此外，还有无水石膏水泥和地板石膏。生产这些石膏的原料主要是天然二水石膏和工业副产石膏（主要是脱硫石膏、磷石膏）。二水石膏可制造各种性质的石膏。

生产石膏的主要工序是加热与磨细。由于加热温度和方式不同，可生产不同性质的石膏。

1. 高强石膏

（1）高强石膏概述

二水石膏脱水形成半水石膏，在自然界中二水石膏和半水石膏均呈一种亚稳定状态，在一定条件下可互相转化。半水石膏有α型、β型两个晶型，当二水石膏在加压水蒸气条件下，或在酸和盐的水溶液中加热时，可以形成α-半水石膏。当二水石膏脱水过程是在干燥的环境中进行时则可以形成β-半水石膏。高强石膏材料一般指主要由α-半水石膏组成的胶凝材料。目前，国内外尚无统一的定义和标准，一般认为抗压强度达到25～50MPa的半水石膏即为高强石膏材料，50MPa以上则为超高强石膏材料。

我国目前已探明的石膏储量约为600亿t，居世界首位。然而，在石膏科学和高强石膏制品生产工艺与技术上却远远落后于西方发达国家，致使我国的石膏资源大部分以原矿或初级产品进入国内外市场，造成资源严重流失，且满足不了国民经济发展的需要。因而合理开发和充分利用这一自然资源，对于实施国民经济可持续发展战略具有重要意义。

（2）高强石膏的制备方法

将二水石膏（天然或工业副产石膏）在107～170℃下煅烧，脱水生成β-半水石膏，磨细后成为以β-半水石膏为主要成分的建筑石膏。二水石膏在加压蒸汽中加热处理或置于某些盐溶液中沸煮，将脱水形成α-半水石膏，经干燥磨细后，成为以α-半水石膏为主要成分的高强石膏。二水石膏的脱水化学反应过程如下：

$$CaSO_4 \cdot 2H_2O \xrightarrow[110\sim170℃]{\text{与大气相通}} \beta-CaSO_4 \cdot \frac{1}{2}H_2O + \frac{3}{2}H_2O$$

$$CaSO_4 \cdot 2H_2O \xrightarrow[110\sim140℃]{\text{饱和蒸汽压或盐溶液}} \alpha-CaSO_4 \cdot \frac{1}{2}H_2O + \frac{3}{2}H_2O$$

所以根据不同的加热温度和条件，半水石膏有α、β两种形态，这取决于对二水石膏采用的生产加工方法。α-半水石膏是在饱和水蒸气的气氛中加热，由二水石膏缓慢脱水形成（如蒸汽加压法）或者是在某些盐类溶液中结晶形成。

通过观察二水石膏和水的压力-温度平衡曲线图（图 1-2），可以发现二水石膏-半水石膏的平衡曲线（曲线 A）非常接近液相水-气相水的平衡曲线（曲线 B），这两条曲线在接近 110℃时交叉。如果二水石膏在压力高于一个大气压的高压釜内脱水，液相的溶解-再结晶机理决定了二水石膏转变为 α-半水石膏，相反如果在小于或等于一个大气压下的条件下使二水石膏脱水，二水石膏的结晶水就会以蒸汽的状态蒸发，从而生成一种微观晶体结构非常松散的微孔隙固体，这就是 β-半水石膏，即二水石膏在液相中或在蒸压下脱水，则形成 α-半水石膏；在常压下脱水则形成 β-半水石膏。实际上 α、β 半水石膏是一个系统中的两个极端相，因而还有结晶形态处于它们之间的中间相，其性能也介于两种半水石膏之间。

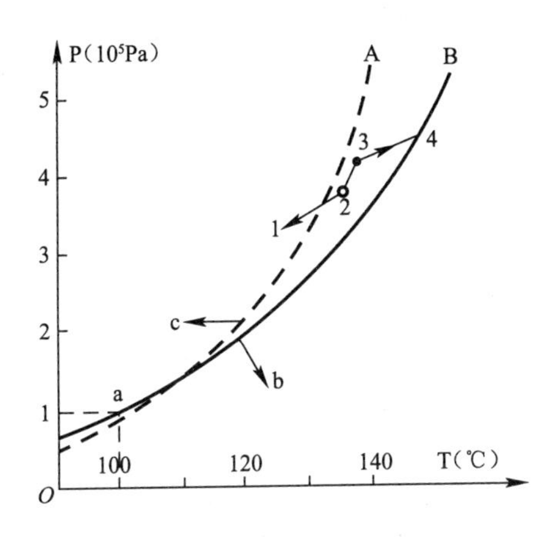

图 1-2　二水石膏与水的压力-温度平衡曲线图

在二水石膏和水的压力-温度平衡曲线图中，二水石膏首先在干燥的气氛中（图 1-2 中的 a 点）开始产生脱水反应，在潮湿的蒸气中（图 1-2 中的 a、c 两点）仍在继续脱水，而后在干燥蒸汽中形成了中间相半水石膏。而曲线上的1、2、3、4点的脱水过程完全是在液相中完成的，因而会形成结晶完整的α-半水石膏。

高强石膏的制备方法主要有以下几种：蒸压法、水热法、常压盐溶液法、干闷法等。动态水热法在西方发达国家发展很快，生产过程中普遍采用晶型转化剂来控制α-半水石膏晶型，它适合于磷石膏制取α-半水石膏，也有从碱渣中制备α-半水石膏的研究报道。上世纪80年代以来，用常压盐水溶液法制备出了高强度的短柱状α-半水石膏，但与实际应用有一定的差距。目前，我国主要采用蒸压法生产α-半水石膏。

① 常压盐溶液法

盐溶液法是在常压条件下，将磨细的二水石膏粉置于盐溶液中煮沸一定时间后，进行过滤、洗涤、干燥、粉磨，即可制成高强石膏粉。此法还需要压力容器，但各工序的设备较复杂，目前仍处于实验室研究阶段，国内外均未见有一定规模工业化生产的报道。制约常压盐溶液法实现工业化的主要因素是，在通常情况下由常压盐溶液法制备出的α-半水石膏结晶度比较差，且脱盐及干燥均很困难，若想实现大规模化应用，还需要对此进行大量的研究。

② 饱和蒸汽加压法

饱和蒸汽加压法简称蒸压法，是最早采用的工业化生产方法。蒸压法是将一定粒径的二水石膏置于蒸压釜内，通入饱和水蒸气，在一定的温度和压力下，经过一定时间，二水石膏就转变为α-半水石膏，再通过干燥和粉磨，即得α型高强石膏粉。使用的蒸压釜通常有卧式和立式两种类型的设备。使用立式蒸压釜时，在干燥阶段可以直接向釜内吹入热空气或经过过滤的烟道气。若采用直径2～3cm的原料，在110～130℃下经2～3h的热处理就可以得到α-半水石膏，若采用直径5～8cm的原料，在150～160℃下经2～3h的热处理就可以得到α-半水石膏。一般来说，在低温下缓慢析出的α-半水石膏比在高温下快速析出的α-半水石膏结晶更完整，因此其强度也更高。而且块状二水石膏的致密度越大，所得到的产品的需水量越小，其水化后的强度也越高。饱和蒸汽加压法的缺陷是蒸压釜的有效容积利用率很低。

③ 水热法

水热法在生产优质的短柱状α-半水石膏时，需要添加转晶剂。水热法是将粉状二水石膏与加有晶型转化剂的水溶液混合，所得浆料置于反应釜中，在一定的温度和压力下经过一定时间，二水石膏即转变成α-半水石膏，然后再经压滤或离心脱水、干燥和磨细，制得高强石膏粉。此法工艺复杂，生产效率相对较低、生产能力较小，导致能耗和成本较高。但产品强度等级较高，一般可达30～70MPa，最高甚至达到100MPa。本法与蒸压法的不同之处是原料需要使用粉状的二水石膏，热处理的条件与转晶剂的种类、浓度、水温及水热时间有关，还与二水石膏本身的结晶度有关。

④ 干闷法

将二水石膏块置于密封的带隔套的蒸压釜内加热，先使部分二水石膏脱水，在高温下这部分水分会形成水蒸气，然后利用这部分水蒸气对剩余二水石膏进行压蒸脱水。蒸压结束后排汽降压，仍然在热隔套内进行干燥。这种方法所制得的产品实际是α、β-半水石膏的混合粉，因此产品质量波动较大，强度也不会很高。

（3）高强石膏的应用

高强石膏中的α-半水石膏结晶良好、晶粒粗大，比表面积小，调制成可塑性浆体时，需水量约为35%～45%，硬化后的孔隙率较小，因而具有较高的强度。由于石膏胶凝材料的诸多优良性能，以α-半水石膏为主要成分的高强石膏材料可应用于很多行业。

① 陶瓷模具

我国目前大部分陶瓷厂使用水泥或玻璃钢制母模，前者制的母模质量粗糙，后者制的成本较高。常压炒制的β-半水石膏的比容大、水膏比大，胶凝后孔隙率高、强度低。用β-半水石膏制造的陶瓷模具，有吸水率高的优点，但模具使用寿命短，不能适应于压力较高的滚压成形。而α-半水石膏的结晶完整致密，比容小、水膏比小，水化凝结后强度高，所以α-半水石膏可在吸水率要求较低、精度和使用次数要求较高的陶瓷产品模具上应用。用α-半水石膏制造的陶瓷模具强度高。使用寿命长，并且可以提高陶瓷表面的光洁度，提高陶瓷产品档次。而国外最先进的母模材料是低膨胀率的超高强石膏粉，目前我国南方大型陶瓷生产企业已开始使用国外进口石膏母模粉。

② 精密铸造

α-半水石膏水化硬化后具有很高的强度，可配制出具有优异耐火性、良好光洁度的精密铸造模具。α-半水石膏作为铸造石膏主要应用于精密铸造中的熔模或拔模铸造，这种铸造方法要求石膏在高温情况下不仅体积变化率小，无开裂或龟裂现象，而且希望高强和残留强度高等性能。一般β-半水石膏远远达不到上述要求，而α-半水石膏则可以满足以上工艺技术要求，为此国内外均采用α-半水石膏作为铸造石膏。

③ 工艺美术品

α-半水石膏凝结时间适中，早期强度高，可替代有机材料制作工艺美术品和玩具。过去在建筑业特别是建筑装饰工艺美术等方面，一般使用普通β-半水石膏，因此强度很低，损坏率高。而用α-半水石膏成本较低，强度很高，广泛地应用于建筑装饰板材、装饰嵌条、浮雕壁画及玩具制造等领域。其强度高、用途广，可适用于许多制品，而且价格与普通β-半水石膏相仿。

④ 齿科超硬石膏

这种石膏性能特别优越，除了作为口腔科模型材料外，还用于制造一些棱边锐利、尺寸精密的工业模具。α-半水石膏还可用于永久建筑模板、装饰板、隔离板、电缆密封以及塑料制品的吸塑模具等方面。

⑤ 石膏基自流平材料

用 α-半水石膏配制的自流平材料具有较高的流平性、初凝时间长、终凝时间适当、早期及后期强度较高、与基底粘结力高等特点。

2. 建筑石膏

建筑石膏是将天然二水石膏等原料在 107～170℃的温度下煅烧成熟石膏，再经磨细而成的白色粉状物，其主要成分为 β-半水石膏。

建筑石膏的主要特点为：

(1) 凝结硬化快：建筑石膏在加水拌合后，浆体在几分钟内便开始失去可塑性，30min 内完全失去可塑性而产生强度，大约一星期左右完全硬化。为满足施工要求，需要加入缓凝剂，如硼砂、酒石酸钾钠、柠檬酸、聚乙烯醇、石灰活化骨胶或皮胶等。

(2) 凝结硬化时体积微膨胀：石膏浆体在凝结硬化初期会产生微膨胀。这一性质使石膏制品具有表面光滑、细腻、尺寸精确、形体饱满、装饰性较好等优异性能。

(3) 孔隙率大：半水石膏水化反应的理论需水量为其重量的 18.6%，在使用中为了使浆体具有足够的流动性，建筑石膏中的 β 型半水石膏多为片状、有裂隙的晶体，晶粒细小，比表面积大，拌制石膏浆体时，需水量达 60%～80%，加水量远大于理论需水量，所以大量的自由水在蒸发时，在建筑石膏制品内部形成大量的毛细孔隙，硬化石膏浆体中含有大量孔隙，强度较低，因此制品的导热系数小，吸声性较好，属于轻质保温材料。

(4) 具有一定的调湿性：由于石膏制品内部大量毛细孔隙对空气中的水蒸气具有较强的吸附能力，所以对室内的空气湿度有一定的调节作用。

(5) 防火性好：石膏制品在遇火灾时，二水石膏或半水石膏将脱出结晶水，吸热蒸发，并在制品表面形成蒸气幕和脱水物隔热层，可有效减少火焰对内部结构的危害。建筑石膏制品在防火的同时自身也会遭到损坏，而且石膏制品也不宜长期用于靠近65℃以上高温的部位，以免二水石膏在此温度下失去结晶水，从而失去强度。

（6）耐水性、抗冻性差：建筑石膏硬化体的吸湿性强，吸收的水分会减弱石膏晶粒间的结合力，使强度显著降低；若长期浸水，还会因二水石膏晶体逐渐溶解而导致破坏。石膏制品吸水饱和后受冻，会因孔隙中水分结晶膨胀而破坏。所以，石膏制品的耐水性和抗冻性较差，不宜用于潮湿部位。为提高其耐水性，可加入适量的水泥、矿渣等水硬性材料，也可加入有机防水剂等，可改善石膏制品的孔隙状态或使孔壁具有憎水性。

建筑石膏硬化后具有很好的绝热吸声性能、较好的防火性能以及吸湿性能；颜色洁白，可用于室内粉刷施工，特别适合于制作各种洁白光滑细致的花饰装饰，如加入颜料可使制品具有各种色彩。建筑石膏不宜用于室外工程和65℃以上的高温工程。总之，建筑石膏可用于室内粉刷，制作装饰制品，多孔石膏制品和石膏板等。

3. 模型石膏

煅烧二水石膏生成的熟石膏，若其中杂质含量少，颜色较白且粉磨较细的称为模型石膏。它比建筑石膏凝结快，强度高。主要用于制作模型、雕塑、装饰花饰等。

4. 无水石膏水泥

将天然二水石膏加热至400～750℃时，石膏将完全失去水分，成为不溶性硬石膏，将其与适量激发剂混合磨细后即为无水石膏水泥。无水石膏水泥适宜于室内使用，主要用以制作石膏板或其他制品，也可用作室内抹灰。

5. 地板石膏

如果将天然二水石膏在800℃以上煅烧，使部分硫酸钙分解出氧化钙，磨细后的产品称为高温煅烧石膏，亦称地板石膏。地板石膏硬化后有较高的强度和耐磨性，抗水性也好，所以主要用作石膏地板，用于室内地面装饰。

第二节 石膏的晶体学特性

一、石膏的化学组成

二水石膏的理论组成为（重量百分含量）CaO：32.5%，SO_3：46.6%，H_2O：20.9%。不同种类的石膏其成分变化不大，常有黏土、有机质等机械混入物，有时含 SiO_2、Al_2O_3、Fe_2O_3、MgO、Na_2O 等杂质。

硬石膏是一种硫酸盐矿物，它的成分为无水硫酸钙，与石膏的不同之处在于它不含结晶水。纯净的硬石膏常为透明、无色或白色，一般因含杂质而呈灰色，有时又因含有不同矿物而微带红色或蓝色。其主要化学成分是 $CaSO_4$，化学组成的理论含量为：CaO：41.19%；SO_3：58.81%，

二、石膏的多相性

石膏在自然界中主要以二水石膏（$CaSO_4 \cdot 2H_2O$）、无水硬石膏（$CaSO_4$）存在。石膏作为一种有用的工业原料的重要原因，在于将它加热的时候能够部分或全部地失去结晶水而成为熟石膏，熟石膏遇水后凝结硬化，又可生成原来的化学成分——二水石膏。这些现象分别称作脱水与水化，是石膏工业再生利用的基础。

二水石膏在常温下是稳定相，但随着温度的提高和外界条件的不同，可以得到半水石膏与无水石膏的各种变体。各国学者对石膏各相及各种变体的存在条件及其相互转化做了大量的研究工作，观点不尽相同，较为认同的看法如图 1-3 所示。

$CaSO_4$-H_2O 系统有五个相，其中有四个相可以在常温常压条件下存在，即二水石膏、半水石膏、Ⅲ无水石膏和Ⅱ无水石膏，而第五个相Ⅰ无水石膏只能在 1180℃以上存在。各种混水后可以胶结的石膏料均由二水石膏制得的，因加热温度和环境条

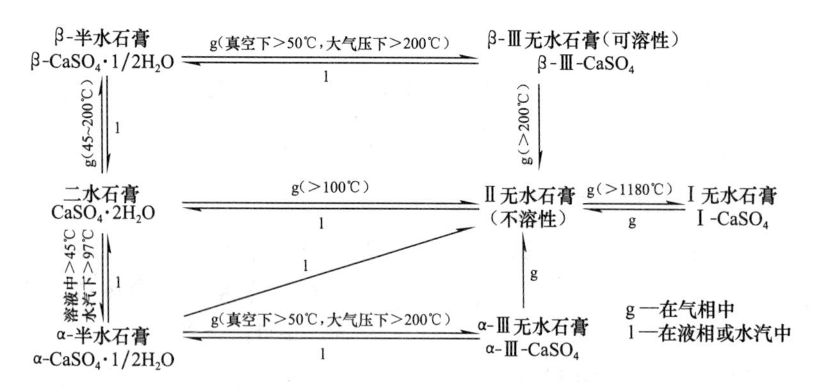

图 1-3　石膏各相（变体）与相互转化关系

件的不同，可以得到含水及无水硫酸钙的变体。在石膏的工业脱水时，总是希望用最低的能耗和尽可能短的时间完成，所以石膏工业脱水温度总是比希望获得的石膏相或变体的实验转化温度高得多，也就不可能产生单一相组成的产品，经常是 $CaSO_4$-H_2O 系统各相变体混合物，统称为熟石膏或烧石膏。α、β-半水石膏在结构和性能上有显著差异，两者的比较见表 1-1。

α、β-半水石膏比较　　　　表 1-1

种　类	α-半水石膏	β-半水石膏
脱水条件	>45℃液相中或>97℃水气下脱水	45～200℃干燥条件下常压脱水
20℃水中溶解度	0.67%	0.88%
25℃水化热	−4100Cal/mol	−4600Cal/mol
晶体形状与大小	短柱状、致密、完整的粗大晶体颗粒	针状、片状、柱状、不规则的细小晶体颗粒
X衍射图谱	强峰特别强	次强峰、弱峰相对强化，峰分裂
热谱图	脱水成无水石膏在250℃左右处有一微弱的放热峰	脱水成无水石膏吸热谷出现的温度比α-半水石膏低，370℃左右有一个放热峰

续表

种　类	α-半水石膏	β-半水石膏
亚微观结构	结晶比较完整，常呈短柱状，晶粒较粗大，聚集体的内比表面积较小	结晶度较差，常为细小的纤维状或片状聚集体，聚集体的内比表面积较大
需水量	小	大
硬化体强度	高	低
脱水机理	1.5 水分子以液态水形式排出，按溶解析晶机理	1.5 水分子以干蒸汽状态蒸发，并伴有晶格变化
生产工艺	蒸压法、蒸煮法、动态水热法、常压水溶液法、折中法、陈化法等	直接或间接煅烧工艺
生产设备	卧式或立式蒸压釜（一般需要干燥设备）	炒锅、回转窑、彼得磨、沸腾炉
应用领域	模型、工艺美术、建材、医学、造纸	建材、模型制造、工艺美术

三、结构与形态

二水石膏属于单斜晶系矿物，a_0＝0.568nm，b_0＝1.518nm，c_0＝0.629nm，β＝118°23′，Z＝4，晶体结构由［SO_4］$^{2-}$四面体与Ca^{2+}联结成（010）的双层，双层间通过H_2O分子联结，其完全解理即沿此方向发生。Ca^{2+}的配位数为8，与相邻的4个［SO_4］$^{2-}$四面体中的6个O^{2-}和2个H_2O分子联结。H_2O分子与［SO_4］$^{2-}$中的O^{2-}以氢键相联系，水分子之间以分子键相联系。二水石膏为斜方柱晶类（L^2PC），晶体常依｛010｝发育成板状，亦有呈粒状，有时呈扁豆状；常简单形：平行双面b｛010｝、p｛103｝，斜方柱m｛110｝、l｛111｝等；晶面｛110｝和｛010｝常具纵纹；晶体呈接触双晶，双晶常见一种是以｛100｝为双晶面的加里双晶或称燕尾双晶，另一种是以｛101｝为双晶面的巴黎双晶或称箭头双晶。集合体多呈致密粒状或纤维状。细晶粒状块状称之为雪花石膏；纤维状集合体称为纤维石膏，少见由扁豆状晶体形成的似玫瑰花状集合体，亦有土状、片状集合体。

半水石膏也属于单斜晶系矿物。晶体呈显微针状，似石膏假象，也呈块状，无色或白色，条痕白色，似玻璃光泽，不透明，硬度约为 2，密度 2.55～2.67g/cm^3。

硬石膏属正交（斜方）晶系，晶胞参数为：a_0＝0.6238nm，b_0＝0.6991nm，c_0＝0.6996nm；Z＝4。晶体结构在（100）和（010）面上，Ca^{2+}和［SO_4］$^{2-}$成层分布，而（001）面上［SO_4］$^{2-}$则成不平整的层。Ca^{2+}居于 4 个［SO_4］$^{2-}$之间，为 8 个 O^{2-} 所包围，配位数 8。每个 O^{2-} 与 1 个 S^{6+} 和 2 个 Ca^{2-} 相联结，配位数 3。硬石膏属于 斜方双锥晶类，三组解理面互相垂直，可分裂成盒状小块，此特点可作为鉴定特征。硬石膏的单晶体呈等轴状或厚板状，集合体常呈块状或粒状，有时为纤维状。硬石膏结晶良好，比石膏致密而坚硬，硬度为 3.0～3.5，密度为 2.8～3.0g/cm^3。晶体常沿 a 轴或 c 轴延长呈厚板状，有时呈柱状。依（011）成接触双晶或聚片双晶，集合体呈纤维状、致密粒状。

四、理化性质

天然二水石膏通常为白色、无色，无色透明晶体称为透石膏，有时因含杂质而呈灰、浅黄、浅褐等色，条痕为白色；解理面呈珍珠光泽，纤维状集合体呈丝绢光泽；解理｛010｝极完全，｛100｝和｛011｝中等，解理片裂成面夹角为 66 度和 114 度的菱形体；性脆，硬度 1.5～2，不同方向稍有变化；密度 2.3g/cm^3；加热时存在 3 个排出结晶水阶段：105～180℃，首先排出 1 个水分子，随后立即排出半个水分子，转变为烧石膏 $CaSO_4 \cdot 0.5H_2O$，也称熟石膏或半水石膏；200～220℃，排出剩余的半个水分子，转变为Ⅲ型硬石膏 $CaSO_4 \cdot \varepsilon H_2O(0.06<\varepsilon<0.11)$；约 350℃，转变为Ⅱ型石膏 $CaSO_4$；1120℃时进一步转变为Ⅰ型硬石膏；熔融温度 1450℃。石膏及其制品的微孔结构和加热脱水性，使之具有优良的隔声、隔热和防火性能。

硬石膏通常为白色，常微带浅蓝、浅灰或浅红色，或被铁的氧化物或黏土等染成红、褐或灰色；条痕白或浅灰白色；晶体无色透明。玻璃光泽，解理面具有珍珠光泽；解理｛010｝完全，｛100｝、｛001｝中等；硬度3～3.5，相对密度2.8～3.0；加热至约1190℃，转变为Ⅰ型硬石膏（又称高温无水石膏或α型无水石膏）。硬石膏具有吸水水化的能力，但不如Ⅱ型（稳定相，斜方晶系，又称不溶性硬石膏或过烧石膏）、Ⅲ型硬石膏（又称可溶性硬石膏）；硬石膏导热系数低，具有防火性能。

五、产状与组合

石膏主要为化学沉积作用的产物，常形成巨大的矿层或透镜体，赋存于石灰岩、红色页岩和砂岩、泥灰岩及黏土岩系中，常与硬石膏、石盐等共生。在近地表部位化学沉积形成于盐湖中的硬石膏，常与石膏共生，由于外部压力的减小，受地表水作用而转变为石膏，同时体积增大约30%，引起石膏层的破坏。

世界上最大石膏生产国是美国。在美国，石膏矿床分布在22个州，共有69座矿山，最大产地在阿依华州道奇堡。其次是加拿大、法国；再次为西德、英国、西班牙。

图1-4　中国石膏矿产资源分布图

中国石膏矿资源丰富。全国 23 个省（区）有石膏矿产出。探明储量的矿区有 169 处，总保有储量矿石 576 亿 t（图 1-4）。从地区分布看，以山东石膏矿最多，占全国储量的 65%；内蒙古、青海、湖南次之。主要石膏矿区有山东枣庄底阁镇、内蒙古鄂托克旗、湖北应城、吉林浑江、江苏南京、山东大汶口、广西钦州、山西太原、宁夏中卫石膏矿等。石膏矿以沉积型矿床为主，储量占全国 90%以上，后生型及热液交代型石膏矿不很重要。石膏矿在各地质时代均有产出，以早白垩纪和第三纪沉积型石膏矿为最重要。

参考文献

[1] 《胶凝材料学》编写组编. 胶凝材料学 [M]. 北京：中国建筑工业出版社，1980.

[2] 袁润章等. 胶凝材料学 [M]. 武汉：武汉工业大学出版社，1982.

[3] 秦莉莉. 工业副产品石膏-脱硫石膏 [J]，天津建材，2006，(2)：13-19.

[4] 张清. 石膏型低压铸造工艺规程的研究与应用 [J]. 新技术新工艺，2007，(7)：84-87.

[5] 周梅. 加热法石膏刨花板生产工艺的研究 [D]. 南京：南京林业大学，2006.

[6] 毛树标. 烟气脱硫石膏综合利用分析 [D]. 杭州：浙江大学，2005.

[7] 张庆鸿. 一种口腔石膏模型材料合成的初步研究 [D]. 昆明：昆明医学院，2003.

[8] 向才旺. 建筑石膏及制品 [M]. 北京：中国建材工业出版社，1998.

[9] 严吴南等. 建筑材料性能学 [M]. 重庆：重庆大学出版社.

[10] 法国石膏工业协会著，杨德正译. 石膏-物理化学 [M]. 北京：中国建筑工业出版社.

[11] 张佩聪，张其春，龚夏生，邱克辉. αβ半水石膏相衍射图谱差异初探 [J]. 非金属矿，1998，(2)：14-17.

[12] 张万胜. 制模石膏两种晶体形态的研究 [J]. 陶瓷，2003，(1)：17-20.

[13] 刘巽伯，魏金照，孙丽玲. 胶凝材料-水泥、石灰、石膏的生产和性能 [M]. 上海：同济大学出版社，1990.

[14] 吴莉，彭家惠，万体智，张建新. 缓凝剂对建筑石膏水化过程和硬化体微结构的影响 [J]. 新型建筑材料，2007，(7)：1-3.
[15] 李枚. 石膏砌块作为轻质隔墙的应用 [J]. 攀枝花学院学报，2007，24 (3)：81-83.
[16] Kelley K. K.，Southard J. C.，Anderson C. T. Thermodynamic properties of gypsum and its dehydration product technical paper [J]. Burean of mines，1941.
[17] 赵承. 产量突破 7 亿 t 我国水泥产量居世界第一位 [N]. 新华网，2003，10 月 3 日.
[18] M. Si ngh，An Improved Processfor Purification of phosphogypsum [J]. Construction and Building Materials. 1996，(8)：597-600.
[19] M. Si ngh，G. M. rid ulforced. Gypsum-based fiber-reincomposities an alternative to Jimber [J]. Construction and Building Materials. 1994，(3)：155-160.
[20] R. Lutz，Preparation of phosphate Acid Wastes Gypsum for Further Processing to Make Building Materials [J]. Zement-Kalk-Lips 1995，(2)：98-102.
[21] R. Lut，Preparationof phosphate Acid Wastes Gypsum for Further Processing to Make Building Materials. Zement Kalkgips 1995，(2)：98.
[22] 宁廷寿等. 用磷石膏生产建筑石膏的研究 [J]. 新型建筑材料，2000 (4).
[23] 刘毅，黄新. 利用磷石膏加固软土地基的工程实例 [J]. 建筑技术，2002，33 (3)：171-173.
[24] 郭翠香，石磊，牛冬杰，赵由才. 浅谈磷石膏的综合利用 [J]. 中国资源综合利用，2006，24 (2)：29-32.
[25] 桑以琳，冯素珍. 磷石膏在肥料应用中的研究 [J]. 内蒙古农业大学学报，1993，(4)：35-39.
[26] 毛常明，陈学玺. 石膏晶须制备的研究进展 [J]. 化工矿物与加工，2005，(12)：34-36.
[27] 陈永松. 磷石膏的微结构特征及残磷，残氟的研究 [D]. 贵州：贵州工业大学，2004
[28] 彭家惠，万体智，汤玲，张建新，陈明凤. 磷石膏中的杂质组成、形态、颁布及其对性能的影响 [J]. 中国建材科技，2000 (6)：31-35.

［29］ Kyung Jun Chu，Kyung Seun Yoo，Kyong Tae Kim. Characteristics of gypsum crystal growth over calcium-based slurry in desulfurization reactions ［J］. Materials Research Bulletin，1997，32（2）：197-204.

［30］ 王方群. 粉煤灰-脱硫石膏固结特性的实验研究［D］. 河北：华北电力大学，2003.

［31］ 李侠，孔小霞，吕志勤. 柠檬石膏开发利用的研究［J］. 山东建材，1998，（4）：12-14.

［32］ 王立明，董文亮. 柠檬酸废渣粉刷石膏的研制［J］. 建筑石膏与胶凝材料，2002，（2）：41-42.

［33］ 徐锐，姚大虎. 化学石膏综合利用［J］. 化工设计通讯，2005，31（4）：54-57.

［34］ 马铭杰，董坚，张化. 海盐工业废渣的综合利用［J］. 化工环保，2001，21（5）：282-285.

［35］ 刘世锦. 如何理解我国经济增长模式的转型［N］. 中国经济报告，2007，1月18日.

第二章　工业副产石膏的生产过程

内容提要： 工业石膏的种类繁多，每种石膏的产生过程也不尽相同。本章详细介绍了脱硫石膏和磷石膏的生产过程，并对电厂（磷肥工业）在产生脱硫石膏（磷石膏）的过程中使用的几种不同的生产工艺均进行了阐述；同时对钛石膏和氟石膏的生产过程也进行了简单介绍。

第一节　脱硫石膏的生产过程

脱硫石膏又称排烟脱硫石膏、脱硫石膏或FGD石膏（Flue Gas Desulphurizaton Gypsum），是对含硫燃料（煤、油等）燃烧后产生的烟气进行脱硫净化处理而得到的工业副产石膏。其定义如下：脱硫石膏是来自排烟脱硫工业，颗粒细小、品位高的湿态二水硫酸钙晶体。

一、烟气脱硫

二氧化硫（化学式：SO_2）是最常见的硫氧化物，无色气体，有强烈刺激性气味。大气主要污染物之一。火山爆发时会喷出该气体，在许多工业过程中也会产生二氧化硫。由于煤和石油通常都含有硫化合物，因此燃烧时会生成二氧化硫。

SO_2 和由它形成的酸雨对人类和社会的危害是无可估量的。

1. SO_2 对人体健康的危害

SO_2 是一种无色具有强烈刺激性气味的气体，易溶于人体的体液和其他黏性液中，长期的影响会导致多种疾病，如：上呼吸道感染、慢性支气管炎、肺气肿等，危害人类健康。SO_2 在氧化剂、光的作用下，会生成使人致病、甚至增加病人死亡率的硫酸盐气溶胶，据有关研究表明，当硫酸盐年浓度在 $10\mu g/m^3$ 左右时，每减少 10%的浓度能使死亡率降低 0.5%。

2. SO_2 对植物的危害

研究表明，在高浓度的 SO_2 的影响下，植物产生急性危害，叶片表面产生坏死斑，或直接使植物叶片枯萎脱落；在低浓度 SO_2 的影响下，植物的生长机能受到影响，造成产量下降，品质变坏。据 1983 年对我国 13 个省市 25 个工厂企业的统计，因 SO_2 造成的受害面积达 2.33 万公顷，粮食减少 1.85 万 t，蔬菜减少 500 万 t，危害相当严重。

3. SO_2 对金属的腐蚀

大气中的 SO_2 对金属的腐蚀主要是对钢结构的腐蚀。据统计，发达国家每年因金属腐蚀而带来的直接经济损失占国民经济总产值的 2%～4%。由于金属腐蚀造成的直接损失远大于水灾、风灾、火灾、地震造成损失的总和。且金属腐蚀直接威胁到工业设施、生活设施和交通设施的安全。

4. 对生态环境的影响

SO_2 形成的酸雨和酸雾危害也是相当大的，主要表现为对湖泊、地下水、建筑物、森林、古文物以及人的衣物构成腐蚀。同时，长期的酸雨作用还将对土壤和水质产生不可估量的损失。

我国二氧化硫排放量居世界第一位，2006 年已达 2588.8 万 t，近几年随着国民对环境保护意识的增强，二氧化硫排放量又呈现逐年下降的趋势，到 2010 年，二氧化硫排放量已降低到 2185.1 万 t，但是仍居世界首位。我国二氧化硫的排放，60%以上是由燃煤电厂排放的。燃煤电厂是 SO_2 污染最集中、规模最大的行业，也是我国控制 SO_2 污染的重点行业。控制燃煤电厂 SO_2 排放的途径主要有燃烧前脱硫、燃烧中脱硫和烟气脱硫，烟气脱硫是控制火电厂 SO_2 污染的重要且最行之有效的措施。随着近年来我国经济的飞速发展，电力供应不足的矛盾日益突出，国家在积极建设电厂的同时充分注意火电厂烟气排放带来的严重环境污染问题，相继制订了火电厂相关政策法规，积极推动火电厂安装烟气脱硫设施，如2000年9月1日开始实施的新《中华人民共和国大气污染防治法》第30条规定："新建或扩建排放二氧化硫的火电厂和其他大中型企业超过规定的污染物排放标准或者总量控制指标的，必须建设配套脱硫、除尘装置或者采取其他控制二氧化硫排放、除尘的措施。在酸雨控制区和二氧化硫污染控制区内，属于已建企业超过规定的污染物排放标准排放大气污染物的，依照本法第四十八条的规定限期治理。"

烟气脱硫的基本原理是利用各种技术手段将烟气中的 SO_2 从气相中分离，利用酸碱中和反应将气相中的 SO_2 转化成固态或液态的硫酸盐、亚硫酸盐或其他的硫酸盐形式。

二、烟气脱硫工艺

目前烟气脱硫技术种类达几十种，按脱硫过程是否加水和脱硫产物的干湿形态，烟气脱硫分为：湿法、半干法、干法三大类脱硫工艺。湿法脱硫技术较为成熟，效率高，操作简单；但脱硫产物的处理较难，烟气温度较低，不利于扩散，设备及管道防腐蚀问题较为突出。半干法、干法脱硫技术的脱硫产物为干粉状，容易处理，工艺较简单；但脱硫效率较低，脱硫剂利用率低。在此对各类脱硫技术进行简单介绍。

1. 湿法烟气脱硫技术

湿法烟气脱硫技术按使用脱硫剂种类可分为：石灰石-石膏法、简易石灰石-石膏法、双碱法、石灰液法、钠碱法、氧化镁法、有机胺循环法、海水脱硫法等。按脱硫设备采用的技术种类不同，湿法烟气脱硫技术可分为：旋流板技术、气泡雾化技术、填料塔技术、静电脱硫技术、文丘里脱硫技术、电子束脱硫技术等。以下对目前工程应用较多的脱硫技术的进行简单介绍。

(1) 石灰石-石膏法脱硫技术

石灰石/石膏湿法烟气脱硫技术在世界脱硫行业已经得到了广泛的应用。它是采用石灰石/石灰的浆液吸收烟气中的 SO_2，以脱除其中的 SO_2 的一种湿法脱硫工艺。其工艺流程图见图 2-1：

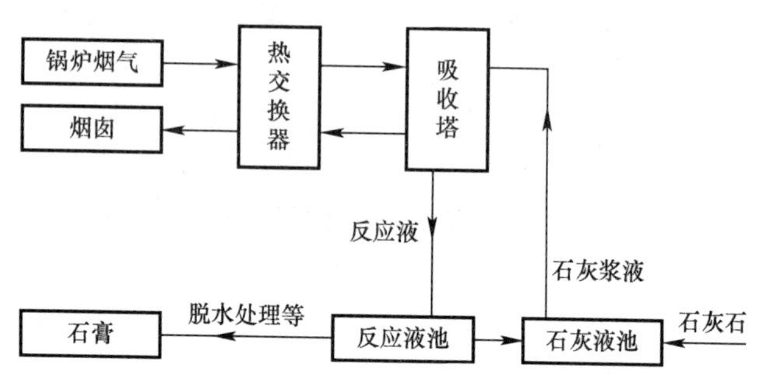

图 2-1 石灰石/石膏湿法烟气脱硫工艺流程简图

烟气先经热交换器处理后，进入吸收塔，在吸收塔里 SO_2 直接与石灰浆液接触并被吸收去除。治理后烟气通过除雾器及热交换器处理后经烟囱排放。吸收产生的反应液部分循环使用，另一部分进行脱水及进一步处理后制成石膏。

日常运行管理注意的问题：

① 石灰储藏注意防潮，石灰储量需满足运行要求；

② 石灰系统容易堵塞，注意检查石灰浆液是否达到设计要求；

③ 定期检查吸收塔及其他处理设施运行是否正常，确保脱硫除尘效率。

(2) 旋流板脱硫除尘技术

旋流板技术是针对烟气成分组成的特点，采用碱液吸收法，经过旋流、喷淋、吸收、吸附、氧化、中和、还原等物理化学过程，经过脱水、除雾，达到脱硫、除尘、除湿、净化烟气的目的。在各种锅炉烟气脱硫除尘中得到广泛应用。

旋流板技术按脱硫剂选用不同可分为：石灰液法、双碱法、单钠碱法三种。以下介绍其工艺流程及特点：

① 石灰液法工艺流程（图 2-2）

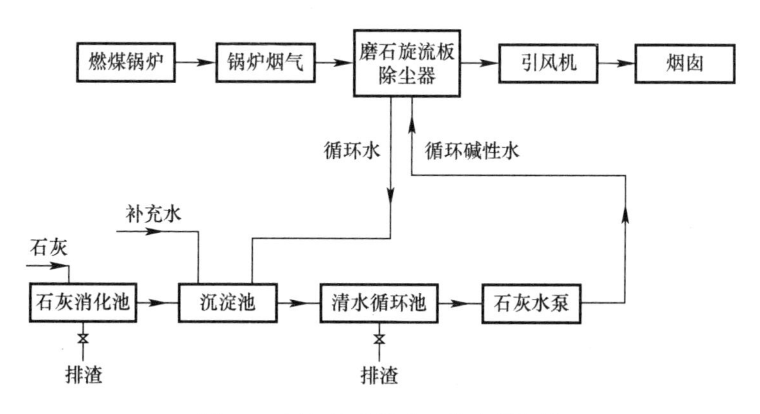

图 2-2　石灰液法脱硫工艺流程简图

锅炉烟气在塔内经旋流板处理后，由引风机送入烟囱排放。喷淋循环液由脱硫除尘器中上部进入，在旋流塔板上分散成雾滴与烟气充分接触净化后，从脱硫除尘器底部经水管流入循环水系统的中和池进行再生反应，反应生成上清液循环使用。

日常运行管理注意的问题：

a. 石灰储藏注意防潮，石灰储量需满足运行要求；

b. 循环水系统容易结垢，需控制脱硫设施进出水的 pH 值，注意检查循环水量是否达到设计要求，如有异常需对循环水系统进行检修。

c. 定期检查吸收设备及其他处理设施运行是否正常，确保脱硫除尘效率。

② 双碱法工艺流程（图 2-3）

该工艺在脱硫除尘方面与单石灰石法相同。为解决循环水系统及旋流板结垢问题，吸收剂采用钠碱与石灰结合使用。

日常运行管理注意的问题同石灰液法工艺流程的日常运行管理注意的问题。

③ 单钠碱法工艺（图 2-4）

该工艺一般在燃油锅炉上应用较多。

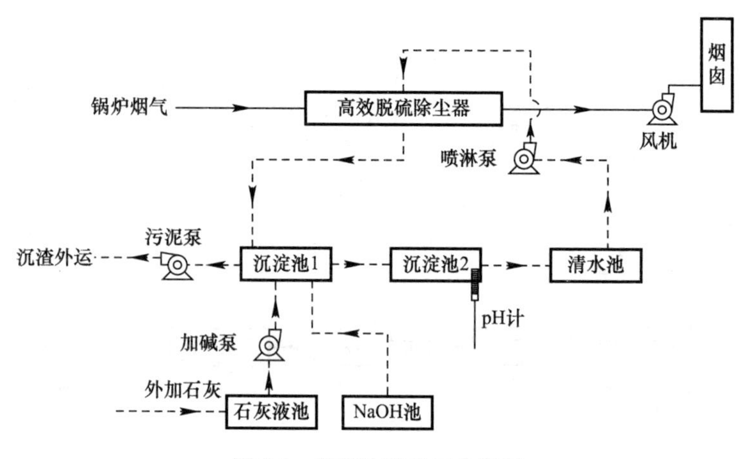

图 2-3　双碱法脱硫工艺流程

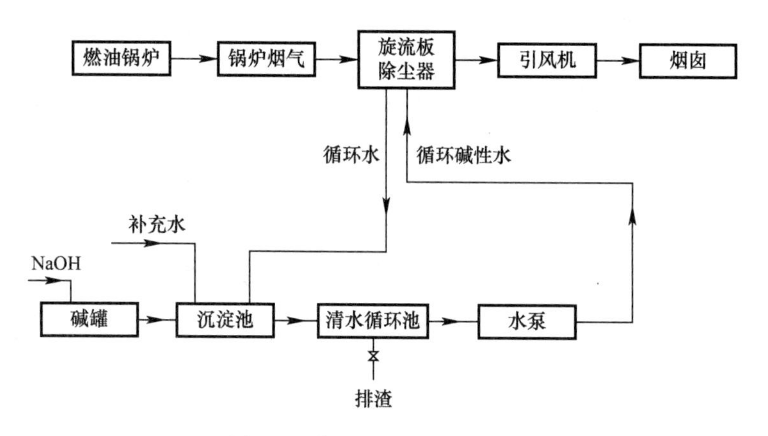

图 2-4　单钠碱法脱硫工艺流程

日常运行管理注意的问题：

a. NaOH 储藏注意防潮，储量需满足运行要求；

b. 需控制脱硫设施进出水的 pH 值，注意检查循环水量是否达到设计要求，如有异常需对循环水系统及喷嘴进行检查。

c. 定期检查吸收设备及其他处理设施运行是否正常；

d. 定期将循环液排至污水站处理。

（3）喷淋填料（湍球）塔脱硫除尘技术

该技术根据双膜理论，SO_2 吸收过程属于气膜控制吸收过程，采用液相分散型装置与喷淋填料塔。在填料塔中烟气与喷淋液充分接触、扩散、吸收以此完成烟气中 SO_2 吸收及除尘。

其工艺流程见图 2-5。

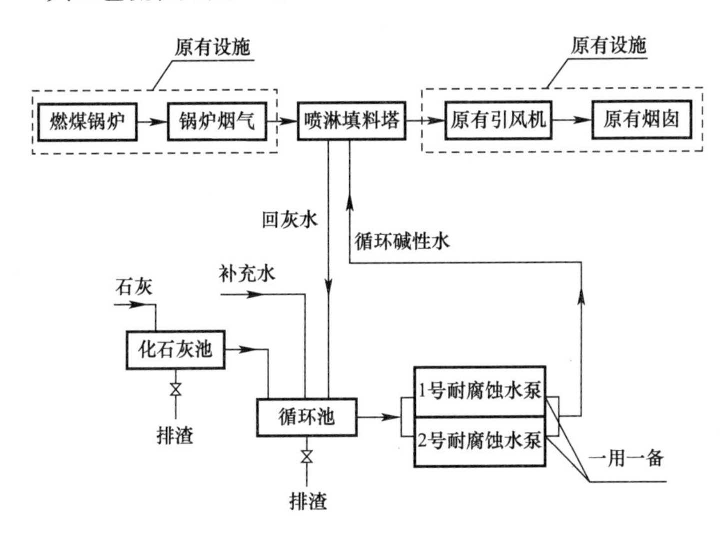

图 2-5　喷淋填料（湍球）塔脱硫除尘工艺流程

日常运行管理注意的问题：

① NaOH 及石灰储藏注意防潮，储量需满足运行要求；

② 注意检查循环水量是否达到设计要求，如有异常需对循环水系统及喷嘴进行检查；

③ 定期检查吸收设备及其他处理设施运行是否正常。

2. 半干法烟气脱硫技术

半干法烟气脱硫技术采用湿态吸收剂，在吸收装置中吸收剂被烟气的热量所干燥，并在干燥过程中与 SO_2 反应生成干粉脱硫产物。半干法工艺较简单，反应产物易于处理，无废水产生，但脱硫效率和脱硫剂的利用率低。目前常见的半干法烟气脱硫技术有：喷雾干燥脱硫技术、循环流化床烟气脱硫技术等。以下对其脱硫技术进行简单介绍。

(1) 喷雾干燥脱硫技术

喷雾干燥脱硫技术利用喷雾干燥的原理，在吸收剂（氧化钙或氢氧化钙）用固定喷头喷入吸收塔后，一方面吸收剂与烟气中 SO_2 发生化学反应，生成固体产物；另一方面烟气将热量传递给吸收剂，使脱硫反应产物形成干粉，反应产物在布袋除尘器（或电除尘器）处被分离，同时进一步去除 SO_2。工艺流程见图 2-6。

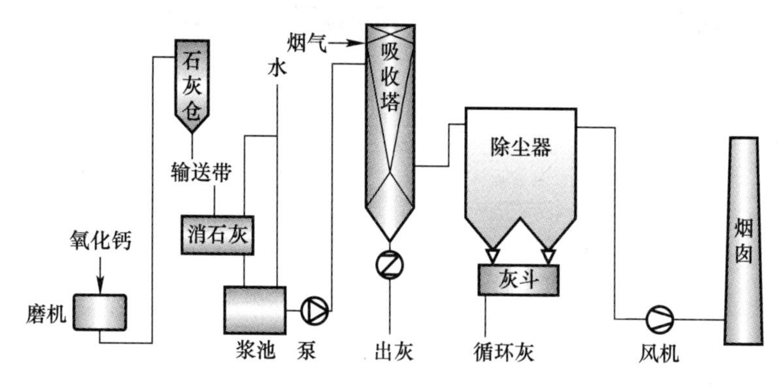

图 2-6　喷雾干燥脱硫除尘工艺流程

日常运行管理注意的问题：

① 石灰储藏注意防潮，储量需满足运行要求；

② 注意检查石灰投加量是否达到设计要求；

③ 定期检查石灰输送系统及其他处理设施运行是否正常；

④ 注意喷雾器使用寿命及维护。

(2) 循环流化床烟气脱硫技术

循环流化床脱硫技术利用流化床原理，将脱硫剂流态化，烟气与脱硫剂在悬浮状态下进行脱硫反应。其工艺流程见图 2-7。

日常运行管理注意的问题：

① 石灰储藏注意防潮，储量需满足运行要求；

② 注意检查石灰投加量是否达到设计要求；

③ 定期检查石灰输送系统及其他处理设施运行是否正常。

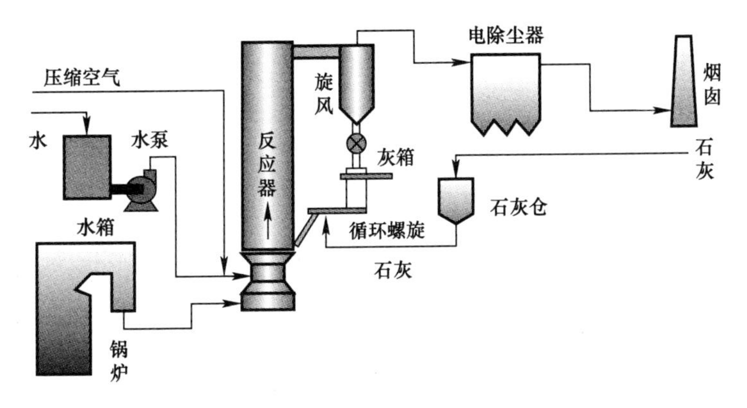

图 2-7　循环流化床烟气脱硫工艺流程

3. 干法脱硫技术

干法脱硫技术采用湿态吸收剂，反应生成干粉脱硫产物。干法工艺较简单，但脱硫效率和脱硫剂的利用率较低。目前常见的干法烟气脱硫技术有：炉内喷钙脱硫技术。

日常运行管理注意的问题：

① 石灰储藏注意防潮，储量需满足运行要求；

② 注意检查石灰投加量是否达到设计要求；

③ 定期检查石灰输送系统及其他处理设施运行是否正常。

三、石灰石/石灰-石膏湿法烟气脱硫工艺

据相关研究表明在目前国内外开发出的上百种脱硫技术中，石灰石-石膏法烟气脱硫技术已经有几十年的发展历史，技术成熟可靠，适用范围广泛，约占已安装 FGD 机组容量的 70%，据有关资料介绍，该工艺市场占有率已经达到 85%以上。石灰石-石膏法烟气脱硫是我国火电厂大中型机组烟气脱硫改造的首选方案。

该方法以石灰石为脱硫剂，通过向吸收塔内喷入吸收剂浆液，与烟气充分接触混合，并对烟气进行洗涤，使得烟气中的 SO_2 与浆液中的 $CaCO_3$ 以及鼓入的强氧化空气反应，最后生成

二水石膏。这种工艺每吸收 1t SO_2 就能副产脱硫石膏 2.7t，一个 50 万 kW 的燃煤电厂，如果燃煤含硫 1%，每年就要排出脱硫石膏 5 万 t。

煤炭占我国一次能源消耗量的 3/4，其中火电燃煤又占了 1/3，到 2010 年末，全国火电厂烟气脱硫机组总容量约为 4500～5000 万 kW，以 70%采用湿法脱硫，含硫量 2%的煤，平均应用基 Q_{dw} = 20.9MJ/kg，年运行 7200h（300d），年平均发电煤耗 350g/kwh，平均脱硫率 90%，则年产生 FGD 为 1100～1400 万 t。因此副产脱硫石膏产量十分巨大。

1. 典型的系统构成

典型的石灰石/石灰-石膏湿法烟气脱硫工艺流程如图 2-8 所示，实际运用的脱硫装置的范围根据工程具体情况有所差异。

2. 反应原理

（1）吸收原理

吸收液通过喷嘴雾化喷入吸收塔，分散成细小的液滴并覆盖吸收塔的整个断面。这些液滴与塔内烟气逆流接触，发生传质与吸收反应，烟气中的 SO_2、SO_3 及 HCl 、HF 被吸收。SO_2 吸收产物的氧化和中和反应在吸收塔底部的氧化区完成并最终形成石膏。

为了维持吸收液恒定的 pH 值并减少石灰石耗量，石灰石被连续加入吸收塔，同时吸收塔内的吸收剂浆液被搅拌机、氧化空气和吸收塔循环泵不停地搅动，以加快石灰石在浆液中的均布和溶解。

（2）化学过程

强制氧化系统的化学过程描述如下：

① 吸收反应

烟气与喷嘴喷出的循环浆液在吸收塔内有效接触，循环浆液吸收大部分 SO_2，反应如下：

$$SO_2 + H_2O \longrightarrow H_2SO_3 \quad \text{（溶解）}$$

$$H_2SO_3 \longrightarrow H^+ + HSO_3^- \quad \text{（电离）}$$

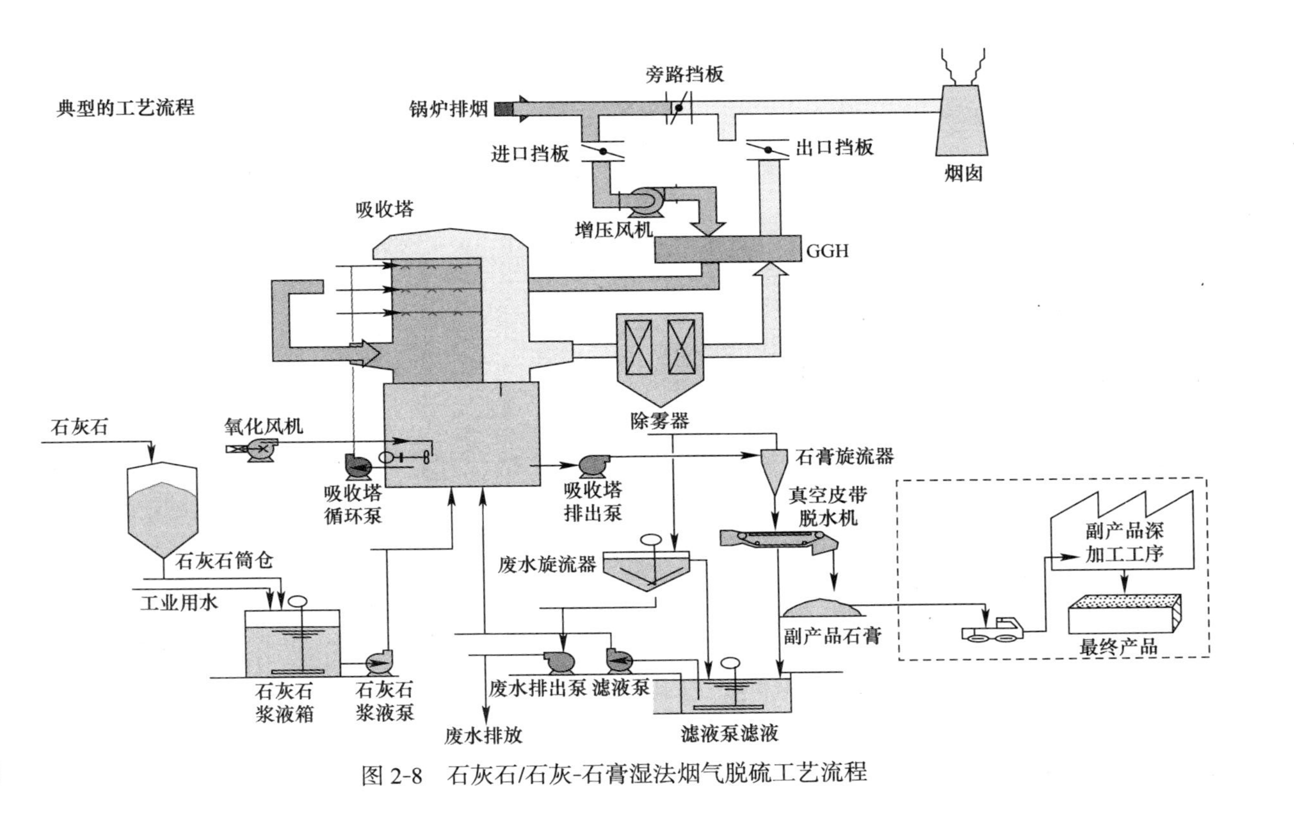

图 2-8　石灰石/石灰-石膏湿法烟气脱硫工艺流程

吸收反应的机理：

吸收反应是物质传质和吸收的过程，水吸收 SO_2 属于中等溶解度的气体组分的吸收，根据双膜理论，传质速率受气相传质阻力和液相传质阻力的控制。

吸收速率 = 吸收推动力 / 吸收系数（传质阻力为吸收系数的倒数）

强化吸收反应的措施：

a. 提高 SO_2 在气相中的分压力（浓度），提高气相传质动力。

b. 采用逆流传质，增加吸收区平均传质动力。

c. 增加气相与液相的流速，高的 Re 数改变了气膜和液膜的界面，从而引起强烈的传质。

d. 强化氧化，加快已溶解 SO_2 的电离和氧化，当亚硫酸被氧化以后，它的浓度就会降低，会促进 SO_2 的吸收。

e. 提高 pH 值，减少电离的逆向过程，增加液相吸收推动力。

f. 在总的吸收系数一定的情况下，增加气液接触面积，延长接触时间，如：增大液气比，减小液滴粒径，调整喷淋层间距等。

g. 保持均匀的流场分布和喷淋密度，提高气液接触的有效性。

② 氧化反应

一部分 HSO_3^- 在吸收塔喷淋区被烟气中的氧所氧化，其他的 HSO_3^- 在反应池中被氧化空气完全氧化，反应如下：

$$H_2SO_3^- + \frac{1}{2}O_2 \longrightarrow HSO_4^-$$

$$HSO_4^- \longrightarrow H^+ + SO_4^{2-}$$

氧化反应的机理：

氧化反应的机理基本同吸收反应，不同的是氧化反应是液相连续，气相离散。水吸收 O_2 属于难溶解度的气体组分的吸收，根据双膜理论，传质速率受液膜传质阻力的控制。

强化氧化反应的措施：

1）降低 pH 值，增加氧气的溶解度

2）增加氧化空气的过量系数，增加氧浓度

3）改善氧气的分布均匀性，减小气泡平均粒径，增加气液接触面积。

③ 中和反应

吸收剂浆液被引入吸收塔内中和氢离子，使吸收液保持一定的 pH 值。中和后的浆液在吸收塔内再循环。中和反应如下：

$$Ca^{2+} + CO_3^{2-} + 2H^+ + SO_4^{2-} + H_2O \longrightarrow CaSO_4 \cdot 2H_2O + CO_2 \uparrow$$

$$2H^+ + CO_3^{2-} \longrightarrow H_2O + CO_2 \uparrow$$

中和反应的机理：

中和反应伴随着石灰石的溶解和石膏的结晶，由于石灰石较为难溶，因此本环节的关键是，如何增加石灰石的溶解度，反应生成的石膏如何尽快结晶，以降低石膏过饱和度。中和反应本身并不困难。

强化中和反应的措施：

1）提高石灰石的活性，选用纯度高的石灰石，减少杂质。

2）细化石灰石粒径，提高溶解速率。

3）降低 pH 值，增加石灰石溶解度，提高石灰石的利用率。

4）增加石灰石在浆池中的停留时间。

5）增加石膏浆液的固体浓度，增加结晶附着面，控制石膏的相对饱和度。

6）提高氧气在浆液中的溶解度，排挤溶解在液相中的 CO_2，强化中和反应。

④ 其他副反应

烟气中的其他污染物如 SO_3、Cl、F 和尘都被循环浆液吸收和捕集。SO_3、HCl 和 HF 与悬浮液中的石灰石按以下反应式发生反应：

$$SO_3 + H_2O \longrightarrow 2H^+ + SO_4^{2-}$$

$$CaCO_3 + 2HCl \longleftrightarrow CaCl_2 + CO_2 \uparrow + H_2O$$

$$CaCO_3 + 2HCl \longleftrightarrow CaF_2 + CO_2 \uparrow + H_2O$$

副反应对脱硫反应的影响及注意事项：

脱硫反应是一个比较复杂的反应过程，其中一些副反应，有些有利于反应的进程，有些会阻碍反应的发生，下列反应应当予以重视：

1）Mg 的反应

浆池中的 Mg 元素，主要来自于石灰石中的杂质，当石灰石中可溶性 Mg 含量较高时（以 $MgCO_3$ 形式存在），由于 $MgCO_3$ 活性高于 $CaCO_3$ 会优先参与反应，对反应的进行是有利的，但过多时，会导致浆液中生成大量的可溶性的 $MgSO_3$，它过多的存在，使得溶液里 SO_3^{2-} 浓度增加，导致 SO_2 吸收化学反应推动力的减小，而导致 SO_2 吸收的恶化。

另一方面，吸收塔浆液中 Mg^+ 浓度增加，会导致浆液中的 $MgSO_4(L)$ 的含量增加，既浆液中的 SO_4^{2-} 增加，会对导致吸收塔中的悬浮液的氧化困难，从而需要大幅度增加氧化空气量。氧化反应原理如下：

$$H_2SO_3^- + \frac{1}{2}O_2 \longrightarrow HSO_4^- \tag{1}$$

$$HSO_4^- \longrightarrow H^+ + SO_4^{2-} \tag{2}$$

因为（2）式的反应为可逆反应，从化学反应动力学的角度来看，如果 SO_4^{2-} 的浓度太高的话，不利于反应向右进行。

因此喷淋塔一般会控制 Mg^+ 离子的浓度，当高于 5×10^{-6} 时，需要通过排出更多的废水，此时控制准则不再是 Cl^- 小于 5×10^{-6}。

2）Al 的反应

Al 主要来源于烟气中的飞灰，可溶解的 Al 在 F 离子浓度达到一定条件下，会形成氟化铝络合物（胶状絮凝物），包裹在石灰石颗粒表面，形成石灰石溶解闭塞，严重时会导致反应严重恶化的重大事故。

3）Cl 的反应

在一个封闭系统或接近封闭系统的状态下，FGD 工艺的运行会把吸收液从烟气中吸收溶解的氯化物增加到非常高的浓度。这些溶解的氯化物会产生高浓度的溶解钙，主要是氯化钙，如果高浓度溶解的钙离子存在于FGD系统中，就会使溶解的石灰石减少，这是由于“共同离子作用”而造成的，在“共同离子作用”下，来自氯化钙的溶解钙就会妨碍石灰石中碳酸钙的溶解。控制氯离子浓度在(12～20)$\times 10^{-3}$是保证反应正常进行的重要因素。

3. 系统描述

(1) FGD系统构成

烟气脱硫（FGD）装置采用高效的石灰石/石膏湿法工艺，整套系统由以下子系统组成：

1) SO_2 吸收系统

2) 烟气系统

3) 石灰石浆液制备系统

4) 石膏脱水系统

5) 供水和排放系统

6) 废水处理系统

7) 压缩空气系统

(2) SO_2 吸收系统

烟气由进气口进入吸收塔的吸收区，在上升过程中与石灰石浆液逆流接触，烟气中所含的污染气体绝大部分因此被清洗入浆液，与浆液中的悬浮石灰石微粒发生化学反应而被脱除，处理后的净烟气经过除雾器除去水滴后进入烟道。

吸收塔塔体材料为碳钢内衬玻璃鳞片。吸收塔烟气入口段为耐腐蚀、耐高温合金。

吸收塔内烟气上升流速为3.2～4m/s。塔内配有喷淋层，每组喷淋层由带连接支管的母管制浆液分布管道和喷嘴组成。喷淋组件及喷嘴的布置设计成均匀覆盖吸收塔上流区的横截面。喷淋系统采用单元制设计，每个喷淋层配一台与之相连接的吸收塔浆液循环泵。

每台吸收塔配多台浆液循环泵。运行的浆液循环泵数量根据锅炉负荷的变化和对吸收浆液流量的要求来确定，在达到要求吸收效率的前提下，可选择最经济的泵运行模式以节省能耗。

吸收了 SO_2 的再循环浆液落入吸收塔反应池。吸收塔反应池装有多台搅拌机。氧化风机将氧化空气鼓入反应池。氧化空气分布系统采用喷管式，氧化空气被分布管注入到搅拌机桨叶的压力侧，被搅拌机产生的压力和剪切力分散为细小的气泡并均布于浆液中。一部分 HSO_3^- 在吸收塔喷淋区被烟气中的氧气氧化，其余部分的 HSO_3^- 在反应池中被氧化空气完全氧化。

吸收剂（石灰石）浆液被引入吸收塔内中和氢离子，使吸收液保持一定的 pH 值。中和后的浆液在吸收塔内循环。

吸收塔排放泵连续地把吸收浆液从吸收塔送到石膏脱水系统，通过排浆控制阀控制排出浆液流量，维持循环浆液浓度在大约 8～25wt％。

脱硫后的烟气通过除雾器来减少携带的水滴，除雾器出口的水滴携带量不大于 $75mg/Nm^3$。两级除雾器采用传统的顶置式布置在吸收塔顶部或塔外部，除雾器由聚丙烯材料制作，形式为 Z 型，两级除雾器均用工艺水冲洗，冲洗过程通过程序控制自动完成。

吸收塔入口烟道侧板和底板装有工艺水冲洗系统，冲洗自动周期进行。冲洗的目的是为了避免喷嘴喷出的石膏浆液带入入口烟道后干燥粘结。

在吸收塔入口烟道装有事故冷却系统，事故冷却水由工艺水泵提供。

当吸收塔入口烟道由于吸收塔上游设备意外事故造成温度过高而旁路挡板未及时打开或所有的吸收塔循环泵切除时本系统启动。

（3）烟气系统

从锅炉来的热烟气经增压风机增压后进入烟气换热器（GGH）降温侧，经 GGH 冷却后，烟气进入吸收塔，向上流动穿过喷淋层，在此烟气被冷却到饱和温度，烟气中的 SO_2 被石灰石浆液吸收。除去 SO_X 及其他污染物的烟气经 GGH 加热至

80℃以上，通过烟囱排放。

GGH是利用热烟气所带的热量加热吸收塔出来的冷的净烟气。在设计条件下且没有补充热源时，GGH可将净烟气的温度提高到80℃以上。

烟气通过GGH的压损由一在线清洗系统维持。正常运行时清洗系统每天需使用蒸气吹灰3次。此外，系统还配有一套在线高压水洗装置（约1月用1次）。在热烟气的进口与GGH相连的烟道出口安置一套可伸缩的清洗设备，用来进行常规吹灰和在线水冲洗。清洗装置都有单独的、可伸缩的矛状管和带有单独的辅助蒸气和水喷嘴的驱动机械。GGH配一台在线的冲洗水泵，该泵为在线清洗提供高压冲洗水。自动吹灰系统可保证GGH的受热面不受堵塞，保持承诺的净烟气出口温度。吹灰器自动控制。

当GGH停机后，换热元件可用一低压水清洗装置进行清洗。此低压水清洗装置每年使用两次。每台GGH上的两个固定的水冲洗装置用来进行离线冲洗。每一个固定的水清洗装置配有带喷嘴的直管，从有一定间隔的喷嘴中均匀地向换热面喷冲洗水。

设置一套密封系统保证GGH漏风率小于1%。

烟道上设有挡板系统，以便于FGD系统正常运行和事故时旁路运行。每套FGD装置的挡板系统包括一台FGD进口原烟气挡板，一台FGD出口净烟气挡板和一台旁路烟气挡板，挡板为双百叶式。在正常运行时，FGD进出口挡板开启，旁路挡板关闭。在故障情况下，开启烟气旁路挡板门，关闭FGD进出口挡板，烟气通过旁路烟道绕过FGD系统直接排到烟囱。所有挡板都配有密封系统，以保证“零”泄露。密封空气设两台100%容量的密封空气风机（一台备用）和二级电加热器，加热温度不低于70℃。

烟道包括必要的烟气通道、冲洗和排放漏斗、膨胀节、法兰、导流板、垫片/螺栓材料以及附件。

在BMCR工况下，烟道内任意位置的烟气流速不大于15m/s。烟道留有适当的取样接口、试验接口和人孔。

对于每台锅炉的 FGD 系统，配置 1 台 100%BMCR 烟气量的增压风机（BUF），布置于吸收塔上游的干烟区。增压风机为动叶可调轴流风机，包括电动机、密封空气系统等。

（4）石灰石浆液制备与供给系统

由汽车运来的石灰石卸至石灰石浆液制备区域的地斗，通过斗提机送入石灰石贮仓（贮仓的容量按需要的石灰石耗量设计），石灰石贮仓出口由皮带称重给料机送入石灰石湿式磨机，研磨后的石灰石进入磨机浆液循环箱，经磨机浆液循环泵送入石灰石旋流器，合格的石灰石浆液自旋流器溢流口流入石灰石浆液箱，不合格的从旋流器底流再送入磨机入口再次研磨。

系统设置一个石灰石浆液箱，每塔设置 2 台石灰石浆液供浆泵。吸收塔配有一条石灰石浆液输送管，石灰石浆液通过管道输送到吸收塔。每条输送管上分支出一条再循环管回到石灰石浆液箱，以防止浆液在管道内沉淀。

脱硫所需要的石灰石浆液量由锅炉负荷、烟气的 SO_2 浓度和 Ca/S 来联合控制，而需要制备的石灰石浆液量由石灰石浆液箱的液位来控制，浆液的浓度由浆液的密度计控制测量量作前馈控制旋流器个数。

（5）石膏脱水系统

机组 FGD 所产生的 25wt%浓度的石膏浆液由吸收塔下部布置的石膏浆液排放泵（每塔两台石膏浆液排放泵，一运一备）送至石膏浆液旋流器。系统设置 2 套石膏旋流站，2 套石膏旋流站底流自流进入 2 台真空皮带脱水机。每台真空皮带脱水机的设计过滤能力为 2 台机组脱硫系统石膏总量的 75%。

石膏脱水系统包括以下设备：

① 石膏旋流站；

② 真空皮带过滤机；

③ 滤布冲洗水箱；

④ 滤布冲洗水泵；

⑤ 滤液水箱及搅拌器；

⑥ 滤液水泵；

⑦ 石膏饼冲洗水泵；

⑧ 废水旋流站给料箱；

⑨ 废水旋流站给料泵；

⑩ 废水旋流站；

⑪ 石膏输送机；

⑫ 石膏库。

a. 石膏旋流站和废水旋流站

浓缩到浓度大约55%的旋流站的底流浆液自流到真空皮带脱水机，旋流站的溢流自流到废水旋流站给料箱，一部分通过废水旋流站给料泵送到废水旋流站，其余部分溢流到滤液水箱。废水旋流站溢流到废水箱，通过废水输送泵送到废水处理系统，底流进入滤液箱。

b. 真空皮带脱水机

设置2套容量为2台机组脱硫系统石膏总产量75%的脱水系统。真空皮带脱水机和真空系统按此容量设计。

石膏旋流站底流浆液由真空皮带脱水机脱水到含90%固形物和10%水分，脱水石膏经冲洗降低其中的 Cl^- 浓度。滤液进入滤液水回收箱。脱水后的石膏经由石膏输送皮带送入石膏库房堆放。

石膏库房通过优化设计，使石膏运输车辆装料便于进行，不会对厂区环境造成污染。

工业水作为密封水供给真空泵，然后收集到滤布冲洗水箱，用于冲洗滤布，滤布冲洗水被收集到滤饼冲洗水箱，用于石膏滤饼的冲洗。

滤液水箱收集的滤液、冲洗水等由滤液水泵输送到石灰石浆液制备系统和吸收塔。

(6) 供水和排放系统

① 供水系统

从电厂供水系统引接至脱硫岛的水源，提供脱硫岛工业和工艺水的需要。

工业水主要用户为：除雾器冲洗水及真空泵密封水。冷却水冷却设备后排至吸收塔排水坑回收利用。

工艺水主要用户为（不限于此）：石灰石浆液制备用水；烟气换热器的冲洗水；所有浆液输送设备、输送管路、贮存箱的冲洗水。

工艺水/工业水进入岛内工艺水/工业水箱，通过工艺水/工业水泵、除雾器冲洗水泵分别送至 FGD 区域的每个用水点。

系统内的配套管道及其测量和控制仪表。

② 排放系统

FGD 岛内设置一个公用的事故浆液箱，事故浆液箱的容量应该满足单个吸收塔检修排空时和其他浆液排空的要求，并作为吸收塔重新启动时的石膏晶种。

吸收塔浆池检修需要排空时，吸收塔的石膏浆液输送至事故浆液箱最终可作为下次 FGD 启动时的晶种。

事故浆液箱设浆液返回泵（将浆液送回吸收塔）1 台。

FGD 装置的浆液管道和浆液泵等，在停运时需要进行冲洗，其冲洗水就近收集在各个区域设置的集水坑内，然后用泵送至事故浆液箱或吸收塔浆池。

（7）压缩空气系统

脱硫岛仪表用气和杂用气由岛内设置的压缩空气系统提供，压力为 0.85MPa 左右。

按需要应设置足够容量的储气罐，仪表用稳压罐和杂用储气罐应分开设置。贮气罐的供气能力应满足当全部空气压缩机停运时，依靠贮气罐的贮备，能维持整个脱硫控制设备继续工作不少于 15min 的耗气量。气动保护设备和远离空气压缩机房的用气点，宜设置专用稳压贮气罐。贮气罐工作压力按 0.8MPa 考虑，最低压力不应低于 0.6MPa。

（8）脱硫废水处理系统

① 脱硫废水的水质

脱硫废水的水质与脱硫工艺、烟气成分、灰及吸附剂等多种因素有关。脱硫废水的主要超标项目为悬浮物、pH 值、汞、铜、铅、镍、锌、砷、氟、钙、镁、铝、铁以及氯根、硫酸根、亚硫酸根、碳酸根等。

脱硫废水处理系统处理后的排水出水水质要达到《国家污水综合排放标准》GB 8978—1996 中第二类污染物最高允许排放浓度中的一级标准（表 2-1）。

《国家污水综合排放标准》GB 8978—1996 中的一级标准　表 2-1

项　目	单　位	浓　度
悬浮物	(mg/L)	≤70
pH		6.0～9.0
COD	(mg/L)	≤100
BOD	(mg/L)	≤25
硫化物	(mg/L)	≤1.0
氟化物	(mg/L)	≤10
总铜	(mg/L)	≤0.5
总锌	(mg/L)	≤2.0
总镉	(mg/L)	≤0.1
总 Cr	(mg/L)	≤1.5
六价 Cr	(mg/L)	≤0.5
总砷	(mg/L)	≤0.5
总铅	(mg/L)	≤1.0

② 脱硫废水处理工艺

脱硫废水处理系统包括以下三个子系统：脱硫装置废水处理系统、化学加药系统、污泥脱水系统。

a. 脱硫装置废水处理系统工艺流程：脱硫废水→中和箱（加入石灰乳）→沉降箱（加入 $FeClSO_4$ 和有机硫）→絮凝箱（加入助凝剂）→澄清池→清水 pH 调整箱→达标排放。

上述工艺流程反应机理为：

首先，脱硫废水流入中和箱，在中和箱加入石灰乳，水中的氟离子变成不溶解的氟化钙沉淀，使废水中大部分重金属离子以微溶氢氧化物的形式析出；

随后，废水流入沉降箱中，在沉降箱中加入 $FeClSO_4$ 和有机硫使分散于水中的重金属形成微细絮凝体；

第三步，微细絮凝体在缓慢和平滑的混合作用下在絮凝箱中形成稍大的絮凝体，在絮凝箱出口加入助凝剂，在下流过程中助凝剂与絮凝体形成更大的絮凝体；

继而在澄清池中絮凝体和水分离，絮凝体在重力浓缩作用下形成浓缩污泥，澄清池出水（清水）流入清水箱内加酸调节 pH 值到 6～9 后排至后续的除氯处理系统。

b. 化学加药系统

脱硫废水处理加药系统包括：石灰乳加药系统；$FeClSO_4$ 加药系统；助凝剂加药系统；有机硫化物加药系统；盐酸加药系统等。

为方便维护和检修，每个箱体均设置放空管和放空阀门，各类水泵均按 100％容量一用一备。

所有泵出口均装有逆止阀，在排出和吸入侧设置隔离阀，并装有抽空保护装置；计量泵采用隔膜计量泵，带有变频调节和人工手动调节冲程两种方式，在每套加药系统中均装有流量计和压力缓冲器。

石灰乳加药系统流程如下：

石灰粉→石灰粉仓→制备箱→输送泵→计量箱→计量泵→加药点。

石灰粉由自卸密封罐车装入石灰粉仓，在石灰粉仓下设有旋转锁气器，通过螺旋给料机输送至石灰乳制备箱制成 20％的 $Ca(OH)_2$ 浓液，再在计量箱内调制成 5％的 $Ca(OH)_2$ 溶液，经石灰乳计量泵（一用一备）加入中和箱。

$FeClSO_4$ 加药系统流程如下：

$FeClSO_4$→ $FeClSO_4$ 搅拌溶液箱 → $FeClSO_4$ 计量箱
→ $FeClSO_4$ 计量泵 → 加药点

$FeClSO_4$ 制备箱和加药计量泵以及管道、阀门组合在一小单元成套装置内。为防止污染，溶液箱地面敷设耐腐蚀地砖，周围设有围堰。$FeClSO_4$ 在制备箱配成溶液后进入计量箱，$FeClSO_4$ 溶液由隔膜计量泵（一用一备）加入絮凝箱。

助凝剂加药系统流程如下：

助凝剂→助凝剂制备箱→助凝剂计量箱→助凝剂计量泵→加药点

助凝剂制备箱和加药计量泵以及管道、阀门组合在一小单元成套装置内。为防止污染，溶液箱地面敷设耐腐蚀地砖，周围设有围堰。助凝剂溶液由隔膜计量泵（1 用 1 备）加入絮凝箱。

有机硫化物加药系统流程如下：

有机硫化物→有机硫制备箱→有机硫计量箱→有机硫计量泵→加药点

有机硫制备箱和加药计量泵以及管道、阀门组合在一小单元成套装置内。为防止污染，溶液箱地面敷设耐腐蚀地砖，周围设有围堰。有机硫在制备箱配成溶液后进入计量箱，有机硫溶液由隔膜计量泵（一用一备）加入沉降箱。

盐酸加药系统流程如下：

盐酸计量箱→盐酸计量泵→加药点

盐酸计量箱和加药计量泵以及管道、阀门组合在一小单元成套装置内。为防止污染，溶液箱地面敷设耐腐蚀地砖，周围设有围堰。盐酸溶液由隔膜计量泵（一用一备）加入出水箱。根据实际情况确定加药量。

c. 污泥脱水系统

污泥处理系统流程如下：

浓缩污泥→污泥贮池→压滤机→滤饼→堆场
↓
滤液→滤液平衡箱→中和箱

澄清池底的浓缩污泥中的污泥一部分作为接触污泥经污泥回流泵送到中和箱参与反应，另一部分污泥由污泥输送泵送到污泥脱水装置，污泥脱水装置由板框式压滤机和滤液平衡箱组成，污泥经压滤机脱水制成泥饼外运倒入灰厂，滤液收集在滤液平衡箱内，由泵送往第一沉降阶段的中和槽内。

第二节　磷石膏的生产过程

磷石膏是指在磷酸生产中用硫酸处理磷矿生产磷酸或磷肥时产生的固体废渣，其主要成分为二水硫酸钙。

一、磷酸

我国磷矿资源比较丰富，已探明的资源储量仅次于摩洛哥和美国，居世界第 3 位。截至 1999 年底，我国共查明磷矿产地 395 处，探明资源储量 132.4 亿 t，分布在全国 27 个省、市和自治区。云南、贵州、四川、湖北和湖南 5 省是我国主要磷矿资源储藏地区，储量达 98.6 亿 t，占全国总储量的 74.5%。我国磷矿资源虽然比较丰富，但与世界有关国家相比，在矿石质量、可选性和磷矿石开采等方面都有较大的差异。一是富矿少，中低品位矿多。在已探明的磷矿储量中，P_2O_5 大于 30%的富矿仅 10.8 亿 t，占总储量的 8.2%，而且主要集中在云南和贵州省。我国磷矿石 P_2O_5 平均品位为 17%左右，绝大部分磷矿必须经选矿富集后才能满足磷酸和高浓度磷肥生产要求。二是难选矿多，易选矿少。在已探明的储量中，沉积型磷块岩占我国总储量的 85%，而且大部分为中低品位矿石，除极少数富矿可直接作为高浓度磷复肥的生产原料外，绝大部分矿石需要经选别后才能满足高浓度磷复肥工业的生产要求。三是磷矿石的开采难度大。由于绝大部分磷矿成矿年代久远、埋藏深、岩化强和矿石胶结致密等原因，无论是露天或地下开采都较困难，造成高损失率、高贫化率和低开采率等问题。

天然磷矿分磷灰石和磷块岩两大类，其主要成分都是氟磷酸钙($Ca_{10}F_2(PO_4)_6$)。目前世界磷矿石的消费构成：90%用于生产各种磷肥，3.3%生产磷酸盐饲料，4%生产洗涤剂，2.7%用于轻工和国防等工业。我国磷矿石消费构成：磷肥约占 82 %，黄磷占 13%，其他磷制品占 5%。

磷酸（H_3PO_4）是一种常见的无机酸，是中强酸。正磷酸工业上用硫酸处理磷灰石即得。磷酸在空气中容易潮解，加热会失水得到焦磷酸，在进一步失水得到偏磷酸。

磷酸是制取各种工业和农业用磷制品的基础原料，磷酸是化肥工业生产中重要的中间产品，用于生产高浓度磷肥和复合肥料，如磷酸铵、重过磷酸钙、磷酸二氢钾等。磷酸还是肥皂、洗涤剂、金属表面处理剂、食品添加剂、饲料添加剂和水处理剂等所用的各种磷酸盐、磷酸酯的原料。

二、磷酸的生产方法

目前国内外磷酸的生产工艺主要有“热法”和“湿法”两种。两者相比较，湿法磷酸的工艺特点是产品成本相对较低，但是质量较差，且对磷矿的品位和杂质含量都有较高的要求，目前国际上制备工业磷酸主要采用湿法，我国湿法磷酸主要用于生产农业用化肥。热法磷酸的工艺特点是产品质量好，但价格较贵，而且属高能耗技术，电力能源在热法磷酸总的制造链中权重达60%。随着能源短缺日趋严重，电价节节攀升，热法磷酸的价格也随之上涨，造成以其为原料的磷化工产品逐渐丧失市场竞争能力。在这种形势下，磷酸工业不断改进生产工艺，以期降低能耗和生产成本。

1. 热法磷酸生产

热法磷酸工艺即采用磷矿电热法生产的黄磷为原料，经过氧化（燃烧）水合（吸收水化）所生成的 P_4O_{10} 而制成含量 85%的磷酸，

热法磷酸生产原理：

$$Ca_3(PO_4)_2 + 5C + 2SiO_2 \longrightarrow Ca_3Si_2O_7 + P_2\uparrow + 5CO\uparrow$$

$$\Delta H = 1548kJ$$

此反应是一强吸热反应，约在 1000℃开始发生反应，在形成熔融体后反应加剧进行，在此高温下磷以 P_2 分子状态逸出，后再结合成 P_4 分子。

磷在自然界主要是以磷酸盐的形式存在于磷矿石之中，因而工业上生产磷的方法是将磷矿石与焦炭、硅石加热至熔融状态制得元素磷。由于供给反应所需要热量的方式不同，黄磷的生产方法可分为高炉法和电炉法。高炉法投资大，磷的收率低，所以工业上通常采用电炉法制磷。

电炉法生产黄磷，是在硅石作助熔剂，利用焦炭作还原剂而得以实现的。反应如下：

$$2Ca_3(PO_4)_2 + SiO_2 + 10C \longrightarrow 6CaSiO_3 + P_4 \uparrow + 10CO_2 \uparrow$$

将生成的磷蒸气通入水面下冷却，就得凝固的黄磷。

生产黄磷的炉料熔点由炉渣的酸度指标 SiO_2/CaO 的比值来决定。含 SiO_2 51.7%和 CaO48.3%的偏硅酸钙 $CaSiO_3$ 的酸度指标值为 1.07，此时炉渣熔点为 1540℃，即酸度指标低于或高于 1.07 的碱性和酸性炉渣的熔点都比偏硅酸钙低。现实生产中，采用 $0.8 < SiO_2/CaO < 1.2$ 为宜。

硅石作助熔剂的目的是 SiO_2 和 CaO 结合，生成熔点低的硅酸钙，促使反应在较低温度下向生成磷的方向进行，同时也使炉渣易于排出。

电炉法生产中磷矿石的质量通常以混合料中的 P_2O_5 的含量来衡量，如果混合料中 P_2O_5 含量大于 25%，则认为构成该混合料的磷矿石质量好，生成每 t 黄磷的电消耗降低。如果 P_2O_5 含量降低，电耗就要增加。混合料每降低 1%P_2O_5，生产 1t 黄磷的电耗将增加 400 度。

电炉法生产黄磷流程见图 2-9。

磷矿石、焦炭和硅石经过破碎到一定的粒度后，再经烘干、筛选，然后按比例加入配料车中，由提升机提至料柜里。经过加料管连续不断地加入电炉内，炉料在炉内经过加热熔融，温度达到 1350～1450℃生成 CO 和磷蒸气、磷铁、炉渣，炉渣约 4h 从炉眼中排一次，熔融炉渣经水淬（水压 0.3～0.4MPa）后，流入渣池中用电动抓斗抓至贮仓中，用车运走。磷铁每天从铁口排出一次，流至砂模中冷却成型后回收。

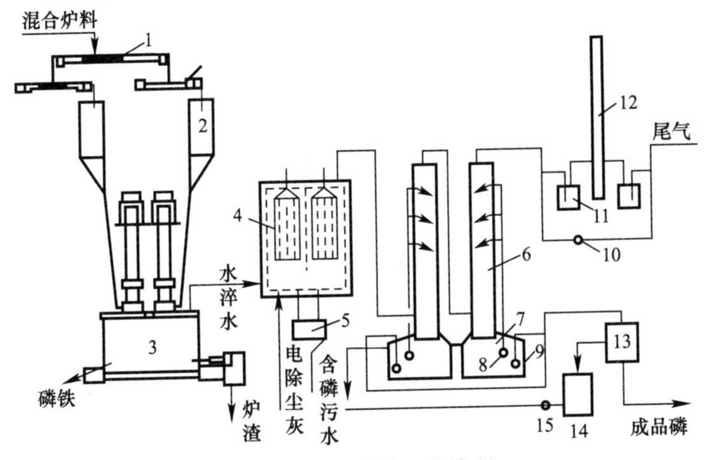

图 2-9　电炉制磷工艺流程

1—胶带输送机；2—炉顶料仓；3—制磷电炉；4—静电除尘器；5—电除尘灰槽；6—冷凝塔；7—受磷槽；8—冷凝水泵；9—磷泵；10—旋转压缩机；11—水封；12—烟囱；13—磷过滤器；14—滤渣槽；15—泥浆泵

含磷蒸气、CO 等气体及被炉气夹带的粉尘，经导气管进入除尘器，再进入两个串联的冷凝塔，磷蒸气在冷凝塔中被水冷凝为液态磷，以及未被除去的粉尘同时落入受磷槽中，沉积在槽底的纯磷用泵抽出送至贮槽。形成的泥磷经过处理以回收黄磷，冷凝塔出来的尾气温度约为 50～60℃。CO 含量为 80%～90%(体积)，还有少量的 CO_2，H_2O 等，经过净化处理，CO 可用于干燥热源或化学合成草酸、甲酸、甲醇等。

热法磷酸生产中的副反应：

磷矿中的杂质 Al_2O_3、Fe_2O_3 同 SiO_2 一样能使反应温度降低，且能加速反应进行，但程度不与 SiO_2。在还原过程中，被还原成金属铁，然后与生成的磷的一部分化合成为磷化铁，后呈熔融态从炉中排出，冷凝成为磷铁。

$$Ca_3(PO_4)_2 + 5C + 2Al_2O_3 \longrightarrow P_2\uparrow + 5CO\uparrow + 3(Al_2O_3 \cdot CaO)$$

$$\Delta H = 1615kJ$$

$$3C + Fe_2O_3 \longrightarrow 2Fe + 3CO\uparrow$$

$$4Fe + P_2 \longrightarrow 2Fe_2P$$

热法磷酸的制造方法，主要有：

(1) 完全燃烧法（又称一步法）

将电炉法制磷时所得的含磷炉气直接燃烧，此时不仅磷氧化为五氧化二磷，一氧化碳也被氧化：

$$P_4 + 10CO + 10O_2 \longrightarrow P_4O_{10} + 10CO_2$$

反应放出大量的热，由于磷酸酐有强烈的腐蚀作用，此反应热实际不能利用，燃烧后的气体必须冷却，以保证磷酸酐完全吸收。

由于气体温度高，磷酸酐与水作用时首先生成偏磷酸（HPO_3），冷却后再转化成为正磷酸：

$$P_4O_{10} + 2H_2O \longrightarrow 4HPO_3$$

$$HPO_3 + H_2O \longrightarrow H_3PO_4$$

此法由于热能利用差，在工业上未被采用。

(2) 液态磷燃烧法（又称二步法）

二步法有多种流程，在工业上普遍采用的有两种，即水冷却法和酸冷却法。第一种水冷却法是将黄磷燃烧，得到 P_2O_5 用水冷却和吸收制得磷酸，此法称为水冷流程，热法磷酸水冷法流程图如图 2-10 所示。

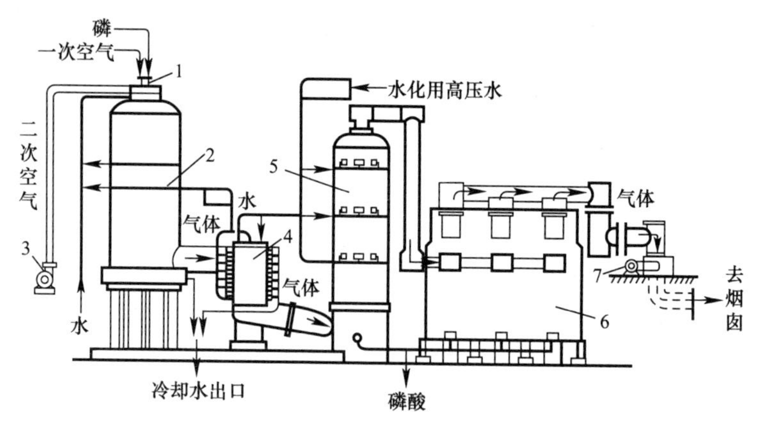

图 2-10　热法磷酸水冷法流程图

1—磷喷嘴；2—燃烧炉；3—鼓风机；4—气体冷却器；

5—水化塔；6—电除雾器；7—排风机

该流程的特点：①液体磷的燃烧单独在燃烧室进行，燃烧过程中所发生的热量用水移出；②冷却后的气体与水化合生成磷酸；③材料多采用石墨板（管）和碳砖；④气体冷却器的冷却面积小。

第二种酸冷却法是将燃烧产物 P_2O_5 用预先冷却的磷酸进行冷却和吸收而制成磷酸，此法称为酸冷却流程。热法磷酸酸冷却工艺流程图如图 2-11 所示。

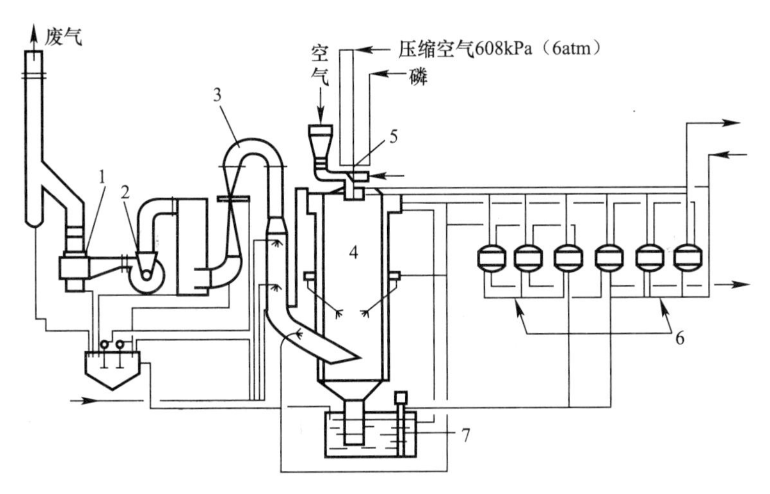

图 2-11 热法磷酸酸冷却法工艺流程

1—分离器；2—风机；3—文丘里装置；4—燃烧塔；5—燃烧喷头；6—换热器；7—泵

此法特点是磷的燃烧与 P_2O_5 水化在同一设备内完成，燃烧产生的热量由喷淋在塔内壁、预先冷却过的大量稀磷酸移走。

将黄磷在熔磷槽内熔化为液体，液态磷用压缩空气经黄磷喷嘴喷入燃烧水合塔进行燃烧，为使磷氧化完全，防止磷的低级氧化物生成，在塔顶还需补充二次空气，燃烧使用空气量为理论量的 1.6～2.0 倍。

在塔顶沿塔壁淋洒温度为 30～40℃的循环磷酸，在塔壁上形成一层酸膜，使燃烧气体冷却，同时 P_2O_5 与水化合生成磷酸。

塔中流出的磷酸浓度为86%～88%，酸的温度为85℃，出酸量为总酸量的75%。气体在85～110℃条件下进入电除雾器以回收磷酸，电除雾器流出的磷酸浓度为75%～77%，其量约为总酸量的25%。

从水化塔和电除雾器来的热法磷酸先进入浸没式冷却器，再在喷淋冷却器冷却至30～35℃。一部分磷酸送燃烧水化塔作为喷洒酸，一部分作为成品酸送储酸库。

（3）其他未工业化方法

① 优先氧化法：

在454～532℃条件下，黄磷与理论量120%～130%的空气混合，使磷蒸气氧化，而CO仅氧化了5.6%～7%，然后用稀磷酸吸收磷酸酐制成热法磷酸。

② 水蒸气氧化黄磷法

用铂、镍、铜作催化剂，焦磷酸锆或偏磷酸铝作载体，在600～800℃温度下用水蒸气氧化黄磷制得磷酸并副产氢气。

$$P_4 + 16H_2O \longrightarrow 4H_3PO_4 + 10H_2$$

热法适用于中、高品位矿石，产品浓度高，质量纯。缺点是能耗大，制成的磷酸盐成本居高不下，而且生产过程中产生的粉尘和有毒气体严重污染环境。在20世纪80年代以前，世界磷酸的70%以上由热法磷酸提供，到1991年，西欧热法磷酸占工业磷酸的比例仅为23%。目前，世界上热法磷酸的比例正逐渐下降。

2. 湿法磷酸

湿法是用无机酸来分解磷矿石粉，分离出粗磷酸，再经净化后制得磷酸产品。湿法磷酸比热法磷酸成本低20%～30%，经适当方法净化后，产品纯度可与热法磷酸相媲美。根据所用无机酸的不同，湿法磷酸又可分为硫酸法、盐酸法、硝酸法等。由于硫酸法操作稳定，技术成熟，分离容易，所以它是制造磷酸最主要的方法。

早在1845年法国和英国就已用硫酸分解骨粉制备磷酸，当时加工条件极为简单，1856年德国用天然磷矿代替其他含磷资源制造磷酸。直到1930年左右湿法磷酸生产才比较完备。同时随着电力工业的发展开始出现热法磷酸。近年来，由于湿法磷酸在萃取、过滤和浓缩设备等关键技术方面有所突破，耐腐蚀材料的进一步解决，加之从湿法磷酸中回收稀有元素和铀的技术研究成功，从而加速了湿法磷酸工业的发展。

（1）湿法磷酸工艺的物理化学原理

湿法磷酸工艺按其所用无机酸的不同可分为硫酸法、硝酸法、盐酸法等。矿石分解反应式表示如下：

$$Ca_5F(PO_4)_3 + 10HNO_3 \longrightarrow 3H_3PO_4 + 5Ca(NO_3)_2 + HF\uparrow$$

$$Ca_5F(PO_4)_3 + 10HCl \longrightarrow 3H_3PO_4 + 5CaCl_2 + HF\uparrow$$

$$Ca_5F(PO_4)_3 + 5H_2SO_4 + nH_3PO_4 + 5nH_2O \longrightarrow (n+3)H_3PO_4 + 5CaSO_4 \cdot nH_2O + HF$$

通常所称的“湿法磷酸”实际上是指硫酸法湿法磷酸，即用硫酸分解磷矿生产得到的磷酸。硫酸法的特点是矿石分解后的产物磷酸为液相，副产物硫酸钙是溶解度很小的固相。两者的分离是简单的液固分离，具有其他工艺方法无可比拟的优越性。因此，硫酸法生产磷酸工艺在湿法磷酸生产中处于主导地位。

湿法磷酸生产中，硫酸分解磷矿是在大量磷酸溶液介质中进行的。实际上分解过程分两步进行：首先是磷矿同磷酸（返回系统的磷酸）作用，生产磷酸一钙：

$$Ca_5F(PO_4)_3 + 7H_3PO_4 \longrightarrow 5Ca(H_2PO_4)_2 + HF$$

第二步是磷酸一钙和硫酸反应，使磷酸一钙全部转化为磷酸，并析出硫酸钙沉淀：

$$Ca_5F(PO_4)_3 + 5H_2SO_4 + 5nH_2O \longrightarrow 10H_3PO_4 + 5CaSO_4 \cdot nH_2O\downarrow$$

生成的硫酸钙根据磷酸溶液中酸浓度和温度不同，反应式中n的值取决于硫酸钙结晶的形式，可以是0，0.5，2，可有二水硫酸钙（$CaSO_4 \cdot 2H_2O$）、半水硫酸钙（$CaSO_4 \cdot 1/2H_2O$）和无水硫酸钙（$CaSO_4$）。

在磷矿石被分解的同时，含有原料中其他无机物杂质亦被分解，发生各种副反应。例如：

$$CaCO_3 + H_2SO_4 + (n-1)H_2O \longrightarrow CaSO_4 \cdot nH_2O + CO_2$$

天然磷矿中所含的碳酸盐按下式分解：

$$MgCO_3 + H_2SO_4 \longrightarrow MgSO_4 + CO_2 + H_2O$$

磷矿中氧化镁以碳酸盐形式存在，酸溶解时几乎全部进入磷酸溶液中：

$$SiO_2 + 4HF \longrightarrow SiF_4 + 2H_2O$$

$$SiO_2 + 6HF \longrightarrow H_2SiF_6 + 2H_2O$$

给磷酸质量和后加工将带来不利影响。

磷矿中通常含有2%～4%的氟，酸解时首先生成氟化氢，HF再与磷矿中的活性氧化硅或硅酸盐反应生成四氟化硅和氟硅酸。部分四氟化硅呈气态逸出，氟硅酸保留于溶液中。在浓缩磷酸时，氟硅酸分解为 SiF_4 和 HF。在浓缩过程中约有60%的氟从酸中逸出，可回收加工制取氟盐。

氧化铁和氧化铝等也进入溶液中，并同磷酸作用：

$$R_2O_3 + 2H_2PO_4 \longrightarrow 2RPO_4 + 3H_2O$$

$$(R = Fe, Al)$$

因此，天然磷矿中含有较多的氧化铁和氧化铝时不适宜用硫酸法制备磷酸。磷酸生产中的硫酸消耗量，可根据磷矿的化学组成，按化学反应方程式计算出理论硫酸用量确定。不同类型的磷矿，因其杂质含量不同，故实际硫酸消耗量与化学理论量之间存在着偏差，需由实验确定。

(2) 湿法磷酸的 $CaSO_4-H_3PO_4-H_2O$ 体系相平衡

在湿法磷酸生产过程中，根据液相中磷酸与硫酸的浓度，系统的温度不同，有三种硫酸钙的水合物结晶与溶液处于平衡状态，它们是二水物 $CaSO_4 \cdot 2H_2O$（二水石膏）、半水物 α-$CaSO_4 \cdot 0.5H_2O$（α半水石膏）和无水物 $CaSO_4$Ⅱ（硬石膏Ⅱ）。它们的化学组成与物系见表2-2。

三种硫酸钙水合物的化学组成及物系　　　　**表 2-2**

结晶状态	晶　系	密度（g/m^3）	折射指数		化学组成（%）		
			Ng	np	SO_3	CaO	H_2O
$CaSO_4 \cdot 2H_2O$	单斜晶系	2.32	1.530	1.520	46.6	32.5	20.9
$CaSO_4 \cdot 0.5H_2O$	六方晶系	2.73	1.534	1.559	55.2	38.6	6.2
$CaSO_4$ Ⅱ	斜方晶系	2.52	1.614	1.571	58.8	41.2	0

硫酸钙的各种水合物及其变体在水中的溶解度如图 2-12 所示。除二水物外，溶解度均随温度升高而降低。

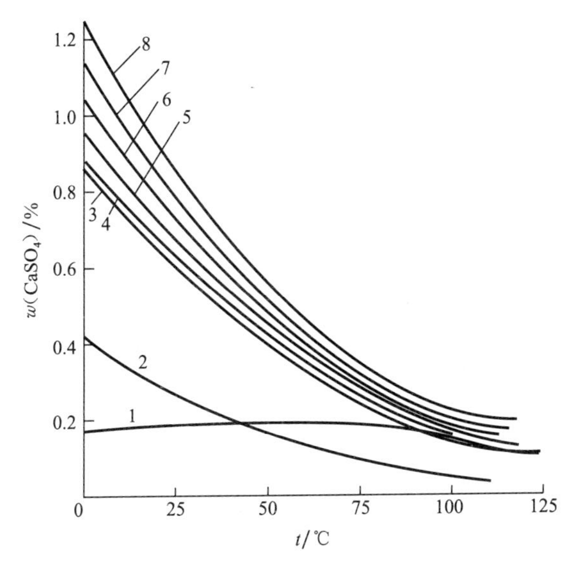

图 2-12　硫酸钙的各种水合物在水中的溶解度曲线

1—$CaSO_4 \cdot 2H_2O$；2—$CaSO_4 \cdot$ Ⅱ；3—α-$CaSO_4$ Ⅲ；4—β-$CaSO_4$ Ⅲ；5—α-$CaSO_4 \cdot 0.5H_2O$；6—β-$CaSO_4 \cdot 0.5H_2O$；7—脱水后的 α-$CaSO_4 \cdot 0.5H_2O$；8—脱水后的 β-$CaSO_4 \cdot 0.5H_2O$

由图可见，二水物与无水物Ⅱ在水中溶解度最小，40℃时两者溶解度曲线相交，说明低于 40℃时二水物是稳定固相，高于 40℃时，无水物Ⅱ是稳定固相，在 40℃时两者可以互相转换并保持 $CaSO_4 \cdot 2H_2O \longrightarrow CaSO_4$ Ⅱ $+ H_2O$ 的平衡关系。其他水合物及其变体溶解度高，均为介稳固相，最终将转变为二水物或无水物Ⅱ。

二水物与α半水物溶解度曲线相交于97℃，此时两者可互相转换并保持 $CaSO_4 \cdot 2H_2O \longrightarrow \alpha CaSO_4 \cdot 0.5H_2O + 1.5H_2O$ 的平衡关系，但此时平衡是介稳平衡，最终都将转变为无水物Ⅱ。图 2-13 为 $CaSO_4$-H_3PO_4-H_2O 系统高温图。

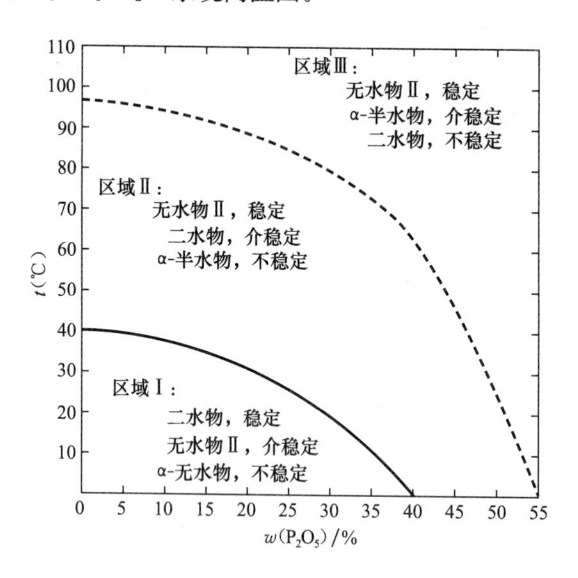

图 2-13 $CaSO_4$-P_2O_5-H_2O 体系高温图

实线为 $CaSO_4 \cdot 2H_2O = CaSO_4 \cdot Ⅱ + 2H_2O$ 热力学平衡图；

点画线为 $CaSO_4 \cdot 0.5H_2O = \alpha\text{-}CaSO_4 \cdot 0.5H_2O + 1.5H_2O$ 介稳平衡曲线

由图可见，在 $CaSO_4$-H_3PO_4-H_2O 体系中，硫酸钙只有两种稳定的晶体一二水物和无水物Ⅱ。其稳定区分别在 $CaSO_4 \cdot 2H_2O$ ══ $CaSO_4$ Ⅱ $+ 2H_2O$ 转化平衡曲线（实线）的下侧区域Ⅰ与上侧区域Ⅱ、Ⅲ。α半水物在 $CaSO_4 \cdot 2H_2O$ ══ $\alpha CaSO_4 \cdot 0.5H_2O + 1.5H_2O$ 转化平衡曲线（虚线）的上侧区域Ⅲ是介稳定的，二水物在两条转化曲线（实线与虚线）之间的区域Ⅱ是介稳定的。由此图可确定二水物法和半水物法生产湿法磷酸的工艺条件。二水物法生产磷酸的浓度及相应的温度应处在区域Ⅱ中，即在介稳平衡曲线下方，因为此区域中二水物是介稳定的，而α半水物是不稳定的。半水物生产磷酸的浓度和相应的温度应处在区域Ⅲ中，即在介稳平衡曲线的上方，因为此区域中α半水物是介稳定的，而二水物是不稳定的。

目前各种湿法磷酸的生产方法都是在无水物Ⅱ是稳定变体的条件下进行的，而实际生成的晶体都是介稳定性的二水物和α半水物。这是因为，在二水物和半水物生产控制的条件下，它们转变为稳定的无水物Ⅱ是非常缓慢的。湿法磷酸生产过程中，制得粒大、均匀、稳定的二水物和α半水物硫酸钙结晶，以便于过滤分离和洗涤干净是十分重要的问题。

(3) 湿法磷酸生产工艺

由于硫酸钙结晶在湿法磷酸生产中的重要作用，湿法磷酸生产工艺往往以硫酸钙出现的形态来命名。当生成硫酸钙水合结晶的形式不同时，反应过程的工艺条件及操作也截然不同。在磷酸溶液中，当操作的工艺条件不同时，硫酸钙结晶可以二水物、半水物及无水物三种不同水合形式稳定存在，并与溶液处于平衡。工业上有下述几种湿法磷酸生产工艺。

① 二水物法制湿法磷酸

硫酸分解磷矿制湿法磷酸时，控制硫酸钙以二水物形式沉淀的工艺流程成为二水物流程，反应时如下：

$$Ca_5F(PO_4)_3 + 5H_2SO_4 + 2H_2O \longrightarrow 3H_3PO_4 + 5CaSO_4 \cdot 2H_2O + HF$$

由于二水物流程具有过程简单，对设备腐蚀性相对较小，生产操作较易控制，二水物结晶在稀磷酸溶液中具有很好的稳定性，不发生相变而造成的结块，能形成粗大整齐的晶体，利于过滤和洗涤，因此是目前世界上应用最广泛的方法。其可分多槽流程和单槽流程，其中又分无回浆与有回浆流程，以及真空冷却与空气冷却流程。

典型的二水物法工艺流程有雅可布斯-道尔科Ⅱ流程（Jacobs-DorrcoII process）（图 2-14）和罗纳-布朗流程（Rhone-Poulenc process)(图 2-15)。二水物的工艺条件为：成品磷酸 $W(P_2O_5)$ = 28％～30％，液相游离 $\rho(SO_3)$ = 0.25～0.35g/mL，反应温度 75～85℃，停留时间 4～8h，料浆液固重量比 2.0～3.0，P_2O_5 得率 93％～97％。

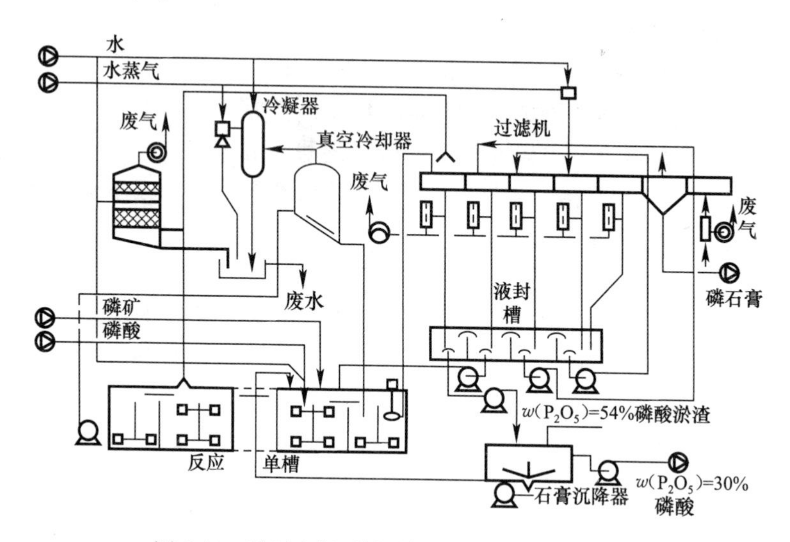

图 2-14 雅可布斯-道尔科Ⅱ二水物法工艺流程图

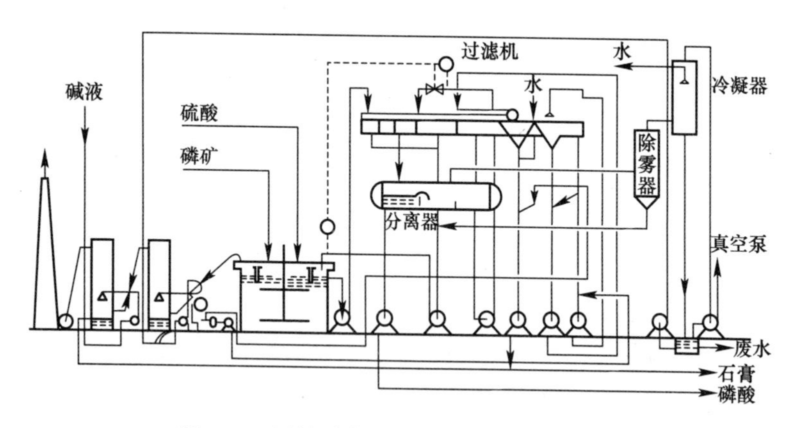

图 2-15 罗纳-布朗流程二水物法工艺流程图

二水物法制得的磷酸浓度较低且磷的总收率较低，原因是该法洗涤不完全；少量磷酸溶液进入硫酸钙晶体空穴中，磷酸一钙结晶后与硫酸钙结晶层交替生长；磷矿颗粒表面形成硫酸钙膜使磷矿萃取不完全。为提高 P_2O_5 的回收率，减少除洗涤不完全和机械损失以外的磷损失因素，采用了将硫酸钙溶解再结晶的方法，如半水-二水法、二水-半水法。

② 半水-二水物稀酸再结晶法制湿法磷酸

典型的半水-二水物稀酸再结晶法工艺流程有日产 H 流程（Nissan H Process）（图 2-16）。

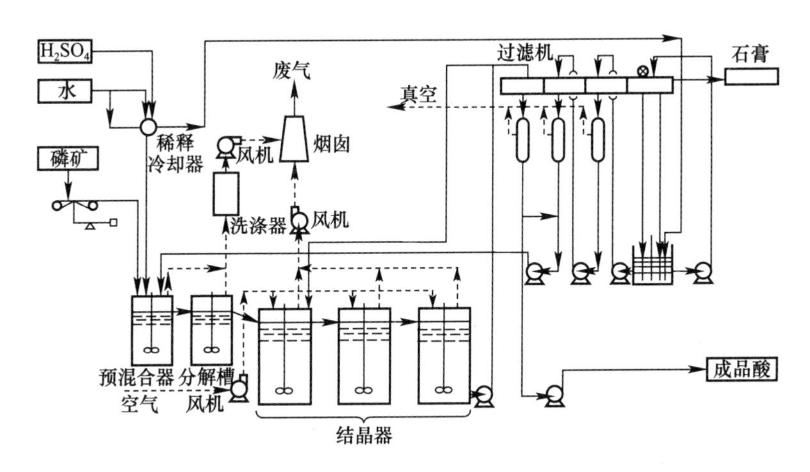

图 2-16 日产 H 半水-二水物稀酸再结晶法工艺流程图

这类流程先制得半水物结晶，然后重结晶为二水物，经过滤得 w=30%～35%的磷酸。工艺条件为：半水和二水系统中磷酸浓度相同，均为 30%～35%。首先在 80～100℃温度下获得半水物结晶，然后将料浆送入二水物再结晶槽内，在有回浆提供晶种的条件下降至 50～65℃，使半水物转变为二水物，采用一半过滤分离磷石膏。本工艺 P_2O_5 的总得率可达 98%，同时提高了磷石膏纯度。半水-二水物法流程根据产品酸的浓度又可分为稀酸流程（HRC）和浓酸流程（HDH）两种。前者半水物结晶不过滤直接水化为二水物再过滤分离，产品酸含 $W(P_2O_5)=30\%\sim32\%$；后者从半水物料浆分出产品酸，$W(P_2O_5)=45\%$，滤饼送入水化槽重结晶为二水物。

典型的半水物-二水物浓酸法流程有日产 C 流程（Nissan C Process）（图 2-17）。这类流程先制得半水物结晶，将半水系统中制得的料浆进行第一段过滤，获得含 $W(P_2O_5)=40\%\sim50\%$ 的浓磷酸，滤饼经洗涤、再制浆后送入二水物系统再结晶。最后进行第二段过滤、洗涤，获得较纯净的二水物硫酸钙。工艺条件为：半水系统磷酸浓度为 $40\%\sim50\%P_2O_5$，液相中 SO_3/CaO 摩尔比<1，反应温度(100±5)℃，反应时间 2h。料浆经过滤得成品酸，滤饼经洗涤、再制浆后加入二水系统。二水系统液相磷酸浓度 $10\%\sim25\%P_2O_5$，硫酸浓度 $5\%\sim15\%$，转化温度 60～70℃，停留时间 2h 左右。P_2O_5 总得率 98.5%左右。

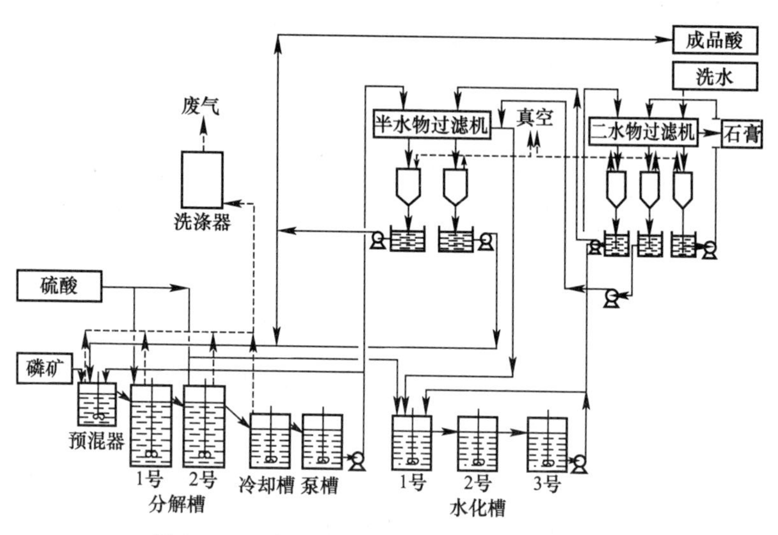

图 2-17　日产 C 半水-二水物浓酸法工艺流程图

③ 二水-半水物（DH/HH）法制湿法磷酸

典型的二水物-半水物法工艺流程有中央公司普莱昂流程（Central-Prayon Process）（图 2-18）。

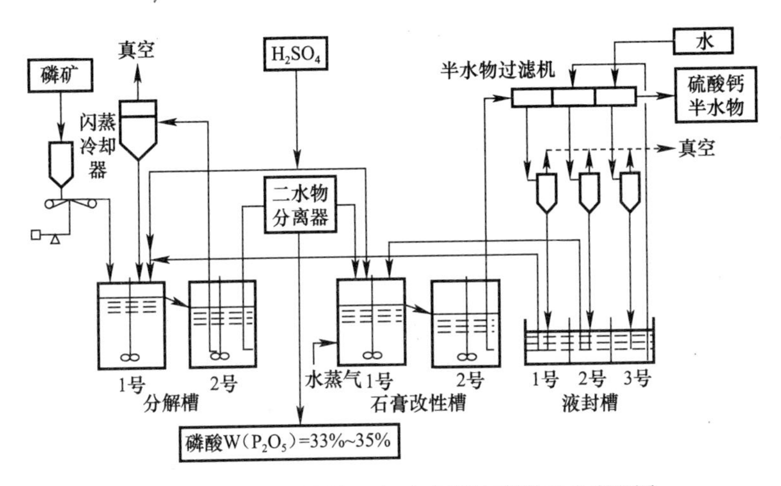

图 2-18　中央普莱昂二水-半水湿法磷酸工艺流程图

这类流程在较高的磷酸浓度下分解磷矿生成二水物。用沉降离心机分离出成品酸，滤饼不洗涤直接加入转化系统中转变为半水物，再经过滤分离与造粒。主要工艺条件为：在二水物系统，反应温度约为70℃，停留时间约4h，液固比2.3∶1左右，磷酸约含$W(P_2O_5)=35\%$，$W(H_2SO_4)<1.5\%$。在半水物结晶转化系统，液相P_2O_5含$w(P_2O_5)=20\%\sim30\%$，$W(H_2SO_4)=10\%\sim14\%$，液固比约2.5∶1，转化温度保持在85℃，转化时间约为1h，P_2O_5总得率可达98%～99%，磷石膏含结晶水少，有利于制造硫酸与水泥。

④ 半水物法（HH）湿法磷酸

典型的半水物工艺流程有诺斯克-特罗半水物流程（Narsk Hydro Process），半水物可直接制得浓度较高的磷酸。工艺条件为：成品磷酸的$W(P_2O_5)=38\%\sim50\%$，一般为$W(P_2O_5)=40\%\sim45\%$。为获得粗大的半水物结晶，关键在于控制磷矿溶解槽中液相中的SO_3/CaO的摩尔比小于1，即在硫酸量不足的条件下进行磷矿分解和半水物结晶。加入磷矿溶解槽中的硫酸量约为硫酸总用量的90%，槽内液相SO_3浓度为$\rho(SO_3)=0.01\sim0.02$g/ml，其余10%硫酸补加于结晶槽内。浸取反应温度85～

110℃，停留时间 6～8h，料浆液固（重量）比为(3～4)：1，P_2O_5 得率 94%左右。

三、湿法磷酸的副产物磷石膏

湿法制磷酸中磷矿被硫酸分解的反应过程是一个反应速度很快的瞬时反应，反应和硫酸钙的结晶同时发生，全过程可分为三过程：

（1）硫酸的离子化：在硫酸分散入料浆后立即发生，

$$H_2SO_4 \longrightarrow SO_4^{2-} + 2H^-$$

（2）H^- 同加入并分散到料浆中的磷矿颗粒发生反应：

$$Ca_3(PO_4)_2 \cdot CaF_2 + nH^+ \longrightarrow 2H_2PO_4^- + 2HF + 4Ca^{2+}(n-6)H^-$$

参与反应的 H^- 来自硫酸和料浆中大量存在的磷酸，此反应时间较长，在过量 H^- 存在下，磷矿磨的足够细，一般不到 5min 就有 95%的磷矿反应，而在反应槽中停留的时间通常为 4～6h。

（3）Ca^{2+} 与 SO_4^{2-} 碰撞，随即生产硫酸钙结晶：

$$Ca^{2+} + SO_4{}^{2-} + nH_2O \longrightarrow CaSO_4 \cdot nH_2O$$

Ca^{2+} 从磷矿颗粒表面扩散进入液相，将被 SO_4^{2-} 及含有大量结晶的液相所包围，SO_4^{2-} 和结晶表面都会对 Ca^{2+} 产生附着作用，并为它们的晶格提供位置。

第三个反应是三个反应中最慢的，这样就使 Ca^{2+} 和 SO_4^{2-} 能够积聚在液相中，结果出现一定程度的过饱和，从而加速结晶成长的传质过程，当饱和度超过一定限度后，就将自发地生成晶核。

磷石膏是湿法磷酸生产过程中排放的固态副产物，约 90%的磷石膏是二水法湿法磷酸工艺所副产的。每生产 1t 湿法磷酸（以 P_2O_5 计），副产磷石膏约 4～5t。目前，全世界磷石膏年产量约 2 亿 t，我国年产量 5000 万 t 以上，每年综合利用量约为 1000 万 t，综合利用率仅为 20%。到目前为止，我国磷石膏累计堆存量已超过 2 亿 t，不仅占用土地、浪费资源，更带来严重的环境污染和安全隐患。磷石膏是一种含多种杂质的工业副产石膏，在用优质磷矿制造湿法磷酸时，不同湿法磷酸工艺产生的磷石膏组成大体如表 2-3 所示，表中数据说明磷石膏主要含磷酸和磷酸盐、氟化物、铁、铝、镁、硅等杂质。

以优质磷矿为原料时不同湿法磷酸工艺产生的磷石膏组成　表 2-3

组成（wt%）	二水法	半水法	半水-二水法
CaO	32.50	36.90	32.20
SO_2	44.00	50.30	46.50
$P_2O_5$①	0.65	1.50	0.25
F	1.20	0.80	0.50
SiO_2	0.50	0.70	0.40
Fe_2O_3	0.10	0.10	0.05
Al_2O_3	0.10	0.30	0.30
MgO	0.10	—	—
结晶水	19.00	9.00	20.00

注：含量低的重金属等表中未列出。
① 包括游离磷酸和磷酸盐的 P_2O_5 量

多数磷矿含有少量的放射性元素。磷矿酸解制磷酸时，铀化物溶解在酸中的比例较大，但是，铀的自然衰变物镭以硫酸镭（$RaSO_4$）的形态与硫酸钙共沉淀，会像氡一样有放射性发射。

磷石膏含有残留酸、氟化物、重金属和放射性物质，如果任意丢弃将危害自然环境。但再生利用的成本较高，通常作为废物排放。大部分磷石膏采用露天堆放和倾入大海两种方式处理，只有不到 30%得到利用。一方面，磷石膏露天堆放占用大量的土地，给企业造成很大负担。另一方面，磷石膏排放造成严重污染环境。据估计，我国每年随磷石膏排放损失的 P_2O_5 就达 30 万 t。从 20 世纪 60 年代至今，不少国家都在致力于磷石膏的工业化应用研究工作，在理论上和实践上都取得了不少的成果。一般认为：磷石膏中最主要的有害杂质是磷元素（可溶磷和共晶磷），当磷石膏用于水泥添加剂时，磷的存在延缓水泥的凝结硬化，降低水泥早期强度和石膏制品强度；用于石膏板等建材时，磷石膏中的氟含量又过高。因此，磷石膏的质量和应用程度，成为制约该行业健康持续发展的瓶颈。实际上，磷石膏污染的根本原因在于湿法磷酸的生产过程中，磷矿石中各化学元素分割不清晰，磷和多种杂质对石膏造成污染。因此，只有在湿法磷酸的生产中强化各化学元素的分离，才是解决磷石膏污染，使其变废为宝的根本途径。

第三节　其他工业副产石膏的生产过程

一、钛石膏

钛石膏是采用硫酸法生产钛白粉时，加入石灰（或电石渣）以中和大量酸性废水所产生的以二水石膏为主要成分的废渣。

1. 钛白粉生产工艺

自 1791 年发现钛元素到 1918 年采用硫酸法商业生产钛白粉以来，至今已有近 100 年的生产和商业使用历史。钛白粉学名二氧化钛（TiO_2），是一种十分稳定的氧化物，主要用作白色无机颜料，具有无毒、最佳的不透明性、最佳白度和光亮度，被认为是目前世界上性能最好的一种白色颜料，广泛应用于涂料、塑料、造纸、印刷油墨、化纤、橡胶、化妆品等工业。钛白粉生产方法主要有硫酸法和氯化法。

硫酸法是用钛精矿或酸溶性钛渣与硫酸反应进行酸解反应，得到硫酸氧钛溶液，经水解得到偏钛酸沉淀；再进入转窑煅烧产出 TiO_2。硫酸法以间歇法操作为主，生产装置弹性大，利于开停车及负荷调整。但其工艺复杂，需要近二十几道工艺步骤，每一工艺步骤必须严格控制，才能生产出最好质量的钛白粉产品，并满足颜料的最优性能。硫酸法既可生产锐钛型产品，又可生产金红石型产品。

氯化法是用含钛的原料，以氯化高钛渣、或人造金红石、或天然金红石等与氯气反应生成四氯化钛，经精馏提纯，然后再进行气相氧化，在速冷后，经过气固分离得到 TiO_2。该 TiO_2 因吸附一定量的氯，需进行加热或蒸气处理将其移走。该工艺简单，但在1000℃或更高条件件氯化，有许多化学工程问题如氯、氯氧化物、四氯化钛的高腐蚀需要解决，再加上所用的原料特殊，较之硫酸法成本高。氯化法生产为连续生产，生产装置操作的弹性不大，开停车及生产负荷不易调整，但其连续工艺生产，过程简单，工艺控制点少，产品质量易于达到最优的控制。再加上没有转窑煅烧工艺形成的烧结，其 TiO_2 原级粒子易于解聚，所以在表观上人们习惯认为氯化法钛白粉产品的质量更优异。

图 2-19 是两种钛白粉工艺流程简图。

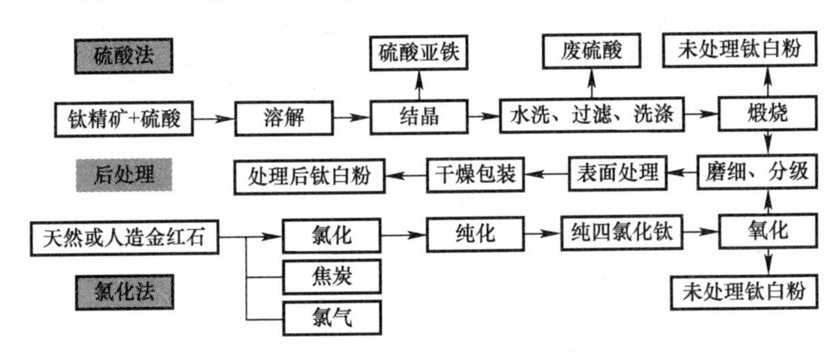

图 2-19 两种钛白粉工艺流程简图

典型硫酸法钛白粉工艺流程的工艺主要有磨矿、酸解、连续还原、连续沉降、真空结晶、亚铁分离、钛液加热、控制过滤、钛液浓缩、水解、一洗、漂白、二洗、转鼓真空脱水、盐处理、转窑煅烧、冷却、干磨、湿磨、包膜、三洗、再浆、转鼓真空脱水、带干机干燥、气粉、包装等。

硫酸法中的硫酸其实是充当了一个载体，就是先把钛分解溶出，经过除杂，然后再合成钛。

（1）矿粉制备

将钛矿砂用雷蒙机或者风扫磨等粉碎成符合工艺要求的钛矿粉，并送到储存和计量钛矿粉的料仓。

（2）酸解

用浓硫酸分解钛矿，制取可溶性的钛的硫酸盐。钛铁矿的主要成分为偏钛酸铁（$FeTiO_3$），是一种弱酸弱碱盐，可以用强酸把它分解。用过量的酸就能使反应进行到底。由于这个反应是一个放热反应，最高温度可以达到250℃，因此必须采用高沸点的硫酸才能适应这一反应。在酸分解的过程当中，矿粉中的各种杂质大部分也被分解，生成相应的可溶性硫酸盐，并在浸取的时候与钛的可溶性盐一起进入溶液中，形成黑钛液。为了除铁，用金属铁把钛液中的高价铁还原成亚铁，同时，为了避免亚铁的再一次氧化，还必须用过量的金属铁把定量的四价钛还原成三价钛。

（3）沉降

酸解浸取、还原以后的体系是一个复杂的体系，含有可溶性杂质和不溶性的杂质。铁、钒、铬、锰等金属的硫酸盐为可溶性的杂质，在结晶或水解、水洗的过程中除去。不溶性杂质中的大多数，如未分解的钛矿、沙粒等靠重力的作用可以自然沉降除掉。不溶性杂质中的另一部分是硅和铝的胶体化合物，以及一些早期水解了的钛，虽然数量并不大，但具有很高的动力稳定性，需要另外加沉降剂，强化沉降澄清过程。

（4）洗渣

经过净化沉降后的泥渣中还含有大量的可溶性与不可溶性的钛，为保证收率，要通过用板框压滤机压滤的办法回收其中的大部分可以溶解的钛元素，不溶性钛和其他的未溶解杂质作为废渣排掉。

（5）结晶

结晶有两种方式：冷冻结晶和真空结晶。$FeSO_4$ 溶解度受溶液的温度影响很大。因此，在组成一定的钛液中，$FeSO_4$ 的溶解度随温度的降低而降低，本工序的主要目的就是使钛液的温度降低。

① 冷冻结晶是利用制冷介质（液氨或者氟利昂或者溴化锂等）的蒸发带走热量，使冷冻盐水温度降低，通过盘管换热，从而使钛液的温度降低下来，造成 $FeSO_4$ 处于过饱和状态，过饱和的部分便以含七个结晶水的 $FeSO_4 \cdot 7H_2O$ 的形式结晶析出，

同时带出部分结晶水，然后将其分离除去。

② 根据溶液绝热蒸发的原理，利用闪蒸的方式使钛液中的水分快速绝热蒸发，吸收钛液的热量从而使钛液的温度降低，造成 $FeSO_4$ 处于过饱和状态，过饱和的部分便以含七个结晶水的 $FeSO_4 \cdot 7H_2O$ 的形式结晶析出，同时带出部分结晶水，然后将其分离除去。

（6）钛液压滤

沉降后的钛液中还有一些肉眼看不到的悬浮杂质，这些杂质如果不除去的话，将会影响到成品的色相。因此，必须要进行精密过滤。利用板框压滤机，并以木炭粉（或者硅藻土、珍珠岩）为助滤剂进行压滤，利用木炭粉的强吸附作用进一步除去钛液中的不溶性杂质，达到净化的目的。

（7）浓缩

浓缩是为了将钛液的浓度提高到水解所要求的指标。钛液的沸点较高，已经高于钛液水解的临界温度，因此，钛液的浓缩必须在较低温度下进行。利用溶液在真空状态下沸点降低的原理，在低温下使钛液沸腾，将钛液中的水分蒸发掉，使精滤后的钛液浓度得以提高，以符合水解要求。

（8）水解

钛液的水解是二氧化钛从液相（钛液）重新转变为固相的过程。钛液具有普通离子溶液的性质，在 pH 值>0.5 时便发生水解。更重要的是，钛液具有胶体溶液的性质。在游离酸很高的情况下，使其维持沸腾状态也会发生水解反应，这是我们制取一定应用性能和制品性能的水合二氧化钛的依据。通过控制加热的速度，使钛液按照需要的水解速度发生水解反应，生成我们需要的水和二氧化钛粒子。

（9）水洗

水解后的水合二氧化钛含有硫酸以及铁、铝、锰、铜、镍、钒、铅等离子，这些离子如果随着水合二氧化钛进入转窑，经过煅烧就生成相应的氧化物，显示各种颜色，从而不同程度的污染产品，所以必须进行水洗，将它们除去。水合二氧化钛不溶于水，而硫酸以及铁、铝、锰、铜、镍、钒、铅等离子是可以溶于水的，这是进行水洗的先决条件，利用洗涤用水和水合二氧化钛中杂质离子的浓度差将杂质用水除去。水洗过程主要是防止可溶性的杂质离子转变成不溶性的杂质沉淀，因此，对洗涤水中的铁以及其他固体杂质的含量有一定的要求，不然杂质在水合二氧化钛上积聚而污染产品。

（10）漂白

经过初次水洗的偏钛酸，在一定的浓度下，加入定量的浓硫酸，使部分偏钛酸与浓硫酸反应生成硫酸氧钛，然后加入铝粉，把硫酸氧钛溶于水中的四价钛还原成三价钛，保持漂白以后的料液中有一定量的三价钛，把在水洗过程中又被氧化的铁离子还原为低价钛铁离子，使偏钛酸洗涤的更彻底。

（11）盐处理

偏钛酸在煅烧前需要加入不同类型的添加剂，以使得在煅烧过程中，温度适当，内部变化平稳，使成品的二氧化钛具有稳定的晶型，良好的色相、光泽，较好的着色力、遮盖力，较低的吸油量和合适的晶粒大小、形状，以及在使用介质中良好的分散性。

盐处理剂的作用如下：加入钾盐，可以使产品疏松、洁白，并且降低脱硫的温度，改变煅烧的条件，提高着色力等颜料性能；加入磷酸，可以使产品质地柔软，色泽比较白，并提高产品的耐候性。

（12）煅烧

煅烧是把水合二氧化钛经过脱水、脱硫转变为锐钛型二氧化钛。高温下，将水合二氧化钛中的游离水、结合水、三氧化硫等除去，然后在高温区进行晶型的整理和转化，形成二氧化钛的颗粒料。

（13）粉碎和包装

将煅烧后的有些粘结的物料进行破碎。物料在雷蒙机内，经过高速旋转的磨辊和磨环的撞击，迅速被粉碎，再经过分级叶轮的分级，粗料返回粉碎室，细料进入袋滤器，经星型下料器进入螺旋送料器，送至成品料仓，进行包装后即为成品。

在硫酸法钛白粉生产过程中除去可浓缩回用的高浓度的硫酸和硫酸根外，余下的无应用价值的硫酸及硫酸根主要存在于一洗洗水、二洗滤液和洗液，设备冲洗以及酸解、转窑等尾气的洗涤水中，这些硫酸及硫酸根仅能用石灰中和的方法处理。

硫酸法钛白工艺物耗情况（t）　　表 2-4

硫酸法钛白	新水①	钛精矿	工业硫酸	煤	柴油
1	98	2.6	4.05	2	0.099

① 新水是指扣除循环利用的水后净消耗的水量

由表 2-4 可以看出，硫酸法钛白工艺物耗很大，特别是对水的需求很大。另外，采用钛精矿生产钛白粉的生产工艺三废多，排放量非常大，表 2-5 是硫酸法钛白工艺排放三废情况。其中，酸性废水、废硫酸和硫酸亚铁的数量大，环境危害很大。其中每生产 1t 钛白粉，将产生 75～100t 酸性废水及废硫酸，如表所示，这些酸性废水只能用石灰中和处理，折合钛石膏 10t 左右。

硫酸法钛白工艺的排放情况（t）　　表 2-5

硫酸法钛白	废硫酸①	酸性废水	硫酸亚铁	二氧化碳	二氧化硫	废渣
1	6.4	70	6.5	5.56	0.0378	7.87

① 废硫酸量折合 100%硫酸计，不包括循环利用的部分。

2. 钛石膏

钛石膏就是用石灰（或电石渣）以中和钛白粉生产中产生的大量酸性废水所得到的以二水石膏为主要成分的废渣，刚产生的钛石膏渣颜色为灰褐色，由于其中二价铁离子被氧化成三价铁离子故而颜色变成红色或偏黄色，又称为红石膏或黄石膏。

$$CaCO_3 + 2H^+ + SO_4 + H_2O \longrightarrow CaSO_4 \cdot 2H_2O + CO_2\uparrow$$

$$Ca(OH)_2 + 2H^+ + SO_4 + H_2O \longrightarrow CaSO_4 \cdot 2H_2O + H_2O$$

钛石膏的主要成分为二水石膏，含有一定的废酸及硫酸铁，含水量高达 30%～50%，黏度大，呈弱酸性，TiO_2 含量低于

1%，重金属及放射性物质含量较低。

近年来，硫酸法钛白粉的产能发展很快，装置的生产规模已达年产10万t。一个年产10万t的生产装置，若不进行废酸回收利用，除去七水硫酸亚铁带走的硫酸根，一年需要用石灰中和掉可回收利用的硫酸根16万t和不可回收（无经济价值）的硫酸根8.4万t，所产生的红石膏（按含固质量分数为50%计）为86万t。按压实堆积密度为1.3kg/m^{3}计算，一年要堆积近66万m^3。加之生成的红石膏与其中的氧化铁结晶细小，水分较大，黏度较小，很难堆高。按堆积高度为20m计算，一年需要占地3.3hm^2。我国钛白粉每年的产量是105万t，由此而产生的副产钛石膏则是每年t1005万t，其堆放面积巨大，占用大量土地。

硫酸法钛白粉生产过程中所产生的钛石膏与天然石膏相比有如下缺点：1）所含的游离水和结晶水在加工时耗能更高；2）其中的可溶性盐分和颜色在进入石膏成品时潮解析出盐霜，而且颜色将影响装饰面的质量。因此，要想使中和产生的红色钛石膏用于生产其他产品，还有许多技术工作需要开发创新与完善。

二、氟石膏

氟石膏是由硫酸（H_2SO_4）与萤石（主要是CaF_2）进行化学反应制取无机氟化物、有机氟化物和氢氟酸产出的含无水硫酸钙为主的化工废渣，因其含有一定量的硫、氟成分而得名。生产1t氢氟酸可产生氟石膏4～5t，产量相当大，目前，国内年产出量达300多万吨。刚出窑的氟石膏中含有残余的萤石与硫酸，浸出液中氟及硫酸的含量较高，都超过《危险废物鉴别标准》规定的限值，属腐蚀性强的有害固体废弃物，其大部分在稍加中和处理后就作为一般固体废弃物堆存。

氢氟酸是一种重要的化工产品，腐蚀性极强，能侵蚀玻璃和硅酸盐而形成气态的四氟化硅，极易挥发，与金属盐类、氧化物、氢氧化物作用生成氟化物，剧毒，有刺激性气味。

氢氟酸广泛用于有机合成（聚合、缩合、烷基化）的促进剂，含氟树脂，阻燃剂，染料合成，制造有机和无机氟化物如氟碳化合物、氟化铝、六氟化铀、冰晶石等，腐蚀刻玻璃，电镀，试剂，发酵，陶瓷处理，石油工业中用作催化剂，磨砂灯泡的制造，金属铸件除砂，石墨灰分的去除，金属的洗净（酸洗铜、黄铜、不锈钢等）和半导体（锗、硅）的制造等。

氢氟酸是用硫酸分解萤石，即所谓硫酸法而制得。目前工业生产几乎都采用硫酸法，生产反应方程式如下：

$$CaF_2 + 2H_2SO_4 \longrightarrow CaSO_4 + 2HF$$

硫酸法生产氢氟酸流程如图 2-20 所示。其工艺过程简述如下：将干燥后的萤石粉和硫酸（98%以上），按配比 1:(1.2～1.3)在炉外混料或在炉内混料后，进入回转式反应炉内；炉内气相温度控制在(280±10)℃；反应后的气体进入粗馏塔，以除去大部分硫酸、水分和萤石粉；塔釜温度控制在 100～110℃，塔顶温度为 35～40℃，粗氟化氢气体再经脱气塔冷凝为液态，塔釜温度控制在 20～23℃，塔顶温度为(－8±1)℃；未被冷凝的二氧化硫和四氟化硅等低沸点杂质从塔顶排出，进入精馏塔精馏，以进一步除去残存的少量硫酸和水分，塔釜温度控制在 30～40℃，塔顶温度为(19.6±0.5)℃；精制氟化氢进入储槽，此即干法制取无水氟化氢的方法。

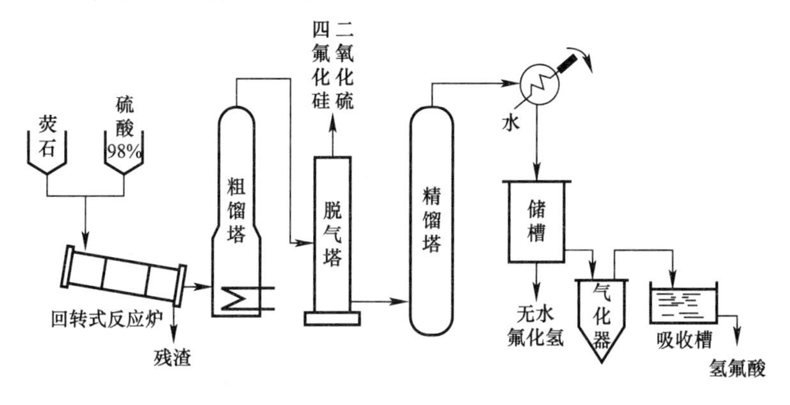

图 2-20　硫酸法生产氢氟酸流程图

将槽内无水氟化氢气化后引入水吸收槽。水吸收槽内根据产品氟化氢含量加入一定量的水，吸收时用水进行间接冷却。吸收至所需规格，即可罐装。反应炉内由于有硫酸、氢氟酸存在，故腐蚀问题是氢氟酸生产的关键问题。

氢氟酸罐装时应带橡胶手套。当皮肤沾染氢氟酸时，应立即用3%氢氧化钠、10%的碳酸铵溶液大量冲洗。如手沾上后应在上述溶液中浸洗一段时间，洗后涂上氧化镁可的松药膏。

反应炉渣含有较多的游离硫酸，可用石灰中和，也可经水处理后，用来分解磷矿，制取磷肥。

氢氟酸生产过程中产生的带有游离酸的硫酸钙，可先用适量的石灰中和，再加促进剂，送入球磨机磨碎后，可作为多种高强度的建筑材料。

氟石膏呈白色粉末状，质地疏松，部分结块块状或小球状。新排放的氟石膏中 HF、H_2SO_4 等含量超标，属于强腐蚀性有毒废物。

氟石膏主要成分为无水硫酸钙 $CaSO_4$，含量可达95%以上，同时含有少量 $Ca(OH)_2$ 和 CaF_2，表2-6是氟石膏的化学组成。

氟石膏化学组成（%） **表 2-6**

SO_3	CaO	Al_2O_3	SiO_2	Fe_2O_3	MgO	F^-	Na^+	K^+	结晶水	含水率
42.37	34.40	0.45	1.81	0.31	0.48	2.56	0.10	0.17	19.01	10～36

按生产工艺，氟石膏可分为干法石膏、湿法石膏和堆场石膏。其中干法石膏为干法氟化铝生产过程中石膏排渣和石灰粉搅拌中和而成的白色干燥粉粒状固体，主要物相是硬石膏和微量氟化钙颗粒。湿法石膏是氢氟酸湿法生产工艺中排放的废渣，新排放的氟石膏在光学显微镜下呈微晶状，晶体紧密结合，粒度在0.007～0.021mm之间，纵向达0.035mm，其他矿物零星分布。湿法石膏主要以Ⅱ型无水硫酸钙为主，杂相为氟化钙和二水石膏。堆场石膏是湿法工艺中未能及时利用的氟石膏经石灰料浆中和后泵送到渣场堆放而成，长期堆放使硬石膏自然水化成透石膏即二水石膏，呈灰白色或白色。

参考文献

[1] 朱红燕. 石灰石-石膏烟气脱硫系统技术经济性分析 [D]. 武汉：华中科技大学，2006.

[2] 徐锐，姚大虎. 化学石膏综合利用 [J]. 化工设计通讯，2005，31 (4)：54-57.

[3] 毛树标. 烟气脱硫石膏综合利用分析 [D]. 杭州：浙江大学，2005.

[4] 《国家污水综合排放标准》(GB 8978—1996)

[5] 郭翠香，石磊，牛冬杰，赵由才. 浅谈磷石膏的综合利用 [J]. 中国资源综合利用，2006，24 (2)：29-32.

[6] 黄仲九，房鼎业. 化学工艺学 [M]. 北京：高等教育出版社，2001：277

[7] 江善襄. 化肥工学丛书-磷酸磷肥和复混肥料 [M]. 北京：化学工业出版社，1999：159

[8] 刘华. 钛白粉的生产和应用 [M]. 北京：科学技术文献出版社，1992：88.

[9] 王春华，王洪涛，肖定全等. 钛白粉生产过程的生命周期评价 [J]. 无机盐工业，2006，38 (11)：6-9.

[10] 杨淼，郭朝晖，韦小颖，等. 氟石膏的改性及其综合利用 [J]. 有机氟工业，2010，(1)：9-14

第三章　工业副产石膏的基本理化特性

内容提要：尽管不同种类的工业副产石膏其主要成分都是硫酸钙，但是由于其生产工艺的差别，导致其特性各异。本章介绍了几种主要的工业副产石膏的理化特性，主要从其粒径分布、微观形貌等方面进行阐述，同时，对其与天然石膏的性能差异也进行了简单对比。

工业副产石膏也称化学石膏，是在工业产品生产中由化学反应生成的以硫酸钙为主要成分的副产品或废渣，其中占主要地位的是磷肥生产过程中排放的二水磷石膏，其次为烟气脱硫石膏和氟石膏，还有少量的钛石膏、盐石膏、柠檬酸石膏等。由于工业副产石膏在生产过程中含有多种杂质，质地松散，必须经过一定的处理才能利用。

目前，随着工业的发展，燃煤的增加，由燃煤排放到大气中的二氧化硫也不断增加，1995 年我国二氧化硫排放量已达到 2370 万 t，成为世界二氧化硫第一排放大国，由此而产生的空气污染、酸雨等现象极为严重。因此对二氧化硫排放量的控制势在必行，按照有关规定：即 2000 年后投入运行和在建的装机容量为 10000MW 的电厂均应具有脱硫设备。据初步统计，目前已投入运行和即将投入运行的脱硫机组总容量为 40000～50000MW，也就是说，将每年产生纯度 85 %以上的烟气脱硫石膏 850 万 t。

从工业副产石膏的品质分析来看，大多数工业副产石膏（二水或无水）的品质都在 80%以上，是一种非常好的可再生资源。综合利用工业副产石膏，既有利于保护环境，又能节约能源和自然资源，符合我国可持续发展战略要求。为了充分合理利用工业副产石膏，需要对不同种类、不同工艺和产地的工业副产石膏进行综合的品质评价分析，以达到选择最佳处理工艺，节约处理成本的目的。

第一节　脱硫石膏的基本理化特性

脱硫石膏又称排烟脱硫石膏、硫石膏或 FGD 石膏（Flue Gas Desulphurization Gypsum），是对含硫燃料（煤、油等）燃烧后产生的烟气进行脱硫净化处理而得到的工业副产石膏。

燃煤电厂应用最广泛和最有效的二氧化硫控制技术为烟气脱硫，也是目前世界上惟一规模化、商业化应用的脱硫方式。烟气脱硫技术按工艺特点可分为湿法、半干法和干法三大类。湿法中占绝对统治地位的石灰、石灰石-石膏法是目前世界上技术最成熟的脱硫工艺。

一、脱硫石膏同天然石膏的差异

脱硫石膏与天然石膏都是二水硫酸钙，其物理、化学特征有共同规律，煅烧后得到的建筑石膏粉和石膏制品在水化动力学，凝结特性、物理性能上也无显著的差别。但作为一种工业副产石膏，它具有再生石膏的一些特性，和天然石膏有一定的差异，表现在原始状态、机械性能和化学成分特别是杂质成分上与天然石膏有所差别，导致脱水特征、易磨性及煅烧后的建筑石膏粉在力学性能、流变性能等宏观特征上与天然石膏有所不同。脱硫石膏与天然石膏的主要矿物相、转化后的五种形态、七种变体物化性能一致，脱硫石膏完全可以代替天然石膏用于建筑材料和陶瓷模具，脱硫石膏和天然石膏两者均无放射性，不危害健康。

1. 外观

一般根据燃烧的煤种和烟气除尘效果不同，脱硫石膏从外观上呈现不同的颜色，常见颜色是灰黄色或灰白色，灰色主要是由于烟尘中未燃尽的碳质量分数较高的缘故，并含有少量 $CaCO_3$ 颗粒。天然石膏粉与之相比，呈白色粉状，化学成分与脱硫石膏相差不大，杂质主要以黏土类矿物为主。

2. 形成过程

脱硫石膏形成过程与天然石膏完全不同。天然石膏是在缓慢、长期的地质历史时期形成的，其中的杂质基本上分布于晶体表面，且以黏土类矿物晶体结构完整且发育良好，脱硫石膏在浆液中快速沉淀形成，可溶性盐和惰性物质在晶体内部和表面都有分布。

3. 性质差异

脱硫石膏同天然石膏相比较有以下几个方面的性质差异：①原始物理状态不一样，天然石膏是粘合在一起的块状，而脱硫石膏以单独的结晶颗粒存在；②脱硫石膏杂质与石膏之间的易磨性相差较大，天然石膏经过粉磨后的粗颗粒多为杂质，而脱硫石膏其粗颗粒多为石膏；③颗粒大小与级配不一样，烟气脱硫石膏的颗粒大小较为平均其分布带很窄，颗粒主要集中在 20～60μm 之间，级配远远差于天然石膏磨细后的石膏粉；④脱硫石膏含水量高，流动性差，只适合皮带输送；⑤脱硫石膏和天然石膏在杂质成分上的差异，导致脱硫石膏在脱水特性、易磨性及煅烧后的熟石膏粉在力学性能、流变性能等宏观特征上与天然石膏有所不同。

由于脱硫石膏和天然石膏的性质差异，因此脱硫石膏的煅烧设备和生产工艺并不能完全按照现有的以天然石膏为原料的熟石膏的煅烧设备和生产工艺，要采用针对工业副产石膏设计的生产工艺和设备；脱硫石膏粒径太小，还未烧就很容易被吹出来，不适合流态化煅烧设备；脱硫石膏粒径分布非常狭窄，加工成熟石膏粉后，必须要对其进行粉磨改性，产生级差，才能使其具有更好的凝结强度；而在粉磨改性中，碾压力形成级差产生的改性效果不好，而劈裂力形成的效果最好，碰撞力次之，因此，改性磨的选择要注意它的力学特点。

二、脱硫石膏的化学成分分析

脱硫石膏的品位较高，在化学成分特别是在杂质成分上与天然石膏有所差异。由于燃烧过程中使用的燃料（特别是煤）和洗涤过程中使用的石灰/石灰石，在脱硫石膏中常有碳酸盐、二氧化硅、氧化镁、氧化铝、氧化钠（钾）等杂质表 3-1 为我国几个较大的火力发电厂脱硫石膏的化学成分分析。

脱硫石膏的化学成分分析（wt%） **表 3-1**

样品成分	SiO_2	Al_2O_3	Fe_2O_3	CaO	K_2O	SO_3
天然石膏	7.45	2.64	1.14	27.46	—	39.59
太原电厂	3.26	1.90	0.97	31.93	0.15	40.09
宝钢电厂	4.37	1.73	0.87	32.7	—	43.1
南京华能热电厂	2.17	1.00	0.08	33.10	0.03	45.48
南通天生港电厂	1.93	0.40	0.26	34.75	0.02	41.27

三、脱硫石膏的颗粒特性分析

天然石膏由于开采及加工过程的原因，石膏颗粒一般不超过 200 目，所含杂质与石膏之间易磨性相差较大，天然石膏粗颗粒多为杂质。由于 FGD 工艺对石灰石的特殊要求及其加工工艺，脱硫石膏颗粒直径一般为 20～60μm，由于颗粒过细而带来流动性和触变性问题，在工艺中往往应进行特殊处理，改善晶体结构。表 3-2 为天然石膏和某电厂脱硫石膏粒度分布测试结果。

天然石膏和脱硫石膏的粒径分布 **表 3-2**

粒径（μm）	80	60	50	40	30	20	10	5
天然石膏筛余（%）	10.9	4.7	9.5	4.9	14.4	15.5	20.0	12.7
脱硫石膏筛余（%）	5.0	15.5	8.3	21.9	31.0	15.7	1.7	0.4

脱硫石膏虽是细颗粒材料，但是比表面积相对较小。脱硫石膏颗粒粒径多集中在 20.0～60.0μm 之内，粒度分布曲线窄而

瘦，这种颗粒级配会造成煅烧后建筑石膏加水量不易控制，流变性不好，颗粒离析、分层现象严重，制品表观密度会偏大、不均。图 3-1 和图 3-2 分别为南京热电厂华能石膏和南通天生港火力发电厂脱硫石膏的粒径分布图。

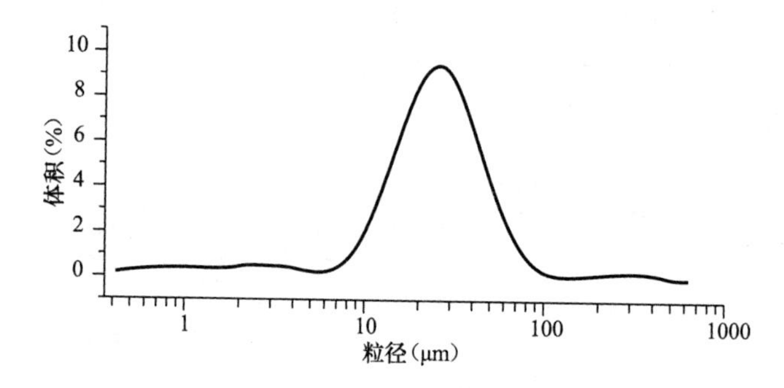

图 3-1　华能石膏的粒度分布图

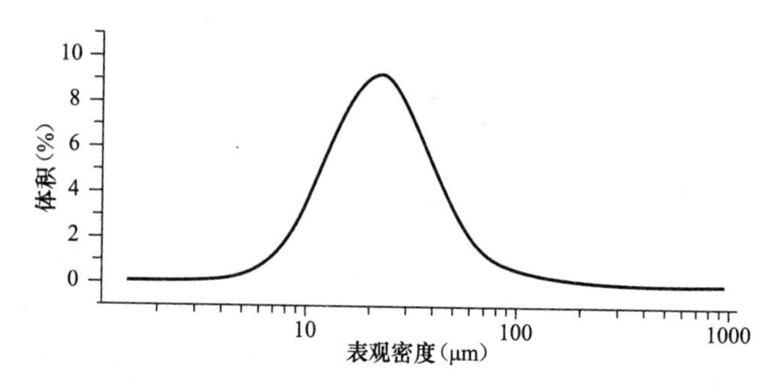

图 3-2　天生港石膏的粒度分布图

脱硫石膏呈湿粉状，含水率高，颗粒级配不合理，因此用作建筑石膏时，要对其进行烘干处理、磨细改性、连续煅烧等操作，但是由于国内目前的技术水平的限制，导致脱硫石膏烘干成本高，另外由于脱硫石膏的差异和杂质的影响，导致生产的建筑石膏粉在力学性能、流变性能等与天然建筑石膏粉有不足之处，这些都严重限制了脱硫石膏的综合利用规模，图 3-3 和图 3-4 分别为华能石膏和天生港脱硫石膏的 SEM 照片。

图 3-3 华能石膏的 SEM 照片

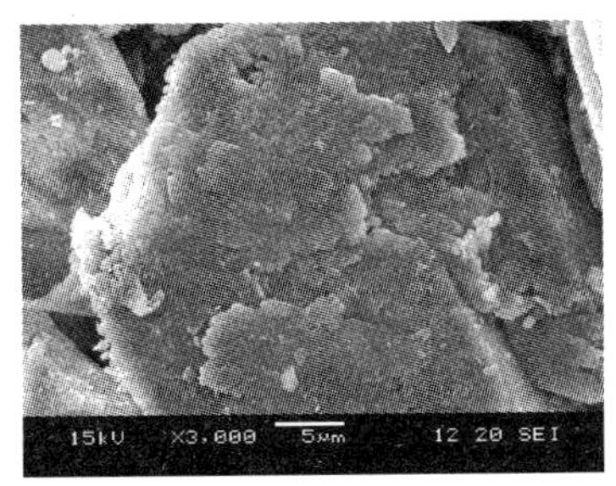

图 3-4 天生港石膏的 SEM 照片

脱硫石膏的结晶在溶液中自由形成，华能电厂的脱硫石膏是以单独的结晶颗粒存在，其晶体结构大多数为圆饼状，结晶较为完整和均匀，并且有少部分的晶体结构是柱状结构。天生港脱硫石膏的微观结构显现无规则的块状，从放大倍数较大 SEM 图像可以清晰地看出脱硫石膏的组成结构较为松散。

烟气脱硫石膏的颗粒大小较为平均其分布带很窄，高细度(200 目以上)、颗粒主要集中在 20～60μm 之间，级配远远差于天然石膏磨细后的石膏粉。同脱硫石膏相比，天然石膏的颗粒分布宽，颗粒相对较粗，而脱硫石膏的颗粒分布区间则较为集中。良好的石膏颗粒级配可使建筑石膏的性能有较大提高。在一定细度范围内，制品的强度随细度的提高而提高，但超过一定值后，强度反而会下降或出现开裂现象。这是因为颗粒越细越容易溶解，其饱和度也越大，过饱和度增长超过一定数目后，石膏硬化体就会产生较大的结晶应力，破坏硬化体的结构。

为解决粒度级配和提高比表面积问题，可以从生产工艺上着手。一个办法是将煅烧后的脱硫石膏增加“磨细”措施，根据煅烧设备选择合适的粉磨设备，如立式磨、功力磨等；另一个办法是在选取具有“击碎”性能的煅烧设备，在煅烧过程中完成脱水和改变粒级两项任务。例如美国的 Delta 磨、德国的沙司基打磨，以及国内正在研制的斯德炉都具有这两个功能。

对于脱硫石膏颗粒度的特性，较细颗粒是固有状态，经过生产控制可改变级配比例，但其总体“细小”不能改变。石膏本身又是脆性材料，因此若改变颗粒细小并使结构紧密，在制品制造过程中加入不同种类的添加剂如增韧剂、减水剂、发泡剂、调凝剂、防水剂等等，以改善制品的性能。脱硫石膏与天然石膏搭配使用（不同比例）也是办法之一。对于脱硫石膏的合理细度和级配范围，必须经实践才能取得较好结果，因此在应用脱硫石膏时，要充分重视颗粒特性环节，以免造成不必要的损失。

四、脱硫石膏的物相分析

脱硫石膏作为工业副产石膏，其主要成分和天然石膏一样，都是二水硫酸钙（$CaSO_4 \cdot 2H_2O$）。工业副产石膏中 CaO 和 SO_3 的含量都要比天然石膏高得多，工业副产石膏与天然石膏相比，带有更多的附着水，但其纯度较高。图 3-5 为天生港脱硫石膏的 XRD 图谱。天生港脱硫石膏酸不溶物的定性分析 XRD 图谱如图 3-6 所示。

从以上两幅工业副产石膏原样的 XRD 谱图后可以看出，脱硫石膏主要化学组成是二水硫酸钙，并且纯度较高，含有较多的附着水，少量的二氧化硅。

脱硫石膏本身是淡黄色，白度较低，用浓酸洗过的脱硫石膏的白度有很大的提高，用浓盐酸洗涤过的脱硫石膏白度提高 236%，用浓硫酸洗涤过的脱硫石膏的白度提高了 248%。酸对天生港脱硫石膏白度的影响如表 3-3 所示。

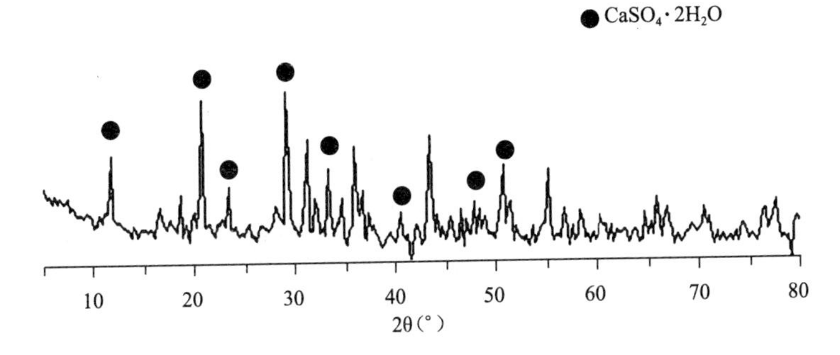

图 3-5 天生港脱硫石膏的 XRD 图谱

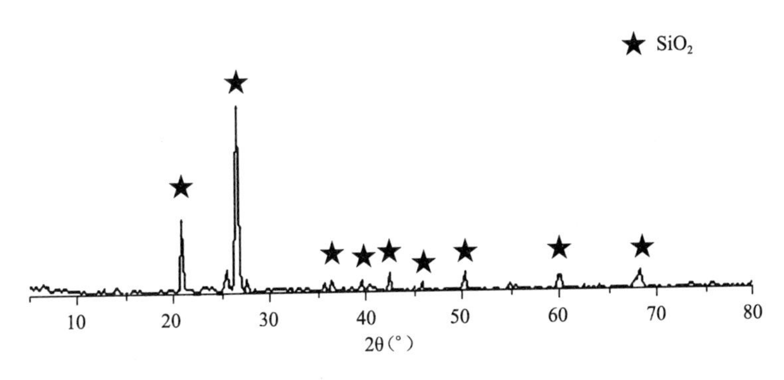

图 3-6 天生港脱硫石膏酸不溶物的 XRD 图谱

酸对天生港脱硫石膏白度的影响 **表 3-3**

处理方法	原　样	用浓盐酸洗涤	用浓硫酸洗涤
白度（%）	40.3	95.1	99.8

用不同的酸洗涤过的脱硫石膏性质可以从图 3-7 与图 3-8 看出：用浓盐酸处理后的脱硫石膏的主要成分仍然是二水硫酸钙，但是用浓硫酸处理后的脱硫石膏的主要成分是无水硫酸钙。因此在保证脱硫石膏其他性能的情况下，应该使用浓盐酸处理脱硫石膏。

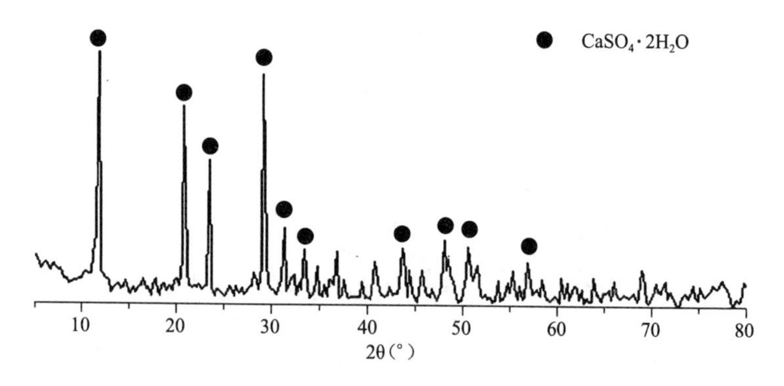

图 3-7　天生港石膏用浓盐酸洗过后的 XRD 图谱

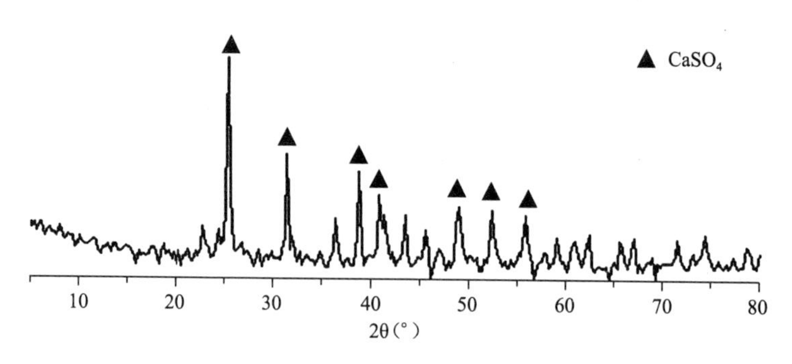

图 3-8　天生港石膏用浓硫酸洗过后的 XRD 图谱

虽然脱硫石膏的颗粒级配主要集中于 20～60μm 之间，但是还有些颗粒较大的物质，它们之间的矿物组成有很大区别，因此经过不同筛分处理的脱硫石膏的白度必定有所区别，分析结果见表 3-4。

筛分对天生港石膏白度的影响表　　　　表 3-4

筛分处理	脱硫石膏原样	过 0.08mm 的方孔筛	过 0.042mm 的方孔筛
白度（%）	40.3	40.7	42.4

天生港脱硫石膏通过 0.08mm 的筛过筛，把没有过筛的物质分别通过能谱对其分析，来判断可能存在的物质。对没有过

0.08mm 筛的脱硫石膏进行能谱的分析，分析结果见图 3-9。

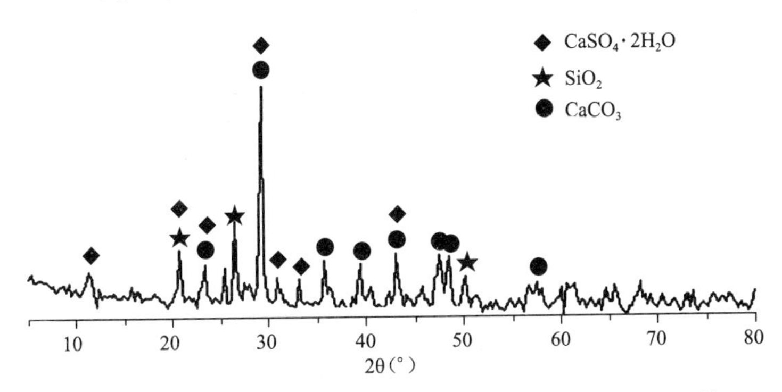

图 3-9　天生港石膏没有通过 0.08mm 筛的物质的 XRD 图谱

从图 3-10 中的能谱图可以看出：在脱硫石膏中存在一定量的颗粒较大的其他物质，在这些物质中含有 C、Al、Si、O、K 和 Ca 等元素，化学组成较为复杂。脱硫石膏不同粒径的颗粒主要化学组成有一定的不同，但是由于有色物质的含量较少，对脱硫石膏的整体白度影响较小，从而对于从筛分的角度来提高脱硫石膏的白度是行不通的。

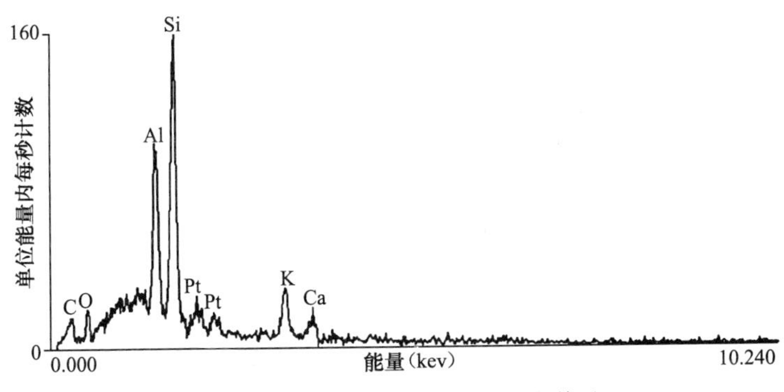

图 3-10　天生港石膏粗颗粒的能谱图

总体来讲，从电厂经过洗涤和滤水处理后的脱硫石膏是含有 10%～20%左右游离水的潮湿、松散的细小颗粒，脱硫正常时其产出的脱硫石膏颜色近乎白色微黄，有时因脱硫不稳定，带进较多的其他杂质。某些杂质在超过一定含量时，会影响石膏制品的质量。当脱硫石膏中含有较高的硫酸盐时，在较潮湿的环境中，制备的石膏板表面会发生“反霜”现象，它的形成是由于脱硫石膏板制品中的硫酸盐为可溶性物质，可从制品内部到表面，当遇到空气中湿度较大时，吸潮而成镁盐 $MgSO_4 \cdot 4H_2O$、$Na_2SO_4 \cdot 10H_2O$（俗称芒硝）或 $CaSO_4 \cdot K_2SO_4 \cdot H_2O$ 复盐，析至制品表面而成白色结晶。这种返霜（返碱）现象不仅影响制品外观，严重的是它会影响石膏与复面层的粘结，如使纸面石膏板护面纸和膏芯脱离，石膏砌块制品的涂料层表面粗糙甚至脱落，造成产品质量问题。其他杂质如颗粒较小的铁和未完全燃烧的煤粉颗粒会影响制品的白度和粘结性能。

五、脱硫石膏热分析

在差热分析过程中，试样上部的气氛可以影响反应的进程。水蒸气很高的压力不仅能提高二水石膏的脱水温度，还能把二水石膏脱水时与半水石膏脱水时形成的两个吸热谷截然分开。二水石膏的脱水性能除受气氛的影响外，还受到加热速度的影响，实验表明，当采取 10℃/min 的加热速率时，工业副产石膏的失水转变为半水石膏的温度点与半水石膏失水转变为无水石膏的温度点能相对较为明显的分辨出来。

虽然石膏的结晶形态、杂质、加热速度等对石膏的脱水温度有一定的影响，但石膏脱水温度主要取决于石膏颗粒周围的水蒸气分压，即石膏的脱水速度、水化速度和石膏颗粒的温度与周围水蒸气分压存在一个动态平衡，华能脱硫石膏加热脱水过程中只出现了一个吸热峰，除本身的性质影响外，还可能是由于石膏颗粒周围的水蒸气分压较低。天生港脱硫石膏与华能脱硫石膏相比，在加热为 10℃/min 时，工业副产石膏的失水转变为半水石膏的温度点与半水石膏失水转变为无水石膏的温度点能相对较为明显的分辨出来，图 3-11 和图 3-12 分别为实验所研究的天生港脱硫石膏和华能脱硫石膏的差热分析图谱。

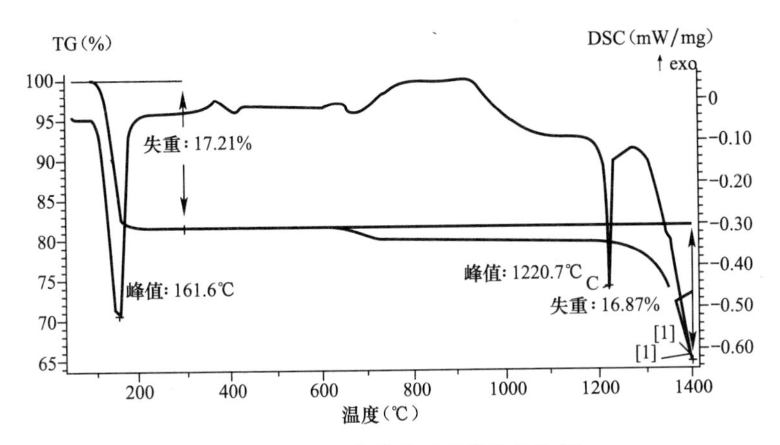

图 3-11　天生港脱硫石膏的差热分析

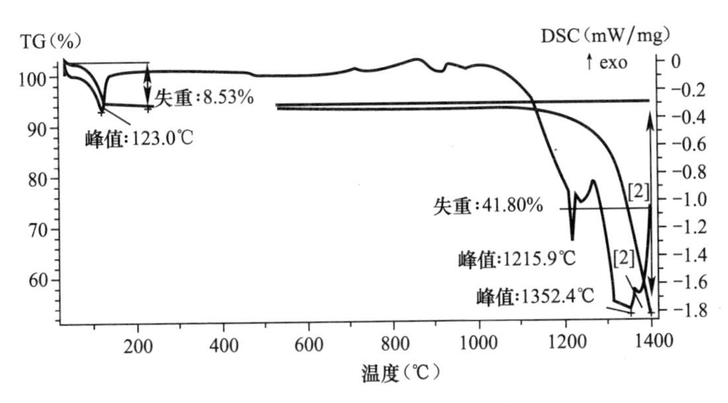

图 3-12　华能脱硫石膏的差热分析

图 3-11 和图 3-12 可以看出，当升温速率为 10℃/min，就脱硫石膏的结晶水含量而言，差热分析与化学分析的结果基本相同，工业副产石膏的失水转变为半水石膏的温度点与半水石膏失水转变为无水石膏的温度点不能明显区分出来。对于图 3-11 来说，天生港脱硫石膏失水成为半水石膏的两个峰点的温度分别为 152.7℃和 161.6℃，由于脱硫石膏颗粒比较细，使得热峰产生的范围较窄，峰形趋于尖而窄。因此从理论来讲，为了用脱硫石膏制备出性能优异的建筑石膏，煅烧温度应该选择在 152.7℃，

然而在实际生产应用中，为了提高效率，选择煅烧温度点应该高于这个值。华能脱硫石膏在123℃时，转变为半水石膏，伴随着明显的失重与吸热，随后转变为无水石膏（Ⅲ）；根据差示扫描量热曲线（DSC），在800～1000℃之间有不太明显的放热峰，则说明在这个温度段，无水石膏（Ⅲ）转变为无水石膏（Ⅱ），华能脱硫石膏与天生港脱硫石膏发生分解的吸热峰分别是1215.9℃和1220.7℃。

第二节　磷石膏的基本理化特性

磷石膏是湿法磷酸生产过程中排放的工业废渣。其主要成分是二水硫酸钙，此外，还含有少量未分解的磷矿粉以及未洗涤干净的磷酸、磷酸铁、磷酸铝和氟硅酸盐等杂质，通常每生产1t磷酸约排放5t左右的磷石膏。我国湿法磷酸产量约为100多万吨，而随着我国近年来高浓度复合肥工业的迅猛发展，每年由磷肥类化工企业排出的磷石膏有2000万t左右。

近年来我国磷化工行业发展迅速，磷石膏年排放量以15%的速度逐年增长，而总的利用率只有10%左右。由于没有找到有效的利用途径，磷石膏以堆放为主，不仅占用大量土地和农田，耗费较多的堆场建设和维护费用，而且露天存放，长期受风吹、日晒、雨淋，磷石膏中所含的部分磷与氟等有害成分会通过大气、土壤地表或地下水等介质破坏生态环境，降低农作物产量和质量，给生态带来危害，直接或间接影响当地居民健康，成为工业固体废弃物中数量巨大的污染源之一，造成的损失不可估量，开发利用磷石膏已经迫在眉睫。

一、磷石膏的基本性质

1. 外观

磷石膏一般呈粉状，因含有8%～15%的附着水而呈浆体状，颗粒直径一般为5～150μm，其主要成分为$CaSO_4 \cdot 2H_2O$，含量为70%～90%，其中所含的次要成分随矿石来源不同而异，成分较为复杂，一般都含有岩石成分、Ca、Mg的磷酸盐、碳酸盐及硅酸盐，除此之外，还含有少量的有机磷、硫、氟类化合物。磷石膏的外观一般呈灰白、灰、灰黄、浅黄、浅绿等多种颜色，相对密度为2.22～2.37，表观密度为0.733～0.880g/cm^3。磷石膏一般为黄白、浅黄、浅灰或黑灰色的细粉状固体，呈酸性，略有异味。其主要成分为二水石膏（$CaSO_4 \cdot 2H_2O$），并含有少量的SiO_2、Al_2O_3、Fe_2O_3、CaO、MgO及F等杂质，以及微量的砷、铅等重金属离子，钒、钦等稀有元素和镭、铀等放射性元素。

2. 特性

（1）磷石膏大多具有较高的附着水，呈浆体状或湿渣排出，其附着水的含量在10%～40%，个别的甚至更高；

（2）磷石膏粒径较细，磷石膏一般所含成分较为复杂，含有量少但对石膏水化硬化性能有较大影响的化学成分，pH值呈酸性而非中性，给工业副产石膏的有效利用带来较大难度；

（3）在磷石膏中，有效成分二水石膏的含量一般均较高，可达75%～95 %，可作为优质的石膏生产原料。因此，如果采用合适的技术和设备，能够消除磷石膏中有害成分的影响，磷石膏就会成为一种廉价、高品位、环保的优质生产原料。

可溶磷、氟、共晶磷和有机物是磷石膏中主要有害杂质，磷是磷石膏中的主要杂质，也是影响其性能的主要因素，同时磷的流失还造成了磷资源的浪费。磷有三种存在形态：一种是可溶磷，吸附于磷石膏晶体的表面，呈粒状，且粒状物中含有少量的硅、铝等不溶态杂质；第二种是共晶磷，它不溶于水，但水化时从晶格中释放出来，使水化产物晶体粗化、结构疏松，进而影响水化物的强度；第三种是不溶磷，即少量未参与反应的磷矿石粉。其中可溶磷的影响最大。可溶P_2O_5在磷石膏中以H_3PO_4及相应的盐存在，其分布受水化过程中pH值的影响。酸性以H_3PO_4、$H_2PO_4^-$为主，碱性则以PO_4^{3-}为主。由于石膏中Ca^{2+}

的含量相对较高，而 $Ca_3(PO_4)_2$ 是溶解度较小的难溶盐，故体系中 PO_4^{3-} 的含量较低，因此，磷石膏中可溶磷主要以 H_3PO_4、$H_2PO_4^-$ 及 HPO_4^{2-} 三种形态存在；共晶磷是由于 $CaHPO_4 \cdot 2H_2O$ 与 $CaSO_4 \cdot 2H_2O$ 同属单斜晶系，具有较为相近的晶格常数，所以在一定条件下，$CaHPO_4 \cdot 2H_2O$ 可进入 $CaSO_4 \cdot 2H_2O$ 晶格形成固溶体，这种形态的磷称为共晶磷；另外，磷石膏中还含有一些 $Ca_3(PO_4)_2$、$FePO_4$ 等难溶磷，其中以未反应的 $Ca_3(PO_4)_2$ 为主，它主要分布在粗颗粒的磷石膏中。在三种形态的磷中，以可溶磷对磷石膏的性能影响最大，可溶磷会使建筑石膏凝结时间显著延长，强度大幅降低，其中，H_3PO_4 影响最大，其次是 $H_2PO_4^-$、HPO_4^{2-}，另外，可溶磷还会使磷石膏呈酸性，造成使用设备的腐蚀，在石膏制品干燥后，它会使制品表面发生粉化、泛霜。因此，国外有的国家规定用于水泥缓凝剂的磷石膏其可溶磷应为0%，我国有关企业标准也规定用于水泥中的磷石膏其可溶 $P_2O_5<0.1\%$；磷石膏中共晶磷含量取决于反应温度、液相黏度、SO_4^{2-} 和 H_3PO_4 浓度、析晶过饱和度以及液相组成均匀性等因素。共晶磷存在于半水石膏晶格中，水化时会从晶格中溶出，阻碍半水石膏的水化。共晶磷还会降低二水石膏析晶的过饱和度，使二水石膏晶体粗化、强度降低。难溶磷在磷石膏中为惰性，对性能影响甚微。

磷石膏中的氟来源于磷矿石，磷矿石经硫酸分解时，其中的氟有20%～40%以可溶氟（NaF）和难溶氟（CaF_2、Na_2SiF_6）两种形式存在。影响磷石膏性能的是可溶氟，可溶氟会使建筑石膏促凝，使水化产物二水石膏晶体粗化，晶体间的结合点减少，结合力削弱，致使其强度降低。它在石膏制品中将缓慢地与石膏发生反应，释放一定的酸性，含量低时对石膏制品的影响不大。CaF_2、Na_2SiF_6 等难溶氟对磷石膏性能基本不产生影响。磷石膏在堆场中存放一段时间后，一部分氟会因降雨淋溶而流失，一部分氟与磷石膏中的 Ca^{2+} 形成稳定的氟化钙从而使磷石膏中的可溶氟含量降低，随降雨淋溶而流失的氟会渗入堆场周围的水体中，使水中氟浓度过高，造成环境污染。

磷矿石带入的有机物和磷酸生产时加入的有机絮凝剂使磷石膏中含有少量的有机物。有机物会使磷石膏胶结需水量增加，凝结硬化减慢，延缓建筑石膏的凝结时间，削弱二水石膏晶体间的结合，使硬化体结构疏松，强度降低，此外，有机物还将影响石膏制品的颜色。

磷石膏中碱金属主要以碳酸盐、磷酸盐、硫酸盐、氟化物等可溶性盐形式存在，含量（以 Na_2O 计）在0.05%～0.3%范围。碱金属会削弱纸面石膏板芯材与面纸的粘结，对磷石膏胶结材有轻微促凝作用，对磷石膏制品强度影响较小。当磷石膏制品受潮时，碱金属离子会沿着硬化体孔隙迁移至表面，水分蒸发干后在表面析晶，使制品表面产生粉化和泛霜现象。

磷石膏中含有1.5%～7.0%的 SiO_2，以石英形态为主，少量与氟配位 Na_2SiF_6。它们在磷石膏中为惰性，对磷石膏制品无危害。因其硬度较大，含量高时会对生产设备造成磨损。

磷石膏中还含有少量的 Fe_2O_3、Al_2O_3、MgO，它们由磷矿石引入，降低磷酸回收率，对二水石膏晶体形貌有所影响，是生产磷酸的有害杂质，但对磷石膏制品并无不良影响。而且以磷石膏制备Ⅱ型无水石膏（正交晶系的无水 $CaSO_4$）时它们有利于胶结材水化、硬化。

磷石膏中还含有铀、镭、镉、铅、铜等多种杂质，铀、镭、镉、铅、铜等元素来源于磷矿石，铀、镭属于放射性元素，如果磷矿石中放射性元素含量高则磷石膏中放射性元素含量也高，因此磷石膏也带有一定的放射性。放射性污染对人体的危害是众所周知的，对磷石膏的放射性也应高度重视，但也不应使其成为磷石膏利用的障碍。

二、磷石膏的预处理工艺

由于磷石膏含有的杂质对其利用有显著的不良影响，因此在利用之前需要进行经济、有效的预处理以消除杂质对磷石膏性能的有害影响或者改变磷石膏的晶粒性质，使其适宜于资源化，提高磷石膏的有效利用率。

目前磷石膏的预处理主要是采用物理、化学或物理化学方法使磷石膏中的各种有害杂质除去或降低其含量，具体处理方法有以下几种。

1. 水洗

水洗是目前磷石膏资源化最普遍采用的预处理工艺，水洗可除去磷石膏中可溶杂质与有机物，就消除有害杂质影响而言，水洗是最有效的方法。

水洗净化采用温水洗涤，将磷石膏放在化浆池中进行漂洗，然后在过滤器中得到进一步淋洗，并在真空状态下机械脱水，磷石膏中的可溶性 P_2O_5 和 F-易溶于水，有机物在水洗过程中悬浮于水面，通过水洗可以将大部分此类杂质除去。影响磷石膏洗涤的因素很多，包括用水量、洗涤温度、搅拌时间等等。洗涤后的污水必须经过处理方可排放或再利用，以避免水洗过程中所造成的二次污染，废水的处理还易产生结垢现象。

水洗简单有效，但存在一次性投资大、能耗高、污水排放的二次污染等问题。一般磷石膏处理量要达到 10～15 万 t/a，该工艺才具备竞争能力。水洗工艺并不符合我国磷肥厂规模小、分散、缺乏投资能力这一情况，因此我国磷石膏净化完全依赖水洗是不合理、不现实的。

2. 湿筛旋流工艺

湿筛旋流工艺主要是通过筛孔为 300μm 的筛子对磷石膏进行湿筛分来净化磷石膏。在湿筛法的基础上，使用水力旋流器，粒度在 10～15μm 的磷石膏被溶解，其所富集的有机物及晶格中的磷酸盐等在随后的净化过程中被冲洗出来使磷石膏得到净化。

3. 浮选

浮选是利用水洗时，有机物浮上水面的特性，通过浮选设备，将浮在水面上的有机物除去的方法。实质上是属于湿法预处理，浮选前将水和磷石膏以合适的比例输入到浮选设备，然后搅拌、静置、除去液体表面的悬浮物质。该方法可以除去有机物和部分可溶性杂质，对可溶性杂质的去除量不像水洗那样显著，而且浮选设备容易遭受腐蚀。

4. 石灰中和预处理法

磷石膏中可溶性 P_2O_5 对综合利用的影响比较显著，石灰中和法可以使磷石膏中的残留酸转化为惰性物质，石灰和可溶性 P_2O_5、氢氟酸发生反应生成了惰性物质 $CaHPO_4$、$Ca(H_2PO_4)_2$ 和 CaF_2，使之成为无害物质。

5. 闪烧法

利用 P_2O_5 在高温（200～400℃）状态下分解成气体或部分转变成惰性的、稳定的难溶性磷酸盐类化合物的特点，在高温下分解有害物质并使其转变成惰性物质。闪烧法采用火焰直接与磷石膏接触，温度为 400～600℃，少量有机磷经过高温转变成气体排出，无机磷在高温状态下与钙结合成为惰性的焦磷酸钙，从而消除了有机磷和无机磷等杂质对石膏性能的危害，同时还保证了 $CaSO_4 \cdot 2H_2O$ 的正常脱水反应。其工艺流畅、简化，不需要水洗，避免了水污染问题，但是在煅烧过程中会产生少量酸性有害气体。

6. 球磨

一般磷石膏的球磨工艺是将磷石膏输入球磨机球磨，控制其比表面积为 350～400m^2/kg。采用球磨处理可以改善磷石膏的颗粒形貌和级配，经过球磨的磷石膏颗粒变小，如果用作胶结材料，可以增加流动性，大幅度降低标准稠度的用水量，降低硬化体的空隙率，减少缺陷，从而提高抗折抗弯强度。由于杂质的存在，磷石膏的凝结时间仍然很长，而且强度的提高也有限，所以球磨法一般不单独使用，而是和其他方法配合使用，但是配合使用将使工艺更加复杂，而且投资增大。

彭家惠等对重庆巴南前进化工厂磷石膏进行预处理前后杂质含量和性能的影响进行了研究，具体数据见表 3-5 和表 3-6 所示。

预处理前后磷石膏的杂质含量（wt%） **表 3-5**

杂质种类	预处理前	水　洗	石灰中和	浮　选	筛　分	中和煅烧
可溶 P_2O_5	0.86	0	0	0.86	0.49	0
共晶 P_2O_5	0.30	0.30	0.30	0.30	0.37	0.03
总 P_2O_5	1.75	0.89	0.89	1.75	1.06	0.89
可溶 F^-	0.50	0	0	0.50	0.37	0
有机物	0.12	0	0.12	0.01	0.08	0

预处理对磷石膏胶结材性能的影响 **表 3-6**

编　号	预处理方式	标准稠度（%）	凝结时间（min）		孔隙率（%）	强度（MPa）	
			初凝	终凝		抗折	抗压
PG_0	—	85	15	27	48	1.0	1.7
PG_1	水洗	80	8	13	45	2.6	4.3
PG_2	石灰中和	82	11	19	47	1.9	3.7
PG_3	球磨	66	13	25	38	1.5	2.2
PG_4	浮选	81	14	25	45	1.5	2.1
PG_5	筛分	85	14	24	48	1.3	1.9
PG_6	石灰中和＋球磨	65	7	12	36	2.9	5.1
PG_7	浮选＋中和	80	9	13	46	2.2	4.0
PG_8	石灰中和＋煅烧（800℃）	35	151	211	—	5.2	20.5

注：PG_0～PG_7 预处理后经过 150℃，恒温时间 2h 煅烧；PG_8 经过 800℃，2h 煅烧。

实际上，磷石膏的预处理方式有很多种，但主要是在以上几种原理的基础上发展起来的，如采用水洗加石灰中和法、石灰中和加球磨法、石灰中和加浮选法、石灰中和加煅烧法以及浮选加球磨法等。上述方法都是围绕如何有效降低有害杂质的目的而进行的，但是主要目的是改变磷石膏中 $CaSO_4 \cdot 2H_2O$ 的晶相性质，去除杂质效果对后续工艺影响不大。

三、磷石膏的颗粒特性分析

磷石膏的颗粒级配是影响性能的主要因素，其颗粒级配与天然石膏存在着显著差异，图 3-13 和图 3-14 分别是天然石膏和桂林磷石膏颗粒的粒度分布图，天然石膏的粒径分布较宽，粒径主要集中在 5～100um 之间，平均粒径为 36.76um，磷石膏粒度分布主要集中在 20～100μm 之间，颗粒分布带很窄，粒径较为平均，其平均粒径为 38.31μm。磷石膏晶体中，75.85％的晶体粒度（长度）分布在 2.5～60μm 之间，在此范围之外的晶体相对比较少；79.7％的磷石膏晶体的宽度小于 0.03mm。磷石膏的颗粒级配与天然石膏存在明显差异，它的颗粒级配成正态分布，其尺度比天然二水石膏晶体粗大。

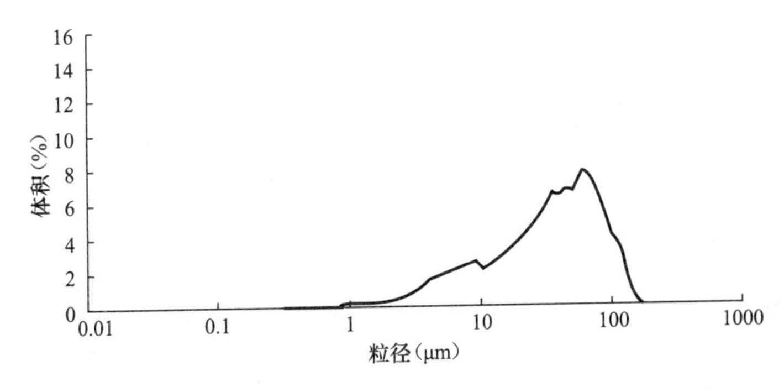

图 3-13　天然石膏的粒度分布图

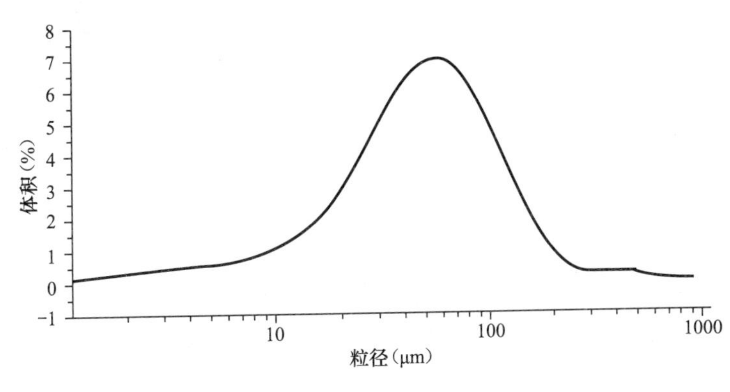

图 3-14　桂林磷石膏的粒度分布图

桂林磷石膏的SEM照片如图3-15所示。磷石膏晶体属于斜方柱晶类，晶体构造为单斜晶系。晶体主要以单分散板柱状的形态存在，但也偶见双晶。单体的形态有平行四边形、菱形、六边形，以及五边形，但以粒度比较大的平行四边形晶体为主，然后是粒度比较小的菱形晶体，六边形、五边形晶体比较少见。磷石膏中的二水石膏晶体为结晶较为完整和均匀的平行四边形薄片状，粒径分布高度集中，但是在其表面吸附着大量的小颗粒。根据能谱分析，结合附集有机物的磷石膏浮选物的形貌分析，推断粒状杂质为可溶磷、氟，絮状物为有机杂质。磷石膏这种颗粒特征使其胶结材料流动性很差，需水量大，硬化体结构疏松，强度较低。因此，磷石膏预处理时，除了从组成上要除去有害杂质，还应从结构上改善其颗粒级配与形貌，工业上一般采用石灰中和加球磨的方法来改变磷石膏的颗粒特性，以消除杂质对磷石膏性能的有害影响，改变磷石膏的晶粒性质，使其适宜于资源化，提高磷石膏的有效利用率。

图3-15 桂林磷石膏的SEM照片

四、磷石膏的化学性质分析

磷石膏一般为黄白、浅黄、浅灰或黑灰色的细粉状固体，呈酸性，略有异味；其主要成分为二水石膏（$CaSO_4 \cdot 2H_2O$），并含有少量的SiO_2、Al_2O_3、Fe_2O_3、CaO、MgO及F等杂质，以及微量的砷、铅等重金属离子，钒、钦等稀有元素和镭、铀等放射性元素。磷石膏作为工业副产石膏，其主要成分和天然石膏一样，都是二水硫酸钙（$CaSO_4 \cdot 2H_2O$）。表 3-7 为对来自南京、云南和桂林三处的磷石膏的化学分析结果。

不同产地磷石膏的化学成分分析（%）　　表 3-7

样　品	附着水	结晶水	CaO	MgO	Fe_2O_3	Al_2O_3	SiO_2	SO_3
桂林磷石膏	6.17	17.20	29.65	0.31	0.04	0.67	6.72	42.55
南京磷石膏	10.31	18.50	29.95	0.02	0.08	0.30	6.76	40.89
云南磷石膏	8.32	18.30	27.90	0.05	0.12	0.23	13.62	37.08
天然石膏	0.50	17.63	27.46	0.55	1.14	2.64	7.45	39.59

对不同地区的磷石膏进行密度与比表面积进行分析测试，其结果如表 3-8 所示，同天然石膏相比，磷石膏比表面积较小，当磷石膏用作胶结材料时，应对其进行球磨处理，使其颗粒变小，改善磷石膏的颗粒形貌和级配。

不同地区磷石膏的密度和比表面积分析　　表 3-8

样　品	密度（cm^3/g）	比表面积（cm^2/g）
天然石膏	2.33	3340
桂林磷石膏	2.31	1919
南京磷石膏	2.28	2278
云南磷石膏	2.29	2095

原状磷石膏、水洗磷石膏和浓硫酸处理后的磷石膏的 XRD 图谱如图 3-16～图 3-18 所示。

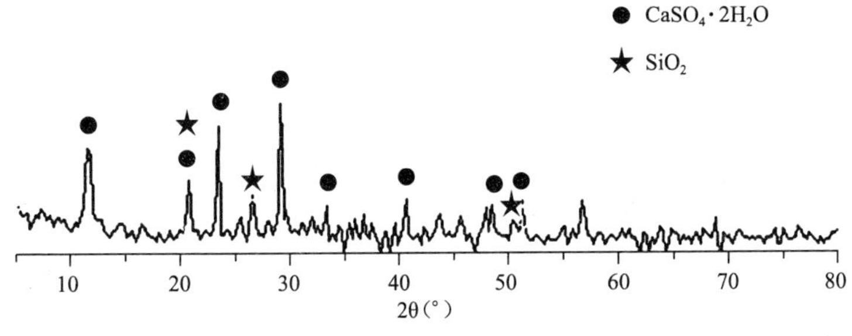

图 3-16　桂林磷石膏的 XRD 图谱

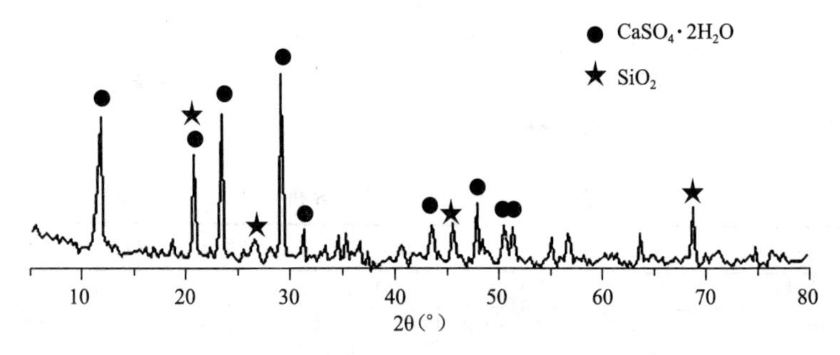

图 3-17　桂林石膏经过水洗处理后的 XRD 图谱

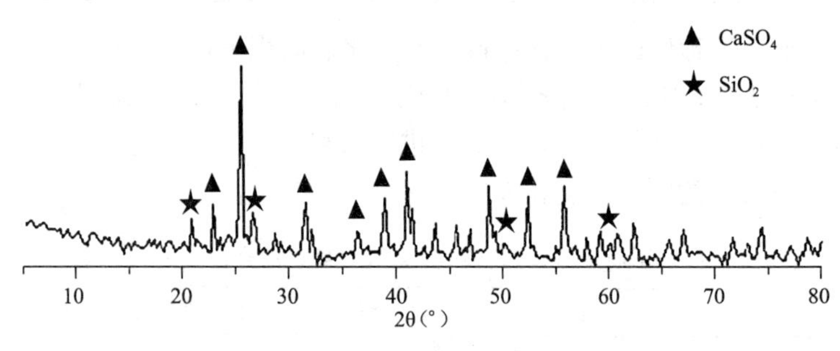

图 3-18　桂林石膏经过浓硫酸洗后的 XRD 图谱

磷石膏显现灰色，白度较低，通过用水洗涤的磷石膏白度没有增加，而用浓硫酸洗过的磷石膏的白度有很大的提高，与磷石膏原样的白度相比，白度提高了近两倍。但是洗涤后的磷石膏性质有很大的不同。从图 3-17 与图 3-18 可以看出：用水洗涤后的磷石膏的主要成分是二水硫酸钙和少量的二氧化硅，但是用浓硫酸处理后的磷石膏的主要成分是无水硫酸钙和少量的二氧化硅。

磷石膏的较低倍数的 SEM 显现出较为规则的片状平行四边形的微观结构，当放大倍数达到 8000 倍时（图 3-19*a*），磷石膏才显现出明显的层状结构。磷石膏被浓硫酸侵蚀后，磷石膏不仅失去了结晶水，并且主要成分二水硫酸钙也转变为不带结晶水的无水硫酸钙，并且磷石膏原样的尺寸较大的平行四边形结构肢解成形状较小的无水硫酸钙，被酸侵蚀的磷石膏的片状结构的厚度基本上相当于磷石膏原样的一层的厚度。

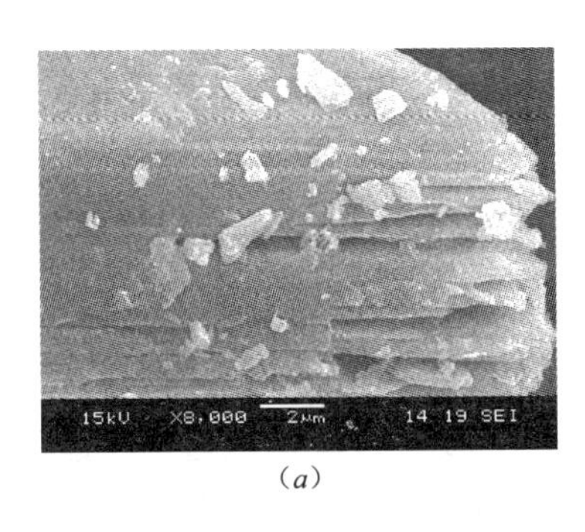

(a)

(b)

图 3-19 桂林石膏原样（a）与用浓硫酸洗过磷石膏（b）的微观结构

五、磷石膏的热分析

磷石膏的热分析图谱显示，磷石膏的吸热峰尖而窄。由于磷石膏颗粒比较细，使得产生吸热峰的范围较窄，峰形趋于尖而窄，由图 3-20 可见，磷石膏在 141.9℃时转变为半水石膏，伴随着明显的失重与吸热，随后转变为无水石膏（Ⅲ）；根据差示扫描量热曲线（DSC），在 800～1000℃之间有不太明显的放热峰，则说明在这个温度段，无水石膏（Ⅲ）转变为无水石膏（Ⅱ），桂林磷石膏发生分解的吸热峰是 1321.5℃。

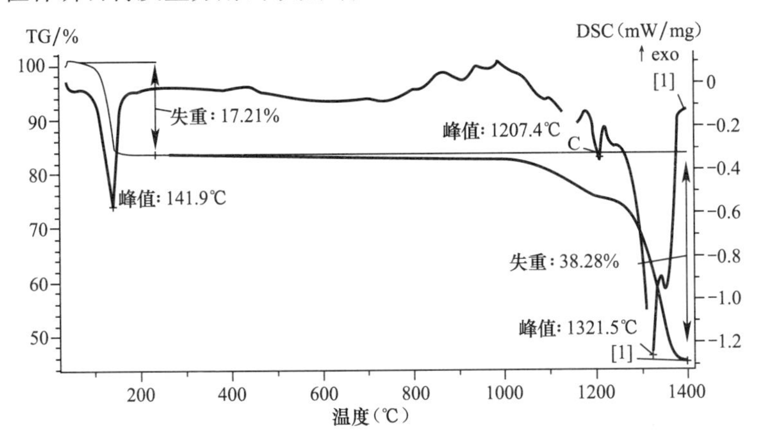

图 3-20 桂林石膏差热分析（10℃/min）

六、磷石膏的放射性

磷石膏的放射性是以镭当量作为衡量标准的，实际上，放射线主要来自于磷石膏中氡、氢及其短寿命粒子体衰变时放出的射线，它们易于与空气中的微尘形成沉降缓慢的气溶胶。人通过呼吸吸入而隐藏于骨髓内，形成永久性的内照射，因此，影响人们的健康。氡的半衰期时间很长，要经历数百年，所以通过放置而使磷石膏的放射强度降低几乎是不可能的。此外，磷石膏中的镭放射性核素在研究放射体实验中，往往用石膏作为它的载体，也就是说，镭和石膏是孪生的，很难把它们分离开来，通过水洗或加热等物理甚至化学处理方法，也几乎不可能除去磷石膏中的镭核素。磷石膏的放射性与其矿石产地有关。有些产地矿石中放射性核素含量高，相应废料石膏的放射性含量就高，这种磷石膏不能直接作为建筑石膏用，反之，矿石中放射性含量低，磷石膏的放射性也就低。我国进口矿石的磷石膏中放射性含量普遍较高，而国产磷矿石的磷石膏中放射性含量较低。

第三节　氟石膏的理化特性

氟石膏是利用萤石和浓硫酸制取氢氟酸后的副产品，每生产1t氢氟酸就有3.6t无水氟石膏生成，生产氟化氢所用的原料酸级萤石纯度很高，反应过程处于无水状态，所副产的氟石膏为Ⅱ型无水石膏，其中 $CaSO_4$ 含量高达90%以上，在石膏资源中这是一种难得的品级资源。目前，国内氟石膏年产出量达100多万吨。

氟石膏从反应炉中排出时，料温为180～230℃，燃气温度为800～1000℃，排出的氟石膏主要成分为无水硫酸钙，属于Ⅱ型无水石膏，刚出窑时氟石膏中含有残余的萤石与硫酸，浸出液中氟及硫酸的含量较高，都超过《危险废物鉴别标准》规定的限值，属腐蚀性强的有害固体废弃物，因此不能堆放。对此我国一般有两种处理办法：一种是石灰中和法，即将刚出炉的石膏加水打浆，投入石灰中和至 pH=7 左右时排放。加入的石灰中和硫酸，进一步生成硫酸钙。加石灰时，只带入少量的 MgO，因此，采用这种处理方法，氟石膏的纯度较高，可达 80%～90%，称为石灰-氟石膏。

第二种是铝土矿中和法，即加入铝土矿中和剩余的硫酸可回收有用的产品硫酸铝，使其略呈酸性，再加石灰中和至 pH=7，然后排出堆放。铝土矿中含 40%左右的 SiO_2 及其他杂质，使最后排出的氟石膏品位下降至 70%～80%，这种石膏称为铝土-氟石膏。

新生的氟石膏为干燥粉粒状固体，呈微晶状晶体，微晶体紧密结合，粒度在 0.07～0.21mm 之间，纵向达 0.35mm，其中 0.15mm 以下的细粉占 30%～40%，其他矿物在氟石膏中呈零星分布。H^+ 含量为 0.38×10^{-3}mol/g，吸附水为 2%～3%，其晶体比天然石膏细小，一般为几微米至几十微米，发育不完整。其密度约为 2900kg/m^3，比表面积约 600m^2/kg。

氟石膏长时间露天堆放后可慢慢水化，晶粒结构由原来的粒状结构变成针状、片状或板状结构，颗粒逐渐变粗，产生强度。

根据生产工艺，氟石膏主要又可分为两种：

(1) 干法石膏：干法氟化铝生产过程中的石膏排渣用石灰粉拌合中和而成，呈灰白色粉粒状；

(2) 湿法石膏：氢氟酸生产过程中的石膏排渣用石灰乳或黏土矿浆中和，浆化成石膏料浆。

氟石膏的主要成分见表 3-9。

氟石膏化学成分（wt%） **表 3-9**

品种	CaO	SO_3	SiO_2	Al_2O_3	Fe_2O_3	MgO	CaF_2	H_2O(400℃)
干法石膏	40～45	50～58	0.3～2.2	0.1～0.8	0.08～0.6	微量	1.2～4.0	0～0.2
湿法石膏	33～39	40～51	0.62～4.1	0.1～2.2	0.05～0.27	0.12～0.9	2.7～6.8	0.1～1.5

干法石膏和刚出炉的湿法石膏基本不含结晶水，主要为Ⅱ型无水石膏。从表3-9可以看出，氟石膏中$CaSO_4$品位较高。石膏中尚存有少量的未反应完全的氟化钙及中和时所带入的其他杂质，这些少量的杂质机械混合于石膏中，对石膏的性质影响不大。

氟石膏在环境保护问题上，中国建材研究院对氟石膏进行放射性物质比活度的测定结果表明氟石膏的放射性水平远远低于国家标准规定。对HF的含量，因氟石膏形成时物料稳定在180～230℃，而氟化氢在常温下极易挥发，在生产中被废气回收装置回收利用，故在此温度下几乎氟化氢不会在渣中残存。氟石膏中含有少量CaF_2(2.5％～6.5％)，但其几乎不溶于水，不会对环境和人体造成危害。

氟石膏与天然硬石膏相似，都属于Ⅱ型无水石膏，因此其水化机理和水化活性也相似，是难溶的或不溶的无水石膏，具有潜在的水化活性，但其水化速率缓慢。硬石膏的活性低、水化硬化极慢是限制其开发利用的重要原因，必须通过掺加复合外加剂对氟石膏进行改性。改性后的氟石膏大部分Ⅱ型无水石膏转化为二水石膏。

第四节　钛石膏的理化特性

钛石膏是采用硫酸法生产钛白粉时，为治理酸性废水，加入石灰（或电石渣）以中和大量的酸性废水而产生的以二水石膏为主要成分的废渣。用硫酸法生产钛白粉时，每生产1t钛白粉就产生5～6t钛石膏。用石灰（或电石渣）中和处理后，上海钛白粉厂每天产生含水率为45％左右的钛石膏60～80t，我国每年约产生16～24万t的钛石膏，目前尚未得到有效利用，钛石膏堆放，造成土地资源浪费。钛石膏工业废渣经雨水冲刷和浸泡，其中所含的有害可溶性物质溶于水中，会严重污染地下水及地表水；另外，堆积的钛石膏经风吹日晒后，以粉末状飘散于大气中会污染环境，威胁人体健康。同时，钛石膏经过雨水的冲刷和浸泡，可溶性有害物质溶于水中，经水在环境中的流动和循环，会严重污染地表水以及地下水。如果对钛石膏加以经济、有效的利用，不仅可以变废为宝、保护环境、节约土地、减少不可再生资源的消耗，也可为企业减轻巨大的经济负担，促进企业健康持续发展。这将是一件利国利民的有益工作。

硫酸法钛白粉生产中的酸性废水（2%左右）主要来自于偏钛酸水洗工序的洗涤水，处理酸解、煅烧废气的冷却和洗涤废水，浓缩蒸气冷凝器中所排放的微酸性废水以及清洗设备、操作场地的含酸废水等。这一类废水平均浓度不高，但含酸幅度波动很大，从每升几毫克到每升几十克，而且排放量很大，是废水治理工作中工作量最大的地方。

处理酸性废水主要靠碱中和，所用碱性物质主要有白云石、石灰石、石灰、电石渣、废碱等，处理方法主要有如下两种。

（1）白云石膨胀中和

酸性废水在膨胀过滤器内与白云石生成 $CaSO_4$ 和 $MgSO_4$，其化学反应式如下：

$$CaCO_3 \cdot MgCO_3 + 2H_2SO_4 \longrightarrow CaSO_4 \downarrow + MgSO_4 + 2H_2O + CO_2 \uparrow$$

由于白云石是弱碱，废水中的酸浓度不能太高，一般控制在 4g/L 左右，中和后的 pH 值只能达到 4～5，为了达到 pH6～9 的排放标准，必须再加碱或石灰乳（或电石渣）进一步与废水中的酸性物质中和，然后再通过沉降，上层清液溢流排放，下层悬浊液过滤后，做无机垃圾处理，其化学反应式如下：

$$Ca(OH)_2 + H_2SO_4 \longrightarrow CaSO_4 \downarrow + 2H_2O$$

$$Ca(OH)_2 + FeSO_4 \longrightarrow Fe(OH)_2 + CaSO_4$$

$$4Fe(OH)_2 + O_2 + 2H_2O \longrightarrow 4Fe(OH)_3 \downarrow$$

$$Ca(OH)_2 + MgSO_4 \longrightarrow CaSO_4 \downarrow + Mg(OH)_2 \downarrow$$

（2）石灰中和

国外大型硫酸法钛白粉工厂大多采用石灰（石灰乳）来中和

酸性废水。该方法是把酸性废水与碳酸钙（或石灰石）和氧化钙（熟石灰）进行两段中和，因为碳酸钙（石灰石）价格比石灰便宜，可降低治理的成本。第一段先用碳酸钙（石灰石）中和至pH至7，同时通入压缩空气把废水中的部分二价铁氧化成三价铁，并能降低废水的COD值，最后加入絮凝剂在增稠器中沉降，清液合理溢流排放，下层浓浆通过压滤机压滤，滤渣（石膏）出售或作无机垃圾填埋。用这种方法治理的酸性废水pH值可达6～9、COD达100×10^{-6}以下，悬浮物为70mg/L以下，符合我国国家排放标准。

用石灰中和废水中硫酸所生成的石膏（硫酸钙）很难沉降、过滤，一般沉降设备都选用占地面积很大的增稠器。最近国内外有一种膜处理设备如美国戈尔公司的戈尔膜（有机膜）；南京化工大学的陶瓷膜（无机膜）等，可以替代庞大的增稠器用于中和后的悬浮液增浓，效果很好，排放水的浊度也很低，但膜的价格很贵（国产陶瓷膜比进口膜便宜），但是从固定资产投资设备（增稠器与膜处理器）的费用来看两者相差不大，膜的运行费用略高于增稠器。

到目前为止硫酸钛白粉生产中的酸性废水还没有别的新方法来治理，实际上除了改变原料路线和生产工艺外，世界范围内的硫酸法钛白粉工厂都是采用这种类似石灰中和的路线，由此产生了大量的钛石膏。

钛石膏的主要成分是二水硫酸钙，含有一定的杂质，一般具有如下几方面的性质：

（1）含水量高、黏度大、杂质含量高；

（2）pH值6～7，基本呈中性；

（3）钛石膏从废渣处理车间出来时，先是灰褐色，置于空气中二价铁离子逐渐被氧化成三价铁离子而变成红色（偏黄），故又名红泥，红、黄石膏。

（4）有时会含有少量放射性物质（铀、钍），我国尚未见有放射性超标的报道。

钛石膏为化学副产石膏，其主要成分为 $CaSO_4 \cdot 2H_2O$，表 3-10 是镇江钛白粉厂钛石膏样品的化学成分。

钛石膏的化学组成　　　　表 3-10

成分名称	SO_3	CaO	MgO	Fe_2O_3	Al_2O_3	K_2O	SiO_2	结晶水	附着水
含量（%）	33.89	28.26	1.80	10.74	2.27	0.05	2.88	17.20	31.0

钛石膏 X-ray 衍射图谱如图 3-21 所示，$CaSO_4 \cdot 2H_2O$ 的特征峰最强，可以得出钛石膏的主要成分为 $CaSO_4 \cdot 2H_2O$，与化学分析结果一致。石膏的品位一般是按照 CaO、SO_3 或结晶水含量分别推算，然后取其最小值。如果按这种方法来计算石膏含量的话，钛石膏中 $CaSO_4 \cdot 2H_2O$ 的含量一般可达 80%以上。

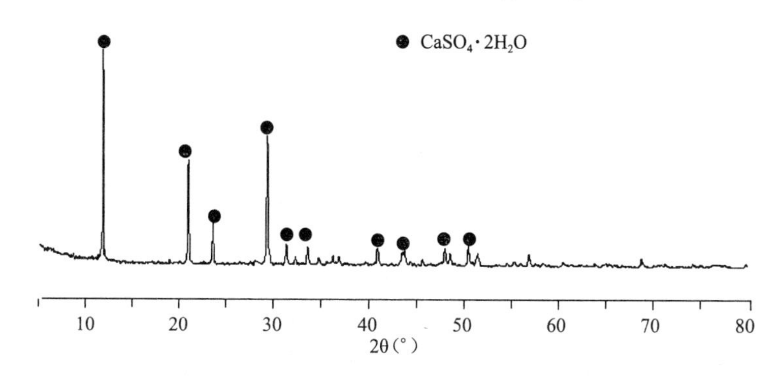

图 3-21　钛石膏的 XRD 图谱

钛铁矿（$FeTiO_3$）中的主要成分是钛和铁。在铁的组分中钛铁矿中的二价铁氧化物和三价铁氧化物。经与硫酸反应后生成硫酸亚铁 $FeSO_4$ 和硫酸高铁 $Fe_2(SO_4)_3$，硫酸亚铁在酸性溶液中比较稳定，pH=5 时，才开始水解生成氢氧化铁沉淀，其反应式为：

$$FeSO_4 + 2H_2O \longrightarrow Fe(OH)_2 \downarrow + H_2SO_4$$

硫酸高铁在酸性溶液中是不稳定的，在 pH2.5 时就开始水解生成碱式硫酸盐或氢氧化物沉淀。这些铁的氢氧化物是有害的，在钛液水解时它们一道沉淀到偏钛酸中无法通过水洗除去，在煅烧时又变成氧化铁使钛白粉变色，白度下降严重影响成品质量。为了避免这种现象发生，就必须把溶液中的三价铁离子都还原成二价铁离子，然后通过结晶的方法使硫酸亚铁从溶液中分离出来。硫酸高铁与金属铁粉的还原反应式为：

$$Fe + H_2SO_4 \longrightarrow FeSO_4 + 2[H]$$

$$Fe_2(SO_4)_3 + 2[H] \longrightarrow 2\ FeSO_4 + H_2SO_4$$

$$2Fe^{3+} + Fe \longrightarrow 3Fe^{2+}$$

钛石膏中 Fe 相较多，杂质中的主要成分应该以 Fe 的一种或某几种形态存在。从上述化学反应方程式中看出，在硫酸法生产钛白粉的生产工艺过程中，Fe^{3+} 全部被还原为 Fe^{2+}，虽然 $FeSO_4$ 最终被分离并得到利用，但仍有少部分进入钛石膏，成为杂质之一。而硫酸亚铁在 pH5 时开始水解生成 $Fe(OH)_2$ 沉淀，$Fe(OH)_2$ 在空气中又会转化为 $Fe(OH)_3$。

从钛石膏的 SEM 图片（图 3-22）分析可知，钛石膏晶体多呈柱状、板状，同时还有大量的球状、絮状杂质存在；而天然石膏晶体呈粒状、针状、柱状、板状多样化。

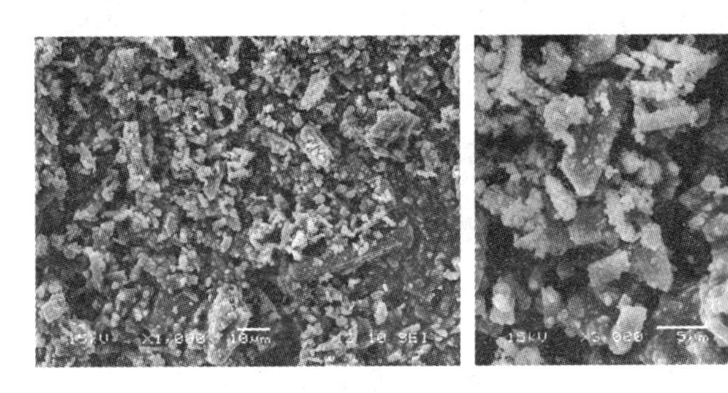

图 3-22　钛石膏的 SEM 图片

如表 3-11 所示，同脱硫石膏相比较，钛石膏的颗粒较细，平均粒径较小，比表面积较大，粒径在 1～10μm 的颗粒占颗粒总质量的一半以上，粒径基本在 40μm 以下。

钛石膏和华能电厂脱硫石膏的颗粒特征 **表 3-11**

试样	平均粒径 (μm)	比表面积 (cm^2/g)	粒径分布（wt%）			
			1～10μm	10～40μm	40～60μm	60～100μm
脱硫石膏	32.72	213	49.55	35.64	3.95	7.59
钛石膏	9.66	4110	4.26	62.01	28.19	4.99

钛石膏的放射性核素来自于钛铁矿，钛铁矿（特别是次生矿如：印度、马来西亚、澳大利亚的个别矿点）中，有时会含有少量的放射性物质（铀、钍）。我国目前所使用的国产钛铁矿中，对独居石含量高的钛铁矿，使用时要注意检测其中的放射性含量。目前，我国还没有钛石膏放射性超标的报道。因此，放射性不应成为国内钛石膏建材资源化的障碍。

第五节　柠檬酸石膏的理化特性

柠檬酸石膏是生产柠檬酸过程中，利用硫酸酸解柠檬酸时生产的一种工业废渣。它的主要成分为二水硫酸钙，每生产 1t 柠檬酸可生产 2.4 t 柠檬酸石膏。

柠檬酸石膏因柠檬酸生产工艺的不同，呈不同的颜色，一般为白色、灰色、黄色等；含水为 25%左右，有些好的柠檬酸生产厂含水能达 15%；pH 值为 5.0～6.5，二水硫酸钙含量达 95%以上。柠檬酸石膏由于含有一定的残余酸和有机物（菌丝体），使生产出的半水石膏强度偏低，凝结时间变长，利用困难。

柠檬酸石膏是工业副产石膏的一个重要品种，我国年排放量约在 50 万 t，目前大多作为废弃物排放，造成严重的环境污染。长期以来得不到有效利用而大量堆积对环境造成污染。但只要工艺合理，就能够克服柠檬酸石膏其本身固有的缺陷。柠檬酸的提取工艺一般采用钙盐法，每生产 1t 柠檬酸将产生 2.4t 柠檬酸石膏，酸解过程反应方程式如下：

$$Ca(C_6H_5O_7)_2 \cdot 4H_2O + 3H_2SO_4$$
$$\longrightarrow 2C_6H_8O_7H_2O + 3CaSO_4 \cdot 2H_2O$$

柠檬酸石膏的化学成分如表 3-12 所示。

柠檬酸石膏的化学成分（wt%） **表 3-12**

成　分	SiO_2	Al_2O_3	Fe_2O_3	CaO	MgO	SO_3	Na_2O	结晶水	灼烧量
柠檬酸石膏	2.1	0.8	0.03	31.06	0.01	42.87	0.88	19.25	22.25

从柠檬酸石膏的化学分析可以看出，柠檬酸石膏的品位较高，硫酸钙含量在 92%以上，其纯度完全能满足建筑石膏粉的要求。柠檬酸石膏的灼烧量比较大，主要是结晶水和有机物如柠檬酸盐以及菌丝体造成的。由于工艺的特殊性，柠檬酸石膏的主要杂质为柠檬酸，pH 值在 2.5～4.3 之间，有较强的酸性。

柠檬酸石膏的颗粒特征如表 3-13 所示，柠檬酸石膏的颗粒较细，其比表面积在 $6000cm^2/g$ 以上，粒径分布主要集中在 $10\mu m$ 以下，$40\mu m$ 以上的颗粒所占的比重较小。

柠檬酸石膏颗粒特征 **表 3-13**

颗粒特征	平均粒径（μm）	1～10	10～40	>40
柠檬酸石膏	7.395	78.95%	19.15%	1.9%

第六节　盐石膏的理化特性

在海水制盐过程中排放的固体废渣通常称为盐石膏。每生产 20t 原盐大约产生 1t 盐石膏废渣，原盐的加工工艺可以简单地概括为将海水或富含氯化钠的盐湖水，或从盐矿中提取的卤水通过日晒或人工加热蒸发液体，使其中的氯化钠结晶沉淀而得到原盐。在液体浓缩的不同阶段会有不同的可溶盐沉淀析出。在海水晒盐过程中，海水在浓缩至 14 波美度时其中的盐石膏开始析出，从 16.75～20.60 波美度时盐石膏析出量最大，直至 30.2 波美度时盐石膏全部析出。在海水晒盐过程中得到的盐石膏称为海盐石膏（俗称盐皮子）。井盐在生产时人工加热卤水，达到一定波美度时析出盐石膏，然后过滤将盐石膏从卤水中分离出来，每生产

1t 井盐产生约 0.016t 井盐石膏。

我国除山西、上海、西藏、宁夏、北京、吉林、黑龙江、贵州等省市外，其余省市均有盐石膏排出，全国盐石膏年排放量达 215t。在盐石膏中，海盐石膏年排放量为 163.1 万 t，几种盐石膏的化学组分如图 3-14 所示。

盐石膏的成分组成（%） **表 3-14**

组分	泥沙	结晶水	CaO	SO_3	MgO	Fe_2O_3	Al_2O_3	SiO_2	酸不溶物	Cl^-
海盐	30	13.62	21.17	28.37	0.98	0.32	0.48	—	5.05	—
海盐	—	20.04	37.30	24.99	1.15	0.98	1.62	8.91	—	—
井盐	—	20.8	32.91	44.14	0.50	0.66	0.35	—	0.64	1.15

海盐石膏主要成分是 $CaSO_4 \cdot 2H_2O$，多为柱状晶体，并含有 Mg^{2+}、Al^{2+}、Fe^{2+} 等无机盐类杂志。井盐所排出的盐石膏颗粒细小，晶体形状主要呈白色的不等粒状菱形晶体，少部分为矩形及粒状晶体。各种晶形的石膏不太均匀地混合在一起，含水量大，呈泥浆状，所含水分中存在大量盐分。

第七节　芒硝石膏的理化特性

芒硝石膏是由芒硝和石膏共生矿萃取硫酸钠或由钙芒硝 [$Na_2Ca(SO_4)_2$] 生产芒硝的副产品。芒硝是含有结晶水的硫酸钠，化学式 $Na_2SO_4 \cdot 10H_2O$，为无色晶体，易溶于水，用钙芒硝生产元明粉（无水芒硝）的工艺为：钙芒硝→破碎→湿式球磨→搅拌→浸取→滤出芒硝石膏等杂质→浓缩→结晶→结晶→分离→干燥→包装。浸取反应式为：

$$Na_2Ca(SO_4)_2 + 2H_2O \longrightarrow Na_2SO_4 + CaSO_4 \cdot 2H_2O$$

由反应式知理论上每生产 1t 无水芒硝就副产 1.21t，目前我国芒硝石膏年产出量在 330 万 t 以上。芒硝石膏呈黄褐色或淡棕色，成膏糊状，含水率随过滤机不同而异，一般在 18%～28% 之间。芒硝石膏的化学成分见表 3-15。

芒硝石膏化学成分（%）　　表 3-15

编　号	CaO	SO_3	SiO_2	MgO	Fe_2O_3	Al_2O_3	结晶水	烧失量
样品 1	24.38	31.37	16.05	3.28	1.42	4.02	13.52	18.52
样品 2	26.38	31.94	17.64	1.08	1.97	4.47	11.27	16.88

芒硝石膏中所含杂质主要为石英、硬石膏、少量白云石和芒硝等。

欧洲脱硫石膏质量标准　　附表 1

指　标	数　值
自由水含量	<10%
纯度	≥95%
pH 值	5～8
白度	>80%
气味	同天然石膏
平均颗粒尺寸（32μm 以上）	>60%
MgO	<0.10%
Na_2O	<0.06%
Cl^-	<100ppm
$CaSO_3 \cdot 1/2H_2O$	<0.50%
可燃有机成分	0.10%
Al_2O_3	<0.30%
Fe_2O_3	<0.15%
SiO_2	<2.5%
$CaCO_3+MgCO_3$	<1.5%
K_2O	<0.06%
NH_3+NO_3	0
放射性元素	必须符合国家标准

我国烟气脱硫石膏建材行业标准　　附表 2

序　号	项　目	指标	
		一级（A）	二级（B）
1	附着水含量（%）（湿基）	≤10	≤10
2	二水硫酸钙（$CaSO_4 \cdot 2H_2O$）（%）（湿基）	≥95	≥90
3	半水亚硫酸钙（$CaSO_3 \cdot 1/2H_2O$）	<0.5	<0.5
4	水溶性镁盐 MgO（%）	<0.10	<0.10

续表

序号	项目		指标	
			一级（A）	二级（B）
5	水溶性钠盐（%）		<0.06	<0.06
6	pH 值		5～9	5～9
7	氯离子（Cl^-）（%）		<0.01	<0.05
8	气味		无异味	无异味
9	放射性	内照（I_{Ra}）	≤1.0	≤1.0
		外照（I_r）	≤1.0	≤1.0
10	贵金属	Cr(mg/kg)	<90	<90
		Cd(mg/kg)	<75	<75
		Pb(mg/kg)	<60	<60
		Hg(mg/kg)	<60	<60

参考文献

[1] 曾爱斌. 烟气脱硫石膏应用于自流平材料的研究［D］. 浙江：浙江大学，2008.

[2] 彭家惠，张家新，万体智，汤玲，陈明凤. 磷石膏预处理工艺研究研究［J］. 重庆建筑大学学报，2000，22（5）：74-78.

[3] 彭家惠，张建新，彭志辉，万体智. 磷石膏颗粒级配、结构与性能研究［J］. 武汉理工大学学报，2001，23（1）：6-11.

[4] 邢召良，王宏耀，陈洪军，郝阳，刘涛. 蒸汽回转石膏煅烧机的应用［J］. 新型建筑材料，2007（2）：14-18

[5] 张社教. 浅析以工业副产石膏为原料制备建筑石膏的煅烧设备的选择［J］. 铜陵学院学报，2007（4）：83-85.

[6] 杨国勋. 环形球磨机在建筑石膏工业中的应用［J］. 新型建筑材料，1997（3）：35-36.

[7] Jean-philippe Boisvert，Marc Domenech，Alain Foissy. Hydration of calcium sulfate hemihydrate（$CaSO_4 \cdot 1/2H_2O$）into gypsum（$CaSO_4 \cdot 2H_2O$）. The influence of the sodium poly（acrylate）/surface interaction and molecular weight. Journal of Crystal Growth. 2000，220：579-591.

[8] A. J. Lewry. et al.. The setting of gypsum plaster：part Ⅱ：The

development of microstructure and strength. Journal of Materials Sciences. 1994 (29): 5524-5528.
[9] 袁润章等. 胶凝材料学 [M]. 武汉：武汉工业大学出版社，1982.
[10] 陈永松. 磷石膏的微结构特征及残磷，残氟的研究 [D]. 贵州：贵州工业大学，2004.
[11] 王立明，董文亮. 柠檬酸废渣粉刷石膏的研制 [J]. 建筑石膏与胶凝材料，2002，(2)：41-42.
[12] 徐锐，姚大虎. 化学石膏综合利用 [J]. 化工设计通讯，2005，31 (4)：54-57.
[13] 黎力，吴芳. 自流平材料的应用发展综述 [J]. 新型建筑材料，2006，(4)：7-11.
[14] 秦莉莉，孙立艳. 工业副产品石膏-脱硫石膏的利用 [J]. 砖瓦，2007，(5)：45-48.
[15] 张志刚. 磷石膏应用现状分析 [J]. 中国建材科技，2007， (1)：3538.
[16] 姜洪义，曹宇. 高强石膏的制备及性能影响因素研究 [J]. 武汉理工大学学报，2006，28 (4)：35-37.
[17] 胡红梅，马保国. 天然硬石膏的活性激发与改性研究 [J]. 新型建筑材料，1998，(4)：19-21.
[18] Manjit Singh. Effect of phosphatic and fluoride impurities of phosphogypsum on the properties of selenite plaster [J]. Cem. Concr. Res，2003，(33)：1363-1369.
[19] 张万胜. 制模石膏两种晶体形态的研究 [J]. 陶瓷，2003， (1)：17-20.
[20] 马铭杰，董坚，张化. 海盐工业废渣的综合利用 [J]. 化工环保，2001，21 (5)：282-285.
[21] 刘红岩，施惠生. 脱硫石膏的综合利用 [J]. 粉煤灰综合利用，2007，(2)：55-56.
[22] 毛常明，陈学玺. 石膏晶须制备的研究进展 [J]. 化工矿物与加工，2005，(12)：34-36.
[23] 朱红燕. 石灰石-石膏烟气脱硫系统技术经济性分析 [D]. 武汉：华中科技大学，2006.
[24] 徐效雷. 德国烟气脱硫石膏的情况介绍 [J]. 硅酸盐建筑制品，

1996，(2).
[25] Du. Jian-guang，Ye. Zhi-rong. Development and study on the properties of YD flowing agent for the self-leveling mortar [J]. Journal of building Material，2000，3 (1)：37-41.
[26] Jeongyum Do，Yangseob Soh. Performance of polymer-modified self-leveling mortar with high polymer-cement ratio for floor finishing [J]. Cement and Concrete Research，2003，(33)：1497-1505.
[27] Kyung-Jun Chu，Kyung-seun Yoo and Kyong-Tae Kim. Characteristics of gypsum crystal growth over calcium-based slurry in desulfurization reactions [J]. Materials Research Bulletin，1997 (2)：197-204.
[28] 喻德高，杨新亚，杨淑珍，张丽英. 半水石膏性能与微观结构的探讨 [J]. 武汉理工大学学报，2006，(5)：27-29.
[29] 向才旺. 建筑石膏及制品 [M]. 北京：中国建材工业出版社，1998.
[30] 严吴南等. 建筑材料性能学 [M]. 重庆：重庆大学出版社.

第四章　工业副产石膏制备石膏基胶凝材料及其特性

内容提要：石膏作为胶凝材料使用已有较久的历史，本章主要对几种常见工业副产石膏制备石膏基胶凝材料时对胶凝材料性能的一些影响进行了详细阐述，同时对工业副产石膏应用前的处理工艺也进行了简单介绍。

工业副产石膏是一种良好的可再生资源，综合利用工业副产石膏，既有利于保护环境，又能节约能源和资源，符合我国可持续发展战略。在我国，工业废石膏种类众多，包括脱硫石膏、氟石膏、磷石膏、钛石膏及其他化工石膏等，废弃量巨大，尤其是脱硫石膏，随着我国节能减排政策的实施，在“十一五”末，我国有 3～4 亿 kW 燃煤发电机组配置石灰石-石膏法脱硫设施，每年产生 6000 万 t 以上脱硫石膏，在“十二五”期间每年仍将会迅速增长。这些工业废石膏排放量剧增，若采取抛弃堆存，不仅占用大量宝贵的土地资源，而且会对周围生态环境产生不利影响。

在当今天然石膏价格迅速上扬的趋势下，磷石膏越来越显示出其价格优势，具有良好的开发前景和显著的社会效益和经济效益。因此，如何以经济手段来促进磷石膏的利用，并提高磷石膏处理的经济效益将是解决问题的关键。另外，由于磷石膏代替天然石膏的利用必须经过预处理，难以与天然石膏、排烟脱硫石膏竞争，且我国以火力发电为主，排烟脱硫石膏的产量巨大，更限制了磷石膏在该领域的利用前景。

第一节　磷石膏胶凝材料及特性

我国2005年磷石膏堆放量达到1亿t，世界范围内磷石膏堆放量达到2.8亿t。然而，磷石膏的资源化利用并不令人满意，目前全世界磷石膏的有效利用率仅为4.5%左右，也就是说全世界每年得到综合利用的磷石膏只有1260万t。日本、韩国和德国等发达国家磷石膏的利用率相对高一些，以日本为例，由于日本国内缺乏天然石膏资源，磷石膏有效利用率达到90%以上，其中的75%左右用于生产熟石膏粉和石膏板。其他不发达国家磷石膏的利用率相对很低，一般以直接排放为主，如我国磷石膏的有效利用率约10%，距国家“十一五”规划工业固体废物综合利用率达到60%的目标尚有较大差距。在国内石膏资源紧缺的情况下，磷石膏的资源化已成为一种必然选择。鉴于国外磷石膏资源化利用的成熟经验和我国石膏资源匮乏的现状，从循环经济的角度来审视磷石膏问题，磷石膏就不再是一种污染废物，而是一种很好的资源。

一、我国磷石膏的利用情况

我国磷化工行业每年排放磷石膏量约5000万t，占工业副产石膏的70%以上，而且还在以每年15%的速率增长，目前全国磷石膏累计堆存量超过1亿t。长期以来磷复肥企业主要采用堆存法处理，综合利用率只10%左右，不仅大量占用土地，而且容易造成环境污染，成为困扰磷化工行业健康发展的一大难题。

从目前我国磷石膏综合利用的现状分析，磷石膏无论从理论研究还是用作制备石膏基胶凝材料应用来看，其利用价值是显而易见的。但实际应用中还存在一些问题，具体表现在：(1) 磷石膏制建筑石膏粉受到杂质的影响，必须进行预处理，造成其成本过高，难以与天然石膏竞争；(2) 磷石膏有许多可以加以肯定的优良性质，其主要优点为二水硫酸钙含量高（常达90%）和材料的细度（颗粒尺寸约为100μm）细，可以省去天然石膏用来破碎和磨细的费用；（3）磷石膏中存在着杂质，这些物质影响磷石膏制品的强度和凝结性能等。

为了除去磷石膏中的有害杂质，目前大多采用以下措施：（1）用水冲洗或湿筛，使杂质可溶部分流失；（2）用石灰水冲洗并中和，并根据其用途进行低温烘干或加热煅烧使其转化为半水-无水石膏；（3）用氨水溶液进行处理等。以上处理磷石膏的方法存在的突出问题是：一是水洗磷石膏的污水以及炒制磷石膏的废烟会导致二次污染；第二，将磷石膏转化为建筑石膏，能耗较高，水洗也要增加许多设备，同时也增加了能耗。

二、磷石膏制建筑石膏粉及其产品

磷石膏的主要成分是 $CaSO_4 \cdot 2H_2O$，其含量为70%左右。磷石膏中的二水硫酸钙必须转变成半水硫酸钙才可用于做石膏建材。半水石膏分α和β两种晶型，前者称为高强石膏，后者称为熟石膏。α型是结晶较完整与分散度较低的粗晶体，β型是结晶度较差与分散度较大的片状微粒晶体。β型水化速度快、水化热高、需水量大，硬化体的强度低，α型则与之相反。

由磷石膏制取半水石膏的工艺流程大体上分为两类：一类是利用高压釜法，将二水石膏转换成半水石膏（α型），另一类是利用烘烤法使二水石膏脱水成半水石膏（β型）。经测算生产单位产量α型半水石膏的能耗仅为生产β型半水石膏的1/4，而α型半水石膏的强度是β型半水石膏的四倍。我国生产磷酸以二水法工艺为主，所产磷石膏杂质含量高，生产α型半水石膏较为合适。

1. α型半水石膏生产工艺

磷石膏经预处理后，在溶液里加热转化，重结晶形成α型半水石膏，再以α型半水石膏制成石膏制品。α型半水石膏是二水石膏在饱和水蒸气的气氛中加热形成（如蒸炼法，采用直接蒸汽在密闭容器中长时间蒸炼），或者是在溶液中形成结晶（如液相转化的蒸压釜法或盐溶液法）。

德国吉乌利尼（Giulini）流程是最早采用液相转化法生产α型半水石膏的工业流程（图4-1）。该流程首先通过浮选除去有机物和可溶性杂质。对于含杂质不多的磷石膏，浮选工艺可以省去，而通过过滤直接除去可溶性杂质。经过浮选或过滤的料浆进入增稠器，在这里加入低压蒸汽和水，以进一步除去可溶性杂质。除去杂质后的磷石膏经过滤，其二水物在120℃、pH值为1～3的条件下于高压釜脱水，再经过滤即得到α型半水石膏。由此制得的α型半水石膏可制作隔墙板、水泥掺合剂、石膏板以及各种建筑用墙粉。

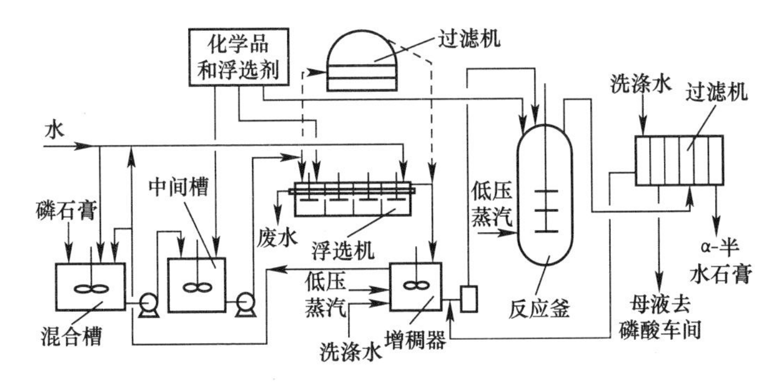

图4-1　德国Giulini公司α-熟石膏生产工艺流程示意

英国帝国化学工业公司（ICI）流程是先将磷石膏加水调成浆，真空过滤去除杂质，洗净的磷石膏再加水并投入半水物的晶体以控制半水物。在两个连续的高压釜中，使二水物转变成α型半水物。生成α型半水物的最佳条件是150～160℃，第二高压釜的出口压力为0.8MPa，由直接送到高压釜中的蒸气维持所需的温度。在第一高压釜中有80％的磷石膏转化成α型半水石膏，脱水时间约3min。成品含水率为8％～15％，经干燥后可做建筑石膏或模制成型。英国ICI公司的流程特点是添加结晶习性改性

剂来控制 α 型半水石膏结晶的形状和大小，所谓结晶习性改进剂就是磷石膏中的杂质铝所形成的一系列 Al-OH 复盐。ICI 工艺流程如图 4-2 所示。

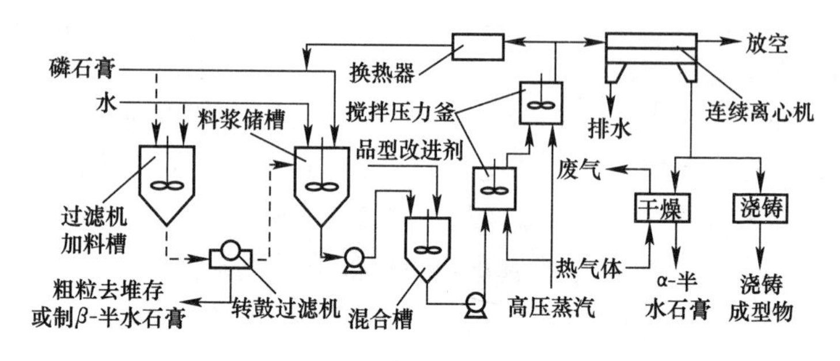

图 4-2 英国 ICI 公司 α-熟石膏生产工艺流程示意

2. β 型半水石膏生产工艺

由于磷石膏中存在硫酸、可溶性磷、氟、钾盐、钠盐以及不可溶磷等杂质，其中磷酸、钾盐、钠盐和氟化物是对建材有害的物质，建筑石膏粉下游用户主要是石膏板生产企业，有害物质会对石膏板造成不覆纸、起边、发霉、易折的现象；含磷酸和氟化物的水泥缓凝剂会造成水泥的凝结时间延长、强度降低等问题。新鲜磷石膏的磷酸和氟含量都很高，pH 值约 2.5，用于建筑石膏粉和水泥缓凝剂质量难以保证。有些加工磷石膏的企业采用堆放陈化的方式来处理，即靠日晒雨淋来减少有害物质的含量，这样可能需要堆放 1～2 年才能使用，而且有害物还是流散到自然环境中，并未真正解决环保问题。所以对磷石膏采用水洗预处理方案。

目前磷酸生产线副产的磷石膏采用圆盘过滤机过滤，可溶性 P_2O_5 平均含量约 0.6%，含液量在 25%以上，每年排放磷石膏约 6 万 t，这样每年排放的纯 P_2O_5 约 3600t，20%浓度 P_2O_5 磷酸液成本约 700 元/t，则每年随着磷石膏排掉的可溶性磷价值 1260 万元。磷石膏的水洗工艺增加了运行费用，生成大量的含污废水，造成严重的经济和环境负担。针对上述情况，山东红日阿康化工股份有限公司的张儒全等对磷石膏的水洗预处理方案进行了研究，提出将水洗后的洗液送回磷酸生产线再进行复合肥生产，达到回收目的，并对利用磷石膏生产建筑石膏和水泥缓凝剂起到了净化原料的作用，减少了磷对石膏制品的影响。水洗工艺流程如图 4-3 所示。

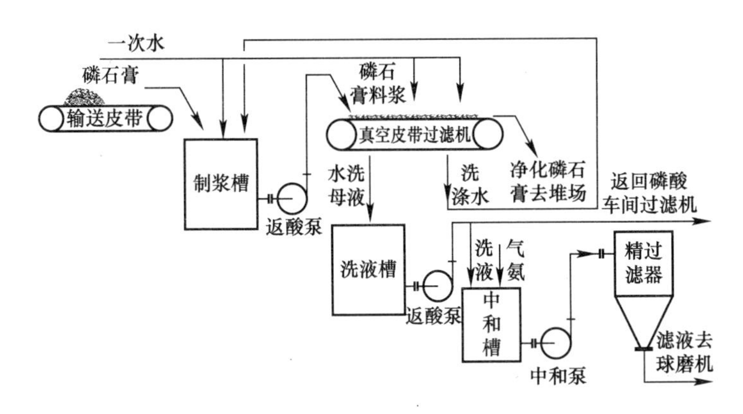

图 4-3 磷石膏水洗工艺流程

该水洗工艺为：来自堆场的磷石膏经皮带输送机送到制浆槽，配成浆后泵送到真空带式过滤机过滤，过滤时进行多次洗涤，洗涤液分离后进制浆槽用来配制料浆，料浆过滤液送滤液槽，用泵输送返回到磷酸车间做洗涤水，还有一部分用氨中和后，再进行精过滤分离，分离液进入球磨机，精过滤渣回收，洗涤干净后的磷石膏随输送设备进下工序。从经济效益上分析，该厂每年排放的可溶性 P_2O_5 3600t 有 80％即 2880t 可溶磷可回收利用，每年可产生经济效益 440 万元。

β 型半水石膏是二水石膏在不饱和水蒸气的气氛中制成的。磷石膏制 β 型半水石膏的生产工艺，主要采用水洗以去除杂质，然后将处理后的磷石膏脱水煅烧制成 β 型半水石膏粉。

常见的石膏煅烧技术如立式炒锅、回转窑、一般沸腾炉等，由于机械、气流的搅拌作用，石膏粉在沸腾脱水过程中，二水石膏、半水石膏和无水石膏相互掺和，致使最终产品出现多相化，显著降低产品质量。张儒全等提出了 FC 气流烘干加沸腾煅烧工艺，该工艺采用高温热风和 FC 煅烧炉尾风预热湿含量较高原料，使预烘干后的原料含水率降低 10%～20%，料温达到 60～90℃。同时该系统选用高温沸腾炉作热源，对燃料的要求低，煤燃尽率达到 98%以上。主煅烧炉采用高温热管换热技术和高温气流搅拌流态化两种传热传质方式作用于粉体，进行高效换热，FC 分室流态化石膏煅烧系统节省能源，热效率达到 90%以上，燃料成本经济。FC 分室沸腾煅烧按照石膏粉的温升曲线变化将煅烧过程区分成四个相对独立的脱水空间，有效避免了高低温物料的掺混现象，最终产品得到优化，有效防止石膏粉煅烧过程中的生熟料混合现象，提高了产品质量。系统为全负压操作，FC 设备自身配备。除尘设备，所有烟气最后经袋式除尘器处理。煅烧工艺流程图如图 4-4 所示。

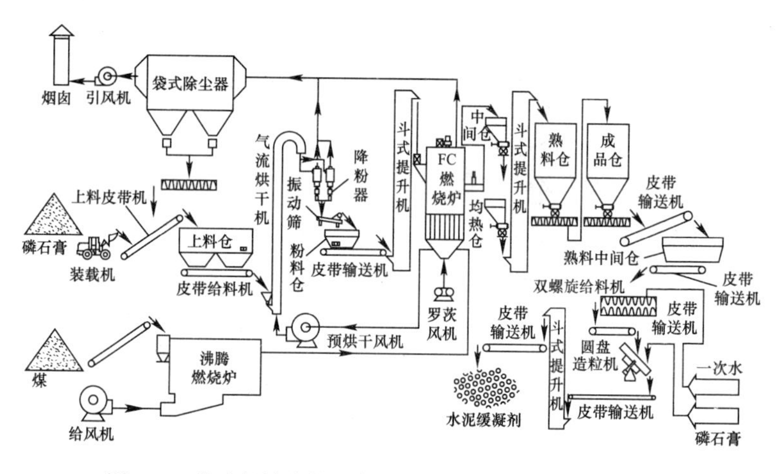

图 4-4　磷石膏制建筑石膏粉及水泥缓凝剂的工艺流程图

该工艺流程大致为：磷石膏由装载机从料堆中取料后直接喂入地面上的收料斗，经上料皮带机将湿粉送入上料仓，并落入下部的皮带给料机输至气流干燥机，气流干燥机的热源来自于 FC 煅烧炉的烟气余热。经预热后的磷石膏粉由四个降粉器将产品落入下面的振动筛，筛下物料落入粉料仓，筛上颗粒进入锤片粉碎机粉碎后落入粉料仓，粉料仓下的变频给料皮带输送机与提升机和锁风器配合，将磷石膏喂入FC煅烧炉煅烧。经煅烧后的石膏粉从末区溢流出，经化验检测若达到合格品指标，则将分料阀转向均热仓，并通过其下的斗式提升机提到成品仓；刚开始出料时，若检测到在线产品不合格，则将分料阀转向废料仓，待合格后再转回均热仓。熟料仓中的石膏粉经气流输送装置送成品贮仓，冷却陈化一定时间后即可销售。成品仓中的石膏粉经下部皮带输送机计量后输送至熟料中间仓，再至双螺旋给料机。磷石膏生粉经计量后用皮带输送至双螺旋给料机。两种配料充分混合搅拌，送至圆盘造粒机加水成球处理，制备成水泥缓凝剂球，成品经皮带输送机和斗式提升机转出，由另一个皮带输送机，将送成品堆放缓存区分散堆存，再由装载机铲运至成品区。系统除尘由位于FC煅烧炉内的内置旋风器作一次收尘，再由高效布袋除尘器作二次收尘，将来自降粉器的余气和FC煅烧炉内的热湿气体集中处理，净化后的湿气由主引风机排大气，粉尘排放浓度控制在60mg/m^3；高温沸腾燃烧炉产生的粉煤灰经烟气净化器分离后，由螺旋输送机和斗式提升机输送至灰仓储存，定期用运输车运出或出售。

法国罗纳普朗克（Rhone Poulenc）公司是世界上最早从事湿法磷酸生产的公司之一。该公司开发了制成β型半水石膏的浮选二段煅烧和二级旋流一段煅烧法。罗纳普朗克流程十分重视磷石膏的净化。该公司1971年建成了年产45万tβ型半水石膏的工厂，1975年又建成了年产25万t的工厂。法国罗纳普朗克工艺如图4-5所示。

日本千叶县磷酸厂利用磷石膏生产建筑用β型半水石膏粉。将磷石膏制成固含量为37%左右的料浆，过滤后母液（含P_2O_5）返回磷酸厂回用，在干燥前加入石灰粉或石灰乳中和剩余的P_2O_5，经煅烧制得β型半水石膏粉，可用于制造建筑用石膏板，工艺流程图如图4-6所示。

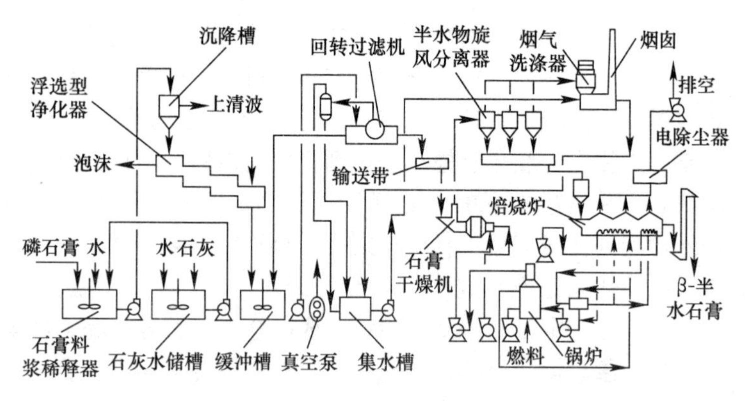

图 4-5 罗纳-普朗克公司 β-熟石膏生产工艺流程示意

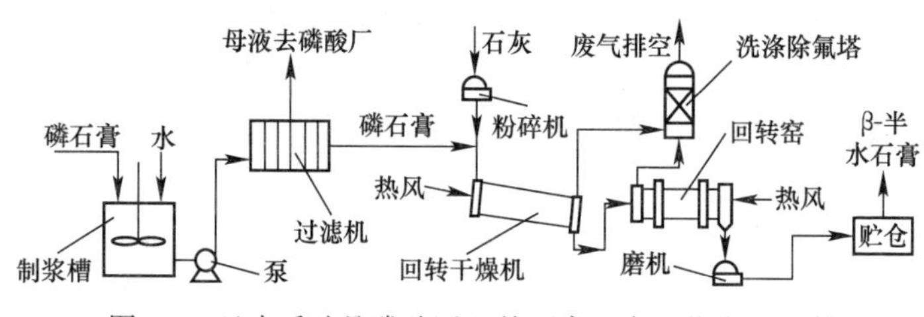

图 4-6 日本千叶县磷酸厂 β-熟石膏生产工艺流程示意

三、磷石膏基复合胶凝材料

磷石膏作为胶凝材料，其中含有磷、氟和残留的少量有机物等诸多有害杂质，使其性能劣化，不能直接用于生产建筑石膏。近年来对磷石膏的综合利用研究结果表明，磷石膏通过水洗、中和、高温煅烧等工艺处理可以消除大部分有害杂质的影响，再经调性激活后，可生产各种石膏板材，如纸面石膏板、石膏隔墙板、纤维石膏板和装饰吸声板等，它们普遍具有质轻、隔热、隔声、防火、加工性能好、生产能耗低、利于环保等优点。但是磷石膏预处理成本较高，生产技术及装备较复杂，建厂投资较大，需要有相关政策加以引导和扶持。

东南大学的周可友等研究了一种免煅烧磷石膏-矿渣复合胶凝材料，该材料以二水磷石膏和矿渣为基本组分，复掺激发剂及早强、减水剂，能配制出性能优良的新型胶结材。与建筑石膏相比，通过复合矿物改性剂高效激发的免煅烧磷石膏-矿渣胶凝材，具有较优异的抗压强度与耐水性能，14d 抗压强度达到 26.3MPa，软化系数 0.94，冻融循环 25 次的强度损失率 7.5%，质量损失率 1.9%，能满足抗冻耐水高的墙体材料要求。免煅烧磷石膏-矿渣预处理不复杂，养护条件简单，能耗低，污染小，因而这种胶凝材料成本低廉，具有较强的市场竞争力。

镇江沃地新材料投资有限公司和南京工业大学李东旭等用原状磷石膏、脱硫石膏等，以生石灰为激发剂，制备了磷石膏-矿渣复合胶凝材料，磷石膏掺量在 65%以上，采取的养护制度为先在 65℃的常压蒸气中养护 6h，待其凝结硬化后再放入 65℃的热水中养护至一天龄期再脱模，然后进行恒温 20℃的标准养护至 28d 龄期，材料的力学性能和水化产物分析见表 4-1。

石膏基胶凝材料各个龄期力学性能　　　　表 4-1

样　品	水灰比	抗折强度（MPa）			抗压强度（MPa）		
		1d	3d	28d	1d	3d	28d
DS	0.29	3.4	2.6	3.8	19.0	23.0	30.4
PS	0.29	3.3	3.0	4.4	15.9	24.8	33.0

注：DS 和 PS 分别代表脱硫石膏和磷石膏基胶凝材料

从力学性能可以看出，DS 和 PS 试样的抗折和抗压强度分别达到《蒸压灰砂砖》(GB 11945—1999) 中 MU15 和 MU25 强度要求，两者抗折强度在 3d 龄期出现倒缩，其原因是脱硫石膏和磷石膏主要成分为二水石膏，没有胶凝作用，材料的强度主要通过矿渣粉的水化反应生成物来提供，在水化早期，水化产物生成量较少，密实度低，在一天湿热养护后进行标准养护试样会失水干缩，密实度进一步降低，孔隙率提高，在宏观性能上表现为抗折强度的降低。由于矿渣的水化是一个较为缓慢的过程，不断生成的水化产物又会在一定程度上提高材料的密实度，所以材料的力学性能在 3d 以后得到提高，28d 抗压强度超过 30MPa。

从图 4-7 为 PS 和 DS 试样不同水化龄期的 XRD 图谱，可以看出，DS 和 PS 试样主要为二水硫酸钙的晶相，PS 试样和 DS 试样 1d、28d 龄期的 XRD 图谱说明了同样一个问题：水化后期（28d）同水化早期（1d）相比较，钙矾石具有更加明显的衍射峰，说明随着水化龄期的延长，钙矾石的生成量增加，钙矾石的

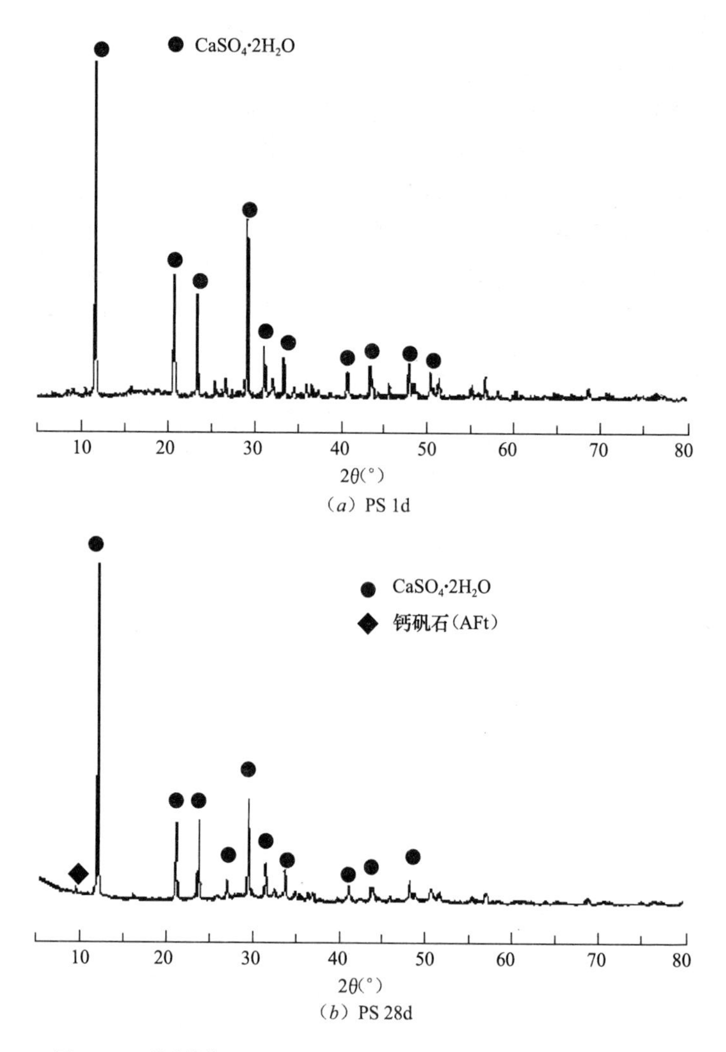

（a）PS 1d

（b）PS 28d

图 4-7　不同龄期下 PS 和 DS 试样水化产物的 XRD 分析（一）

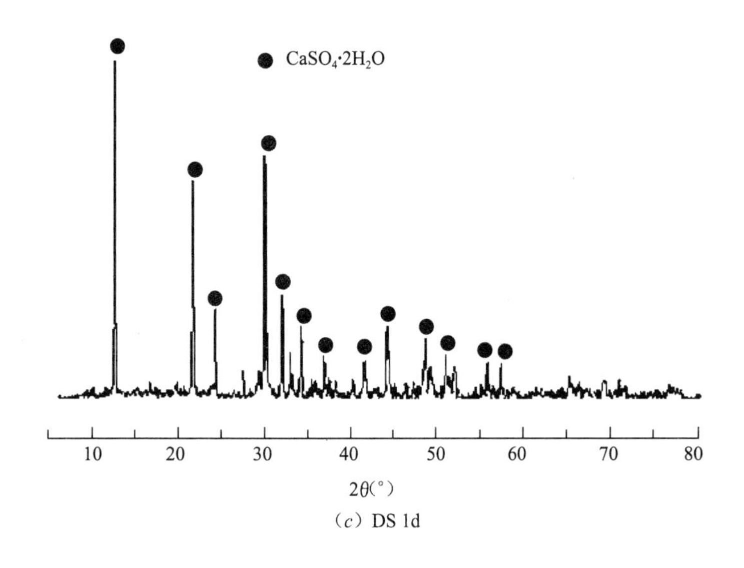

（*c*）DS 1d

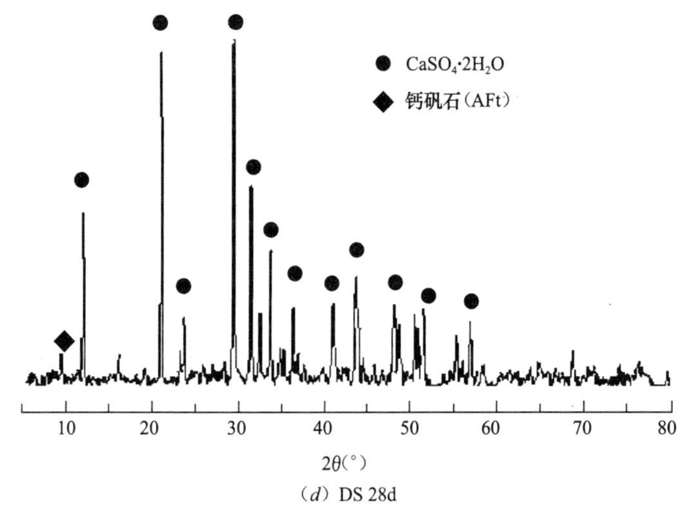

（*d*）DS 28d

图 4-7　不同龄期下 PS 和 DS 试样水化产物的 XRD 分析（二）

形成原因主要是矿渣在碱性激发剂的存在下，解离出的铝酸根离子同 Ca^{2+} 反应生成铝酸三钙，再与二水石膏反应生成水化硅酸钙（C-S-H），由于水化硅酸钙的结晶程度低，在 XRD 图谱中没有表现出明显的 C-S-H 衍射峰。

刘芳研究了一种磷矿充填用的磷石膏-磷渣复合胶凝材料，实验结果为磷渣掺量越大，在激发剂的作用下，充填体强度越高，在有减水剂存在的情况下，磷渣增强效果更明显。磷渣在充填料中替代水泥，起着胶凝材料的作用。在磷石膏-磷渣充填体系中，具有潜在水化活性的磷渣在激发剂作用下可逐渐水化硬化，生成具有强度的 C-S-H 凝胶的结构网，并具有水硬性，在潮湿环境中强度会持续增加，早期增长幅度大，后期增长速度逐渐下降。在保持相同流动性时，减水剂可减少 20%左右用水量，大大提高了料浆浓度。充填体的强度提高率超过 20%。减水剂对充填体的提高效果如表 4-2 和表 4-3 所示。

磷渣对充填体强度的影响（未掺减水剂） **表 4-2**

磷渣掺量(%)	28d		90d	
	抗压强度(MPa)	强度提高率(%)	抗压强度(MPa)	强度提高率(%)
10	0.50	—	0.68	—
20	0.60	20	0.81	19
30	0.69	38	0.90	32
40	0.81	62	1.16	71

磷渣对充填体强度的影响（掺减水剂） **表 4-3**

磷渣掺量(%)	28d		90d	
	抗压强度(MPa)	强度提高率(%)	抗压强度(MPa)	强度提高率(%)
10	0.65	—	0.85	—
20	0.76	17	0.99	16
30	0.93	43	1.21	42
40	1.07	65	1.56	84

袁伟等研究了磷石膏粒径、预处理方式对磷石膏-矿渣-水泥-石灰体系胶结性能的影响，通过过筛的方法将磷石膏按粒径范围分为 5 组：10mm 以下（PG1）、5mm 以下（PG2）、2mm 以下（PG3）、0.3mm 以下（PG4）、球磨（PG5），中和预处理后陈化

24h，按 w(磷石膏)∶w(矿渣)∶w(水泥)∶w(生石灰)＝50∶36∶10∶4 进行配制，采用各体系标准稠度用水量搅拌浇注成型，90℃蒸气养护 7h 后在空气中自然养护 7d，进行测试，实验结果如表 4-4 所示。对于同样的配合比，实验还研究了球磨和中和等预处理方式处理后磷石膏胶结材的性能，实验结果如表 4-5 所示。磷石膏粒径越小，胶结料抗压强度越高，抗折强度、吸水率、软化系数基本上不受影响。磷石膏经石灰预先中和后，胶结料强度显著提高，尤其经中和加球磨后，效果最好。

不同粒径磷石膏基胶结材性能　　表 4-4

编　号	抗折强度（MPa）	抗压强度（MPa）	软化系数	吸水率（%）
PG1	3.5	15.6	0.67	0.18
PG2	3.9	17.4	0.75	0.17
PG3	4.1	17.5	0.78	0.16
PG4	3.7	18.3	0.71	0.17
PG5	3.4	20.9	0.83	0.16

不同预处理方式磷石膏胶结材性能　　表 4-5

	抗折强度（MPa）	抗压强度（MPa）
原状未预先中和	2.2	11.5
球磨未预先中和	2.6	14.9
球磨＋炒制未预先中和	2.8	14.7
原状中和	3.5	15.6
中和＋球磨	3.5	20.9

杨家宽等研究了经过蒸汽预处理后的磷石膏制备蒸压砖的制备工艺，并对磷石膏蒸压砖的强度形成机理进行了探讨。研究表明，以磷石膏掺量（质量分数，余同）为 40%、消石灰掺量为 15%、复合外加剂掺量为 1%、石硝（石屑）和粉煤灰质量比为 2∶1 制备的墙砖，在砖厂的蒸压釜中进行蒸汽压力 0.80MPa，保压时间 4h，釜中总停留时间为 8h 的蒸汽养护，制得标准墙砖。其抗折强度达到 4MPa 以上，抗压强度达到 23MPa 以上，

抗冻性优良，可用作承重墙材。通过对蒸压墙砖进行X-射线衍射（XRD）和扫描电镜分析表明，在蒸压条件下磷石膏（$CaSO_4 \cdot 2H_2O$）脱水生成无水石膏（$CaSO_4$）以及由消石灰中的氢氧化钙与粉煤灰、石硝表层的活性 SiO_2 反应生成的高强托勃莫来石结晶相蒸压砖形成强度的主要原因。

何春雨等以经过中和处理和球磨的磷石膏为原料，利用正交试验获得磷石膏-粉煤灰-石灰-水泥胶凝体系的优化配合比为(质量比)：m(磷石膏)：m(生石灰)：m(水泥)：m(粉煤灰)＝40∶15∶10∶35。该胶凝体系在90℃下蒸养10h，然后自然养护，28d抗压强度达36.0MPa，凝结时间正常，耐水性良好。胶凝体系强度随养护温度的升高而增大，尤其在70～90℃，强度增加更明显。90℃下，胶凝体系强度随蒸养时间的增加而增大，此温度下蒸养13h所得制品7d抗压强度达34.1MPa。以最佳配合比采取不同养护方式制备的胶凝体系力学性能如表4-6所示。

养护方式对胶凝体系强度的影响　　表4-6

养护方式	抗折强度（MPa）		抗压强度（MPa）	
	7d	28d	7d	28d
标准养护	1.2	4.2	5.2	19.7
50℃恒温蒸养7h	2.7	4.3	12.4	26.3
70℃恒温蒸养7h	3.5	4.1	16.8	30.4
90℃恒温蒸养4h	3.9	4.1	18.9	26.7
90℃恒温蒸养7h	4.9	5.1	23.4	32.9
90℃恒温蒸养10h	5.1	6.2	27.9	36.0
90℃恒温蒸养13h	5.4	5.8	34.1	37.5

对于磷石膏-粉煤灰-石灰-水泥胶凝体系来说，标准养护条件下，粉煤灰活性激发相当缓慢，由于大量粉煤灰未参与反应试样早期强度低，50℃、70℃蒸养7h后再自然养护7d的硬化体中已有部分粉煤灰参与反应，生成一定量的钙矾石和C-S-H凝胶，后期激活程度增加，水化产物相对增多，其抗压强度呈现较大的涨幅；在90℃恒温条件下其活性得到显著激发，蒸养后自然养

护 7d 的硬化体中钙矾石和 C-S-H 凝胶已普遍生成，28d 后其生成量更大，钙矾石更为密集粗壮。它们相互交叉连锁，形成网络结构，微细颗粒填塞其中，从而强度提高。

武汉理工大学的林宗寿等开发了一种以未经煅烧处理的磷石膏为主要原料，矿渣粉、熟料、石灰石为辅助材料的磷石膏基免煅烧水泥，不同配合比下磷石膏基免煅烧水泥的配比及凝结时间、强度测定结果如表 4-7 所示。

磷石膏基免煅烧水泥配比及强度、凝结时间测定结果　表 4-7

试样编号	配比（%）				凝结时间（min）		7d 强度（MPa）		28d 强度（MPa）	
	磷石膏	矿渣粉	熟料	生石灰	初凝	终凝	抗折	抗压	抗折	抗压
V1	45	38	2	15	495	735	3.2	14.7	4.2	25.4
V2	45	36	4	15	367	657	3.5	17.8	5.6	30.2
V3	45	34	6	15	448	630	3.6	13.3	4.5	23.7
V4	45	32	8	15	433	566	3.4	14.1	4.6	24.1
V5	50	31	4	15	549	802	2.9	15.5	4.3	25.2
V6	55	26	4	15	611	819	2.5	13.3	3.6	22.3
W3	63	33	4	0	717	818	3.1	16.4	4.6	26.2
W4	67	23	4	6	614	817	2.2	11.8	3.9	21.5

随着熟料掺量增加，矿渣掺量减少，强度先提高后降低，熟料掺量为 4%时，强度达最高值，继续增加熟料掺量，强度反而下降。由于该体系中熟料含量很低，熟料主要起碱性激发的作用，由此可见，该体系在水化时存在一个最适合水化产物生成的碱度范围，熟料掺量过低或者过高，导致碱度过低或者过高都不利于浆体中水化产物的生成。这是由于体系最终水化产物主要是矿渣水化生成的钙矾石和 C-S-H 凝胶，所以该体系的强度随矿渣含量的增加而提高。在熟料掺量比较少的情况下，矿渣的水化受碱度影响很大，碱度过高或过低，都会造成强度降低。在熟料和石灰石掺量不变的情况下（熟料掺量为 4%，石灰石掺量为 15%），随着磷石膏掺量由 45%增加到 50%，强度降低。但在矿

渣粉和熟料掺量基本不变的情况下，磷石膏含量50%与63%的样品强度基本一致。从不同矿渣掺量对强度的影响也可以看出，强度与矿渣粉掺量关系密切，随着矿渣粉掺量的提高，强度也明显提高，这说明矿渣水化对强度的发展起到重要作用。

武汉理工大学的俞波等采用不经预处理的磷石膏、生石灰、水泥和添加剂为配料，以未经处理的磷石膏和水泥、矿渣、黄砂为基本组分，掺以少量激发剂和增强剂，经混合均匀后，在20MPa压力下压制成型，经一定时间养护后，其抗压强度可以达到15MPa以上，完全达到了非烧结普通黏土砖中优等品的技术指标。借助XRD、SEM等测试手段对磷石膏砌块的水化产物及其微观结构、水化硬化机理进行了分析，讨论了水泥与矿渣、添加剂之间发生化学反应生成水化硅酸钙凝胶和钙矾石的过程，并初步揭示了磷石膏砌块强度形成的原因，可概括为：矿渣中的玻璃体成分在碱性环境中Ca-O键和Si-O、Al-O键发生结构解离，生成硅酸根离子与铝酸根离子与Ca^{2+}反应生成水化硅酸钙和铝酸三钙，铝酸三钙与石膏反应生成钙矾石，随着水化反应的不断进行，矿渣玻璃体结构解体，大量C-S-H凝胶水化产物生成，矿渣继续水化生成大量的絮凝状的C-S-H凝胶包裹原先的表面并填充颗粒间的孔隙，如同“胶粘剂”将各相结合成整体，使整个胶凝体系得到进一步的密实和加固，样品强度得到提高，耐水性增强。

目前，国家逐步禁止黏土烧结砖的生产，促进了新型墙体材料的发展。而利用磷石膏制备新型墙材不仅能大量消耗磷石膏，且符合国家的墙改政策，前景广阔。国内有利用磷石膏与页岩、煤混合制成砖坯后，在窑内高温烧结制砖，成品性能达到国家标准要求。但是烧结制砖耗费能源，且硫酸钙高温分解出的SO_2会污染环境，成本较高，投资较大，不宜大规模推广。国内外研制的磷石膏制砖工艺主要可以概括为两种：一种是先把磷石膏锻烧成β型半水建筑石膏，加入其他添加原料，在低压下压制成砖坯，自然养护后得成品；另一种是直接把磷石膏的生粉和其他原料混合后，高压下压制成砖坯，再进行蒸压处理，自然养护。两种工艺均不采用水洗除酸，而是采用碱性材料直接中和。

四、磷石膏低碱度水泥

生产硫铝酸盐水泥、铁铝酸盐水泥时，要加一定量的石膏，它作为一种主要成分形成 C_4A_3S，使水泥具有快硬和膨胀特性。

湖北省襄樊市第二水泥厂于 1991 年研制成功磷石膏低碱度水泥。这种水泥是以石灰石、磷石膏、矾土为原料，用机立窑烧制出硫铝酸钙大于 55%\硅酸二钙大于 25%的硫铝酸盐熟料。熟料中 SO_3 含量为 15.26%，然后按一定配比将这种熟料、磷石膏和石灰石经破碎和粉磨而制成磷石膏低碱度水泥。这种水泥 3d、7d、28d 抗折强度分别为 3.8MPa、4.9MPa 和 6.3MPa，抗压强度分别为 26.6MPa、38.5MPa 和 55.8MPa；自由膨胀率为 1%；pH 值为 10.3。

磷石膏低碱度水泥所用原材料大部分是廉价的石灰石和磷石膏，它在水泥原料中约占 70%，这给大幅度降低水泥成本，打下了良好基础。同时，磷石膏低碱度水泥熟料是用机立窑烧成的，其热耗仅 3349kJ/kg 熟料，比用天然石膏，用回转窑烧成的硫铝酸盐熟料热耗低 25%～30%，比硅酸盐熟料降低热耗 55%～65%，此外，磷石膏低碱度水泥易磨性好，磨机的产量可比粉磨硅酸盐水泥提高 60%以上。

五、磷石膏制装饰材料

利用化学工业废渣石膏可以制成一种新型的石膏装饰材料，这种材料呈微带灰色的玫瑰红色，平均容量为 2400～2800kg/m^3，抗压强度达 120MPa，它在构造和装饰性能方面与天然大理石相似，并且易切割和磨削，若在配料里掺入 0.1%～0.2%的氧化铁和氧化铬等氧化物便能使材料的色彩发生某些变化，获得色彩缤纷的各种装饰品。这种被称作“石膏陶瓷”的新材料，是将含有硫酸钙的磷石膏，氟硅酸盐和氧化钨的混合物料经 800～

900℃温度烧结而成的，它具有很高的物理机械性能，抗折强度达30MPa，抗压强度达120MPa，吸水率低于1%，开口型孔隙率小于8%。就其性能而言，这种磷石膏陶瓷材料并不亚于黏土陶瓷材料，而且生产磷石膏陶瓷材料时并不需要专门设备，在现有的陶瓷材料厂就可组织生产。

六、作为路面基层或工业填料

我国关于磷石膏在道路工程中的利用方面的研究起步较晚，对磷石膏在道路工程中的利用方面的研究还未形成成熟、系统的理论，其设计理论、施工技术、检测技术还未完善，工程应用实例几乎空白。西南交通大学的李章峰等[10]提出了我国磷石膏在道路工程方面应用的几个问题：①作为公路基层、路基填料的磷石膏的改良方法及配合比；②磷石膏混合粒料用作公路基层，对其干缩特性、温缩特性的研究甚少；③作为公路基层、路基填料的磷石膏混合料的拌制工艺（拌合方法、次数、时间）、填压工艺、质量控制与质量检测问题；④磷石膏混合料的疲劳特性、动力特性；⑤磷石膏混合料作为路基填料的排水设计问题、控水问题；⑥磷石膏混合料作为道路基层材料的强度及化学反应问题。

第二节　脱硫石膏胶凝材料及特性

脱硫石膏的资源化利用主要在日本和欧洲国家比较普遍，日本是最早利用化学石膏的国家，该国天然石膏资源匮乏，是利用脱硫石膏最多的国家之一。欧洲特别是德国对脱硫石膏的利用非常重视，几乎所有的德国石膏工业都使用FGD石膏，北美地区的脱硫石膏也在大力开发利用之中。在我国，由于天然石膏的储量丰富、价格低廉、利用普遍等原因，工业副产石膏的利用还处于起步阶段。目前我国脱硫石膏主要在水泥和石膏板行业中应用，另外还在粉刷石膏、石膏粉、石膏胶粘剂、农用、矿山填埋用灰浆以及路基材料等领域有少量应用。现有工程化钙法烟气脱硫产物利用技术几乎全部从国外引进，例如太原第一热电厂脱硫石膏综合利用工程，采用先进的气流干燥工艺干燥脱硫石膏，并采用连续炒锅煅烧技术生产建筑石膏，并以此为主要原料，采用立模成型、液压顶升工艺生产石膏砌块。国华北京热电厂引进德国沙士基打公司的生产线对脱硫石膏炒制成半水石膏，再加工成石膏板和石膏砌块。脱硫石膏还可和粉煤灰复合，制成脱硫石膏粉煤灰砌块，既保持了普通石膏制品质轻、防火、隔热等基本特性，同时其耐水性又有明显改善，强度有所增加，经过适当处理后可用于卫生间等潮湿环境，拓宽了石膏制品的应用范围。

在工程应用方面积极探索的同时，我国对脱硫石膏综合利用技术的基础性研究也开展得较为广泛，几乎涉及了脱硫石膏的各个应用领域。桂苗苗等以脱硫石膏为原料用蒸压法制备半水石膏的研究，胥桂萍等采用常压盐溶液法制备半水石膏。脱硫石膏作为水泥调凝剂的大量研究表明脱硫石膏完全可以取代天然石膏作为水泥的添加剂。用于石膏建材方面的应用研究包括制备石膏腻子、粉刷石膏、纸面石膏板、防火涂料、防水腻子等，所研制的产品均表现出良好的性能。重庆建筑大学林芳辉、彭家惠、丛钢等人率先对脱硫石膏粉煤灰胶结材的制备开展了较为深入的研究，并在此基础上研制了建筑砌块。脱硫石膏水化产物主要是由钙矾石、水化硅酸钙凝胶、未水化的二水石膏组成，结构较致密和均匀，脱硫石膏胶结全尾砂后，具有较强的粘结力和抗压强度，脱硫石膏的加入还可弥补全尾砂浆体渗透系数的不足，是一种理想的矿山充填材料。

一、脱硫石膏制备建筑石膏

脱硫石膏在加热条件下会向半水石膏、无水石膏转化，温度不同，转化的速率不同。要制备性能优良的石膏粉，就要求半水石膏含量高，无水石膏含量低，这样就必须选择适宜的温度，使工业副产石膏转化为半水石膏的速率远大于半水石膏向无水石膏或二水石膏直接转化为无水石膏的速率。但是石膏粉中半水石膏的含量与生产效率是相互矛盾的。要制备性能良好的建筑石膏必须在温度与恒温时间两者之间找出平衡点，使工业副产石膏向半水石膏的转化绝对速率大，并且向半水石膏的转化速率与向无水石膏的转化速率的比值也大。表 4-8 为脱硫石膏与建筑石膏的性能比较。

脱硫建筑石膏与天然建筑石膏性能比较　　表 4-8

建筑石膏种类	标准稠度（%）	凝结时间（min）		强度（MPa）	
		初凝	终凝	抗折	抗压
脱硫建筑石膏	60	6	10	3.8	5.2
天然建筑石膏	65	7	12	2.4	4.2
国家标准	—	>6	<30	2.1 2.5	3.9（合格品） 4.9（优等品）

权刘权等研究了脱硫石膏在不同温度煅烧后的性能，将脱硫石膏分别在 125℃、150℃、200℃、300℃、400℃、500℃、600℃、700℃、800℃、900℃煅烧 2h，然后放置一周后，对其标准稠度用水量、凝结时间与力学性能进行测试，结果如表 4-9 所示，并对煅烧后的脱硫石膏作了 XRD 分析，如图 4-8 所示。

煅烧后脱硫石膏的性能　　表 4-9

序号	处理温度（℃）	稠度（%）	初凝时间（h：min）	终凝时（h：min）	7d 抗折强度（MPa）	7d 抗压强度（MPa）	28d 抗折强度（MPa）	28d 抗压强度（MPa）
1	125	75.8	0:03	0:05	0.30	0.5	1.08	2.5
2	150	81.0	0:05	0:08	2.55	3.6	5.78	14.4
3	200	80.8	0:04	0:08	3.60	7.4	7.58	20.8
4	300	76.9	0:05	0:10	2.52	6.1	4.85	11.3
5	400	78.6	0:04	0:26	1.08	1.4	2.80	6.8
6	500	80.3	0:07	0:30	1.87	2.9	3.60	8.8
7	600	68.6	0:57	5:56	0.81	1.3	1.83	3.7
8	700	66.0	4:12	—	0.30	0.2	0.50	0.2
9	800	53.5	7:30	—	0.34	0.7	0.94	2.2
10	900	46.9	10:22	—	0.29	0.1	0.50	0.3

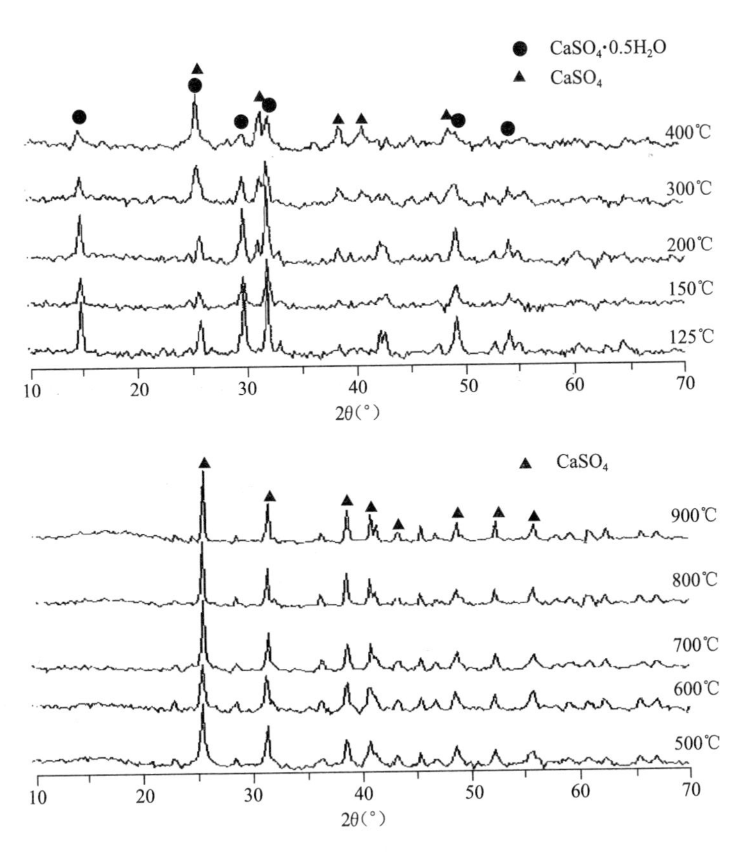

图 4-8 煅烧温度 125～900℃处理后 XRD 图谱

表 4-9 说明了随着脱硫石膏处煅烧温度的升高，凝结时间逐渐的延长，力学性能出现了先增加后减小的趋势；并且从 500℃开始，随着煅烧温度的增加，煅烧处理后的脱硫石膏的标准稠度用水量逐渐地减少，凝结时间大幅度的延长；当煅烧的温度为 200℃时，煅烧处理后的脱硫石膏的力学性能达到了最大值，其 28d 的抗压强度可以到达 20.8MPa。从图 4-8XRD 分析中可以看出在较低温度下处理的脱硫石膏中可能含有较多的 β-半水石膏，而在较高的温度下处理的脱硫石膏可能含有较多的Ⅱ型无水石膏，从而导致性能之间有很大的差别。当煅烧温度为 200℃时，

脱硫石膏在2h内可以较为完全从二水石膏转变为半水石膏和Ⅲ型可溶性无水石膏，并且在放置过程中Ⅲ型可溶性无水石膏转变为半水石膏，使其最终经过200℃处理的脱硫石膏含有较高β-半水石膏。半水石膏具有较好胶凝性能，凝结硬化快，一般在加水后几分钟后基本水化，可形成较高强度的硬化体。Ⅱ型无水石膏是不溶性硬石膏，与水反应的速度极慢，因此其胶凝性较差，强度不高。

(*a*)

(*b*)

图4-9 脱硫石膏分别在200℃（*a*）和600℃（*b*）煅烧后水化样的微观结构

图4-9（*a*）为SEM下观察到经过煅烧后脱硫石膏的水化后生成二水石膏的微观形貌，其晶体形态呈现出略为延长的针状晶体，并且水化样中有较大的孔隙率，可能是由于石膏粉加水拌合时需要有过量的水，当这些水在干燥时蒸发，使其水化样中留有较多的孔隙。当脱硫石膏在600℃煅烧的情况下，大部分的二水石膏变成了Ⅱ型无水石膏（不溶无水石膏）。从结晶学和热动力学角度看，Ⅱ型无水石膏是一个稳定相（斜方晶系），这种石膏对水的反应活性较小，因此在其水化样的力学方面表现较小的强度。

加入激发剂可以提高脱硫石膏制备建筑石膏粉的力学性能，南京工业大学的权刘权、李东旭等研究了在经过500℃与600℃煅烧处理后的脱硫石膏中加入5%的水泥熟料、CaO、Na_2SO_4和NaOH对其活性激发，研究经过不同激发剂处理后的脱硫石膏力学性能的变化。经过500℃与600℃煅烧处理后的脱硫石膏的主要成分是不溶性硬石膏。硬石膏本身水化速度很慢，硬化后强度较低。在水中硬石膏的溶解度大于二水石膏的溶解度，硬石膏溶于水能形成对于二水石膏而言的过饱和液，二水石膏结晶析出，固相体积增大而形成结晶结构网，逐渐凝结硬化。但浆体中过饱和程度低，二水石膏晶体析出慢，造成硬石膏凝结硬化很慢。从表4-10可以看出在经过500℃与600℃煅烧处理后的脱硫石膏中加入水泥熟料与没有掺有激发剂的脱硫石膏相比力学性能有较大的提高。一方面水泥中的铝酸三钙与石膏发生反应生成具有胶凝性的三硫型水化硫铝酸钙，水泥的本身含有硅酸三钙与硅酸二钙发生水化反应生成具有凝胶性能的C-S-H（水化硅酸钙凝胶）；另一方面水泥水化生成氢氧化钙，氢氧化钙可以改变无水石膏溶解度与溶解速度，硬石膏水化硬化能力增加。因而掺有水泥熟料的脱硫石膏是具有气硬性与水硬性双重性质的胶凝材料，使其强度有较大的提高。

激发剂对煅烧后脱硫石膏力学性能的影响（MPa）　　**表4-10**

激发剂	500℃处理的脱硫石膏				600℃处理的脱硫石膏			
	7d抗折强度	7d抗压强度	28d抗折强度	28d抗压强度	7d抗折强度	7d抗压强度	28d抗折强度	28d抗压强度
	1.87	2.9	3.60	8.8	0.81	1.3	1.83	3.7
熟料	2.08	5.2	2.77	9.4	1.49	2.4	3.38	7.2
CaO	3.21	7.4	5.09	14.1	1.67	3.3	3.17	8.2
Na_2SO_4	0.32	1.0	0.65	1.0	0.65	1.7	0.50	1.8
NaOH	0.64	1.4	0.88	1.1	1.10	2.6	2.29	4.5

图4-10为加入不同激发剂600℃煅烧的脱硫石膏水化样的微观结构，加入激发剂的水化样与没有加激发剂的水化样生成晶体形态有很大的区别，说明激发剂的掺入都影响了Ⅱ型无水石膏的水化过程。只是掺有Na_2SO_4的水化样生成的是短棒状的晶体结构，掺有NaOH的水化样生成的是细长的纤维状晶体结构，掺有CaO与水泥熟料的水化样生成的晶体结构较为相似，都是较

为密实不规则的块状结构，说明 CaO 与水泥熟料的掺入到Ⅱ型无水石膏中，不仅改变了石膏的水化速率，而且参与水化反应。

图 4-10　激发剂对在 600℃煅烧的脱硫石膏水化样的微观结构的影响

(*a*) 掺 Na_2SO_4；(*b*) 掺 NaOH；(*c*) 掺 CaO；(*d*) 掺熟料

二、脱硫石膏制备高强石膏

α-半水石膏是通过二水石膏的溶解和重新结晶而形成的。二水石膏在饱和水蒸气介质或液态水介质中热处理时，首先发生脱水，如果条件适合则可从二水石膏晶格中脱出一个半分子的结晶水，形成半水石膏的雏晶，在液态水包围的环境中，雏晶很快溶解在液相中，当液相的半水石膏浓度达到过饱和时，液态半水石膏即迅速结晶，形成结晶粗大的致密的 α-半水石膏。利用脱硫石膏制取高强石膏一般是借鉴天然石膏制 α-半水石膏的方法，通常采用的是蒸压法与水热法。

1. 蒸压法

桂苗苗、丛钢探索了脱硫石膏用蒸压法制 α-半水石膏的可行性，认为在保证合适的蒸压制度时，出釜后的物料立即送入已升温至 100℃的干燥设备中可以避免次生二水石膏和无水石膏的产生，增加 α-半水石膏的纯度。确定的蒸压制度为：150℃下恒压 8h，烘干制度为 110℃下恒温 24h，可制得 7d 抗压强度为 26.8MPa 的 α-半水石膏。并认为 α-半水石膏晶形是影响其性能的重要因素，为了获得结晶良好的 α-半水石膏，应对工艺过程加以严格控制。段珍华、秦鸿根、李岗、唐修仁等作了脱硫石膏制备高强 α-半水石膏的晶形改良剂与工艺参数研究，以电厂脱硫石膏为原料，采用高压反应釜加入一定的晶形转化剂，在 120～150℃制 α-半水石膏，成功地生产出抗压强度为 40～60MPa 的高强 α-半水石膏，并可联动生产石膏砌块。由于此工艺减少石膏粉干燥工序，可降低热耗 40％。

姜洪义、曹宇等研究了采用蒸压法和水热法两种方法制 α-半水石膏，认为不同的石膏品种对 α-半水石膏的性能有很大的影响，实验证明：以天然的纤维石膏为原料能够制得强度很高的 α-半水石膏；蒸压法比水热法能制备出性能更好的 α-半水石膏，且工艺较为简单；在 α-半水石膏的制备过程中添加转晶剂能有效地控制半水石膏的晶体生长，加入适量的转晶剂可以使 α-半水石膏的晶体形状转变为块状、短柱状，并能显著地提高 α-半水石膏的强度。

2. 常压水热法

水热法制备高强石膏工艺中，α-半水石膏在液相中成核、生长，与蒸压法相比，水热法 α-半水石膏晶粒缺陷较少、发育完整、强度较高。国外 20 世纪 90 年代以来新建的高强石膏生产线以水热法为主，水热法工艺已逐渐成为高强石膏制备的主流工艺。但水热法工艺流程较长，影响因素较多，控制不好，产品质量容易波动。常压水热法是近十年发展起来的新理论，也是高强石膏材料研究的方向。低温条件下高强石膏的形成机理与特性研究成为石膏理论中的一项前沿课题，正逐渐受到人们的重视。而采用常压水热法生产 α-半水石膏对于脱硫石膏等湿粉状工业副产石膏是最适宜的，因为此类原料本身就是粉状，在转化前不需要经过任何处理，较天然石膏有较强优势。

1991 年，J. Bold 研究出一种制备半水石膏的工艺，此法加入晶种加速了结晶过程，并且不需加晶形改良剂。Schoch 和 Cuningham 曾使用硝酸作为脱水干燥剂。1986 年，D. Deuster 研究了在硫酸溶液中制取 α-半水石膏，这种方法显示有大量无水石膏随 α-半水石膏产生。Kuntze. Thayer&Mayer 在 1989 年报道，半水石膏只在一个很窄的温度和酸度范围内生成。

胥桂萍、童仕唐等研究了脱硫石膏制 α-半水石膏的工艺参数、晶形控制和改性研究，认为 pH 值和盐溶液浓度是影响 FGD 石膏脱水速度最敏感的因素，固液比虽然对脱水速度影响不大，但固液比增大对晶体生长和习性改良不利。pH 值愈接近中性范围，愈能增强 α-半水石膏结晶在液相中的稳定性，有利于结晶习性改良。在温度、盐溶液种类、浓度、pH 值、结晶习性改良剂和稳定剂的种类及掺量不变的前提下，媒晶剂的掺量在一定范围内可使 α-半水石膏的晶体形态向粗大、短柱状的方向发展。同时，复合媒晶剂种类不同对 α-半水石膏的影响也不同，并借助差示微分扫描量热仪等分析手段，得出了溶液结晶法从烟气脱硫残渣中制备 α-半水石膏的结晶机理：烟气脱硫石膏首先经过脱水生成 β 型半水石膏，再由 β 型半水石膏转化为 α-半水石膏。

山西北方石膏工业有限公司公布该公司发明的了 α-半水石膏的连续生产方法及装置，该法采用粉状二水石膏为原料，在传统液相法的基础上改良反应釜，使干燥和改性同时进行，实现了 α-半水石膏的连续式生产，无需完全干燥就可连产石膏制品，降低了能耗，且改良效果好、反应时间短、有利于自动化控制，生产的 α-半水石膏纯度高，质量好。整个生产过程都利用电厂的热源，不再产生新的污染，是脱硫石膏制 α-半水石膏新的发展方向。

岳文海、王志等将二水石膏溶于 H_2SO_4 中，探索了制备 α-半水石膏的工艺条件为 pH 值为酸性时，处理温度分别为(96±1)℃、(89±1)℃、(75±1)℃，可以得到结晶水分别为 6.51%、5.75%、6.32%的 α-半水石膏。并探讨了二水石膏在不同转晶剂作用下的效果，认为单一的转晶剂很难达到良好的效果，在实际生产过程中，应使用复合转晶剂。转晶剂的机理为由于金属阳离子和具有更强烈吸附的阴离子基团的共同作用，在 C 轴方向的晶面上选择吸附形成网络状“缓冲薄膜”，从而阻碍了结晶基元在该方向晶面上的结合和生长，使晶体沿各个方向的生长速度接近平衡，产物呈六方短柱状。

重庆大学的林敏等采用常压水热法制备 α-半水石膏，研究了盐溶液浓度、反应温度与时间、料浆浓度、pH 值等因素对脱水反应动力学过程及 α-半水脱硫石膏产物形态的影响，确定了脱硫石膏制备 α-半水石膏的最佳工艺条件为：盐溶液浓度 15%，反应温度 100℃，反应时间 4h，pH＝5，料浆浓度为 20%。通过复掺各种类型的晶型转化剂得到了标稠需水量较低、强度较高、结晶状态理想的短柱状 α-半水石膏，最终制得抗压强度为 32.25MPa、标稠需水量为 32%的高强石膏材料。图 4-11～图 4-13 分别为原状脱硫石膏、2%硫酸铝掺量和复掺明矾和柠檬酸钠晶型转化剂后制得的二水半水石膏晶型情况。

图 4-11 原状脱硫石膏的 SEM 照片

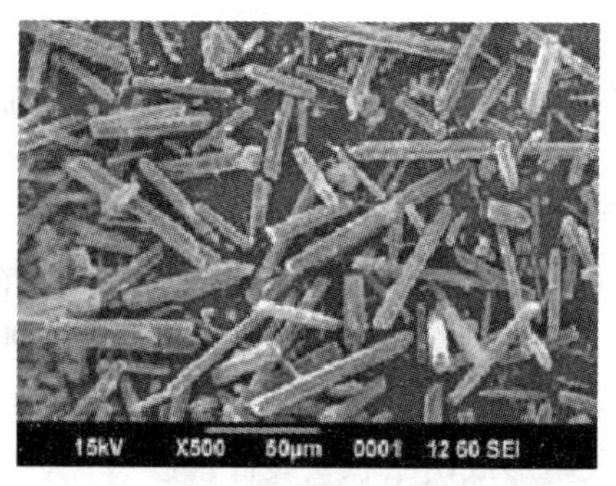

图 4-12　2%硫酸铝掺量下样品的 SEM 照片

图 4-13　1%明矾+0.1%柠檬酸钠掺量下样品的 SEM 照片

当硫酸铝掺量 2%时，晶体发育较好，多数晶体呈棒状，长径比在 10∶1 内，少数呈针状，长径比约为 20∶1，在 500 倍扫描显微镜下观察，晶体发育较好，呈长六棱柱状，表面较光滑，无附着物。复合转晶剂掺量为明矾 1%与柠檬酸钠 0.1%时，可获得柱状晶体，长径比约在 3∶1 左右，晶体表面无吸附晶体，但小晶体较多。明矾掺量为 1%时，随着柠檬酸钠掺量的增加，晶体有向短、粗发展的趋势，晶体表面吸附物逐渐减小，但仍存在大量发育未全的小晶体。

三、脱硫石膏生产墙体材料

纸面石膏板的生产是以脱硫建筑石膏为基材，掺入以纸纤维等外加剂和水混合成石膏料浆，挤压成型纸面石膏板带，经切割干燥而成，干燥温度均匀，效率高，能耗低。由于纸面石膏板具有轻质、阻燃防火、保温隔热、抗震等特点，因此在国内外被作为非承重内墙材料和装饰材料等广泛应用于建筑工程。目前，我国纸面石膏板的年产量超过 5 亿 m^2，年均增速超过 20%，显示出巨大的市场发展空间。但我国纸面石膏板的生产主要以天然石膏为原料，而且大部分企业的生产线单机规模小，产品质量不稳定，成本费用较高。日本是较早使用脱硫石膏生产纸面石膏板的国家，用量已占其脱硫石膏年产量的 40%以上。

粉刷石膏是以建筑石膏为主要成分，掺入少量工业废渣、多种外加剂和骨料制成的气硬性胶凝材料作为新型抹灰材料，它既具有建筑石膏快硬早强、粘结力强、体积稳定性好、吸湿、防火、轻质等优点，又克服了建筑石膏凝结速度过快、黏性大和抹灰操作不便等缺点。以脱硫石膏为主的粉刷石膏，各项指标均达到国家标准要求，应用效果良好，价格大幅下降。粉刷石膏具体性能见下表 4-11。

粉刷石膏性能 **表 4-11**

项　目	凝结时间	抗折（MPa）	抗压（MPa）
粉刷石膏	1h5min～2h50min	3.8	21.8
国家标准	1～8h	3.0	5.0（优等品）

近年来，我国在利用脱硫石膏生产石膏板和纸面石膏板生产线的设计制造方面已取得了一定进展。国华北京热电厂引进国外生产线，在国内首次利用湿法烟气脱硫石膏成功地生产出石膏板。山东泰和东新股份有限公司经过大量的实验和工艺调整已生产出符合国家标准的纸面脱硫石膏板，并计划与有关大型电厂合作建设数条年产 2000 万～3000 万 m^2 的纸面脱硫石膏板生产线，达到单线利用脱硫石膏约 20 万 t 的能力。2004 年 11 月 11 日，由中国新型建筑材料工业杭州设计研究院与北新集团合作研制的我国首条技术最先进的年产 3000 万 m^2 的纸面石膏板生产线正式投产，所有这些必将有力地推动我国纸面脱硫石膏板生产的大规模发展。

在国家产业政策的指导下，利用脱硫石膏生产砌块的研发和生产应用得到迅速发展。2000 年太原第一热电厂以自产熟脱硫石膏为原料，采用立模成型、液压顶升工艺建成了具有一定生产规模的全自动脱硫石膏砌块生产线，产品各项技术性能达到我国《石膏砌块》JC/T 668—1998 标准的要求，并且在实际应用中取得良好效果。国华北京热电厂同样成功地利用脱硫石膏生产出石膏砌块，其产品符合德国及其他国际标准规定的尺寸、密度和断裂强度要求，主要作为建材预制构件用于室内非承重墙。

目前，国内一些科研机构正在积极研制以脱硫石膏为主，掺加适量的粉煤灰和少量外加剂的脱硫石膏粉煤灰空心砌块，这种新型砌块不仅具有石膏砌块轻质、不燃、隔热、节能、易加工等优点，而且强度和耐水性显著提高。可以预见，我国未来脱硫石膏砌块的性能将进一步提高，应用范围更加广泛。

四、作为道路基层材料

美国交通部门对脱硫石膏在高速公路中的应用进行了试验研究，结果表明，脱硫石膏可用于高速公路建设，所铺筑的路基具有较高的强度和较好的整体性与水稳性，且未发现对周围环境造成不良影响。由于这项技术操作简便，成本低廉，可大量利用脱硫石膏，故被日本引进用于道路建设。脱硫石膏作为道路基层材料使用是我国未来的研发方向。

陈云嫩等利用脱硫石膏的胶凝性能，将之与火电厂废弃物按一定比例混合后，能产生与水泥水化产物相似的成分。在保证充填体抗压强度的情况下，脱硫石膏能取代 10%～12%的水泥以胶结尾砂充填，从而降低充填成本。这既降低了尾砂胶结充填的成本，又实现了脱硫石膏的“变废为宝”；同时还能促进矿山胶结充填采矿工艺和湿式烟气脱硫工艺的发展，为充填胶凝材料的研究开辟了新的思路。

五、利用脱硫石膏制备石膏基自流平材料

石膏基自流平材料是指各类以石膏为基料、辅之以骨料和外

加剂的地面自找平材料，作为基料的石膏主要有α型、β型半水石膏、无水石膏等，河砂、石英砂、矿渣砂等为骨料，粉煤灰、矿渣粉等为矿物掺合料。常用外加剂有减水剂（聚磺酸盐系、木质素磺酸盐系、萘系、氨基磺酸盐系等）、缓凝剂（糖类、磷酸盐、纤维素等）、增稠剂（纤维素、聚丙烯酸盐、天然橡胶等）、pH值调节剂（水泥、熟石灰等）、消泡剂（有机硅油、非离子表面活性剂等）、表面硬化剂（尿醛树脂、三聚氰胺甲醛树脂等），必要时还可以掺加憎水剂、颜料等。

我国石膏基自流平材料的研究处于起步阶段，直到2006年才有以硬石膏为基料制备地面自流平材料的报道，研究内容仅限于基本组成物料的配比和相关性能测试。另一方面，由于自流平材料巨大的市场前景，已经出现一些专利申请，如一种石膏基自流平地面找平材料及其制备方法、石膏尾矿自流平材料及其制备方法等。我国的石膏基自流平砂浆标准于2006年出台征求意见稿，2007年正式颁布，表明我国开始规范石膏基自流平材料市场，从而推动石膏基自流平材料的研究开发工作。这表明，尽管我国对石膏基自流平材料的研发起步晚，但是已经引起了政府、企业、高校和其他科研机构的社会的极大关注。表4-12为日本、美国等国外的石膏基自流平材料的标准。

石膏基自流平材料标准 **表4-12**

指　标	日本住宅公团	欧洲标准EN13454-1 2004中规定
标准稠度	＞190（圆筒法）	＞220（跳桌法）
凝结时间（h）	初凝＞1，终凝＜18	作业时间＞30min
绝干抗压强度（MPa）	＞12	12～60之间分8级：12，16，20，30，35，40，50，60（28d强度）
绝干抗折强度（MPa）	—	3～20之间分8级：3，4，5，6，7，10，15，20（28d强度）
与基底粘结强度（MPa）	＞0.5	0.2～2.0分5级：0.2，0.5，1.0，1.5，2.0

第三节　氟石膏基胶凝材料及特性

一、氟石膏-粉煤灰胶结材料

氟石膏与粉煤灰均为工业副产品，利用氟石膏-粉煤灰制备胶结材料，既消除了其对环境造成的污染，又创造了新的使用价值，从而具有良好的经济和社会效益。Singh M 研究掺入了60%～70%氟石膏与粉煤灰的胶结材料，得出了氟石膏粉煤灰胶结材的水化产物为二水石膏、CSH 凝胶及钙矾石。微晶状的二水石膏和钙矾石与 CSH 凝胶均匀混合，形成致密的硬化浆体结构，使胶结材获得优良的力学性能和抗水性，适量掺加改性剂可促进钙矾石的生成与粉煤灰的火山灰反应，缩短凝结时间，提高强度。水泥水化产生的 $Ca(OH)_2$ 能对粉煤灰起碱性激发剂的作用，同时氟石膏中的 $CaSO_4$ 又能对粉煤灰起硫酸盐激发作用，粉煤灰的活性得到充分的发挥和利用，极大地利用了这两种工业废料的潜力。

周万良等用粉煤灰、氟石膏、水泥和砂配制出了一种新型砂浆：粉煤灰-氟石膏-水泥砌筑砂浆（简称 FFC 砂浆）。FFC 砂浆具有水泥用量少，废渣用量大，干缩小，成本低廉，体积安定性好和水硬性等特点。当粉煤灰-氟石膏-水泥胶凝材料（简称 FFC 胶凝材料）中水泥用量为 5%、10%、15%和 20%时，砂浆强度等级分别达到了 M10、M15、M20 和 M25。

Escalante、Garcia JI 等通过对氟石膏-粉煤灰胶结材料干湿养护和强度形成过程的研究，得出在 20℃时，湿养护对胶材的强度增长有利；在 60℃时，湿养护明显限制了胶材的水化，而干养护会使胶材失去水分而破碎，降低抗压强度。付毅等[25]采用氟石膏和粉煤灰、水泥为主要原材料配制成胶结充填材料，代替水泥做充填材料，充填体中水泥量大幅度降低，在同等强度下，比普通水泥胶结充填水泥用量降低 33%，由 180kg/m^3 降至

120kg/m^3，大幅度降低了充填成本。

二、利用氟石膏制备粉刷石膏

氟石膏经粉磨，添加激发剂、增塑剂、保水剂等外加剂进行强制混合，即为F型粉刷石膏。F型粉刷石膏具有粘结力强、硬化后体积稳定、不易产生干缩裂缝、起鼓等现象，可以从根本上克服水泥混合砂浆和石灰砂浆等传统抹灰材料的干缩性大、粘结力差、龟裂、起壳等通病，且具有防火作用，并能在一定范围内调节室内温度，因此，目前许多工业发达国家使用粉刷石膏非常普遍，如德国70%以上的抹灰材料是粉刷石膏，英国粉刷石膏占石膏总量的50%。

目前，我国的粉刷石膏主要是半水石膏为主的单相或混合相粉刷石膏，李汝奕、俞然刚等以天然硬石膏（Ⅱ型无水石膏）为主要原料，掺加复合激发剂进行改性处理，调节凝结时间及抗折、抗压强度，然后辅以适量复合保水剂、粉煤灰掺合料、引气剂等，磨细混匀后即得到抹灰用的粉刷石膏。经测试，粉刷石膏的各项技术性能指标均符合国家行业标准要求，强度、稳定性明显优于建筑石膏生产的粉刷石膏。

山东省建筑科学研究院研制成功了F型粉刷石膏，经测定其主要技术性能良好，其耐水性和耐候性也较强，测定F型粉刷石膏的耐热性和耐水性，结果显示F型粉刷石膏的胀缩性、抗裂性、低温下硬化、抗冻害性能及粘结强度等均良好，其中有些性能明显优于水泥浆体。在F型粉刷石膏与生石灰粉混合材料中，石灰掺量占40%～50%时，仍可满足行业标准对粉刷石膏优等品的强度要求。当用膨胀珍珠岩作骨料时（掺入量10%～20%），其抗压、抗折强度和表观密度值均较好，是一种较好的保温层粉刷石膏。

三、利用氟石膏生产新型墙体材料

以氟石膏生产板材和砌块等新型墙体材料，废渣利用量大，生产工艺简单，过程能耗低，既有利于环境保护，也有利于资源的二次开发和综合利用。湘潭矿业学院对湘乡铝厂产出的氟石膏进行了制取加气砌块的研究，配方为：α半水石膏10%，β半水石膏60%，石灰15%，粉煤灰10%，复合缓凝剂、增强纤维以及其他原料共计5%，外加水量45%，制得的加气砌块的性能见表4-13。

氟石膏制品的物理性能 **表4-13**

体积密度(kg/m^3)	抗压强度(MPa)	抗折强度(MPa)	导热系数[W/(m·K)]
657	3.44	0.79	0.188

该工艺的特点是，在氟石膏加气砌块的生产过程中，往半水石膏和石灰浆体中引入铝粉作引气剂，整个氟石膏加气砌块的引气和凝结、硬化过程均在常温下顺利完成。结果表明，用氟石膏生产加气砌块工艺简单，成本低廉，产品性能优良，经济效益显著。

杨新亚进行了以氟石膏为原料生产石膏砌块的研究。从CaO、矿渣、水泥、硫酸盐类、明矾石、氯盐等物质中筛选出两种无机盐复合激发剂JF_1和JF_2，以提高其水化速率。生产石膏砌块的物料配比为：氟石膏45%～50%，β半水石膏25%～40%，粉煤灰0～20%，石灰3%～5%，$JF_1$0.2%～0.5%，JF_2 0.2%～0.5%。生产工艺为：将无水氟石膏、粉煤灰过40目筛，加生石灰、β半水石膏、外加剂等混合均匀，用建筑石膏标稠测定方法测定标准稠度用水量，浇注成型，脱模后自然养护至各龄期测其强度。这种方法生产的石膏砌块28d抗压强度可达13.8MPa，远远超出国际标准ISO/DP7549中规定密度为800～1200kg/m^3的砌块抗压强度大于5MPa的标准。

氟石膏加气砌块具有体积密度小、导热系数低、保温、隔热、隔声、防火、有足够的机械强度等特点。在建筑上应用后，可减少建筑结构的投资，加快施工进度，大大提高房屋建筑的节能效果，有效地调节室内温度。同时，使用氟石膏加气砌块，还可节约墙体材料运输费用30%以上，对施工单位和使用单位均有效益。因此该产品的开发利用，不仅有利于环境保护和资源的充分利用，而且对生产厂、用户和施工单位均有较好的经济效益。

张锦峰、许红升等人经过试验研究，开发出氟石膏复合保温墙板。采用了“加气”与“泡沫”混合工艺，使制品含有更多的微孔，以提高制品的保温隔热性能。试制出的复合轻质墙板表观密度小，并且经省级质检部门测试，各项性能指标均达到或超过了国家有关轻质墙板的标准，用该复合墙板制作的建筑隔墙应用效果良好。依据《住宅内隔墙轻质条板》JG/T 3029—1995和《石膏空心条板》JC/T 829—1998标准，对氟石膏复合墙板的性能测试结果如表4-14所示。

氟石膏复合墙板的性能测试结果 **表4-14**

检验项目	实验数据	结　果
面密度（kg/m^2）	46	合格
干燥收缩值（mm/m）	0.15	合格
弯曲破坏荷载（板自重倍数N）	2.8	合格
抗冲击性能3次（30kg，0.5m）	无裂纹	合格
单点掉挂力（800N，24h）	无裂纹	合格
燃烧性（非燃烧体）	非燃烧体	合格
空气隔声性能（dB）	40.0	合格
导热系数[W/(m·K)]	0.17	合格
板表观密度（kg/m^3）	556	合格
含水率（%）	7.3	合格

湘乡铝厂开发了一种用量大的新途径生产纸面石膏板。年产600万张的纸面石膏板生产线需要建筑石膏约5.5万t，利用堆场石膏约8万t。在连续的机械化生产线上试制的氟石膏纸面石膏板经杭州新型建材研究院检测，其技术性能指标见表4-15。

氟石膏纸面石膏板的技术指标 **表 4-15**

检查项目	检验结果		标准指标	
	平均值	最大/最小	平均值	最大/最小
长度偏差（mm）		−1	—	−6～0
宽度偏差（mm）	—	−2		−5～0
厚度偏差（mm）	—	−0.6	—	—
含水率（%）	0.2	0.2	≤20	≤2.5
单位面积重量（kg·m^2）	8.6	9.2	≤9.0	≤10.0
纵向断裂荷载（N）	507	483	≥353	≥318
横向断裂荷载（N）	155	137	≥137	≥123

四、氟石膏制砖

氟石膏砖是以氟石膏为主要成分，利用其发生水化反应，生成胶凝产物二水石膏而制成的一种建材制品。杨新亚等进行了生产无水氟石膏砖的研究探索。氟石膏砖的配方为：氟石膏 60%，粉煤灰 20%，矿渣 15%，生石灰 5%，激发剂等，生产工艺是将上述原料按比例混合均匀，用半干法蒸压成型，成型压力为 15～20MPa，砖坯静停、堆垛、养护 28d 即可。此法生产的石膏砖 28d 强度高达 43.9MPa，软化系数达 0.80。研究中发现，添加矿渣能明显提高砖坯的强度和耐水性。

张文恒等以氟石膏为主要原料制成强度符合国家建材标准 75 号砖的石膏砖及石膏彩砖。其生产工艺为：在氟石膏中按一定比例加入具有胶凝性能的石灰和一定量的锅炉煤渣作骨料，再掺入少量的无机盐激发剂氯化钠，破碎后加水搅拌均匀，送入制砖机成型，最后堆放、浇水养护即可。实验发现，无机盐激发剂的加入使石膏砖体中二水石膏的转化率提高 20%以上，由于氟石膏水化率的提高，砖体的抗压强度和密实度等技术性能随之大大改善，彩砖的抗压强度从 15.5MPa 提高到 26.3MPa，效果非常显著。

第四节　利用钛石膏生产石膏基胶凝材料及其理化特性

钛石膏是采用硫酸法生产钛白粉时，为治理酸性废水，加入石灰（或电石渣）以中和大量的酸性废水而产生的废渣。钛石膏的主要成分为 $CaSO_4 \cdot 2H_2O$，其含量为60%～80%左右，因其含水多、黏性大，且含有其他杂质，在潮湿条件下，其中的 $Fe(OH)_3$ 沉淀以胶体的形式存在，因此，钛石膏具有黏度大，置于空气中易变成红色等特点。钛石膏是利用率最低的化工副产石膏，仅有少量将用于制备复合胶结材料和作为外加剂使用，大量的钛石膏没有被有效利用。因此，利用钛石膏制作墙体材料，不仅可解决资源综合利用、环境改善的问题，还能发挥和利用石膏制品的优点。

我国目前在生产的钛白粉工厂全部是硫酸法，由于规模小、布局较分散、绝对排放量不大，还没有发生像国外那样严重影响生态环境的污染事件。但是20世纪80年代后期由于席卷全国的“钛白热”，在国内各地兴建了近100家大小硫酸法工厂，进入90年代后由于国家加大环境治理的力度，各地面临环保工作的力度越来越大，一些地处市区历史悠久的老厂也被迫关闭。

国内外对钛石膏的研究利用较少，主要原因是：钛石膏的年排放量相对其他化学副产石膏较少，污染性相对较小；对钛石膏的主要杂质及杂质对钛石膏的影响没有系统研究；综合利用钛石膏的经济效益不大，附加值较低。

同济大学首先对钛石膏资源化作了一些研究，有的已被应用于工程上，取得了较好的效果，主要有如下几方面：

（1）石膏混合胶结材的研究

以钛石膏和水淬化铁炉渣为基本组分，采用水泥熟料以及复合早强减水剂能配制出性能优良的胶结材，其强度和耐水性明显优于建筑石膏。济南大学的隋素素等采用破碎、干燥、粉磨、煅烧和陈化等处理工艺对钛石膏进行物理改性，研究了煅烧温度对钛石膏力学性能的影响，通过掺加硫酸钠、生石灰和硅酸盐水泥等外加剂对钛石膏进行化学改性，确定了外加剂掺加量的最佳配比，并对改性机理进行了探讨。结果表明，钛石膏经 180℃煅烧 3h，掺加 0.5%硫酸钠、3%生石灰和 5%硅酸盐水泥，制得的试样力学性能可以达到：2h 抗折强度 2.6MPa、抗压强度 3.2MPa，绝干抗折强度 4.58MPa、抗压强度 5.2MPa。经改性后钛石膏试样的强度指标可以达到建筑石膏国家标准中 1.6 等级的要求。表 4-16 和表 4-17 分别为改性实验方案和强度测试结果。

钛石膏化学改性实验方案　　表 4-16

试样	0	1	2	3	4	5	6	7	8	9	10
硫酸钠	—	0.1	0.3	0.5	0.7	0.9	0.1	0.3	0.5	0.7	0.9
生石灰	—	1	2	3	4	5	1	2	3	4	5
水泥	—	—	—	—	—	—	5	5	5	5	5

钛石膏化学改性实验结果　　表 4-17

试样	2h 强度（MPa）		绝干强度（MPa）	
	抗折强度	抗压强度	抗折强度	抗压强度
0	0.96	1.9	1.52	2.5
1	1.44	2.2	1.95	2.7
2	2.12	2.5	2.66	3.0
3	2.30	2.8	2.84	3.4
4	2.15	2.6	2.55	3.3
5	2.08	2.5	2.28	3.1
6	1.55	2.2	3.34	3.9
7	2.36	2.7	3.85	4.5
8	2.60	3.2	4.58	5.2
9	2.56	3.1	4.35	4.9
10	2.24	2.8	4.14	4.7

（2）石膏-粉煤灰路基材料的研究

钛石膏-粉煤灰复合材料在激发剂作用下有较高强度，但当钛石膏与高钙灰单独复合时，试件具有一定的自由膨胀率，不宜用做路基材料。当钛石膏与低钙灰单独复合时，试件的膨胀率较小。而将一定量的高钙灰与原状灰混合后再与钛石膏复合研制的材料具有较好的物理性能和耐久性。目前，这种复合材料已被应用在上海市道路建设试点工程中。上海市市政工程研究院的孙家瑛等通过对钛石膏、粉煤灰复合路基回填材料的物理力学性能、胀缩性及路用工程性能的试验研究，探索了钛石膏、粉煤灰回填材料的工程性质和性能。试验结果表明：钛石膏、粉煤灰复合路基回填材料不仅具有较高的力学性能（≥8MPa）、较好的耐水性和体积稳定性（膨胀系数≤0102%），而且具有较佳的路用工程性能。该材料可广泛应用于道路的污水管、输热管、上水管等沟槽的回填。

（3）利用钛石膏、粉煤灰及矿渣研制少熟料新型复合胶结材料

施惠生等在钛石膏-粉煤灰-矿渣复合胶结材中，用部分商品水泥作为激发剂替代矿渣后，复合材凝结时间明显缩短，早期强度显著提高，但会降低复合材的后期强度。复合材中加入少量明矾石，可提高各龄期强度；钛石膏经过煅烧，可以更好地发挥活性作用，缩短凝结时间，提高早后期强度。用钛石膏、粉煤灰、矿渣和少量硅酸盐水泥或熟料，选择合适的激发剂并采取适宜的工艺措施，可配制生产高性能新型复合胶结材，其强度甚至可达42.5级矿渣硅酸盐水泥的强度指标。

加大对工业石膏的研究投入，加大研发投资力度是非常重要的，可以通过政府各相关部门（科技部门、环保部门等）争取资金支持，也可自筹和与排渣企业（如电厂、磷化工企业）合作，争取企业的支持，加大投入力度，使工业副产石膏的研究开发得到充分的资金支持。工业副产石膏产量很大，如果仅限于目前我国对石膏材料的需求量，又不能够消耗掉这么多的工业副产石膏，扩大工业副产石膏的应用领域和范围是至关重要的一环，在可能用到的地方尽可能用上，尽可能多的替代天然石膏，并不断研发工业副产石膏的新产品，重点用于粉刷石膏、自流平石膏、

水泥缓凝剂，替代天然石膏生产各种墙体材料，选用优质脱硫石膏用于陶模。在农业上用于改良农田、筑路材料、煤矿防瓦斯材料、石膏微纤维材料等。不可能全部用完，也要做到最大简量化。尽量减少工业副产石膏对环境造成的污染和破坏。我国目前虽有一些新产品，例如：粉刷石膏、石膏墙体材料、自流平石膏，但用量不大，推广应用石膏新型建材，扩大用量也将是一项很重要的任务。工业副产石膏的循环利用，必须要一定程度的技术研发作为支撑，才能更好、更快实行循环经济。

参考文献

[1] 魏大鹏，陈前，林金沙，刘佳. 磷石膏的工业应用及研究进展［J］. 贵州化工，2009，34（5）：22-25.

[2] 彭家惠，张家新，万体智，汤玲，陈明凤. 磷石膏预处理工艺研究研究［J］. 重庆建筑大学学报，2000，22（5）：74-78.

[3] 张儒全，魏延新. 磷石膏生产建筑石膏的工艺探讨［J］. 化工设计，2009，12（5）：18-21.

[4] 周可友，潘钢华，张朝晖，张菁燕. 免煅烧磷石膏-矿渣复合胶凝材料［J］. 混凝土与水泥制品，2009，（6）：55-58.

[5] 刘芳. 磷石膏基材料在磷矿充填中的应用［J］. 2009，60（12）：3171-3177.

[6] 袁伟，谭克峰，何春雨. 磷石膏-矿渣-水泥-石灰体系胶结性能研究［J］. 武汉理工大学学报，2009，31（30）.

[7] 杨家宽，谢永中，刘万超，等. 磷石膏蒸压砖制备工艺及强度机理研究［J］. 建筑材料学报，2009，12（3）：352-355.

[8] 何春雨，袁伟，谭克峰. 磷石膏-粉煤灰-石灰-水泥胶凝体系性能研究［J］. 新型建筑材料，2009，（8）：1-4.

[9] 林宗寿，黄贇. 磷石膏基免煅烧水泥的开发研究［J］. 武汉理工大学学报，2009，31（4）：53-55.

[10] 李章峰. 磷石膏改良土用作路基及基层材料的试验研究［D］. 成都：西南交通大学，2007.

[11] 俞波. 非煅烧磷石膏砌块的研究［D］. 武汉：武汉理工大学，2007.

[12] 桂苗苗，丛钢. 脱硫石膏蒸压法制 α 半水石膏的研究 [J]. 重庆建筑大学学报，2001，23 (1)：62-65.
[13] 胥桂萍，张婷，田君. FGD石膏制 α 半水石膏改性研究 [J]. 能源与环境，2007 (4)：10-12.
[14] 权刘权. 用化学石膏配制石膏基自流平材料的研究 [D]. 南京工业大学，南京.
[15] 段珍华，秦鸿根，李岗，唐修仁，闻朝晖. 脱硫石膏制备高强 α 半水石膏的晶型改良剂及工艺参数研究 [J]. 新型建筑材料，2008 (8)：1-4.
[16] 姜洪义，曹宇. 高强石膏的制备及性能影响因素研究 [J]. 武汉理工大学学报，2006，28 (4)：35-37.
[17] 胥桂萍，童仕唐，吴高明. 从FGD残渣中制备高强型 α 半水石膏的研究 [J]. 江汉大学学报，2003，31 (1)：31-33.
[18] 张继忠，王永昌，赵汝昌，王凯民. 石灰石—石膏湿法烟气脱硫系统 (WFGD) 副产物产业化方案 [J]. 中国能源，2007，29 (5)：25-29.
[19] 林敏. 水热法 α-半水脱硫石膏制备工艺及转晶技术研究 [D]. 重庆：重庆大学，2009.
[20] 陈云嫩，梁礼明. 低成本充填胶凝材料的开发研究 [J]. 有色金属，2004，56 (5)：12-15.
[21] Singh M. Influence of blended gypsum on the Properties of Portland cement and Portland Slag cement. Cement and Concrete Research, 2000 (30)：1185-1188.
[22] 周万良，周士琼，李益进. 粉煤灰-氟石膏-水泥复合胶凝材料性能的研究 [J]. 建筑材料学报，2007，10 (2)：30-33.
[23] Escalante-Garcia J I，Rios-Escobar M，Gorokhovsky A. Fluorgypsum binders with OPC and PFA additions，strength and reactivity as function of component proportioning and temperature. Cement & Concrete Composites，2008 (30)：88-96.
[24] 付毅. 氟石膏粉煤灰胶结充填材料试验研究 [J]. 矿冶，2000 (4)：1-5.
[25] 李汝奕，李丽. 氟石膏基白流平地面材料的研制 [J]. 建筑科学，10 (6)：84-87.

［26］ 杨新亚，牟善彬，钱进夫．无水氟石膏砖的研究［J］．新型建筑材料，2000，(2)：44.
［27］ 张锦峰，许红升，王玉洪，李国忠．氟石膏复合保温墙板的开发与应用研究［J］．新型墙材，2005 (9)：24-26.
［28］ 张文恒，李广平，王军科．浅谈无机盐作激发剂对氟石膏砖及氟石膏彩砖技术性能的影响［J］．轻金属，2003 (1)：22-24.
［29］ 隋素素，高子栋，李国忠．钛石膏的改性处理和力学性能研究［J］．硅酸盐通报．2010，29 (1)：89-93.
［30］ 孙家瑛，郑经彪，周震雷．钛石膏-粉煤灰复合制备路基回填材料的试验研究［J］．公路，2001 (6)：107-109.
［31］ 施惠生，赵玉静，李纹纹．利用钛石膏和粉煤灰及矿渣研制少熟料新型复合胶凝材料［J］．水泥，2010 (12)：1-5.

第五章　工业副产石膏在水泥和混凝土中的应用

内容提要： 石膏在水泥混凝土行业中主要是作为调节水泥凝结时间的一种外加剂来使用，随着技术手段的进步，也逐渐向其他方面拓宽。本章详细介绍了工业副产石膏在用作水泥缓凝原料以及利用工业副产石膏制酸联产水泥方面的应用技术，对工业副产石膏在普通混凝土、混凝土膨胀剂、加气混凝土中的应用也进行了详细介绍，同时也简单介绍了工业副产石膏在其他混凝土中的应用技术。

石膏在水泥混凝土工业中的应用，传统上一般作为调节水泥凝结时间的一种原料应用于水泥制备中，在水泥中的掺量一般为2%～5%，大部分关于工业副产石膏在水泥工业中应用的研究也集中于此。

近年来，随着石膏应用范围的拓宽，人们也加强了工业副产石膏在水泥混凝土工业中其他方面的应用研究，如利用工业副产石膏制备密实石膏混凝土、多孔骨料石膏轻混凝土、石膏聚合物混凝土、混凝土膨胀剂、石膏砂浆以及利用工业副产石膏制酸联产水泥等。

第一节　石膏作为缓凝剂在水泥中的应用

石膏在水泥中主要是为了延缓水泥的凝结时间，有利于混凝土的搅拌、运输和施工。水泥中若没有石膏，混凝土在搅拌过程中就会迅速凝固，导致无法搅拌合施工。

一、石膏在水泥中的作用机理

1. 水泥基本知识

凡细磨成粉状，加入适量的水后成为塑性浆体，既能在空气中硬化，又能在水中硬化，并能将砂、石等材料牢固地胶结在一起的水硬性胶凝材料，通称为水泥。水泥是重要的建筑材料，用水泥制成的砂浆或混凝土，坚固耐久，广泛应用于土木建筑、水利、国防等工程。

建筑工程中通常所用的水泥为硅酸盐类水泥，其定义为：凡以适当成分的生料烧至部分熔融，所得以硅酸钙为主要成分的硅酸盐水泥熟料，加入适量混合材和适量石膏，磨细制成的水硬性胶凝材料，称为硅酸盐类水泥。

硅酸盐水泥熟料的原料主要是石灰质原料和黏土原料以及铁质校正原料等。石灰质原料主要提供 CaO，目前我国水泥企业的石灰质原料主要为石灰石，部分采用石灰石、白垩、石灰质凝灰岩等；黏土质原料主要提供 SiO_2、Al_2O_3 及少量 Fe_2O_3，黏土质原料一般采用黏土、黄土等。铁质校正原料主要为铁矿粉或其他含铁较高的工业废渣如黄铁矿渣等。

硅酸盐水泥熟料的主要矿物名称与含量范围如下：

硅酸三钙 $3CaO \cdot SiO_2$，简写为 C_3S，含量 37%～60%；

硅酸二钙 $2CaO \cdot SiO_2$，简写为 C_2S，含量 15%～37%；

铝酸三钙 $3CaO \cdot Al_2O_3$，简写为 C_3A，含量 7%～15%；

铁铝酸四钙 $4CaO \cdot Al_2O_3 \cdot Fe_2O_3$，简写为 C_4AF，含量 10%～18%。

前两种称硅酸盐矿物，一般占总量的 75%～82%。后两种矿物称熔剂矿物，一般占总量的 18%～25%。硅酸盐水泥熟料除上述主要成分外，还有少量的游离氧化钙、方镁石（结晶氧化镁）、含碱矿物以及玻璃体等。

（1）硅酸三钙：在硅酸盐水泥熟料中，硅酸三钙并不是以纯的硅酸三钙形式存在，总含有少量其他氧化物，如氧化镁、氧化铝等形成固溶体，称为阿利特（Alite）矿，简称A矿。有分析表明，在A矿中除含有氧化镁和氧化铝外，还含有少量的氧化铁、氧化磷等，但其成分仍然接近于纯硅酸三钙，因而实际中把A矿简单地看做是C_3S。C_3S加水后与水反应的速度快，凝结硬化也快。C_3S水化生成物所表现的早期与后期强度都较高。一般C_3S颗粒在28天内就可以水化70%左右，水化放热量多，因此它能迅速发挥强度作用。

（2）硅酸二钙：硅酸二钙由氧化钙和氧化硅反应生成，在熟料中的含量一般为20%左右，是硅酸盐水泥熟料的主要矿物之一。纯硅酸二钙在1450℃以下，也有同质多晶现象，通常有四种晶型，即α-C_2S、α'-C_2S、β-C_2S、γ-C_2S，在室温下，有水硬性的α，α'，β型硅酸二钙的几种变形体是不稳定的，有趋势要转变为水硬性微弱型的γ-C_2S。实际生产的硅酸盐水泥熟料中C_2S以β-C_2S的晶形存在。

由于在硅酸盐水泥熟料中含有少量的氧化铝、氧化铁、氧化钠及氧化钾、氧化镁、氧化磷等，使硅酸二钙也形成固溶体。这种固溶有少量氧化物的硅酸二钙称为贝利特（Belite），简称B矿。C_2S与水反应的速度比硅酸三钙慢得多，凝结硬化也慢，表现出早期强度比较低，28d内水化很少一部分，水化放热量也少，但后期强度增进相当高。甚至在多年之后，还在继续水化增长其强度。

（3）铝酸三钙：与水反应的速度相当快，凝结硬化也很快。其强度绝对值并不高，但在加水后短期内几乎全部发挥出来。因此，铝酸三钙是影响硅酸盐水泥早期强度及凝结快慢的主要矿物。在水泥中加入石膏主要是为了限制它的快速水化。铝酸三钙水化放热量多，而且快。

（4）铁铝酸四钙：与水反应也比较迅速，但强度较低，水化放热量并不多。水泥是几种熟料矿物的混合物，熟料矿物成分间的比例改变时，水泥的性质即发生相应的变化。如能设法适当提高硅酸三钙的含量，可以制得高强度水泥；若能降低铝酸三钙和硅酸三钙含量，提高硅酸二钙含量，则可制得水化热低的水泥，如低热水泥。

（5）游离氧化钙：它是在煅烧过程中没有全部化合而残留下来呈游离态存在的氧化钙，其含量过高将造成水泥安定性不良，危害很大。

（6）游离氧化镁：若其含量高、晶粒大时，也会导致水泥安定性不良。

（7）含碱矿物以及玻璃体等含碱矿物及玻璃体中 Na_2O、K_2O 含量高的水泥，当其遇到活性骨料时，易发生碱骨料膨胀反应。

2. 石膏在水泥中的作用机理

在生产水泥时，掺入适量石膏调节水泥的凝结速度。水泥加水拌合后，成为可塑的水泥浆体，浆体逐渐变稠失去塑性，但尚不具有强度的过程，称为水泥的“凝结”。随后，产生明显的强度，并逐渐发展而成为坚硬的水泥石的过程称为水泥的“硬化”。

水泥颗粒与水接触，在其表面的熟料矿物与水发生水解或水化作用，形成水化物并放出一定热量，硅酸三钙水化很快，生成的水化硅酸钙几乎不溶于水，而立即以胶体微粒析出，并逐渐凝聚而成为凝胶，称为托勃莫来石凝胶（C-S-H）。水化生成的氢氧化钙在溶液中的浓度很快达到过饱和，呈六方晶体析出。水化铝酸三钙为立方晶体，在氢氧化钙饱和浓液中它能与氢氧化钙进一步反应，生成六方晶体的水化铝酸四钙，此时，若水泥中不掺石膏或石膏掺量不足时，水泥可能会发生瞬凝现象。

水泥中掺有适量石膏时，铝酸三钙和石膏反应生成钙矾石。生成的钙矾石是难溶于水的稳定的针状晶体，沉淀在水泥颗粒里面，成为一层薄膜，封闭水化组分的表面，阻滞水分子以及离子的扩散，从而延缓了水泥颗粒特别是 C_3A 的继续水化，直到结晶压力达到一定数值将钙矾石薄膜局部胀裂，水化才得以继续进行，且会又再一次形成钙矾石薄膜，如此循环往复，直至水泥凝结硬化。

二、工业副产石膏作水泥缓凝剂

目前，我国国内的大多数水泥企业仍采用传统生产方式，以天然石膏作为水泥缓凝剂，我国水泥工业每年需要天然二水石膏3500万t以上。

但是中国天然石膏矿分布极度不均衡，尤其一些平原地区，远离石膏矿，缺乏天然石膏资源，往往需要远途外购石膏，极大地增加了生产成本。但同时，这些地区却可能有着丰富的工业副产石膏资源，因此，无论是从国情出发，还是水泥行业实际生产的需要，水泥工业就地开发利用工业副产石膏作为水泥缓凝剂，不仅可以弥补天然石膏的相对供应不足、缓解运输紧张的矛盾，而且还可以处理工业废气物，改善周边地区环境，降低水泥生产成本，实现人类社会的可持续发展。

随着中高品位的天然石膏资源日益匮乏和水泥企业成本意识的增强，且人类环保以及社会可持续发展意识也在不断地提高，不少水泥企业逐渐把目光投向了一些工业副产品石膏，广大学者对工业副产石膏在水泥行业中的应用也展开了大量研究，目前，有部分厂家已将脱硫石膏或磷石膏取代天然石膏成功应用于工业化生产中。

（一）磷石膏作水泥缓凝剂

磷石膏是我国工业副产石膏中排放量最大的副产石膏品种，目前我国年排放磷石膏1000万t以上，但其利用率却不足20%，其余大部分都作为废弃物进行处理。大量磷石膏的堆积不仅占用土地，增加费用，而且还会造成环境污染。而在日本，由于天然石膏资源匮乏，磷石膏的利用率达到70%以上，在欧洲、美洲等发达国家，工业副产石膏的利用率也远远高于我国。

磷石膏应用的范围及技术方法虽有许多，但目前技术较成熟、经济、社会效益较显著、处理量最大的还是利用磷石膏作水泥缓凝剂。

1. 磷石膏的特点

磷石膏的主要成分是 $CaSO_4 \cdot 2H_2O$，含有石英、未分解的磷灰石、不溶性 P_2O_5、可溶性 P_2O_5、氟化物及磷酸盐和硫酸盐等，颜色一般呈灰白色，结晶水含量约 20%～30%，通常呈粉粒状，pH 值在 1～3 间。此外，磷石膏中还含砷、铜、锌、铁、锰、铅、镉、汞及放射性元素，但均极其微量，且大多数为不溶性固体，其危害性可忽略不计。

磷石膏与天然石膏最大的区别即在于磷石膏中的杂质，因此，研究磷石膏取代天然石膏在水泥中的应用，应先对磷石膏进行处理，去除其不利的影响因素，方可将之应用于水泥行业中。

磷石膏有如下特点：

（1）磷石膏的结晶水含量一般 15%～25%，且原状磷石膏的附着水含量也较高，一般在 10%左右，由于其含水率高，黏性强，在实际应用中，如在装载、提升、输送的过程中极易粘附在生产设备上，造成原料堵塞，影响生产的正常进行，因此，磷石膏在使用前一般要经自然晾干或在（40±5)℃烘干处理。

（2）磷石膏中含有较多的杂质如磷酸、氢氟酸、氟化钙、氟硅酸钠、磷酸钙等，这些杂质通常以酸及其盐的形态存在，因此磷石膏呈现较强的酸性。

（3）磷石膏的颜色呈灰色。天然石膏的颜色一般为白色或灰白色，由于磷石膏中含有较多的杂质，因此一般呈灰色。

（4）磷石膏一般为粉粒状存在，略有异味。由于含有较多的附着水，因此烘干后极易成块状。

（5）磷石膏的结晶形态为棱形或柱形的板状结构。图 5-1 为桂林一家磷肥厂磷石膏的 SEM 图片，从图中可以看出：磷石膏的二水石膏晶体为结晶较为完整和均匀的平行四边形薄片状，但是在其表面吸附着大量的小颗粒，这些粒状杂质为可溶磷、氟，絮状物为有机杂质。

图 5-1 桂林磷石膏的 SEM 照片

2. 磷石膏的预处理技术

磷石膏在化学组成及结构上都与天然石膏类似，且其二水硫酸钙的含量可达到 90%以上，其品位比一般天然石膏还要高，理论上可作为天然石膏的替代品，但长期以来，相对水泥行业蓬勃的发展势头来讲，仅有少数水泥企业将磷石膏作为缓凝剂应用于生产中，原因是多方面的，最主要的原因有以下几个方面：

(1) 磷石膏含水量高，仅附着水含量就高达 5%以上，具有一定的黏度，易结块。因此，将原状磷石膏直接应用于水泥生产中，极易造成下料仓堵塞，若发现不及时，会造成水泥质量的不稳定。

(2) 磷石膏中的微量成分腐蚀水泥生产设备。原状磷石膏含有未分解的磷灰石、不溶性 P_2O_5、可溶性 P_2O_5、氟化物及磷酸盐和硫酸盐等，其中的可溶性 P_2O_5 会使磷石膏呈酸性，对生产设备造成腐蚀；且磷石膏中可溶性的 P_2O_5 也影响水泥的凝结时间，造成水泥快凝或凝结迟缓，使水泥质量下降。

(3) 磷石膏不经预处理，直接用作水泥缓凝剂，虽然对强度影响不大，但水泥凝结时间大幅度延长。掺加磷石膏的水泥其造成水泥凝结时间缓慢的机理，一般认为除了 SO_3 本身对水泥缓凝的影响外，磷石膏中含有的 P_2O_5 及其他微量成分尤其是 P_2O_5 也会对水泥起缓凝作用。在水泥水化过程中，磷石膏所含的这些水溶性杂质，随同磷石膏一道溶解，并进入水泥浆体之中，并呈酸性。但由于水泥浆体碱性较强，磷石膏的这种酸性物质如磷酸盐和氟化物之类杂质随之被中和，从而导致水泥浆体中的氢氧化钙无法达到饱和或过饱和状态，铝酸钙消耗硫酸盐形成钙矾石或单硫型水化硫铝酸盐的时间被推迟，延缓了水泥的凝结时间。简而言之，加入磷石膏后水泥的过度缓凝就是由于可溶性磷和氟等组分延缓了 C_3A 和 C_3S 等矿物早期水化速度而造成的。因此，从水泥的凝结机理上可以看出水泥的缓凝是 SO_3 与 P_2O_5 及其他微量成分共同作用的结果。

因此，对磷石膏中 P_2O_5 的含量应有一定的控制，目前，有的国家规定用于水泥缓凝剂的磷石膏其可溶性 P_2O_5 含量应为 0，我国有关企业标准也规定用于水泥中的磷石膏其可溶性 P_2O_5 应小于 0.1%。

（4）水泥中使用磷石膏后，可能会造成水泥早期强度下降，因此，要想将磷石膏替代天然石膏应用于水泥生产中，必须对原状磷石膏进行预处理，消除磷石膏中含有的有害可溶磷，使磷石膏在不影响水泥凝结性能的基础上还可适当增强水泥的强度。应设法降低磷石膏的含水量，使其在实际使用过程中，不致造成因下料口堵塞而产生水泥质量不稳定的严重后果；同时，对磷石膏预处理的设备投资、运营成本应尽可能的低，能为企业带来一定的生产经营效益，从而吸引水泥企业在工业化生产中使用磷石膏。

磷石膏的预处理方式很多，其方法归纳起来可以分为物理处理、化学处理及热处理三种。其中，较为常见的方法包括物理处理中的水洗和化学处理中的石灰中和法。目前，水泥工业中对磷石膏较为常见的预处理技术主要有以下几种：

① 水洗法：磷石膏中的可溶性杂质尤其是可溶性磷和有机物的存在，使其在水泥中应用时对水泥的性能影响很大，可采用水洗法净化工艺除去大部分可溶性杂质和有机物。

水洗后的磷石膏明显变白，因水洗过程中，大部分有机物组成的深色油状物浮于水面，随洗涤液一起排出。南京工业大学李东旭教授课题组就桂林一家企业排出的磷石膏进行了水处理，具体处理工艺为：向磷石膏中加入自来水，水料比为 3∶1～4∶1，搅拌 5min，静置 5min 后弃掉澄清液，反复 3～5 次即可。图 5-2 为桂林磷石膏经水洗晾干后的 XRD 图谱，从图中可以看出，用水洗涤后的磷石膏的主要成分是二水硫酸钙，和少量的二氧化硅，因此，磷石膏用水洗处理可基本除去石中的可溶性磷和氟，从而大大减少了磷石膏对水泥凝结和早期强度的影响。

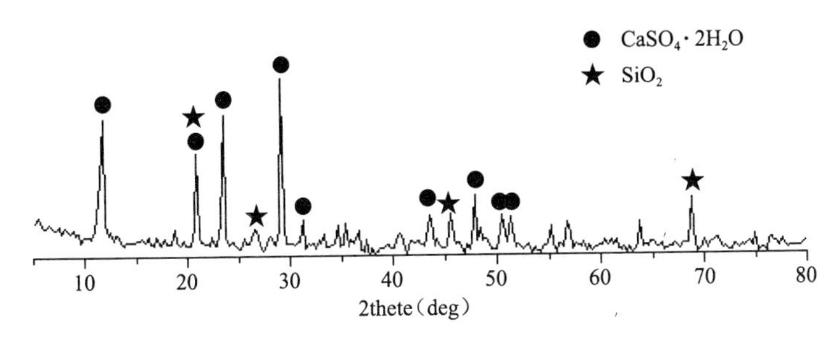

图 5-2　桂林石膏经过水洗处理后的 XRD 图谱

日本从 20 世纪 60 年代就开始在水泥工业上应用磷石膏作缓凝剂，其处理技术以水洗法为主，这主要是因为日本在水泥厂的设计阶段就按照此法进行设计。而在我国，虽然水洗法工艺简单、方便，但由于水洗工艺一次性投入大，能耗较高，污水需进一步处理才能排放，因此在我国水泥工业中的应用并不普及。

② 中和法：磷石膏中的可溶性杂质对水泥性能影响显著，可将适量的生石灰粉与磷石膏混合，使其与石灰反应生成难溶物，这样可减小可溶性杂质尤其是可溶性磷对水泥性能可能造成的影响。

中和法的具体技术步骤为：将生石灰加入游离水含量约 20％的磷石膏中，也可将适量的石灰乳加入磷石膏中，拌匀，陈化 24h，经烘干后即可应用于水泥工业中。

由于原状磷石膏中还有部分附着水，在磷石膏中加入生石灰搅拌后，磷石膏中的可溶性 P_2O_5 与 F^- 会与石灰中的 CaO 发生如下反应：

$$P_2O_5+3H_2O+3CaO = Ca_3(PO_4)_2 \cdot 3H_2O$$

$$2F^-+CaO+H_2O = CaF_2+2OH^-$$

磷石膏经石灰中和预处理后作为水泥缓凝剂，其性能与采用天然石膏的水泥相当，凝结时间略为延长，3d强度稍有降低。石灰中和预处理是经济、实用且有效的，尤其是磷石膏经石灰中和后于800℃煅烧成无水石膏作水泥缓凝剂时，水泥早期强度并无明显降低，作为缓凝剂其性能还要优于天然石膏。

磷石膏作为缓凝剂应用于水泥中时，采用石灰中和法对磷石膏进行预处理，也有一定的缺点，主要是磷石膏与石灰的拌合质量不易控制，同时水泥厂在使用粉状磷石膏时，在贮存、输送、喂料、除尘过程中均会带来诸多不便。

③ 复合法：复合法主要是将某种碱性钙质工业废渣加入到磷石膏中，制成块状的复合磷石膏。采用此种方法制备的磷石膏对水泥有较明显的调凝作用，同时还具有增强作用，其增强机理主要是碱性物质在水泥中的“晶种”效应。添加碱性钙质材料可中和可溶磷并使其转化为难溶的磷酸钙矿物质，同时钙质材料也有粘结作用，有利于水泥的早强。

④ 烧结法：在磷石膏中加入富铝硅酸盐矿物的物质，经配料、搅拌、成型、烧结、冷却后制备出适合水泥工业中使用的磷石膏，此种方法称为烧结法，使用烧结法技术的突出优点是解决了磷石膏与天然石膏相比，延长水泥凝结时间的问题。烧结法的优点是：除了可以提高水泥强度外，水泥的凝结时间也显著缩短，此举更受到水泥用户的欢迎。但其缺点是工艺复杂，一次性投入大，水泥厂采用这种技术自身经济效益不显著，因此，水泥厂尚未大范围的采用此方法进行工业化生产。

由于受到磷肥厂的工艺条件所限，磷肥厂排放的磷石膏废渣水分较大，水泥厂在使用前必须充分晾晒，以满足水泥配料要求，同时，由于磷石膏中的SO_3含量波动较大，一定要加强均化，并在生产使用中及时进行检测。

（二）脱硫石膏作水泥缓凝剂

脱硫石膏是火电厂、炼油厂等工厂处理烟气中的 SO_2 后得到的工业副产品石膏，其呈细粉状，纯度较高、成分稳定、放射性符合要求。

作为一种工业副产品，它具有再生石膏的一些特性，和天然石膏有一定的差异。天然石膏在原始状态下结晶颗粒粘合在一起，而脱硫石膏却以单独的结晶颗粒存在；天然石膏经过粉磨后的粗颗粒多为杂质，而脱硫石膏中细颗粒为杂质，粗颗粒为石膏，其特征与天然石膏正好相反；脱硫石膏颗粒大小较为平均，其分布带很窄，颗粒主要集中在 30～60μm 之间，级配远远差于天然石膏磨细后的石膏粉；脱硫石膏呈细粉状，其中二水硫酸钙含量高达 95%，是一种纯度较高的工业副产石膏。由此可见，脱硫石膏与天然石膏化学组成相差不大，品质相当。

脱硫石膏中有害成分很少，用脱硫石膏作水泥缓凝剂时，基本上可以直接取代天然石膏，且制备的水泥性能与用天然石膏做缓凝剂制备的水泥相比并无多大差异，甚至一般情况下，其水泥强度还有一定幅度提高，造成这一情况的原因主要有两个因素：

一方面是因为脱硫石膏中含有部分未反应的 $CaCO_3$ 和部分可溶盐，如钾盐、钠盐等，这些杂质的存在对水泥水化进程产生促进作用，同时，这些杂质还可激发混合材的活性，有利于水泥后期强度发展，在杂质含量相同的情况下，脱硫石膏中的碳酸钙颗粒（尽管含量很少）一部分参与了水泥的水化反应，剩余的一部分碳酸钙颗粒一般以石灰石颗粒形态单独存在或以核的形式存在于二水硫酸钙中心，相当于增加了有效参与水化反应的硫酸钙颗粒数量，使其有效组分高于天然石膏；而相对而言，天然石膏的杂质以黏土矿物为主，磨细后颗粒较大，在水泥水化时一般不会参加水化反应。

另一方面，利用脱硫石膏作为水泥缓凝剂制备水泥时，在相同的粉磨时间内，与天然石膏相比，制成的水泥比表面积偏大。脱硫石膏的易磨性比天然石膏要好，而且脱硫石膏本身就是细粉状物料，在粉磨时，对熟料和其他混合材有助磨作用，所以在相同的时间内，磨得的水泥细颗粒较多，比表面积明显偏大。由于这两个因素的存在，在用作缓凝剂时，在一定程度上天然石膏性能反而不及脱硫石膏。

脱硫石膏能够延长硅酸盐水泥的凝结时间，脱硫石膏细度大，在水泥中能与水泥颗粒充分接触，迅速发生反应，所以更能有效调节水泥凝结时间。但对加入混合材的普通硅酸盐水泥，则脱硫石膏与天然石膏相比，对凝结时间几乎没有影响，与硅酸盐水泥相比，由于混合材的加入，在普通硅酸盐水泥中熟料含量相对减少了，脱硫石膏对其凝结时间的影响就不太明显。

尽管脱硫石膏用作水泥缓凝剂有许多优点，甚至其制备的水泥性能较天然石膏相比稍微优越，但并未得到大范围的应用，究其原因，主要是因为脱硫石膏附着水含量较高，一般高达10％～15％，且呈潮湿、松散的小颗粒状或团状，粘性也较强，若直接用于生产，在装卸、提升、输送的过程中极易粘附在设备上，造成积料、堵塞，直接导致物料输送不畅，混合不匀，不能稳定加料，不能正常生产等问题，因此，若不能解决此问题，脱硫石膏的应用仍将受到极大的限制。

目前，采用脱硫石膏作为水泥缓凝剂的企业，主要采取两种方式对脱硫石膏进行处理：第一种方式是采取将脱硫石膏与煤矸石、炉渣等其他混合材先按比例进行混合，然后将混合好的原料输送至原料库中进行水泥配料，这样虽然解决了脱硫石膏料湿、发黏的问题，但增加了铲车配料环节，产生扬尘，而且不能保证配合均匀，脱硫石膏及混合材在水泥中的掺入量不稳定，不利于水泥性能的稳定和调整；第二种方式是采用石膏造粒机，将黏性较强的粉末状的脱硫石膏颗粒通过机械外力挤压成球，然后再入原料库，进行水泥配料，这样可以解决配料不稳定的问题，能够有效保证水泥性能的稳定性。一般脱硫石膏造粒后的 t 脱硫石膏价格仍低于天然二水石膏的价格。

在几种工业副产石膏中，脱硫石膏做水泥缓凝剂的效果最好，其成分与天然石膏的相似，在水泥生产中，是天然石膏良好的替代品。

（三）钛石膏作水泥缓凝剂

钛石膏是采用硫酸法生产钛白粉时，加入石灰（或电石渣）以中和大量酸性废水所产生的以二水石膏为主要成分的废渣。其主要成分是硫酸钙，还有一定量的硫酸亚铁及其氧化物。与天然石膏相比，由于钛白废酸中含有硫酸亚铁，经氧化、中和、干燥脱水形成了铁的氧化物，因此钛石膏中 Fe_2O_3 含量较高，CaO、MgO 和 SO_3 的含量较低，其他成分差别不大。

钛石膏中 Fe 相较多，杂质的成分主要是以 Fe 的某几种形态存在，其中 $Fe(OH)_3$ 的含量相对较高，在硫酸法生产钛白粉的工艺中，$FeSO_4$ 是其产生的废渣之一，虽然大部分已被分离并得到利用，但仍有少部分则进入了钛石膏中，成为杂质之一。

钛石膏用作水泥缓凝剂时，应该对其含有的 $FeSO_4$ 和 $Al(OH)_3$ 进行测定，两者含量不宜过高，否则会对水泥性能造成不利影响。杂质对水泥性能的作用是双重性的，阻碍石膏的溶出速率则产生促凝作用，阻碍水泥熟料水化则缓凝，并影响强度。杂质 $FeSO_4$ 的存在使水泥浆体中 $[SO_4]^{2-}$ 升高，使水泥的初凝时间延长，但因早期生成钙矾石增多，因此又使水泥早期强度有所增强，但包裹在水泥颗粒表面的钙矾石阻止水泥的继续水化，反而使水泥后期强度降低。一般来讲，杂质对水泥熟料水化的阻碍作用大大超过它们对石膏溶出速率的影响。

由于钛石膏中 SO_3 含量波动较大，一般在15%～35%之间，因此，如何控制好钛石膏的质量以及在水泥中的掺量成为影响其使用的主要因素之一，且钛石膏亚铁含量和水分含量较高，pH 值时有变化，这都影响水泥的整体质量。因此，若要大量使用钛石膏作水泥的缓凝剂，尚有很多工作要做。

（四）氟石膏作水泥缓凝剂

氟石膏为氢氟酸生产过程中的副产品，利用氟石膏作缓凝剂，可减少工业废渣对环境的污染，节约废渣的堆放用地，保护生态环境。目前，已有实验表明，利用氟石膏作水泥缓凝剂不但可以取得与天然石膏同等的缓凝效果，且可提高水泥强度，对水泥性能无其他副作用，可取得显著的经济效益和社会效益。

三、工业副产石膏在水泥中的掺入量

无论是天然石膏还是工业副产石膏，在水泥中的掺入量都应有一个合适的范围，过多或过少均会对水泥的凝结产生不利影响。如果石膏的掺量和溶解速度与水泥中的铝酸三钙适宜，水化的最初几分钟内，会形成结晶细小的钙矾石晶体，覆盖在水泥颗粒表面，此时钙矾石晶体几乎很少进入水泥颗粒的间隙，对颗粒的相对运动阻碍较小，不会造成水泥凝结；随着水泥水化的进行，逐渐生成大量长条状钙矾石结晶，填充了水泥颗粒的间隙，并互相搭接，使水泥浆体失去流动性，进而达到初凝、终凝直至硬化。当石膏数量不足或溶解速度较低时，则水泥在水化初期，铝酸三钙可能和石膏反应生成单硫型水化硫铝酸钙晶体，一般单硫型水化硫铝酸钙晶体结晶较大，呈片状；另外也有片状铝酸四钙生成，两者填充了水泥颗粒的间隙，使水泥浆体很快失去流动性，从而导致速凝。当石膏数量过多且溶解速度过快时，又会形成次生石膏，其晶体较大，呈片状或长条状，导致水泥浆体迅速失去流动性、变硬；但当水泥继续水化时，随着铝酸三钙水化反应的进行，次生石膏可以再次溶解，浆体又会回复流动性，此时水泥即呈现假凝现象。因此，在实际生产中应注意石膏的掺量问题。

目前我国水泥厂对石膏的掺量控制存在以下问题：(1) 我国通用水泥中 SO_3 含量一般在 1.5%～2.5%，由于考虑的因素单一，特别是没有考虑水泥的流变性能，水泥中石膏的掺入量一般偏低；(2) 水泥厂生产水泥时，由于没有考虑石膏溶解速度对水泥性能的影响，忽视了不同形态（晶型、结晶水）石膏溶解速度、溶解度的巨大差异，从而导致水泥中的 SO_3 含量不适宜；石膏结晶形态不同，其对水分子的吸附能力也不相同，一般不同晶型的石膏对水分子的吸附能力大小排序为：$CaSO_4$>$CaSO_4\cdot 1/2H_2O$>$CaSO_4\cdot 2H_2O$。一般工业副产石膏除了磷石膏和脱硫石膏外，其他种类的工业副产石膏或多或少均含有一定量的无水石膏或半水石膏，当采用无水石膏作为水泥调凝剂时，水泥水化时，无水石膏表面立即大量吸水分子，形成吸附膜层，使之无法溶出为水泥浆体所需要的 SO_4^{2-} 离子，无法快速与水化铝酸盐生成难溶的水化硫铝酸钙，造成 C_3A 大量水化，形成相当数量的水化铝酸钙结晶体并相互连接，导致水泥凝结速度过快，流动性较差。(3) 磨机内温度过高，导致生产大量的半水石膏，对水泥的性能造成一定的影响；夏季时，水泥磨内部的温度如果没有控制措施，可以高于 140℃，熟料和石膏在磨内的停留时间为 15～20min，如果使用二水石膏，在此温度、时间下，足以生成大量半水石膏，甚至会因为半水石膏过多而在水泥水化初期产生次生石膏，导致假凝，因此，在生产水泥时，应采取一定的措施控制水泥在磨机中的温度，可采取向磨内喷水调解磨内温度，改变喷水量的大小，即可以控制磨内温度，从而控制半水石膏的生成数量。

从已有的研究来看，目前常见的几种工业副产石膏用作水泥缓凝剂时，其用量与天然石膏几乎相同，且都能够保证水泥达到国家标准要求的凝结时间，因此，各种工业副产石膏都可直接或处理后代替二水石膏用作水泥缓凝剂。

第二节　工业副产石膏制酸联产水泥

硫酸是一种重要的基本化工原料，目前硫酸的生产主要是以硫铁矿以及硫磺为主要原料制备硫酸，近几年，开始展开利用天然石膏和工业副产石膏制备水泥联产硫酸的技术，目前，国内已成功将磷石膏制酸联产水泥的技术应用于工业化生产中。

石膏的主要成分是 $CaSO_4$，在高温下可以分解出 CaO 与 SO_2 气体，CaO 可与其他原料中的 SiO_2、Al_2O_3、Fe_2O_3 反应形成水泥熟料，SO_2 气体送入硫酸装置制取硫酸。目前，利用石膏制酸联产水泥的研究主要集中在天然石膏、磷石膏以及脱硫石膏上。

一、国外利用天然石膏和磷石膏制酸联产水泥的技术概况

采用石膏制造硫酸联产水泥的生产方法早在第一次世界大战时期就已开始研究和开发，这期间也建设了一些工厂，技术工艺尽管可行，但存在着经济等方面的问题。采用脱硫石膏、磷石膏为原料时，除经济效益方面的问题之外，技术方面还存在着诸多问题待解决。

1. 穆勒-库内制硫酸及水泥技术

1915 年德国人穆勒（W. J. Muller）和库内（H. Kuhner）在第一次世界大战期间，就开始研究利用天然石膏制造硫酸的方法，发明了以天然石膏为原料制造硫酸和水泥的生产原理和工艺方法（此法被称为 M-K 法）。1916 年德国在德国雷弗库生（Lever Kusen）建成一个日产 40t 的半工业性工厂，成为世界上第一座天然石膏制硫酸联产水泥工厂，从而使这项技术取得了成功。穆勒-库内流程如图 5-3 所示。

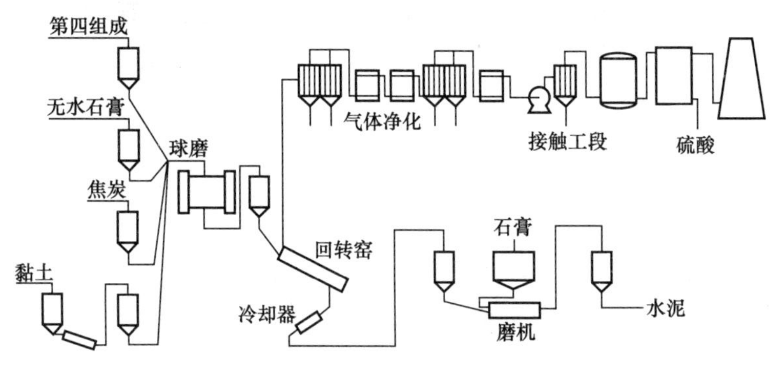

图 5-3　穆勒-库内制硫酸和水泥流程图

天然石膏（或无水石膏）经过煅烧除去结晶水，与焦炭、经过干燥的黏土一起混合研磨，有时配料中加入的第四组分通常如

石英等，其目的主要是为了保证水泥的质量，并可促进分解过程。然后，将研磨后的混合物加入回转窑，被由窑的另一端来的逆流热气流加热分解。在窑内，无水石膏与焦炭在900～1100℃时起反应，使部分$CaSO_4$还原成CaO、SO_2和CO_2。

$$CaSO_4 + 2C \longrightarrow 2CaO + 2SO_2 \uparrow + CO_2 \uparrow$$

研究得出结论：窑内必须控制在中性或微氧化气氛，热炉气离开窑时至少含有8%～10%SO_2，加入SO_2氧化成SO_3时所需要的空气后，混合热炉气中含SO_2浓度约为5%～6%用于制取硫酸。研究证明，硫酸生产装置的容积必须比采用硫磺或硫铁矿为原料时的大。

热炉气离开回转窑后经过一组净化系统-旋风分离器、干式电除尘、湿式洗涤/冷却器、湿式电除尘、干燥塔等而后进入硫酸系统。

2. 伦兹及伦兹-克劳普制硫酸-水泥流程

随后自1931年至1961年在一些缺少硫矿的国家中，如德国、英国、法国、奥地利、波兰等，相继建设并投运了26套同类型装置，但均是以天然石膏为原料。磷石膏制硫酸联产水泥源于石膏法技术。20世纪60年代以后湿法磷酸工业进入高速度发展时期，湿法磷酸副产磷石膏的综合利用引起人们重视。将磷石膏作为Muller-Kuhner法的原料以回收其中的硫并副产水泥熟料自然成为诸多利用途径中最引人注视的问题之一。奥地利伦兹化学公司（Chemie Linz AG.，以前称为Oesterreichische Strikstof WerkA. G.，简称O. S. W.）是硫酸-水泥领域中最早应用磷石膏为原料的公司。1966年开始试验，初时，在天然石膏中加入磷矿及其他相应的杂质进行试验，而后，公司建成磷酸工厂并能提供磷石膏以后，就用实际的磷石膏试验。1968年伦兹化学公司第一次用磷石膏代替天然石膏在其日产200t硫酸的工业装置运行成功，从1969年起，公司的硫酸-水泥工厂就改用磷石膏生产。为了改进过程的热效率，伦兹化学公司与德国克劳普公司（Krupp）联合在伦兹工厂采用了克劳普公司的逆流热交换器安装回转窑的气体出口，据说可使过程热能消耗降低约 15%～20%。伦兹-克劳普制硫酸和水泥流程如图 5-4 所示。

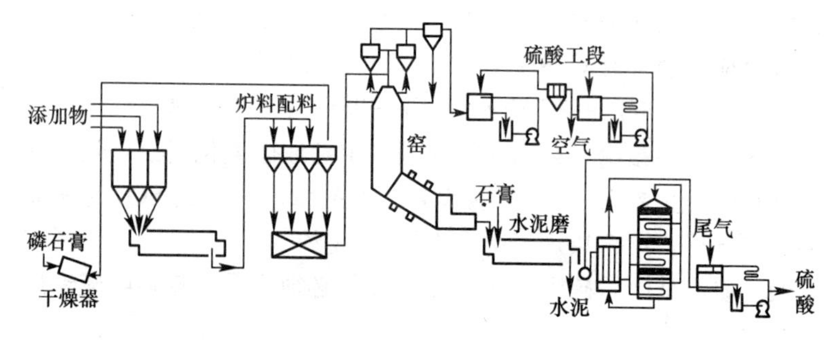

图 5-4　伦兹-克劳普制硫酸和水泥流程图

3. 美国戴维公司和西德鲁齐公司的研究

Muller-Kuhner 法工艺开发至今虽经历了 90 多个春秋，但其工艺轮廓却无多大改变，只是在降低热耗和减轻制酸装置排空尾气中的酸雾等环节上作了一些改进。如采用立筒式预热器预热进窑生料，降低窑气温度，使用每 t 熟料的煅烧热耗由 1.85×10^6kcal 降为 1.5×10^6kcal，且进一步提高回转窑的生产强度，改进 SO_3 吸收工艺或设置尾气除雾装置以消除排空尾气中的酸雾对环境的影响。尽管如此，该工艺的流程长、能耗高、单列设备能力偏小（最大运行装置的能力为 300t/d 硫酸）仍是其不足之处。

1982 年起，DavyMckee 公司（简称 DMC）与佛罗里达磷酸盐研究所合作进行了利用 DMC 已开发并广泛用于钢铁工业的大型环蓖式烧结炉以分解石膏生料制得适于筑路等用途的粒状骨料和满足硫酸生产要求的含 SO_2 原料气。他们曾拟制了两套工艺方案：一是将磷石膏、石油焦及作为粘合剂的黏土按一定比例混合并于成球机上制成一定粒度的料球后送入环型蓖式烧结炉，磷石膏被还原分解成 SO_2 和 CaO。SO_2 用于制酸，而 CaO 则与加入的其他非挥发分烧制成固体骨料，此骨料可用于筑路或代替石灰使用。拟制的另一方案是将煤在技术成熟的流化床气化炉中用空气作气化介质制得含挥发分较低的半焦和燃料气，半焦与磷石膏、硫铁矿及其他添加剂经计量后送入成球机制成料球，再送入环形蓖式烧结机以制得 SO_2 气和烧结骨料。前述煤气化所得燃料-气经净化后一部分作为烧结机的燃料，净化气过程中回收的硫磺亦送造粒机用于制备生料球；余下燃料气经压缩后送往燃气透平发电机组及热回收系统，燃气透平排出之热废气用于预热进转化系统的 SO_2。DMC 称用其所述工艺可建日产硫酸 2800t 的大型装置。由于烧结机所得的固体骨料仅用于筑路，故该工艺对磷石膏杂质的要求不苛刻。

二、国内利用天然石膏和磷石膏制酸联产水泥的技术概况

我国对用石膏制硫酸联产水泥的工艺的研究早已开始，早在 1954 年、1964 年和 1978 年曾派人赴波兰、德国和奥地利进行技术考察，1958 年开始进行研究和扩大试验。国家科委先后于 1964 年和 1965 年下达了利用天然石膏和磷石膏制硫酸和水泥的中间试验任务，历时一年半完成了中间试验任务，并于 1966 年完成了利用天然石膏和磷石膏制取含 SO_2 硫酸原料气和硅酸盐水泥熟料的中间试验的鉴定工作。70 年代又在天津、济南、应城先后建成以天然石膏制硫酸和水泥的装置，虽做了大量工作，可惜均以失败告终。

1982 年，鲁北化工厂建成了年产 7500t 的利用天然石膏制硫酸联产水泥装置，并相继完成了盐石膏、天然石膏和磷石膏制硫酸联产水泥的三项科技攻关项目；1988 年在该厂建设了全国第一套 3 万 t 磷铵配套 4 万 t 磷石膏制硫酸联产 6 万 t 水泥（简称“3-4-6”工程）示范装置。该技术装置采用传统水泥中空长窑，其磷石膏废渣的硅含量低，加之工厂附近盐石膏丰富，“3-4-6”工程开车基本上是成功的，达到设计指标。

鲁北化工总厂磷石膏制硫酸联产水泥的主要生产工艺过程由原料预处理及生料制备（烘干、脱水、均化、生料配合粉磨和均化）、生料煅烧、制酸和水泥三大步骤即六个工序组成。以磷石

膏为原料生产水泥含综合水分42%，在多雨季节里其他原料水分均较高，烘干水分后才能满足入磨物料水分的要求。因此，这些物料都必须经过烘干，除去物理水，并将结晶水脱至半水（含结晶水6%～8%）或无水烧僵后，与其他辅助原料（黏土或砂岩）按配比配合共同粉磨，也可单独分别粉磨然后配合，制成合格的水泥生料。生料入回转窑煅烧，产生的窑气中7%～9%SO_2送入制酸系统。烧成的水泥熟料掺加一定量的混合材和石膏粉磨成水泥。该技术的典型工艺流程图见图5-5和图5-6。

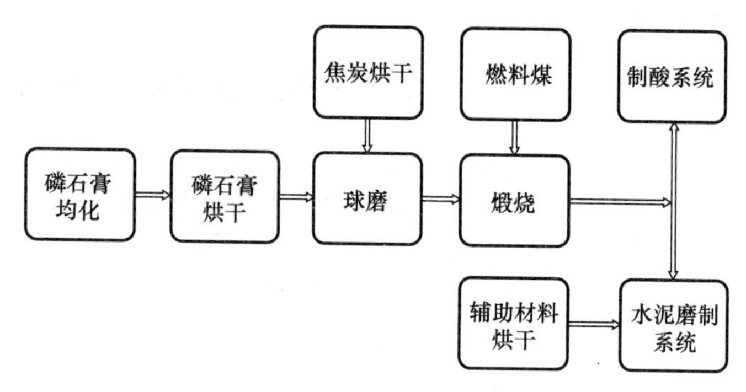

图5-5　试验工艺流程图

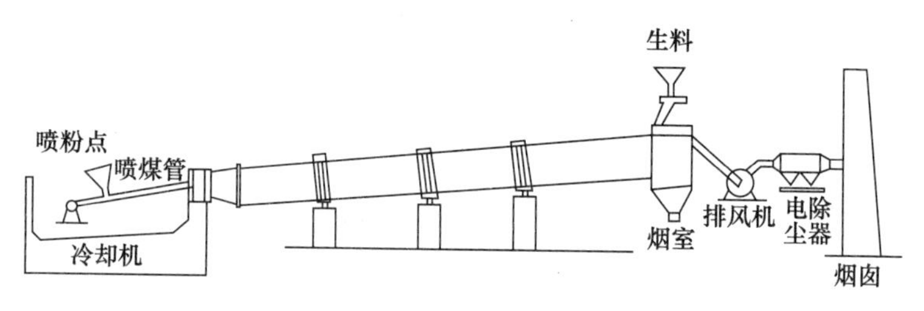

图5-6　中空长窑流程示意图

（1）原料均化。符合工艺要求的各种原料，按照批量要求进行均化，以确保原料组分的稳定性。

（2）烘干脱水。以磷石膏为原料生产水泥含综合水分均较高，烘干水分才能满足入磨物料水分的要求。来自原料堆场的磷石膏经均化处理后，与焦炭及其他辅助材料制品烘干，一并作为配料。

(3) 生料制备。烘干后的磷石膏、焦炭等按配比要求混磨，均化后备用。这些物料与其他辅助原料（黏土或砂岩）按配比配合共同粉磨，制成合格的水泥生料。

(4) 熟料烧成。生料送入煅烧窑，用燃料煤的燃烧的热量煅烧，生成水泥熟料和含 SO_2 的窑气。其中的氧化物诸如 CaO、SiO_2、Al_2O_3、Fe_2O_3 等将发生反应，由两种或三种氧化物生成多种矿物集合体硅酸三钙、硅酸二钙、铝酸三钙、铁铝酸四钙，使其组成水泥熟料。

(5) 窑气制酸。含 SO_2 的窑气经除尘、净化、干燥、转化、吸收制得硫酸。

(6) 水泥磨制。烧出的水泥熟料按要求比例掺加一定量的混合材和石膏粉进行粉磨，制得水泥。

鲁北化工总厂的实践证明，磷石膏制硫酸联产水泥技术在设备选型合理、生料掺配适当、生产控制手段完善、窑内火候控制好的条件下，能够实现连续安全稳定运行，而且项目经济效益、社会效益和环境效益较为显著。该装置在考核期间所用磷矿原料质量较好，磷石膏中 SO_3 在 43%左右，SiO_2 在 6%左右，P_2O_5 在 0.6%左右。从鲁北化工总厂发表的资料文献称，实际生产中，采用 SO_3 不低于 40%，SiO_2 不大于 8%、P_2O_5 不大于 1%的磷石膏，即可生产出合格的硫酸和水泥熟料。

尽管鲁北化工已有一定的生产实践，但将磷石膏和天然石膏制酸联产水泥的规模化生产目前在国内尚未得到推广和应用。

三、利用脱硫石膏制酸联产水泥的工艺技术研究

尽管我国对用天然石膏和磷石膏制硫酸联产水泥工艺的研究早已开始并进行了中试试验，但目前，不论在国内还是在国外用脱硫石膏制硫酸联产水泥的研究还比较少，国内对脱硫石膏制酸联产水泥的技术尚未进行工业化生产。

南京工业大学李东旭教授课题组对利用脱硫石膏制酸联产水泥工艺技术进行了研究，取得了一定的成果。课题组主要研究和探索了气氛、组分作用和控制问题，通过对脱硫石膏制硫酸联产水泥生产技术的基本原理、反应过程剖析、存在问题和反应机理探讨，以及其生产技术原料应用研究，深入探索目前影响该技术应用的问题和原因，研究解决存在问题的控制条件，提出脱硫石膏及其生料的质量要求和质保措施，进而完善脱硫石膏制硫酸联产水泥生产技术系统及其应用，为今后水泥行业和硫酸行业进一步研究和指导生产提供了一些有参考价值的理论和实验基础。以下就该课题组的一些研究结论与数据，对脱硫石膏制酸联产水泥的一些工艺技术进行简单阐述。

（一）脱硫石膏的化学成分

脱硫石膏作为工业副产石膏，其主要成分和天然石膏一样，都是二水硫酸钙（$CaSO_4 \cdot 2H_2O$）。表 5-1 是几种不同地区脱硫石膏的化学成分，可以看出：脱硫石膏中的 CaO 和 SO_3 含量要比天然石膏高得多，可见脱硫石膏的纯度较高。脱硫石膏物理化学特征和天然石膏具有共同的规律，经过转化后同样可以得到五种形态和七种变体。脱硫石膏与天然石膏相比，带有更多的附着水，但其纯度较高。脱硫石膏和天然石膏的差异，还表现在原始状态、机械性能和化学成分特别是杂质成分上的差异，导致其脱水特征、易磨性及燃烧后的熟石膏粉在力学性能、流变性能等宏观特征上与天然石膏有所不同。

石膏的化学组成（wt%） **表 5-1**

	附着水	结晶水	CaO	MgO	Fe_2O_3	Al_2O_3	SiO_2	SO_3
南京华能电厂脱硫石膏	15.65	16.78	33.10	0.20	0.08	1.00	2.17	45.48
南通天生港电厂脱硫石膏	12.44	17.99	34.75	0.26	0.26	0.40	1.93	41.27
云南阳宗海电厂脱硫石膏	12.89	19.8	32.98	0.12	0	0.28	0.19	49.95
天然石膏	0.50	17.63	27.46	0.55	1.14	2.64	7.45	39.59

天然石膏与脱硫石膏的不同点是在原始状态下天然石膏粘合在一起；脱硫石膏以单独的结晶颗粒存在。没有经过任何粉磨处理的脱硫石膏都具有较高的比表面积，不同产地的脱硫石膏的比表面积有较多的区别，虽然脱硫石膏都是采用的石灰石/石灰-石膏法脱硫，但是由于工艺参数不同，在吸收器中洗涤烟气的细石灰石或石灰粉的细度的不同等因素，从而影响脱硫石膏的最终的比表面积。脱硫石膏杂质与石膏之间的易磨性相差较大，脱硫石膏经过粉磨后粗颗粒多为杂质，细颗粒多为石膏。

无论是华能电厂、天生港电厂还是云南电厂烟气脱硫（FGD）技术都是采用的湿法石灰/石灰石-石膏法。石灰/石灰石-石膏法脱硫机理与脱硫石膏的形成过程如下：通过除尘处理后的烟气导入吸收器中，细石灰或石灰石粉形成料浆通过喷淋的方式在吸收器中洗涤烟气，与烟气中的二氧化硫发生反应生成亚硫酸钙（$CaSO_3 \cdot 0.5H_2O$），然后通入大量空气强制将亚硫酸钙氧化成二水硫酸钙（$CaSO_4 \cdot 2H_2O$）。从吸收器中出来的石膏悬浮液通过浓缩器和离心器脱水，最终产物为附着水含水量较高的脱硫石膏。从表 5-1 中可以看出：原状脱硫石膏的附着水均高达10wt%以上。

（二）脱硫石膏在不同煅烧工艺下的脱硫率

1. 脱硫石膏在自然条件下煅烧后的脱硫率

无论是以石膏为原材料，还是采用碳酸钙为原料，在水泥的烧制过程中，都要经历预热、分解、烧成、冷却四个阶段。碳酸钙的分解温度在 900℃以下，而前期分解的 CaO 与 Al_2O_3、Fe_2O_3 生成熔剂矿物出现液相的温度一般为 1250℃左右，明显地高于物料的分解温度，即用碳酸钙生产水泥熟料不会出现分解段与烧成段交叉的现象。如果分解段与烧成段出现交叉的现象时，会造成结大球、结圈等不利于石膏分解，并且会降低水泥质量，甚至导致水泥不合格。一些系统的最低共熔温度见表 5-2。

一些系统的最低共溶温度　　表 5-2

系　统	最低共熔温度（℃）
C_3S-C_2S-C_3A	1450
C_3S-C_2S-C_3A-Na_2O	1430
C_3S-C_2S-C_3A-MgO	1375
C_3S-C_2S-C_3A-Na_2O-MgO	1365
C_3S-C_2S-C_3A-C_4AF	1338
C_3S-C_2S-C_3A-Fe_2O_3	1315
C_3S-C_2S-C_3A-Fe_2O_3-MgO	1300
C_3S-C_2S-C_3A-Na_2O-MgO-Fe_2O_3	1280

硅酸盐水泥熟料由于含有氧化镁、氧化钾、氧化钠、氧化铁、氧化磷等次要氧化物，因此其最低共熔温度约为 1250～1280℃左右，当然也可以采用一些方法提高共熔温度点，但是从降低生产能耗方面考虑，一般不宜采取措施提高其共熔温度。

由于脱硫石膏的附着水很不稳定，放置在空气中变化很大，在低温处理附着水的过程，又很难保证处理后结晶水是否也被除去。因此研究石膏分解的过程，先把其处理成无水石膏，然后再进行高温分解。即在进行高温分解时，先把脱硫石膏除去附着水与结晶水。

表 5-3 是几种脱硫石膏在不同温度煅烧后的脱硫率，可以看出，在自然条件下，硫酸钙在温度低于 1100℃时，基本上不发生分解，只有温度高于 1100℃时，硫酸钙才发生显著分解，并且随着温度的升高，分解速度加快，但即使达到 1350℃时，保温 1h，其分解率一般也低于 15%，且在 1350℃煅烧时，华能和天生港电厂脱硫石膏全部熔融为液相，样品完全粘结在坩埚底部，云南阳宗海电厂脱硫石膏烧结成块，这跟脱硫石膏中的杂质成分有关，云南阳宗海电厂脱硫石膏纯度较高，杂质较少，熔融为液相的温度也要高一些。若再升高温度，石膏基本上达到熔融状态，研究其脱硫率已无意义。

脱硫石膏在不同温度下煅烧后的脱硫率　　　表 5-3

温度（℃）	1150	1200	1250	1300	1350
华能脱硫石膏脱硫率（%）	0.89	2.6	4.61	8.92	14.64
天生港脱硫石膏脱硫率（%）	0.40	2.15	3.99	5.79	11.82
云南阳宗海脱硫石膏脱硫率（%）	0.66	2.24	3.32	4.42	7.61

三种产地的脱硫石膏中，华能电厂的脱硫石膏脱硫率相对较高，主要是因为华能电厂脱硫石膏中的 SiO_2、Al_2O_3 相对较高，在相同条件下，提高了石膏的分解效率。

2. 在还原气氛下石膏的脱硫率

为提高脱硫率，可以考虑在还原气氛下对石膏进行煅烧。采用活性炭或焦炭等作为为还原剂，其反应方程式如下：

$$CaSO_4 + 2C \longrightarrow CaS + 2CO_2\uparrow \qquad (900℃)$$

$$3CaSO_4 + CaS \longrightarrow 4CaO + 4SO_2\uparrow \qquad (1100℃)$$

或

$$CaSO_4 + C \longrightarrow 2CaO + 2SO_2\uparrow + CO_2\uparrow \qquad (900\sim1100℃)$$

C/SO_3 即 C 与 $CaSO_4$ 的物质的量之比。碳的掺量直接影响 $CaSO_4$ 的分解程度，碳量过多，一步分解反应量大，生成的 CaS 多，物料在烧成带不耐火，C_3S 生成量少，硫的烧出率低，SO_2 少，酸产少；碳掺量过低，$CaSO_4$ 分解不完全，烧成温度同样提不起来，且会使窑内出现强氧化气氛，物料呈水状流出，堵塞下料口，造成停车事故，同时 SO_2 浓度下降，系统无法生产。相关文献表明，C/SO_3 摩尔比以（0.65～0.72）：1 为宜。

在还原气氛下对脱硫石膏进行煅烧，脱硫率大大提高，但石膏的脱硫温度仍然很高，在 C/SO_3（摩尔比）为 0.7 的情况下，在静态炉中，1300℃煅烧保温 1h，脱硫率仅为 80%左右，究其原因，可能是在静态炉中无法保证 C/SO_3（摩尔比）在 1h 之内一直为 0.7，因此，如何保证其还原气氛是保证其脱硫率的一个重要因素（图 5-7）。

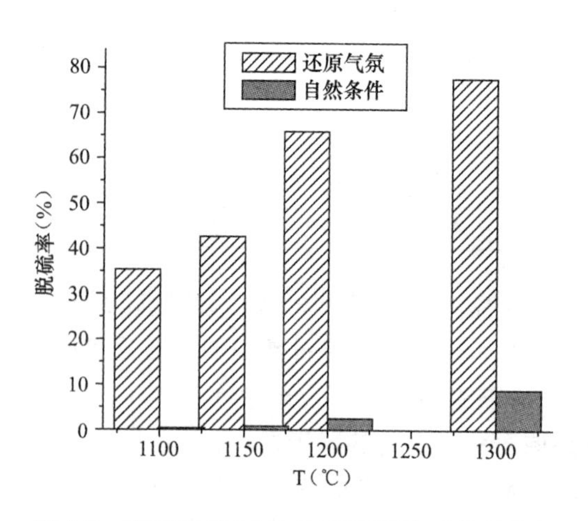

图 5-7 脱硫石膏在还原气氛下煅烧后的脱硫率

3. 外加剂对石膏脱硫率的影响

外加剂能够促进石膏的热分解过程，其中 $CaCl_2$、Fe_2O_3 等外加剂对石膏分解温度的降低影响最大，适量的加入 Fe_2O_3 后，石膏在 950℃左右即开始分解。Fe_2O_3 的加入量范围在 5～50wt%之间，在 50wt%（与 $CaSO_4 \cdot 2H_2O$ 的质量比）时，不生成对反应不利的产物 CaS。

加入适当掺量的 Fe_2O_3、Al_2O_3 和 SiO_2 后，还原气氛下，在 1100℃保温 30min，脱硫率即可达到 90%左右。而在自然条件下，1100℃保温 30min，掺加外加剂后，脱硫率仅仅达到 40%左右，可见，还原气氛与外加剂对脱硫石膏的分解同样至关重要。在熟料的几种成分中，Fe_2O_3 对石膏分解温度的降低影响最大，适量的 Fe_2O_3 加入后，还原气氛下，石膏在 950℃左右即开始分解。但是 Fe_2O_3 的加入仅仅提高了脱硫石膏的脱硫速率，并不能显著降低脱硫石膏的分解温度，因此，在自然条件下，加入外加剂后，脱硫石膏在 1100℃仍未达到其分解温度。

煅烧时间对石膏的脱硫率也有一定的影响。当煅烧一定时间后，若继续延长保温时间，由于在密封状态下，SO_2 未及时排出，会发生逆反应，甚至生成不利于反应进行的副产物 CaS，故保温时间不宜过长（图 5-8）。

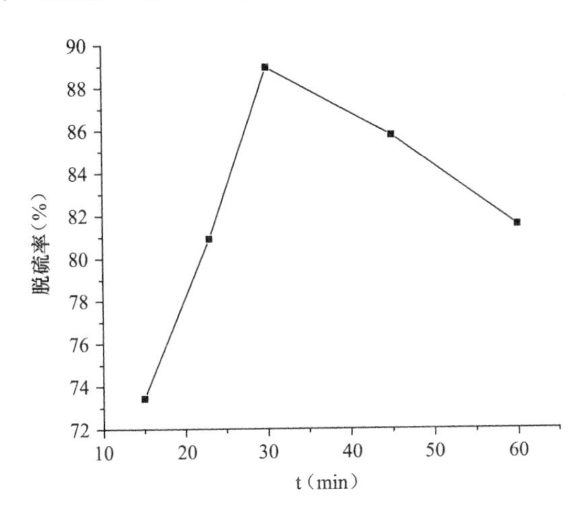

图 5-8 保温时间对脱硫石膏脱硫率的影响

4. 脱硫石膏动态分解的试验研究

从高温炉过渡到管式炉研究脱硫石膏的分解温度和脱硫率，环境的改变使其性质发生的变化，管式炉是在一定的气氛条件下进行的，因此应加强对试验参数的控制，为热态炉实验的设计与操作提供数据。

物料在管式炉中保温煅烧 5min 后的脱硫率和保温煅烧 30min 后的脱硫率相差不多，可以认为在适合的还原气氛下，时间对脱硫石膏的分解不敏感，即理论上认为脱硫石膏可以在很短的时间内分解，这为热态炉实验提供了一定的依据。

在物料较少的情况下，由于物料接近于分散状态，脱硫率随时间的延长而增加。影响制约脱硫率的一个至关重要的因素是还原气氛的强弱。还原气氛太强，则石膏在煅烧过程中会形成 CaS，不利于熟料的烧成。实验表明，$CO:CO_2$（摩尔比）不宜超过 0.167。在低于 0.1667 时，生成的 CaS 可以忽略不计。可以认为在动态炉实验中，在适合的还原气氛下，在煅烧时间足够长的情况下，脱硫石膏可以完全分解并脱硫。

5. 脱硫石膏作为原料配制水泥生料时的率值控制

硅酸盐水泥熟料中各氧化物之间的比例关系的系数称作率值。

硅酸盐水泥熟料中各氧化物并不是以单独状态存在，而是由各种氧化物化合成的多矿物集合体。因此在水泥生产中不仅要控制各氧化物含量，还应控制各氧化物之间的比例即率值。

在一定工艺条件下，率值是质量控制的基本要素。因此，国内外水泥厂都把率值作为控制生产的主要指标，我国主要采用石灰饱和系数（KH）、硅率（n）、铝率（p）三个率值。

脱硫石膏制酸联产水泥工艺中，为保证脱硫石膏的脱硫率，生料的率值可以考虑“高铁低钙”的配料思路，满足脱硫率的基础上，可以适当地提高三率值；一般若脱硫石膏的脱硫率可达到95%以上时，配制生料计算 KH 值时，可以考虑忽略 SO_3 的影响。

在实际生产中，一般使用焦炭作为还原剂，其效果要优于活性炭，焦炭中含有其他的杂质有助于提高石膏分解率。$CaSO_4$ 在 C 作用下可以完全分解，每 2mol 的 $CaSO_4$ 需要 1mol 的碳，即 $C/SO_3=0.5$。由于生料在回转窑及预热器内预热煅烧时，有一部分碳未参加反应就被煅烧掉，因此需在生料中配备较多的炭。另外为减少碳在窑内氧化，回转窑的操作气氛要恰当，还原气氛时会生成 CO，增加 CaS 的量，还会发生 $SO_2+CO \longrightarrow COS+CO_2$ 反应，不仅损失 SO_2，对硫酸转化也有危害。中性气氛时会发生 $CaS+CaSO_4 \longrightarrow CaO+S$ 反应，降低了 SO_2 的浓度，生成升华硫使硫酸堵塞。一般控制在弱氧化气氛下操作，这样既不出现以上两种情况，又使生料中的碳不被大量烧掉。通常控制 $C/SO_3=0.65\sim0.75$，如果生料中 C/SO_3 比值偏高或偏低不大时，可以调节回转窑的煤、风、料比例，保证 $CaSO_4$ 完全分解并生产合格的熟料。

实际烧成过程中，在 1400℃时物料已出现烧流现象。所以用脱硫石膏进行配料烧成水泥熟料时，温度控制在1350℃左右为宜，最高不得超过1400℃，太低则游离钙含量高，熟料强度低且安定性不合格；过高则出现烧流现象，严重危害回转窑的运转。

煅烧熟料的前提是保证在低于熟料矿物生成温度之前脱硫石膏的脱硫率，一般实际生产中采取窑外分解的方式进行，即将生料中的脱硫石膏在分解炉中即分解，分解炉中的温度一般在1100℃左右，若工艺适当，脱硫石膏的分解温度甚至会更低，这样，进入窑中的生料其硫含量已较低，不会影响水泥熟料的烧成工艺。

6. 石膏分解热和熟料形成热

理论热平衡是平衡态热力学重要应用领域之一，诸如化学反应的热效应、供热、散热、放热反应包括燃烧反应的热力学温度（最高温度）计算以及化学过程或物理过程的热平衡等，都属这一应用领域。

为顺利进行理论热平衡计算，不为一些次要问题所纠缠，常使用某些假设条件，最必要的是两条：

（1）100%的反应率。反应结束，只有生成物，没有反应物，即反应物中的元素全部回收入生成物或产物。

（2）物理显热100%回收，没有热损失。例如某物质由298K加热至T所吸收的热量等于该物质从T冷至298K所放出的热量。注意把此处所说的热损失与过程的热损失区别开来，后者不能忽略，在理论热平衡中它包含于热差值（热收入和热支出之差）之中。

利用脱硫石膏煅烧水泥熟料时产生一定浓度的SO_2尾气，可用以制造硫酸。熟料烧成热耗越低，SO_2浓度则越高，制酸系统的投资与生产成本越低。因此，降低脱硫石膏煅烧熟料的烧成热耗是众多研究者重点的攻关课题。

石膏分解热与熟料形成热：

（1）石膏分解以焦炭等作还原剂，其主反应式及相关热力学数据如下：

$$CaSO_4 + 1/2CO = CaO + SO_2 + 1/2CO_2 \quad (温度为 1400K)$$

ΔH^o_{f298K}	-1434.1	0	-634.3	-296.8	-393.5kJ/mol
$\Delta H^o_{1400K} - \Delta H^o_{f298K}$	169.9	20.8	57.1	56.2	54.8kJ/mol

标准条件下反应热焓：

$$\Delta H^o_{f298K} = \Delta H^o_{298K.f产物} - \Delta H^o_{298K.f反映物} = 306.3kJ/mol$$

1400K 条件下反应热效应：

$$\Delta H^o_{f1400K} = \Sigma ni(\Delta H^o_T - \Delta H^o_{298K})_{产物} - \Sigma ni(\Delta H^o_T - \Delta H^o_{298K})_{反映五} + \Delta H^o_{f298K} = 266.7kJ/mol$$

（2）石膏分解以 CO 作还原剂，其主反应式及相关热力学数据如下：

$$CaSO_4 + CO = CaO + SO_2 + CO_2$$

ΔH^o_{f298K}	-1434.1	-110.5	-634.3	-296.8	-393.5kJ/mol
$\Delta H^o_{1400K} - \Delta H^o_{f298K}$	169.9	35.0	57.1	56.2	54.8kJ/mol

标准条件下反应热焓：

$$\Delta H^o_{f298K} = \Delta H^o_{298K.f产物} - \Delta H^o_{298K.f反映物} = 220.0kJ/mol$$

1400K 条件下反应热效应：

$$\Delta H^o_{f1400K} = \Sigma ni(\Delta H^o_T - \Delta H^o_{298K})_{产物} - \Sigma ni(\Delta H^o_T - \Delta H^o_{298K})_{反映五} + \Delta H^o_{f298K} = 183.2kJ/mol$$

（3）熟料形成热

一般利用脱去结晶水的脱硫石膏进行生料配料后，生料中 SO_3 含量约 46.5%左右，考虑到实际生产中会带有一部分结晶水，则假设生料中 SO_3 含量为 45%，生料料耗 $ms^o = 2.05kg/kg$ sh（sh 表示水泥熟料），则单位熟料石膏分解吸热为：

$$Q_{分解(1400K)} = SO_3\% \times ms^o \times \Delta H^o_{f1400K}/M_{SO_3} = 3075kJ/kg\ sh$$

（使用焦炭作为还原剂）

$$Q_{分解(1400K)} = SO_3\% \times ms^o \times \Delta H^o_{f1400K}/M_{SO_3} = 2113kJ/kg\ sh$$

（使用 CO 作为还原剂）

表 5-4 和表 5-5 分别是使用焦炭作为还原剂和使用 CO 作为还原剂时熟料的形成热。通过计算可知，两种情况下，由于还原剂的不同，熟料的形成热相差很大。但是在实际的熟料烧成过程中，不可能直接通入 CO 气体，均使用煤等作为燃料，实际和石膏发生反应的应为 C 和 CO 的混合反应，加上热耗损失，研究认为，利用脱硫石膏制备熟料时的熟料形成热的实际数值应为 3342kJ/(kg · sh) 以上。

煅烧脱水石膏生料的熟料形成热（使用焦炭作为还原剂） **表 5-4**

序　号	项　目	热效应
1	干生料由 298K 加热至 600K 吸热	641kJ/kg sh
2	600K 条件下石膏脱水吸热	171kJ/kg sh
3	脱水生料由 600K 加热至 1400K 吸热	1955kJ/kg sh
4	1400K 条件下 $CaSO_4$＋C 反应吸热	3075kJ/kg sh
5	分解产物由 1400K 加热至 1700K 吸热	322kJ/kg sh
6	熟料液相形成吸热	109kJ/kg sh
	Q 吸热	6273kJ/kg sh
1	熟料矿物形成放热	398kJ/kg sh
2	熟料由 1700K 冷却至 298K 放热	1549kJ/kg sh
3	分解产物 SO_2 气体由 1400K 冷却至 298K 放热	620kJ/kg sh
4	分解产物 CO_2 气体由 1400K 冷却至 298K 放热	301kJ/kg sh
5	脱水产物水蒸气由 600K 冷却至 298K 放热	63kJ/kg sh
	Q 放热	2931kJ/kg sh
熟料形成热 Q 吸热－Q 放热＝3342kJ/kg sh		

煅烧脱硫石膏生料的熟料形成热（使用 CO 作为还原剂）

表 5-5

序　号	项　目	热效应
1	干生料由 298K 加热至 600K 吸热	641kJ/kg sh
2	600K 条件下石膏脱水吸热	171kJ/kg sh
3	脱水生料由 600K 加热至 1400K 吸热	1955kJ/kg sh
4	1400K 条件下 $CaSO_4$＋CO 反应吸热	2113kJ/kg sh
5	分解产物由 1400K 加热至 1700K 吸热	322kJ/kg sh
6	熟料液相形成吸热	109kJ/kg sh
	Q 吸热	5311kJ/kg sh

续表

序　号	项　目	热效应
1	熟料矿物形成放热	398kJ/kg sh
2	熟料由 1700K 冷却至 298K 放热	1549kJ/kg sh
3	分解产物 SO_2 气体由 1400K 冷却至 298K 放热	620kJ/kg sh
4	分解产物 CO_2 气体由 1400K 冷却至 298K 放热	301kJ/kg sh
5	脱水产物水蒸气由 600K 冷却至 298K 放热	63kJ/kg sh
Q 放热		2931kJ/kg sh
熟料形成热 Q 吸热－Q 放热＝2380kJ/kg sh		

脱硫石膏制硫酸联产水泥技术还存在许多问题。为使该技术成功应用于工业生产，除对回转窑应建立稳定的热工制度和焖熟的操作技术外，还必须控制好影响脱硫石膏制硫酸联产水泥技术的关键因素。影响脱硫石膏制硫酸联产水泥技术的因素较多，其中煅烧气氛、生料组分和温度控制是技术的难点和关键点。

在用石膏制备硫酸联产水泥工艺中，一般废气中 SO_2 浓度在 8%到 10%之间。若石膏在回转窑中进行分解反应会影响到水泥熟料的烧成制度，可采取在入窑前石膏即全部分解（或具有极高的脱硫率）的工艺，在回转窑前加一分解炉或流化床，这样既可避免 SO_2 对有关设备如窑体的腐蚀问题，又可提高排出的废气中 SO_2 的浓度，预计采用此工艺，SO_2 的浓度可达到 12%左右。

在世界性硫资源供应紧张，硫磺价格上涨的情况下，利用工业副产石膏制造硫酸的工艺，若技术上可行，经济上合理的话是有很大意义的。对于缺乏硫资源的国家来说，它的现实意义更大。因此，加大工业副产石膏制造硫酸的技术和工艺研究仍是今后的发展趋势。

首先，随着工业技术的发展和人们环境保护意识的增强，视为工业废弃物的工业副产石膏正日益广泛地被用作工业原料，特别是利用工业副产石膏制硫酸联产水泥最具发展前景。我国是一个硫资源缺乏的国家，利用工业副产石膏生产硫酸联产水泥不但可弥补我国硫酸原料后备资源的不足，特别是对缺少硫酸原料、又有工业副产石膏的地区，意义重大；同时解决了工业副产石膏占用土地、污染环境问题，具有显著的社会效益和经济效益。

其次，石膏法制硫酸和水泥跨越了水泥生产和硫酸生产两个不同的领域，而且将两者紧密地联系在一起。影响煅烧窑正常运转的因素一般有：生料质量、投料量、回灰量及其化学成分、煤粉质量、给煤量、一次风量及风温、窑转速等，烧制熟料的过程中上述因素直接影响着硫酸和水泥两者的产量、质量、能耗和安全运行，尤其是生料成分和杂质的影响及其均匀稳定是主要影响因素。目前，有些方面已进行和正在开展初步科学研究，但工作深度和研究结果远不能达到满意程度。各个方面大有探索前景，也是必然的发展趋势。

第三，将现在水泥生产先进技术应用于工业副产石膏处理，特别是利用水泥生产的窑外分解技术，对降低工业副产石膏制水泥能耗和解决分解和烧成问题，同时解决 SiO_2、Al_2O_3、Fe_2O_3 在烧成过程中的补充问题，有利于工业副产石膏制水泥的发展。探讨循环流化床技术对工业副产石膏制水泥和硫酸的可行性，也将是该技术应用的发展趋势。因此，现阶段开发工作的重点应着眼于装置规模的大型化和进一步降低单位产品的总能耗。拟采用的开发方法为移植邻近产业部门已成功运行的大型工业单元设备于石膏制酸行业，以缩短工程放大的周期并保证成果的可靠性。美国戴维公司（DavyMck）和西德鲁齐公司（Lurgi）近年所作的研究和开发工作代表了所述趋势。

工业副产石膏制硫酸联产水泥技术作为一项高新技术国家曾在产业政策和投资政策方面予以了大力扶持，但还存在许多问题。技术研究和开发进展缓慢，在理论和设计、操作实践方面仍有大量问题有待研究。为使该技术成功应用于工业生产，除对回转窑应建立稳定的热工制度和娴熟的操作技术外，还必须控制好影响脱硫石膏制硫酸联产水泥技术的关键因素。随着水泥工业的发展，这些问题都必将得到解决。

第三节　工业副产石膏在普通混凝土中的应用

普通混凝土一般指以水泥为主要胶凝材料，与水、砂、石子一起，必要时掺入化学外加剂和矿物掺合料，按适当比例配合好后，经过均匀搅拌、密实成型及养护硬化而成的人造石材。在现代化的建筑工程中，普通混凝土是一种应用最为广泛的建筑材料。

目前，工业副产石膏在混凝土中的应用主要集中在三个方面。一是将石膏作为胶凝材料取代部分水泥应用于混凝土中，工业副产石膏取代水泥后，或多或少对混凝土的性能会带来一些影响，目前，国内外过于工业副产石膏配制混凝土的研究报道很少，尚未进行大范围的应用；二是作为一种激发剂对混凝土中的其他掺合料如矿渣等进行激发，三是利用工业副产石膏制备混凝土膨胀剂。

一、工业副产石膏作为胶凝材料在混凝土中的应用

尽管目前国内外对工业副产石膏作为胶凝材料取代部分水泥配制混凝土的研究较少，但已有的研究仍表明在混凝土中掺加适量石膏可以配制出 C30 等级的混凝土，但并不是所有的工业副产石膏均可配制混凝土，目前的研究中，仅仅局限于脱硫石膏和磷石膏，主要原因是这两种工业副产石膏产量较大，成分稳定，硫酸钙的含量较高，杂质少。

利用工业副产石膏配制混凝土时，一般其取代水泥的量在30%左右，可配制 C30 等级的混凝土，且在混凝土中掺加少量工业副产石膏时，可明显改善混凝土的流动性，工业副产石膏中含有的球状玻璃微珠在混凝土中起到一种润滑作用，减小了新拌浆体的内摩擦角和黏滞系数，故使混凝土流动性增加，但随着工业副产石膏掺量的增加，由于工业副产石膏本身具有较大的比表面积，需水量增大，反而使混凝土的流动度降低。混凝土中加入

部分石膏后，混凝土的保水性和粘聚性会稍有变差，强度有所降低，但在可控范围内，因此可应用于一般建筑工程。

二、工业副产石膏作为激发剂在混凝土中的应用

现代建设中，随着人类对建筑工程要求的进一步提高，对混凝土也有了更高的要求，如果仅仅用水泥配制混凝土，有时候并不能达到需要的某种性能，加之为了响应国家“节能减排”的号召，固体废弃物矿渣作为混凝土矿物掺合料的应用技术已迫在眉睫。而在配制混凝土时掺入一些矿物掺合料如矿渣、粉煤灰等，可以改善混凝土的工作性能、增进后期强度、降低温升并改善混凝土的内部结构、提高抗侵蚀能力，同时混凝土掺入矿渣微粉和粉煤灰等掺合料后可以节约水泥，改善环境，减少二次污染，有着巨大的经济效益与社会效益。

利用矿渣取代部分水泥配制混凝土时，可在混凝土中加入适量石膏以激发矿渣的潜在活性，可使配制的混凝土具有更好的性能。

石膏对矿渣的激发机理主要是工业副产石膏中含有的硫酸钙对矿渣具有一定的激发作用，当矿渣中加入石膏后，加入的硫酸盐与矿渣中溶出的 Ca^{2+} 和 Al^{3+} 反应，使矿渣中发生形成钙矾石，导致液相中 Ca^{2+} 和 Al^{3+} 等离子浓度降低，从而液相中 Ca^{2+} 和 Al^{3+} 等离子浓度的平衡被破坏，使矿渣中 CaO 和 Al_2O_3 溶出，即激发了矿渣的水化活性。早期生成的水化硫铝酸钙形成了以针棒状为主的连续均匀的空间网络骨架，并通过 C-S-H 凝胶的均匀填充，在水泥浆体中使硬化体的结构不断密实，促使胶凝材料的强度逐渐增长。但在只加入石膏时，矿渣的活性并不能很好地被激发，只有在一定的碱性环境中，再配以一定量的石膏，矿渣的活性才能较为充分地发挥出来，并得到较高的强度，在混凝土中，提供碱性环境的重要是水泥水化时产生的氢氧化钙。

用作激发剂时，石膏在混凝土中的掺量很少，一般不高于5%。

三、工业副产石膏制备混凝土膨胀剂

工业副产石膏在混凝土中的另一个比较广泛的应用是利用其配制混凝土膨胀剂。普通混凝土的极限拉伸变形值为0.01%～0.02%，而收缩值为0.04%～0.06%，前者小于后者，所以普通混凝土由于干缩和冷缩等原因，往往导致其开裂和破坏，以致影响混凝土结构的使用功能，使混凝土耐久性大大降低。混凝土在硬化过程中，产生适度膨胀是消除或减少混凝土干缩和冷缩裂缝的最有效的途径。

1. 膨胀剂的分类及使用范围

国家标准《混凝土膨胀剂》JC 476—2001将混凝土膨胀剂分为三类：（Ⅰ）硫铝酸钙类混凝土膨胀剂：是指与水泥、水拌合后经水化反应生成钙矾石的混凝土膨胀剂。（Ⅱ）氧化钙类混凝土膨胀剂：是指与水泥、水拌合后经水化反应生成氢氧化钙的混凝土膨胀剂。（Ⅲ）硫铝酸钙-氧化钙类混凝土膨胀剂：是指与水泥、水拌合后经水化反应生成钙矾石和氢氧化钙的混凝土膨胀剂。利用镁渣制成的混凝土膨胀剂属于氧化钙类混凝土膨胀剂，膨胀源为与水泥水化后生成的氢氧化钙。

利用工业副产石膏制备的膨胀剂属于硫铝酸钙类混凝土膨胀剂。

普通混凝土掺入膨胀剂后，混凝土产生适度膨胀，在钢筋和邻位约束下，可在钢筋混凝土结构中建立一定的预压应力，这一预压应力大致可抵消混凝土在硬化过程中产生的干缩拉应力，补偿部分水化热引起的温差应力，从而防止或减少结构产生有害裂缝。应指出，膨胀剂主要解决早期的干缩裂缝和水化热引起的温差收缩裂缝，对于后期天气变化产生的温差收缩是难以解决的，只能通过配筋和构造措施加以控制。因此，膨胀剂最适用于环境温差变化较小的地下、水工、海工、隧道等工程，可达到抗裂防渗效果。对于温差较大的结构（屋面、楼板等）必须采取相应的构造措施，才能控制有害裂缝。

由于水化硫铝酸钙（钙矾石）在80℃以上会分解，导致强度下降，故规定硫铝酸钙类膨胀剂和硫铝酸钙-氧化钙类膨胀剂，不得用于长期处于环境温度为80℃以上的工程。

2. 硫铝酸钙类混凝土膨胀剂的膨胀机理

琼斯（EEJoncs）研究了25℃下CaO-Al_2O_3-$CaSO_4$-H_2O系统，该系统中的四元化合物是钙矾石（$C_3A \cdot 3CaSO_4 \cdot 32H_2O$）。它具有广泛的析晶范围，当液相中石膏饱和时，其平衡的CaO浓度可低至17.7mg/L；当液相中石灰饱和时，其平衡的$CaSO_4$浓度可低至14.6mg/L，因此，钙矾石可以在大多数含有CaO、Al_2O_3、$CaSO_4$的水泥中形成。这是硫铝酸钙类膨胀剂的化学基础。

水泥中掺入膨胀剂后，膨胀剂中的活性Al_2O_3将与水泥熟料中C_3S、C_2S的水化产物$Ca(OH)_2$反应，生成水化铝酸三钙，在有石膏存在的条件下，它将与石膏反应生成含大量结晶水的呈针状的水化硫铝酸三钙（钙矾石）。这种产物还对水泥石有增强作用，因为它取代了较多量的$Ca(OH)_2$。

有关化学反应式如下：

$$Al_2O_3 + 3Ca(OH)_2 + 3H_2O = 3CaOAl_2O_36H_2O \quad (1)$$

$$3CaOAl_2O_36H_2O + 3CaSO_4 + 26H_2O = 3CaOAl_2O_3CaSO_432H_2O \quad (2)$$

膨胀剂中的SiO_2将与水泥水化得到的$Ca(OH)_2$作用形成水化硅酸钙，它对混凝土的后期强度有加强作用，其化学反应式为：

$$SiO_2 + xCa(OH)_2 + mH_2O = xCaOSiO_2(x+m)H_2O \quad (3)$$

可以认定，掺硫铝酸钙膨胀剂的混凝土，早期强度主要由水化硅酸三钙、水化铝酸三钙、钙矾石提供，后期强度主要由水泥中的硅酸二钙与膨胀剂中带入的SiO_2水化得到的水化硅酸钙提供。

关于硫铝酸钙膨胀剂的膨胀理论，国内外学者在下列三方面存在不同程度的认识，即膨胀相钙矾石（AFt）在液相 CaO 浓度不饱和条件下的膨胀效应、AFt 的形成途径和膨胀的驱动力。薛君玕等对水泥石的硫铝酸盐膨胀理论进行了综合介绍，在 CaO 浓度不饱和条件下 AFt 也能产生膨胀，无论水泥液相中 CaO 是否饱和，只要有足够数量 AFt 补偿水泥石自身的减缩，并在此基础上适当增加 AFt 数量，便可得到不同膨胀性能的水泥。关于膨胀相 AFt 的形成途径，认为在一定范围内，无论水泥的碱度高或低，AFt 都是遵循一般无机盐的结晶规律：溶解—析晶—再结晶。不过由于水泥液相中 CaO、Al_2O_3 和 SO_3 的平衡浓度不同，AFt 从溶液中析出的快慢和形貌不同。在膨胀的驱动力方面，一种观点是晶体生长压力，另一种观点是吸水膨胀。游宝坤对几种膨胀水泥和 UEA 水泥进行了 X 射线和电镜分析，认为在水泥石孔缝存在钙矾石结晶体，其结晶生长力能产生体积膨胀，更多的是在水泥凝胶区中生成难以分辨的凝胶状钙矾石，根据 Mehta 和刘崇熙的研究结果，由于钙矾石表面带负电荷，它们吸水肿胀是引起水泥石膨胀的主要根源。由于凝胶状钙矾石吸水肿胀和结晶状钙矾石对孔缝产生的膨胀压的共同作用，使水泥石产生膨胀，而前一种膨胀驱动力比后一种大得多。这一观点可以把结晶膨胀学说和吸水肿胀学说统一起来，使钙矾石的膨胀机理得到更为合理的解释。

研究还表明，钙矾石的形成速度和生成数量决定混凝土的膨胀性能。钙矾石形成速度太快，其大部分膨胀能消耗在混凝土塑性阶段，做无用功；如果钙矾石形成速度太慢，前期无益于补偿收缩，后期可能对结构产生破坏。所以，控制钙矾石的生成速度十分重要，当混凝土具有初始结构强度后钙矾石的生成数量决定混凝土的最终膨胀率。正常的膨胀混凝土在 1～7d 养护期间的膨胀率应发挥至 70%～80%，补偿水泥水化热产生的冷缩和自生收缩，7～28d 的膨胀率占 20%～30%，以补偿混凝土的干缩。

3. 工业副产石膏作为膨胀剂的技术

硫铝酸钙类膨胀剂的膨胀源为钙矾石，钙矾石的生成需要由石膏提供，因此石膏是硫铝酸钙类膨胀剂的重要组成部分。目前市场上使用的硫铝酸钙类膨胀剂大部分采用的是天然硬石膏作为原料，采用工业副产石膏制备膨胀剂的研究目前在国内刚刚起步，实际应用尚未达到成熟的地步。

利用工业副产石膏制备混凝土膨胀剂，现有的报道采用了两种方法：一种需要对工业副产石膏进行一定的煅烧处理，将其由二水石膏煅烧成无水石膏；另一种是直接采用二水石膏进行配制混凝土膨胀剂，但处理过程稍显繁琐。

谭晨曦等依据混凝土膨胀剂的膨胀机理，提出以工业废渣磷石膏替代天然硬石膏来制备混凝土膨胀剂，对所制备膨胀剂的磷石膏、铝矾土原料各自的最佳锻烧温度、原料的配比与膨胀剂的掺量以及以最佳配比和掺量所制备的膨胀剂在混凝土中的应用进行了研究。谭晨曦认为磷石膏的最佳锻烧温度为650℃。在此温度条件下煅烧的磷石膏，当磷石膏与铝矾土的比例为3∶2时，可以使膨胀剂较其他温度条件下（450℃、550℃、750℃）达到更好的膨胀效果；且膨胀剂在实际应用时，掺膨胀剂的水泥胶砂早期强度虽然较低，但其28d强度提高很快，可以达到甚至超过不掺膨胀剂的。膨胀剂在起到膨胀作用的同时还起到增强水泥胶砂后期强度的作用。

牛晨亮等在潘国耀所述的水化物脱水相制备技术的指导下，利用磷石膏和粉煤灰为原料，制备出了一种性能较好的混凝土膨胀剂。该膨胀剂的制备方法为：

（1）生料制备：将粉煤灰玻璃体中的SiO_2按C/S＝1.2结合CaO，由下式计算氧化钙和磷石膏的掺入量：

$$Ca\text{的量} = a[1.12G_{SiO_2} + 1.65G_{Al_2O_3} + 1.05G_{Fe_2O_3} - G_{CaO}]$$

$$CaSO_4 \cdot 2H_2O\text{的量} = a[1.69G_{Al_2O_3} + 1.08G_{Fe_2O_3}] \cdot b$$

式中　$GSiO_2$、GAl_2O_3、GFe_2O_3、GCaO——粉煤灰中玻璃体中各氧化物的归一化后的百分含量；

a——粉煤灰的反应率，即a＝已反应的量/粉煤灰总量；

b——用于生成AFm的Al_2O_3、Fe_2O_3与总的已参与反应的

Al_2O_3、Fe_2O_3 的比例。

当 b=0 时，粉煤灰水化后生成 C-S-H 和 C_3AH_6，当 b=1 时，粉煤灰水化后生成 C-S-H 和 AFm。

设定 a、b 的值，计算出 CaO 和磷石膏的百分掺量，并将 CaO 换算成 $Ca(OH)_2$，按水固质量比为 5∶1，在原料中加入水后搅拌 3min，使原料混合均匀。

（2）水化反应：将拌合均匀后的三种原料放入养护箱经过 7d 的 100℃蒸气养护，养护期间采用球磨机定时研磨 10min，以提高粉煤灰的反应速率。在养护的第 3d、5d、7d 取样测定粉煤灰的反应速率，一般第 7d 粉煤灰的反应率均达到 80%以上。

（3）煅烧脱水：把原料水化后的产物在 70℃下烘干后用孔径为 0.25mm 的标准筛筛选，在 500℃的高温下煅烧 30min，煅烧后的产物在干燥的容器中冷却至常温，密封。

（4）成品配制：将磷石膏在 70℃下烘干，用孔径为 1.6mm 的标准筛筛选。估算煅烧后样品的水化物脱水相的含量。根据每份重的 C_3AH_6 脱水相需结合 1.74 份重的二水石膏，每份重的 AFm 脱水相需结合 0.847 份重的二水石膏，计算配制硫铝酸钙类混凝土膨胀剂需要磷石膏的百分掺量。将煅烧产物和磷石膏按表计算所得的质量配比混合均匀，便得到用于水泥或混凝土的膨胀剂。

利用该方法配制的混凝土膨胀剂具有较好的膨胀效果，牛晨亮等利用该方法制备出的两种配比的膨胀剂各项性能指标均符合混凝土膨胀剂的要求。

比较两种利用工业副产石膏制备膨胀剂的方法，可以发现，各有其优缺点。前者需要对石膏进行煅烧处理，而后者制备过程较长，但煅烧温度稍低。

目前已有的报道大部分是关于磷石膏制备混凝土膨胀剂，但是，根据其他几种工业副产石膏的特性，可以推断，脱硫石膏、钛石膏等工业副产石膏也可以应用此两种技术进行制备混凝土膨胀剂，目前尚需要实验支持。

第四节　工业副产石膏在加气混凝土中的应用

一、加气混凝土的研究现状

加气混凝土是一种轻质多孔的建筑材料，它是以水泥、石灰、矿渣、粉煤灰、砂、发气材料等为原料，经磨细、配料、浇注、切割、蒸压养护等工序制成。加气混凝土因其经发气后制品内部含有大量均匀而细小的气孔，故名加气混凝土。加气混凝土具有极好的保温隔热性能，是墙体材料中唯一的单一材料即可达到节能要求的材料。与普遍采用的其他保温材料如EPS保温砂浆或普通泡沫聚苯板相比，加气混凝土制品具有产品质量高、使用方便、服务寿命长、性价比高等优点。在建筑节能形势下，加气混凝土作为墙体的保温隔热材料，以其特有的优越性，更受市场青睐。加气混凝土不仅可制造砌块，还可兼作保温和填充材料，制作屋面墙板和保温管等制品。因此，加气混凝土制品已广泛应用于工业与民用建筑中，目前主要用于轻质墙板材料中。

从广义上来讲所有加气的混凝土，包括加气混凝土砌块、泡沫混凝土及加了引气剂的混凝土均可称为加气混凝土。

狭义上讲是加气混凝土砌块。一般根据原材料的类别、采用的工艺及承担的功能进行分类。

加气混凝土按形状，可分为各种规格砌块或板材。

加气混凝土按原料，基本有三种：水泥、石灰、粉煤灰加气砖；水泥、石灰、砂加气砖；水泥、矿渣、砂加气砖。

加气混凝土按用途，可分为非承重砌块、承重砌块、保温块、墙板与屋面板五种。

加气混凝土的特性由于加气混凝土具有表观密度小、保温性能高、吸声效果好、具有一定的强度和可加工性等优点，是我国推广最早，使用最广泛的轻质墙体材料之一。现在世界上已有 40 多个国家生产加气混凝土，前苏联是加气混凝土产量和用量最大的国家，德国、俄国、波兰、瑞典、日本最为发达。加气混凝土在这些国家的生产、施工、应用技术已经非常成熟。加气混凝土的性能进一步向轻质、高强、多功能方向发展，在原料方面加大了对粉煤灰、炉渣、工业废石膏、废石英砂和高效发泡剂的利用。通过采用新技术、新工艺和高强水泥，提高了加气混凝土的强度，降低了密度。法国、瑞典和芬兰已将密度小于 300kg/m^3 的产品投入市场，产品具有较低的吸水率和较好的保温性能。

加气混凝土是一种新型的墙体建材，它的独特之处在于它是一种非常轻型的保温隔热新型建筑墙材。加气混凝土技术始于一百年前，而我国该项技术开始得比较晚，比国外整整落后了 40 年，但是，我国的加气混凝土行业的发展确实非常迅速。现在国内的加气混凝土技术工艺水平已经达到国际先进水平。我国主要应用蒸压加气混凝土，蒸压加气混凝土砌块属新型墙体材料的一种，主要用于框架结构、现浇混凝土结构建筑的外墙填充、内墙隔断，也可用于抗震圈梁构造多层建筑的外墙或保温隔热复合墙体，还可以用于建筑物屋面的保温和隔热。按照原材料的不同，目前我国主要生产砂加气混凝土和粉煤灰加气混凝土。目前制备加气混凝土采用的技术路线主要有三种：水泥-矿渣-砂，水泥-石灰-砂和水泥-石灰-粉煤灰。

普通加气混凝土都需要经过蒸压养护才能获得较好性能（较高的强度和适宜的干体积密度）。但目前加气混凝土产品往往需要经过高温、高压、较长时间的养护过程，设备投资大，能耗较高，产品的生产成本较高，因此导致免蒸压加气混凝土有了一定的研究和生产空间。所谓免蒸压加气混凝土，即是在加气剂等外加剂的作用下，由无机胶凝材料在自然养护条件下固结而成的具有一定强度和耐久性的轻质多孔状材料。

目前工业副产石膏在加气混凝土中的应用主要是应用工业副产石膏制备石膏基粉煤灰加气混凝土。

二、石膏在粉煤灰加气混凝土中的水化机理

石膏基加气混凝土材料主要由半水石膏、粉煤灰、生石灰、水泥等组成，其水化过程主要分为半水石膏水化、生石灰的水化及生石灰与铝粉的发气反应、水泥的水化硬化和后期的粉煤灰水化两个大阶段。半水石膏粉煤灰硬化体的强度主要来自于半水石膏的水化产物和粉煤灰、水泥的水化产物。

在石膏基加气混凝土料浆中，石膏、水泥、生石灰、铝粉、水以及其他外加剂混合搅拌后，半水石膏和生石灰即发生水化反应。半水石膏和水反应生成二水石膏，生石灰和水作用也要生成 $Ca(OH)_2$，因而，石膏基加气混凝土料浆中的液相呈现碱性且迅速变成饱和溶液，铝粉极易与碱溶液相互作用。

铝粉与碱性饱和溶液发生反应产生氢气，氢气很少溶于水，而且随着温度的升高，体积增大，因此，必然使混合料浆发生膨胀，使制品形成内部含有大量气泡的微孔结构。当料浆浇注入模，开始膨胀的时候，随着放气反应的进行，水泥与水作用，矿物组成 C_3S、C_2S、C_3A 和 C_4AF 发生水化作用，生成的主要水化产物为水化硅酸钙、氢氧化钙、水化铝酸钙、水化铁酸钙。水化铝酸钙在氢氧化钙饱和溶液中，还能与氢氧化钙进一步反应，生成水化铝酸四钙，当料浆中有石膏存在时，水化铝酸三钙进而可以和石膏发生进一步反应生成水化硫铝酸钙晶体（钙矾石），大部分水化产物开始时以凝胶出现在玻璃体的周围。随着龄期的增长，水化产物在过饱和溶液状态下以微晶体形式析出，并由玻璃体表面伸展到石膏基加气混凝土材料固相间的空隙，相互联生，形成二维的结晶体网状结构，且联结固相颗粒成一整体，形成了很高的联结强度。

当发气完毕、膨胀结束时，料浆中的石灰质矿物胶结料仍然在水化，水化产物在液相中不断地积累起来，同时，体系中的自由水分由于水化作用的进行逐渐减少，这就使得溶液中水化产物

的浓度逐渐增加，并且很快达到过饱和成胶体或晶体析出。不断地积累使胶体聚集并使晶体成长，且形成结晶连生体，达到稠化或初凝。随着水化继续进行，体系结构不断紧密，固相越来越多，液相越来越少，当达到能抵抗相当外力作用的结构强度时，便达到终凝。

半水石膏粉煤灰浆体很快就因为半水石膏的凝结而失去了流动性和塑性，对粉煤灰的水化有一定的影响。粉煤灰的水化缓慢，水化产物主要是钙矾石与水化硅酸钙，它们的比例是由粉煤灰中的活性 Al/Si 比和水化环境决定的。

半水石膏粉煤灰胶结材硬化体中二水石膏为结构骨架，钙矾石晶体和水化硅酸钙凝胶分布在二水石膏周围，未水化粉煤灰作为骨料填充于空隙中，硬化体的主要强度依赖于二水石膏晶体形成的网络骨架和水泥水化产物、粉煤灰水化产物形成的强度，粉煤灰的不断水化形成新的水化产物，这些水化产物聚集在一起，对后期强度有一定的提高。

三、国内对工业副产石膏基加气混凝土的制备工艺研究

近年来许多专家对以工业副产石膏和粉煤灰为主要原料的石膏基胶凝材料进行了大量的研究。石膏及胶凝材料几乎具有所有石膏制品的优点，同时还对纯石膏制品的耐水性差、脆性大等缺点进行了改性，目前国内外对工业副产石膏基胶凝材料已经有了很广泛和深入的研究，但是对工业副产石膏基加气混凝土的报道较少。

张建新对用磷石膏制备加气混凝土也进行了相关研究，磷石膏代替天然石膏会显著降低加气混凝土制品强度，但是采用粉煤灰磨细工艺能够有效地解决磷石膏对制品强度的影响，从而使磷石膏代替天然石膏生产变为可行。

孔祥香等对脱硫石膏在加气混凝土中的应用进行了系统研究，在实验中脱硫石膏基加气混凝土材料的制备先后顺序为：组装试模-涂脱模剂-配料、搅拌-浇注-静停、发气-切面包头-脱模-

湿热养护 24h 后干燥脱水，便可得到脱硫石膏基加气混凝土制品。该方法的主要工艺流程如图 5-9 所示。

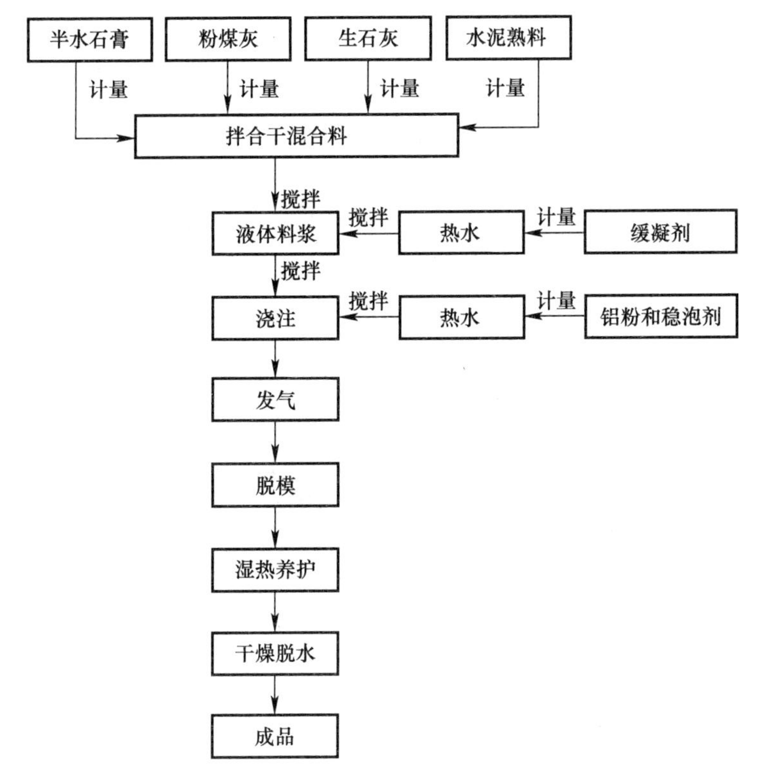

图 5-9　脱硫石膏基加气混凝土工艺流程图

通过对脱硫石膏基加气混凝土体系的研究，孔祥香认为在自然养护和标准养护条件下，随着粉煤灰掺量的增加，石膏基胶凝材料硬化体的 7d 和 28d 抗压强度均降低，粉煤灰主要起填充料的作用。而在湿热养护条件下，石膏基加气混凝土硬化体的 7d 和 28d 抗压强度先提高后降低。粉煤灰反应是一个漫长的过程，可以提高石膏基加气混凝土硬化体的后期强度。实验中确定粉煤灰掺量为 20％～30％；在一定范围内，水泥掺量越多，石膏基加气混凝土硬化体强度就越大，包括其早期强度，但是超过一定范围，对石膏基加气混凝土的强度不利，也不利于浇注稳定性。随着水泥掺量的增大，免蒸压石膏基加气混凝土的抗压强度在20％的掺量范围内逐渐增加。当超过20％时，强度值随其掺量的增加而降低，试样的7d抗压强度显著降低，而其28d强度变化不大；随着水胶比的变大，抗压强度逐渐提高，但当水胶比大于一定比例后，制品的抗压强度反而降低。脱硫石膏基加气混凝土的水料比在0.47～0.50最佳；凝结时间随着料浆温度的升高而延长；养护制度对石膏基加气混凝土性能有很大的影响，湿热养护最有利于石膏基加气混凝土制品的性能，温度控制在60～70℃、湿度控制在90％左右、养护时间达到24h的石膏基加气混凝土制品性能最好。在其制备的加气混凝土中，脱硫石膏的掺加量在50％～70％之间。

工业副产石膏在水泥混凝土行业中的应用历史悠久，但是大范围应用的仅仅是作为缓凝剂应用于水泥生产中，利用工业副产石膏制备混凝土的研究报道少之又少，寄希望于将来能够成功将工业副产石膏制备混凝土运用到工程中去。

参考文献

[1] 刘红岩，施惠生．脱硫石膏的综合利用［J］．粉煤灰综合利用，2007，(2)：55-56.

[2] 建筑材料科学研究院著，水泥化学分析［M］．北京：中国建筑工业出版社，1982.

[3] 李维国，刘明成，王英林等．工业石膏在水泥中的作用浅析［J］．辽宁建材，2007，(6)：38-39

[4] 牟善彬．工业废石膏在水泥生产中的应用，非金属矿［J］．2001，24(6)：31-32.

[5] 张丽萍．烟气脱硫石膏作水泥缓凝剂的应用研究，河南建材［J］．2009，(1)：73-76.

[6] 周红．脱硫石膏做水泥缓凝剂的试验研究，山西科技［J］．2010，25(4)：110-114.

[7] 代礼荣. 脱硫石膏作水泥缓凝剂的技改工程及应用，水泥 [J]. 2008，(5)：29-30.
[8] 卢扬芬，谢培贤. 脱硫石膏作水泥缓凝剂存在的问题及解决措施 [J]. 2010，(6) 19-21.
[9] 李江华，邓朝飞. 浅论磷石膏作水泥混凝剂的应用，建筑材料 [J]. 2003，23 (5)：85-86.
[10] 徐风广，李玉华. 利用锰石膏作水泥缓凝剂的研究，建筑石膏与胶凝材料 [J]. 2001，(8)：23-25.
[11] 彭志辉，刘巧玲，彭家慧等. 钛石膏作水泥缓凝剂研究，重庆建筑大学学报 [J]. 2004，26 (1)：93-96.
[12] 徐效雷. 德国烟气脱硫石膏的情况介绍 [J]. 硅酸盐建筑制品，1996，(2).
[13] 张志刚. 磷石膏应用现状分析 [J]. 中国建材科技，2007，(1)：35-38.
[14] 秦莉莉，孙立艳. 工业副产品石膏-脱硫石膏的利用 [J]. 砖瓦，2007，(5)：45-48.
[15] Fowler J. H.，Adams，G. G.. Gypsum in Canada-present status and future developments，Mining Engineering（Littleton，Colorado)，1988，40：120-124.
[16] 王方群. 粉煤灰-脱硫石膏固结特性的实验研究 [D]. 河北：华北电力大学，2003.
[17] 彭家惠，张建新，彭志辉，万体智. 磷石膏颗粒级配、结构与性能研究 [J]. 武汉理工大学学报，2001，23 (1)：6-11.
[18] Le Platre. physico-chimie fabrication-emplois [M]. 1987.
[19] Ernst-Michael sipple，pierre Bracconi，philippe Dufour，Jean-Claude Mutin. Electronic micro diffraction study of structural modifications resulting from the dehydration of gypsum. Prediction of the microstructure of resulting pseudomorphs. Solid State Ionics，2001，(141-142)：455-461.
[20] E. M. van der Merwe，C. A. Strydom，J. H. Potgieter. Thermogravimetric analysis of the reaction between carbon and Ca SO_4. Thermochimica Acta，1999 (340-341)：431-437.
[21] J. Dweck，E. I. P. Lasota. quantity control of commercial plas-

ters by ermogravimetry. Thermochimica Acta, 1998, (318): 137-142.
[22] 关治等. 数值分析基础 [M]. 北京：高等教育出版社，1998.
[23] 李庆扬等. 现代数值分析 [M]. 北京：高等教育出版社，1995.
[24] 郭翠香，石磊，牛冬杰，赵由才. 浅谈磷石膏的综合利用 [J]. 中国资源综合利用，2006，24 (2)：29-32.
[25] Tadashi Ariia, Nobuyuki Fujii. Controlled-rate thermal analysis kinetic study in thermal dehydration of calcium sulfate dihydrate. pdf. Journal of Analytical and Applied Pyrolysis 39 (1997) 129-143.
[26] Naoto Mihara, Dalibor Kuchar. Reductive decomposition of waste gypsum with SiO_2, Al_2O_3, and Fe_2O_3 additives. J Mater Cycles Waste Manag (2007) 9: 21-26 DO1 10. 1007/sl Ol 63-006-0167-4.
[27] 周松林，王雅琴. 外加剂对磷石膏还原性分解过程的影响 [J]. 硅酸盐通报，1998，(04).
[28] 肖国先，周松林，胡道和. 磷石膏还原分解动力学研究 (J). 水泥技术，1998，4：22-23.
[29] 张兴桥，马晓燕. 硫酸钙的还原分解特性. 煤炭技术，2007，26 (7).
[30] Kimio Isa, Hiroki Okuno. Thermal Decomposition of Calcium Sulfate Dihydrate under Self-generated Atmosphere. The Chemical Society of Japan. 1982: 55, 3733-3737.
[31] 李玉山，宋树峰，富朋娥. 流态化锻烧石膏技术的进展 (FC 分室石膏锻烧炉). 非金属矿，2005，28 (6)：34-36.
[32] 王稚琴等. 磷石青分解条件的优化试验，水泥工程，2001：6，8-9.
[33] Jae Seung Ob and T. D. Wheelock, Reductive Docompositian of Calcium Sulfate with Carbon Monoxide, Ind. Eng. Chem, Res. 1990, 29, 544-550.
[34] Cruncharov, Ihermochemical decomposition of phosphogypsum under H_2-CO: -H_2O-Ar atmosphere, Thermo chemical Acts, 1981, N093, 64-71.
[35] T. D. Wheelock. Reductive Decomposition of Gypsum by Carbon Monoxide, lndustrial and Engineering Chemistry, 1960, 52 (13): 231-238.

[36] 丁汝斌，于洪才，吴虹鸥. 天然石膏制硫酸联产水泥的实践与技经分析. 硫磷设计，1996：2，7-13.
[37] 胡宏泰. 用石膏生产硫酸和水泥的方法. 见：水泥工厂设计文集. 1977.
[38] I. Odler，J. Colarr Subauste，Inverstigations on cement expansion associated with ettringite formation，Cement and Concrete Research，1999，29：731-735.
[39] Yan Fu，J. J. Beaudoin. On the distinction between delayed and secondary ettringite formation in concrete，Cement and Concrete Research，1996，26（6）：979-980.
[40] David McDonald，Delayed ettringitc formation and curing implications of the work of Kelham，Cement and Concrete Research，1998，29（12）：1827-1830.
[41] 游宝坤，李乃珍. 膨胀剂及其补偿收缩混凝土 [M]. 北京：中国建材工业出版社，2005.
[42] 江云安，等. CaO-MgO-Al_2O_3 SO_3 四体系高性能膨胀剂的研究 [A]. 第五届国际水泥化学会议论文集，2002，（11）：上海，18-26.
[43] Odler and Yaoxin Chen. On the Delayed Expansion of Heat Cured Portland Cement Pastes and Concretes Cem. Coner，Compos. 1996：18.
[44] 谭晨曦. 磷石膏做混凝土膨胀剂的实验研究 [D]，长安大学，西安，2006.
[45] 蒋敏强，杨鼎宜. 混凝土中钙矾石的研究进展综述 [J]. 建筑技术开发，2004，31（5）：132-135.
[46] 李玉华，徐风广，王娟，等. 水泥水化物中钙矾石的 X 射线定量分析 [J]. 光谱实验室，2003，20（3）：334-337.
[47] 孔祥香. 脱硫石膏基加气混凝土的研究 [D]，武汉理工大学，武汉，2009.
[48] 石云兴，王泽云，吴东. 钙矾石的形成条件与稳定性 [J]. 混凝土，2000（8）：52-54.
[49] 牛晨亮，李战国，黄新. 利用粉煤灰和磷石膏制备混凝土膨胀剂的试验研究，商品混凝土 [J]. 2008，（5）：21-22.
[50] 张建新. 磷石膏对加气混凝土强度的影响，河南建材 [J]. 2004，（3）：21，37.

［51］ 闫久智．磷石膏制硫酸联产水泥工艺．磷肥与复肥，2004，19（3）：53-55.
［52］ 张学丽，韩利华．磷石膏制硫酸联产水泥工艺条件的研究．山东化工，2007，36：26-27.
［53］ 谢富康，胡立刚，丁大武．硬石膏制硫酸联产水泥工艺的研究与设想．化工时刊，1996，10（6）：27-29.

第六章 工业副产石膏制备建筑石膏技术和工艺

内容提要： 工业副产石膏制备建筑石膏是工业石膏综合利用的主要途径之一。本章介绍了建筑石膏凝结硬化机理，对磷石膏和脱硫石膏制备建筑石膏的技术和工艺进行了说明，同时对石膏的煅烧设备进行了简单的介绍。

第一节 建筑石膏

根据国家标准《建筑石膏》GB/T 9776—2008，将建筑石膏的定义、分类、标记、原材料、技术要求、试验方法、检验规则以及包装、标志、运输和贮存摘述如下：

一、建筑石膏定义

建筑石膏是用天然石膏或工业副产石膏经脱水处理制得的，以β-半水硫酸钙（$\beta\text{-}CaSO_4 \cdot 1/2H_2O$）为主要成分，不预加任何外加剂或添加物的粉状胶凝材料。

1. 天然建筑石膏

以天然石膏为原料制取的建筑石膏。

2. 工业副产建筑石膏

以工业副产石膏为原料制取的建筑石膏。

(1) 脱硫建筑石膏：以烟气脱硫石膏为原料制取的建筑石膏。

（2）磷建筑石膏：以磷石膏为原料制取的建筑石膏。

二、分类与标记

1. 分类

（1）按原材料种类分为三类，见表 6-1。

建筑石膏的分类表 **表 6-1**

类别	天然建筑石膏	脱硫建筑石膏	磷建筑石膏
代号	N	S	P

（2）按 2h 强度（抗折）分为 3.0、2.0、1.6 三个等级。

2. 标记

按产品名称、代号、等级及标准编号的顺序标记。如：等级为 2.0 的天然建筑石膏标记如下，建筑石膏 N 2.0。

三、原材料

（1）生产天然建筑石膏用的石膏应符合建筑材料行业标准《制作胶结料的石膏石》JC/T 700—1998 中三级及三级以上石膏石的要求。

（2）工业副产石膏应进行必要的预处理后，方能作为制备建筑石膏的原材料。磷石膏和烟气脱硫石膏均应符合国家标准和行业标准的相关要求。

四、技术要求

1. 组成

建筑石膏组成中 β-半水硫酸钙（$\beta\text{-}CaSO_4 \cdot 1/2H_2O$）的含量（质量分数）应不小于 60.0%。

2. 物理力学性能

建筑石膏的物理力学性能应符合表 6-2 的要求。

建筑石膏物理力学性能 **表 6-2**

等级	细度（%）(0.2mm方孔筛筛余)	凝结时间（min）		2h 强度（MPa）	
		初凝时间	终凝时间	抗折强度	抗压强度
3.0	≤10	≥3	≤30	≥3.0	≥6.0
2.0				≥2.0	≥4.0
1.6				≥1.6	≥3.0

3. 放射性核素限量

工业副产建筑石膏的放射性核素限量应符合国家标准《建筑材料放射性核素限量》GB 6566—2010 的要求。

4. 限制成分

工业副产建筑石膏中限制成分氧化钾（K_2O）、氧化钠（Na_2O）、氧化镁（MgO）、五氧化二磷（P_2O_5）和氟（F）的含量由供需双方商定。

五、试验方法

1. 试验条件

试验条件应符合国家标准《建筑石膏一般试验条件》GB/T 17669.1—1999 中 2.2 的规定。

2. 试样

试样应在标准条件下密闭放置 24h，然后再进行试验。

3. 实验步骤

（1）组成的测定

称取试样 50g，在蒸馏水中浸泡 24h，然后在（40±4）℃下烘至恒量（烘干时间相隔 1h 的两次称量之差不超过 0.05g 时，即为恒量），研碎试样，过 0.2mm 筛，再按 GB/T 5484—2000 第八章测定结晶水含量。以测得的结晶水含量乘以 4.0278，即得 β-半水硫酸钙含量。

（2）细度的测定

按国家标准《建筑石膏粉料物理性能的测定》GB/T

17669.5—1999的相应规定测定。称取约200g试样，在（40±4)℃下烘至恒量（烘干时间相隔1h的两次称量之差不超过0.2g时，即为恒量），并在干燥器中冷却至室温。将筛孔尺寸为0.2mm的筛下安上接收盘，称取50.0g试样倒入其中，盖上筛盖，当1min的过筛试样质量不超过0.1g时，则认为筛分完成。称量筛上物，作为筛余量。细度以筛余量与试样原始质量之比的百分数形式表示，精确至0.1%。重复试验，至两次测定值之差不大于1%，取两者的平均值为试验的结果。

（3）凝结时间的测定按国家标准《建筑石膏净浆物理性能的测定》GB/T 17669.4—1999第六章首先测定试样的标准稠度用水量并记录，然后按第七章测定其凝结时间。

（4）强度测定

按国家标准《建筑石膏力学性能的测定》GB/T 17669.3—1999中4.3制备试件，按4.4存放试件，然后按第五章和第六章分别测定试样与水接触后2h试件的抗折强度和抗压强度，但抗压强度试件应分为六块。试件的抗压强度用最大量程为50kN的抗压试验机测定。试件的受压面为40mm×40mm，按（1）式计算每个试件测定抗压强度R_c。

$$R_c = P/1600 \quad (1)$$

式中 R_c——抗压强度（MPa）；

P——破坏荷载（N）。

试验结果的确定按GB/T 17671—1999中10.2测定。

（5）放射性核素限量的测定

按GB/T 6566规定的方法测定。

（6）限制成分含量的测定

按国家标准《石膏化学分析方法》GB/T 5484—2000第十六章测定氧化钾（K_2O）、氧化钠（Na_2O）的含量，按第十二章测定氧化镁（MgO）的含量，按第二十一章测定五氧化二磷（P_2O_5）的含量，按第二十章测定氟（F）的含量。

六、检验规则

1. 检验分类

产品检验分出厂检验与型式检验。

（1）出厂检验

产品出厂前应进行出厂检验。出厂检验项目包括细度、凝结时间和抗折强度。

（2）型式检验

遇有下列情况之一者，应对产品进行型式检验。

① 原材料、工艺、设备有较大改变时；

② 产品停产半年以上恢复生产时；

③ 正常生产满一年时；

④ 新产品投产或产品定型鉴定时；

⑤ 国家技术监督机构提出监督检查时。

2. 批量和抽样

（1）批量

对于年产量小于 15 万 t 的生产厂，以不超过 60t 产品为一批；对于年产量等于或大于 15 万 t 的生产厂，以不超过 120t 产品为一批。产品不足一批时以一批计。

（2）抽样

产品袋装时，从一批产品中随机抽取 10 袋，每袋抽取约 2kg 试样，总共不少于 20kg；产品散装时，在产品卸料处或产品输送机具上每 3min 抽取约 2kg 试样，总共不少于 20kg。将抽取的试样搅拌均匀，一分为二，一份做试验，另一份密封保存三个月，以备复检用。

3. 判定

抽取做试验的试样处理后分为三等分，以其中一份试样按第七章进行试验。试验结果若均符合第四章相应的技术要求时，则判断该批产品合格。若有一项以上指标不符合要求，即判断该批产品为不合格。若只有一项指标不合格，则可用其他两份试样对不合格指标进行重新检验。重新检验结果，若两份试样均合格，则判断该批产品合格；如仍有一份试样不合格，则判该批产品不合格。

七、包装、标志、运输、贮存

（1）建筑石膏一般采用袋装或散装供应。袋装时，应用防潮包装袋包装。

（2）产品出厂时应带有产品检验合格证。袋装时，包装袋上应清楚表明产品标记，以及生产厂名、厂址、商标、批量编号、净重、生产日期和防潮标志。

（3）建筑石膏在运输和贮存时，不得受潮和混入杂物。

（4）建筑石膏自生产之日起，在正常运输和贮存条件下，贮存期为三个月。

第二节　建筑石膏的水化

一、建筑石膏（β型半水石膏）的形成机理

关于β型半水石膏的形成机理，目前有两种说法：一种是所谓一次生成机理，即二水石膏加热后直接形成半水石膏；另一种是所谓二次生成机理，也就是说二水石膏先直接脱水形成硬石膏Ⅲ，再立即吸附脱出的水分子转变为β型半水石膏。

β型半水石膏的形成机理究竟按上述何种机理进行，一般认为与二水石膏脱水时的温度及水蒸气压有关。因为水蒸气压的影响在本质上是对下列两个过程反应速度的影响。

$$CaSO_4 \cdot 2H_2O + Q \xrightarrow{V_1} \beta\text{-}CaSO_4 \cdot 1/2H_2O + 3/2H_2O\uparrow \quad (1)$$

$$CaSO_4 \cdot 2H_2O + Q \xrightarrow{V_2} (\beta\text{-}CaSO_4 \cdot Ⅲ' \leftarrow 1/2H_2O) + 3/2H_2O\uparrow$$
$$\longrightarrow \beta\text{-}CaSO_4 \cdot 1/2H_2O \quad (2)$$

硬石膏Ⅲ在较高的水蒸气压下，反应（1）的速度 V_1 大于

反应（2）的速度V_2，因此，中间产物主要是β型半水石膏。在减少水蒸气压的情况下，$V_2>V_1$，最后会导致二水石膏直接向硬石膏Ⅲ′转变，由于硬石膏Ⅲ′极不稳定，吸水而转变为半水石膏。

二、建筑石膏（β型半水石膏）的水化过程

水化就是石膏胶结料与水所起的化合作用，也就是石膏脱水相与水化合重新转变为二水石膏的反应：凝结硬化则是脱水相的水化物凝聚、结晶获得力学强度的过程。水化是凝结硬化的前提，没有水化就没有凝结硬化。

半水石膏加水后进行的化学反应可用下式表示：

$$CaSO_4 \cdot 1/2H_2O + 3/2H_2O = CaSO_4 \cdot 2H_2O + Q$$

由上式可以看出，半水石膏的水化过程，可以认为是半水石膏转变为二水石膏的过程。它是一个放热过程，新生成的半水石膏有很强的水化活性，一般5～6min即开始水化结晶，30min基本上水化成二水硫酸钙，2h内全部转变为二水石膏，形成结晶网络硬化体。半水石膏水化初期有一个很短的诱导期，即水化反应速度极慢、放热率极低的阶段。一般认为，诱导期间二水石膏的晶核开始从过饱和溶液中产生，且不断吸收能量形成稳定的晶核，但当成长为二水石膏晶体并随之放出水化热时，则诱导期结束，加速期开始。

三、建筑石膏（β型半水石膏）的水化机理

关于半水石膏的水化机理有多种说法，归纳起来，主要有两种理论：一是溶解析晶理论；另一个是胶体理论，又称局部化学反应理论。目前，比较普遍承认的是溶解析晶理论或称溶解沉淀理论。

1. 溶解析晶理论

半水石膏与水拌合后，首先是半水石膏在水溶液中的溶解，因为半水石膏的饱和溶解度对于二水石膏的平衡溶解度来

说是高度过饱和的，所以在半水石膏的溶液中二水石膏的晶核会自发地形成和长大。由于二水石膏的析晶，便破坏了原有半水石膏溶解的平衡状态，这时半水石膏会进一步溶解，以补偿二水石膏析晶而在液相中减少的硫酸钙含量。如此不断进行的半水石膏的溶解和二水石膏的析晶，直到半水石膏完全水化为止。

范征宇等人通过研究认为石膏的水化成核，很多为非均匀成核，即核化发生在异相物质的表面，主要在半水石膏和杂质颗粒的棱角处，此处的曲率半径比较小，在此处成核可以使核化的势垒减少，形成晶核的总表面能小于均匀核化所需的能量。成核后，过饱和溶液中的石膏粒子向界面迁移到合适位置，晶核便长大为晶体。在成核初期，晶胚处于不稳定状态，有一些会重新溶解回母液，并且由于开始时晶核量少且体积很小，二水石膏晶体生成速率比较小，溶液中石膏浓度会迅速增长，此时主要为晶核的形成；石膏浓度达到最高值后再慢慢减小，溶解与析晶在动态中达到平衡，此时为晶核和石膏晶体的长大。另外，半水石膏的水化除了在宏观的溶液中进行溶解析晶过程以外，在半水石膏颗粒内部也会发生水化作用，石膏脱水后，在石膏分子之间形成了0.3nm的通道，同时也存在一些毛细孔，能够允许水分子的通过。加水搅拌时会有一些水分子进入半水石膏颗粒内部，导致石膏颗粒内部的水蒸气分压升高，原来的石膏分解和水化平衡被破坏，半水石膏吸收一定的水分而成为二水石膏，即石膏水化并非只是石膏颗粒外部进行溶解析晶水化，在其内部也会同时进行一定程度的水化。

2. 胶体理论

胶体理论是 Michaelis 于 1909 年首先提出的，根据这个理论，熟石膏的水化过程是通过一个胶体的中间阶段，即半水石膏拌水后，水直接进入半水石膏的固相内进行反应，形成一种凝胶，随后再由这种凝胶生成针状结晶体——二水石膏。

H. c. Fischerssl 用以下四个阶段来形容熟石膏的凝结机理：

（1）半水石膏晶体结构中内在的残余力将水吸附在半水石膏颗粒的表面上。

（2）水进入半水石膏的毛细孔内，并保持物理吸附状态，结果形成了胶凝结构，这就是初凝。

（3）凝胶体产生膨胀，水进入分子间或离子间的孔隙内。

（4）由于水从物理吸附状态过渡到化学吸附状态，就产生了水化作用，伴随着溶液温度的升高，从而形成了二水石膏晶体。这些晶体逐渐长大，交错共生形成了一种密实的物体，这就是终凝。

Fischer 提出的凝胶过程是建立在几次试验数据的基础上。他也和以前的大多数研究者一样，首先指出，各种离子和有机物对诱导期持续时间的影响为：加入少量的阳离子可以促凝，并有利于吸收水和产生胶凝作用。若加入增加毛细作用的活化物质（分散剂），则会在 $CaSO_4 1/2H_2O$-H_2O 系统的界面上引起这种物质的浓缩，并抑制了水的吸附。之后，Fischer 发现，机械振动造成的 $CaSO_4 \cdot 1/2H_2O$-H_2O 界面持续翻新，也起到了促凝作用，因为它阻止了凝胶层的形成。

综上所述，半水石膏的水化过程中一定存在着结晶的过程，晶体理论和胶体理论的分歧仅是关于半水石膏水化初始阶段的水化特性，但浆体的很多性质都是由水化初期的水化行为所决定。

第三节　磷建筑石膏的制备技术和工艺

一、磷石膏中杂质及对其性能的影响

由于磷酸生产厂家的不同，生产工艺、控制条件的差异，即使是同一生产厂家，由于生产时间不一样，以及磷石膏长期露天堆放，造成磷石膏中的杂质成分如氟、磷等的差异较大。特别是对磷石膏性能影响最大的磷含量具有不确定性和多样性。磷对磷石膏性能影响具体表现为磷石膏凝结时间延长，硬化体强度降

低。磷组分主要有可溶磷、共晶磷、沉淀磷三种形态，以可溶磷对性能影响最大。

磷石膏中可溶磷主要分布在二水石膏晶体表面，其含量随磷石膏粒度增加而增加。不同形态可溶磷对性能影响存在显著差异，H_3PO_4 影响最大，其次 $H_2PO_4^-$。可溶磷在磷石膏复合胶结材水化时转化为 $Ca_3(PO_4)_2$ 沉淀，覆盖在半水石膏晶体表面，使其缓凝，使硬化体早期强度大幅降低。桂苗苗等人认为磷石膏中酸性杂质越多，凝结时间越长，产品性能越差，主要原因是磷石膏在酸性介质中形成了不溶于水的硬石膏。共晶磷是由于 HPO_4^{2-} 同晶取代部分 SO_4^{2-} 进入 $CaSO_4$ 晶格而形成的，其含量随磷石膏颗粒度的增大而减小。共晶磷对磷石膏性能的影响规律与可溶磷相似，只是影响程度较弱而已。

除了磷对磷石膏性能的影响外，氟的影响也不可低估。氟来源于磷矿石，在生产磷石膏的过程中，氟以可溶氟和难溶氟两种形式存在。可溶氟有促凝作用，其含量低于 0.3%时对胶结材强度影响较小，但是含量超过 0.3%时，会显著降低磷石膏的凝结时间和强度。有机物使磷石膏胶结材需水量增加，削弱了二水石膏晶体间的结合，使硬化体结构疏松，强度降低。

二、磷石膏的预处理

磷石膏中的杂质对其再资源化非常不利，如果能够在添加磷石膏前就进行预处理或者改性，不仅能减少杂质有害的影响，还能改善生产工艺，提高产品的性能。目前，用于磷石膏预处理的方法有：

1. 水洗、浮选

水洗或浮选不仅能使磷石膏中的可溶磷溶解于水中，还去除覆盖在二水石膏表面的有机物。水洗至中性的磷石膏，其可溶磷、氟与有机物含量为零。但是水洗、浮选不能消除共晶磷、难溶磷等杂质。

水洗工艺如下：来自堆场的磷石膏经皮带输送机送到制浆

槽，配成浆后泵送到真空带式过滤机过滤，过滤时进行多次洗涤，洗涤液分离后进制浆槽用来配制料浆，料浆过滤液送滤液槽，用泵输送返回到磷酸车间做洗涤水，还有一部分用氨中和后，再进行精过滤分离，分离液进入球磨机，经过滤渣回收，洗涤干净后的磷石膏随输送设备进下工序（图 6-1）。

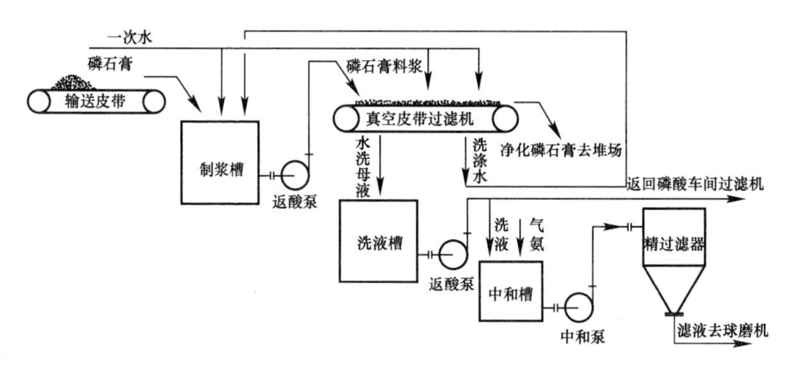

图 6-1　磷石膏水洗工艺流程图

2. 碱改性或称石灰中和改性

通过在磷石膏中掺入石灰等碱性物质，改磷石膏体系的酸碱度，使磷石膏中可溶性磷、氟转化成惰性的难溶盐，从而降低对磷石膏胶结材的不利影响，使磷石膏胶结材的凝结硬化趋于正常。石灰中和工艺简单，投资少，效果显著，是非水洗预处理磷石膏的首选工艺，特别适用于品质较稳定、有机物含量较低的磷石膏。

3. 煅烧

磷石膏只有在 800℃下煅烧，才可以消除有机物的影响。在 800℃下煅烧时，有机物与在一般预处理条件下不能去除的共晶磷一起从晶格中析出，转化为惰性的Ⅱ型无水石膏，其性能与同品位天然石膏制备的无水石膏相当。

通过考察，选定 FC 气流烘干加沸腾煅烧工艺。常见的石膏煅烧技术如立式炒锅、回转窑、一般沸腾炉等，由于机械、气流的搅拌作用，石膏粉在沸腾脱水过程中，二水石膏、半水石膏和无水石膏相互掺合，致使最终产品出现多相化，显著降低产品质量。而该工艺采用高温热风和FC煅烧炉尾风预热湿含量较高原料，使预烘干后的原料含水率降低10%～20%，料温达到60～90℃。同时该系统选用高温沸腾炉作热源，对燃料的要求低，煤燃烬率达到98%以上。主煅烧炉采用高温热管换热技术和高温气流搅拌流态化两种传热传质方式作用于粉体，进行高效换热，FC分室流态化石膏煅烧系统节省能源，热效率达到90%以上，燃料成本经济。FC分室沸腾煅烧按照石膏粉的温升曲线变化将煅烧过程区分成四个相对独立的脱水空间，有效避免了高低温物料的掺混现象，最终产品得到优化，有效防止石膏粉煅烧过程中的生熟料混合现象，提高了产品质量。系统为全负压操作，FC设备自身配备除尘设备，所有烟气最后经袋式除尘器处理。

4. 筛分处理

磷、氟、有机物等杂质并不是均匀分布在磷石膏中，不同粒度磷石膏的杂质含量存在显著差异。可溶磷、总磷、氟和有机物的含量随磷石膏颗粒的增加而增加，共晶磷的含量随磷石膏颗粒的减少而增加。筛分工艺取决于磷石膏的杂质分布与颗粒级配，只有当杂质分布严重不均，筛分可大幅度降低杂质含量时，该工艺才是好的选择。

5. 球磨处理

球磨是改善磷石膏颗粒级配的有效手段。试验结果表明，球磨使磷石膏中二水石膏晶体规则的板状形貌和均匀的尺度遭到破坏，其颗粒形貌呈现柱状、板状、糖粒状等多样化。这种对颗粒形貌和级配的改善，提高了磷石膏胶结材的流动性，使其标准稠度水固比大大降低，解决了硬化体孔隙率高、结构疏松的缺陷。但是球磨不能消除杂质的有害影响。因此，球磨应与石灰中和、水洗等预处理手段相结合。

6. 将磷石膏进行陈化

磷石膏的短期陈化对其使用性能的改善不明显，而随时间的延长，陈化效果突显出来。

7. 用柠檬酸处理磷石膏

柠檬酸可以把磷、氟杂质转化为可以水洗的柠檬酸盐、铝酸盐以及铁酸盐。

三、国内外磷石膏制备石膏粉工艺流程

1. 国外磷石膏制备建筑石膏情况

日本、韩国和德国的磷石膏利用率高。日本是磷石膏综合利用最好的国家，湿法磷酸的副产物磷石膏约有 90%已被利用，其中用于石膏粉与石膏板的磷石膏已占磷石膏总量的 75%左右。国外的 ICI 公司、朱立尼化学公司（Giulini Chemei GmbH）、R-P 公司、CDF 公司各自开发了自己的工艺，将 $CaSO_4 \cdot 2H_2O$ 脱水为 $CaSO_4 \cdot 1/2H_2O$，其中最关键的技术是净化、烘干和煅烧。

日本是开发磷石膏较早的国家之一。早在 1931 年，日本日产化学公司首先用磷石膏制石膏板。1956 年开始用磷石膏做水泥缓凝剂。日本千叶县磷酸厂利用磷石膏生产建筑用 β-半水石膏粉，所使用的工艺流程如图 6-2 所示。磷石膏先制成固含量为 37%左右的料浆，过滤后母液（含 P_2O_5）返回磷酸厂回用。经过滤的磷石膏在干燥前加入石灰粉或石灰乳中和剩余的 P_2O_5，经煅烧制得 β-半水石膏粉，可用于制作建筑用石膏板。

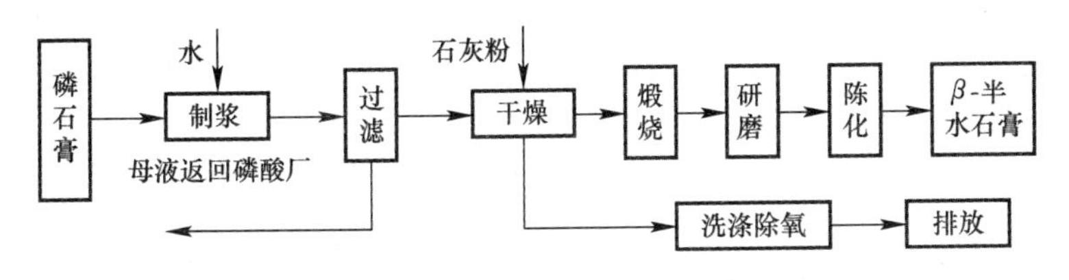

图 6-2　日本千叶县磷酸厂利用磷石膏生产建筑用 β-半水石膏粉的工艺流程图

20 世纪 60 年代，德国朱立尼化学公司开发成功压力釜悬浮物水中脱水法制 α-半水石膏技术，并用该技术建成一座日产

150tα-半水石膏生产车间。该工艺将磷石膏磨碎加水搅拌，制成的悬浮液送浮选机和浓缩器除去有机质及可溶杂质。然后将足够纯净的磷石膏进行过滤，过滤后的磷石膏加水混匀后经加热送入120℃和 pH＝1～3 的加压反应釜。磷石膏在加入一定量化学药剂的条件下结晶，$CaSO_4 \cdot 2H_2O$ 脱水成 α-半水石膏。脱水与重结晶的过程使磷石膏中的共晶杂质（特别是共晶磷）释入母液，经分离母液可回用。通常制得的 α-半水石膏产品可达到或超过二级建筑石膏的标准。

德国巴高克公司的 BSH 净化工艺是依据 Cerphos 净化工艺开发出来的。Cerphos 实验结果表明：磷石膏中大部分杂质的粒度在大于 160μm 及小于 25μm 的范围：大于 160μm 的颗粒中富集的杂质主要有氟、硅和钠、钾的氧化物所形成的盐类化合物，小于 25μm 的颗粒中杂质主要是有机物以及混在硫酸钙晶体中的磷酸盐，亦称共结晶 P_2O_5，主要以 $CaHPO_4 \cdot 2H_2O$ 和 Na_2HPO_4 形式存在。Cerphos 净化工艺采用分级处理，可以分步除去磷石膏中次于 160μm 和小于 25μm 范围两个粒级内的大部分杂质，其去除率高达 75％。

德国的 BSH 净化工艺流程见图 6-3。该工艺是在固液多级分离之前设置了 1～2 台水力旋流器，在水力旋流器中，粒度在 10～100μm 的磷石膏被溶解。根据 Cerphos 净化工艺原理，它所富集的有机物及晶格中的磷酸盐也随之溶解，并在随后的净化过程中被冲洗出来。经过净化的磷石膏到磨机-回转煅烧窑系统煅烧成 β-半水石膏粉。

英国帝国化学公司（ICI）将磷石膏加水制成含有 50％（质量分数）固体的料浆，将此料浆与过量的石灰在料浆槽中进行中和，中和后经真空过滤除去可溶性杂质。净化后的料浆送入两个串联的加压反应釜中，并投入半水物的晶种，以控制半水物晶体类型。直接蒸汽加热控制反应釜的生成温度在 150～160℃。反应完成后，第一反应釜中约有 80％的磷石膏转变成 α 半水石膏，成品含水率仅为 15％～20％，经干燥后即可应用。

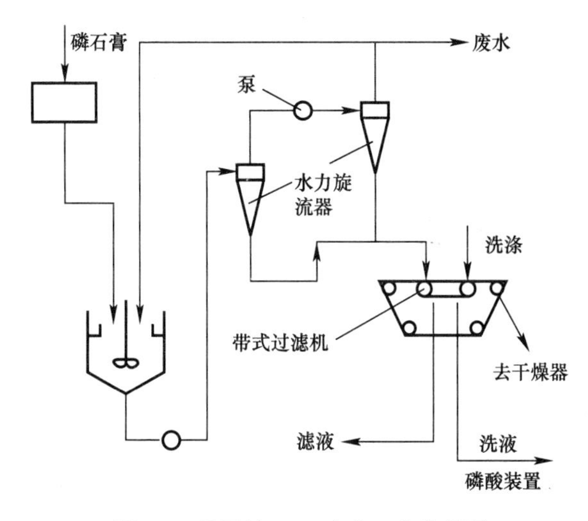

图 6-3 德国的 BSH 净化工艺流程图

1971～1975 年，法国罗纳-普朗克（Rhona-poulenc）公司在 Les Roches de Condrieu 和 Rouen 两地先后建成了年产能力为 45kt 和 250kt 的熟石膏厂。其方法与 ICI 相似，不同的是将磷石膏在渣池中搅拌呈悬浮态完成初洗，以除去粗大颗粒、可溶性 P_2O_5 和可溶性杂质。加入石灰中和，经过滤，大部分（80%～90%）可溶性杂质被除去。如需进一步洗涤，则采用浮选（在两步脱水法中）或水力旋流器（在一步脱水法中）。在两步脱水法中，经浮选装置净化出来的湿磷石膏送入风力干燥器与热的燃料器对流接触，部分干燥的磷石膏再在流态化床炉内焙烧。因为大部分热量可依靠沉浸在流化床中的蒸气蛇管提供，流态化所必须的空气量可缩减到最小。在一步法脱水中，磷石膏经水力旋流器净化后不经干燥直接进入回转窑炉进行煅烧生产 β-半水石膏，但需精确控制温度，防止半水物进一步脱水。

前苏联也是采用朱立尼化学公司开发的工艺流程生产石膏粉，所不同的是其加压反应釜中的温度控制在 120～140℃之间。

罗马尼亚利用 Lafagre 和 CDFChemie 研究成的泡沫石膏技术，在 Bacau 市建一家年产 100kt 熟石膏厂。巴西也利用该技术建成了年产能力依次为1.5kt、150kt和100kt的三个厂。

2. 国内磷石膏制备建筑胶凝材料

我国在利用磷石膏方面起步较晚，20世纪90年代初开始了净化磷石膏的尝试。1995年澳大利亚博罗公司与铜陵化工集团合资建设磷石膏净化装置，由博罗公司提供主体设备并于1997年5月建成投产，装置规模400kt/a精制磷石膏。这是国内唯一大量净化磷石膏的装置，为精制磷石膏制建材的发展奠定了基础。此后，磷石膏在国内的利用蓬勃发展起来。

铜陵化工集团与澳大利亚博罗公司合资建成的精制磷石膏装置见图6-4。磷石膏先通过筛分，去除25mm以上的大颗粒，然后加入研磨槽与水一起研磨成浆状，料浆经过修整筛筛除0.8mm以上的颗粒杂质，同时加入一定量的水对磷石膏进行水洗，再由水力旋流器、脱水筛进行分级、脱水，得到符合要求的精制磷石膏产品，成品率约为80%。

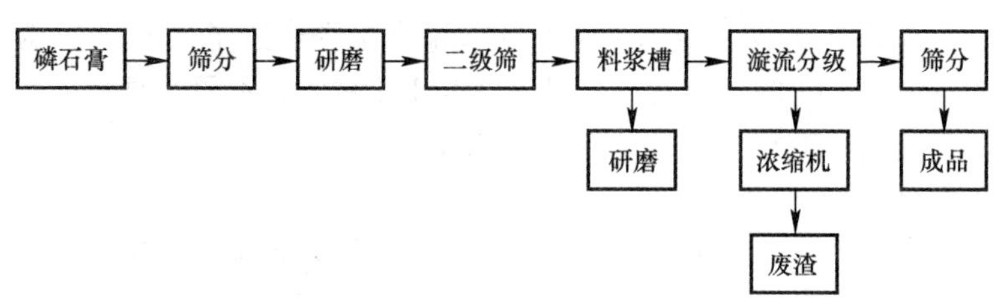

图6-4　精制磷石膏装置

精制的磷石膏经螺旋输送机或皮带输送机由进口端的孔进入煅烧器。物料在转子作用下被打散，并与进入燃煤沸腾炉的废烟气进行充分热交换。煅烧出来的干料随尾气到出口端，经尾气风机进入旋风分离器，尾气经布袋收尘后排空。从旋风分离器和布袋收尘器中回收的石膏粉达到建筑石膏合格品要求。

根据“闪烧法”原理，磷石膏中残余的有机磷、无机磷以及磷酸铵，在高温（250℃以上）状态下分解成气体或部分转变成对石膏产品性能危害较小的磷酸盐类化合物，如焦磷酸钙等。“闪烧法”工艺（图6-5）利用火焰直接与磷石膏接触，使有害成分在高温下快速煅烧脱水，形成以β型半水石膏和β型（Ⅲ型）无水石膏为主要成分的石膏粉。全部或部分石膏粉继续脱水就可转化成Ⅱ型无水石膏。利用高效复合外加剂激活其活性，所形成的石膏粉具有与高强石膏相媲美的后期强度。

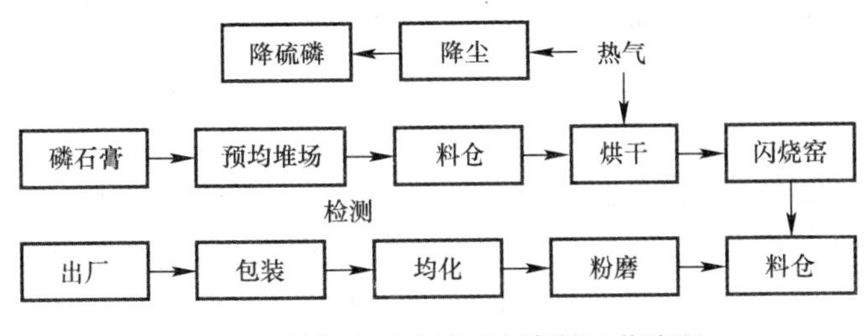

图 6-5　闪烧法生产建筑石膏粉工艺流程

江西合成洗涤剂厂、贵溪化肥厂所用生产工艺（图 6-6）的主要设备是升流分离器。它是一个倒置的圆锥形池子，池里装有搅拌器，清水从下部进入，旋转上升的水流附带磷石膏一起上升，到达一定高度后，随着水流上升，液面逐渐变宽，流速减小，那些白度好、杂质少、结晶好的大颗粒石膏就不再上升。而磷石膏中的黑色有机物、未分解的灰色磷矿粉等颗粒小的杂质以及可溶磷，随上升水流一起溢出升流分离池。净化后的石膏，用渣浆泵打入真空过滤脱水器中脱水，然后进行干燥、炒制、粉碎制得建筑石膏。撇开溢流出的废水上面的有机浮渣后加入石灰，废水很快沉淀澄清，清水可以循环使用。沉淀积到一定量时进行清理，因为含磷量很高，可直接作为农肥使用。

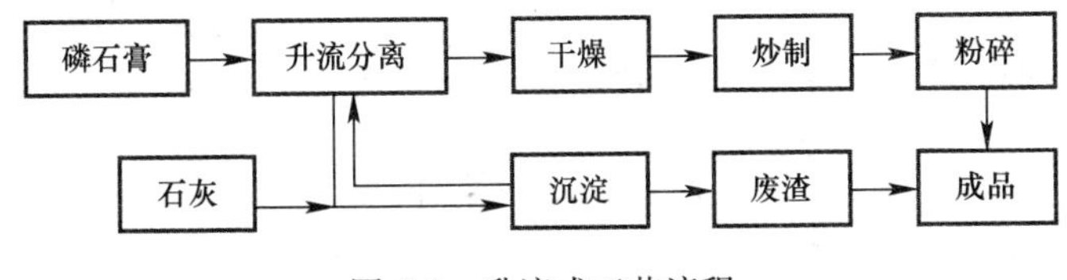

图 6-6　升流式工艺流程

南京石膏板厂采用南京磷肥二厂二水法磷酸工艺副产磷石膏生产β-半水石膏，工艺为净化、脱水、干燥煅烧三个工序，采用 81-A 型净化剂除磷石膏中的杂质。制得的 β-半水石膏抗拉强度 2.2MPa，抗压强度 13.8MPa，初凝时间 9min，终凝时间 18min，达到建筑石膏一等品标准。

利用磷石膏生产石膏粉越来越受到各个厂家的关注，是利用烘烤法使二水石膏脱水成 β-半水石膏。因磷石膏中所含的有害杂质将影响其综合利用，所以在利用磷石膏之前要进行预处理。从国内外磷石膏生产石膏粉工艺流程可知，德国、日本、英国、法国等国家都采用水洗预处理的工艺流程。我国的铜陵化工集团先通过筛分，去除 25mm 以上的大颗粒，然后再水洗。水洗工艺的处理量较大，处理效果较好，可以除去大量的杂质和有机物。但工艺较复杂，投资较大，一般只适合大规模工业生产。宁夏石膏研究中心的“闪烧法”工艺不用经过水洗，只是目前的处理量较小。重庆大学的彭家惠等人将石灰加入游离水含量为 10%～20% 的磷石膏中，拌匀，陈化 24h，于 150～180℃下煅烧成建筑石膏，可用于生产一等品以上建筑石膏。因此，各个工艺都有其优缺点。

四、磷建筑石膏的一般工艺流程

磷石膏制建筑石膏粉及水泥缓凝剂工艺流程见图 6-7。

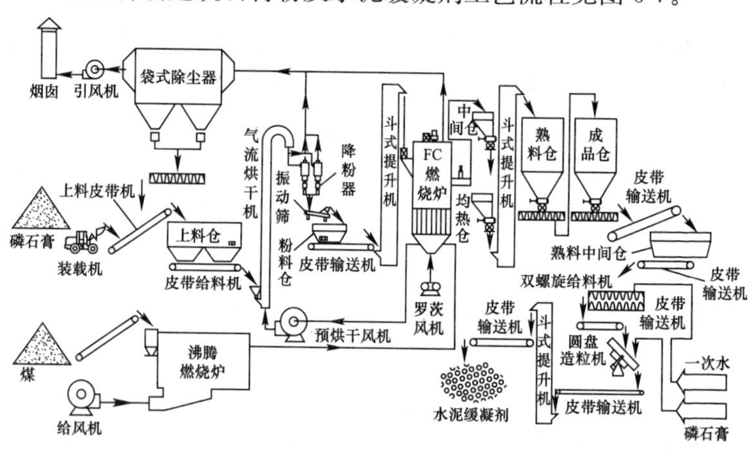

图 6-7　磷石膏制建筑石膏粉及水泥缓凝剂工艺流程图

磷石膏由装载机从料堆中取料后直接喂入地面上的收料斗，经上料皮带机将湿粉送入上料仓，并落入下部的皮带给料机输至气流干燥机，气流干燥机的热源来自于FC煅烧炉的烟气余热。经预热后的磷石膏粉由四个降粉器将产品落入下面的振动筛，筛下物料落入粉料仓，筛上颗粒进入锤片粉碎机粉碎后落入粉料仓，粉料仓下的变频给料皮带输送机与提升机和锁风器配合，将磷石膏喂入FC煅烧炉煅烧。经煅烧后的石膏粉从末区溢流出，经化验检测若达到合格品指标，则将分料阀转向均热仓，并通过其下的斗式提升机提到成品仓；刚开始出料时，若检测到在线产品不合格，则将分料阀转向废料仓，待合格后再转回均热仓。熟料仓中的石膏粉经气流输送装置送成品贮仓，冷却陈化一定时间后即可销售。

成品仓中的石膏粉经下部皮带输送机计量后输送至熟料中间仓，再至双螺旋给料机。磷石膏生粉经计量后用皮带输送至双螺旋给料机。两种配料充分混合搅拌，送至圆盘造粒机加水成球处理，制备成水泥缓凝剂球，成品经皮带输送机和斗式提升机转出，由另一个皮带输送机将送成品堆放缓存区分散堆存，再由装载机铲运至成品区。

系统除尘由位于FC煅烧炉内的内置旋风器作一次收尘，再由高效布袋除尘器作二次收尘，将来自降粉器的余气和FC煅烧炉内的热湿气体集中处理，净化后的湿气由主引风机排大气，粉尘排放浓度控制在$60mg/m^3$。

高温沸腾燃烧炉产生的粉煤灰经烟气净化器分离后，由螺旋输送机和斗式提升机输送至灰仓储存，定期用运输车运出或出售。

五、影响磷建筑石膏性能的主要因素

1. 陈化时间的影响

陈化是指熟石膏的均化，也指能够改善熟石膏物理性能的储存过程。在这个过程中，应创造适合的条件进行陈化。在陈化中，主要使熟石膏内发生以下两种类型的相变，即：

（1）可溶性Ⅲ型无水石膏吸收水分转变成半水石膏；

（2）残存的二水石膏继续脱水转变成半水石膏。

石膏的陈化分为有效期和失效期。有效期能够改善熟石膏的物理性能，此期间Ⅲ型无水石膏和残留二水石膏均向半水石膏转变；失效期则会降低石膏的物理性能，此时半水石膏开始吸水向二水石膏转化。从有效期过渡到失效期时，半水石膏含量达到最高值，强度也达到最高值。由此可知，合理的陈化时间十分重要。

2. 粉磨的影响

粉磨是改善磷石膏颗粒级配的有效手段。粉磨具有以下优缺点：

① 粉磨使磷石膏中二水石膏晶体原来规则的板状外形和均匀的尺度遭到破坏，其颗粒呈现柱状、板状、糖粒状等多样化形貌；

② 粉磨使磷石膏颗粒级配趋于合理；

③ 粉磨使磷石膏胶结材流动性提高，需水量降低，从而使磷石膏胶结材孔隙率高、结构疏松的缺陷得以根本解决；

④ 但粉磨不能消除杂质的有害作用。

（1）粉磨工艺的影响

粉磨可以在磷石膏陈化前也可以在磷石膏陈化后进行。磷石膏的陈化粒度对熟石膏陈化过程中相组成的变化速度影响比较大。粒度小的熟石膏相组成变化速度比粒度大的熟石膏快。Ⅲ型无水石膏转变为β型半水石膏的速度随颗粒的增大而减小。在二水石膏、半水石膏、无水石膏中，Ⅲ型无水石膏的吸水能力最强。在其微孔内，由于水蒸气分压低，存在少量的凝聚水，无水石膏将与凝聚水化合而成为半水石膏，导致无水石膏的减少。石膏颗粒越细，比表面积越大，单位重量的石膏暴露于空气中的微孔越多，对空气中水的吸附能力越强，石膏水化越快，导致颗粒越细，石膏的相组成变化越快。因此，宜采用先粉磨再陈化的工艺。

(2) 粉磨细度的影响

磷石膏的颗粒级配、形貌与天然石膏存在明显差异。磷石膏中二水石膏晶体的生长较天然二水石膏晶体粗大、均匀、规整，多呈板状，长宽比为2∶1～3∶1。磷石膏的这一颗粒特征是磷酸生产过程中，为便于磷酸过滤、洗涤而刻意形成的。这种颗粒结构使其胶结材流动性很差，水固比高，硬化体物理力学性能变坏，是磷石膏性能劣化的重要原因。

石膏颗粒细度大小同样在某种程度上影响石膏的性能。一方面，石膏细度不同，标准稠度用水量就会有变化，颗粒细度越大则标准稠度用水量就会增加，水化后孔隙率就会增加，石膏硬化体强度必受到影响；另一方面，石膏颗粒度小，则熟石膏与水接触的面积大，形成过饱和溶液也就较快，有利于石膏晶体的成核，从而提高石膏硬化体的强度。但随着细度进一步减小，比表面积增加，颗粒在液体中团聚程度明显增加，难于分散，且其标准稠度用水量对细度变化较为敏感，细度增加，标准稠度用水量也相应增加，导致石膏硬化体缺陷的增加。这两方面的作用对石膏的强度是同时影响的。

3. 煅烧时间的影响

煅烧时间的长短对磷石膏吸收热量的多少、微观结构和物质组成发生变化的程度都有影响，而这些变化又对磷石膏粉的水化硬化产生影响。在磷石膏煅烧失去结晶水变为β-半水石膏时，往往都伴随着Ⅲ型无水石膏的产生，造成煅烧的β-半水石膏的成分较复杂。如果煅烧时间增加，煅烧后的石膏粉中部分β-半水石膏继续脱水转化为Ⅲ型无水石膏的量也随之增加；如果煅烧的时间过短，大部分二水石膏还没来得及脱水成半水石膏。可见，煅烧时间过长或过短，都会影响半水石膏的性能。

4. 生石灰掺量的影响

磷石膏中由于含有未反应的硫酸及残余的磷酸或氢氟酸而呈酸性，试验测得远安磷石膏的pH值是3。酸性物质会延迟二水硫酸钙的水化、硬化凝结，影响其硬化体的早期强度等。采用石灰中和法与水洗预处理法均可消除可溶磷、氟的影响，使无水石膏凝结硬化加快，强度提高。石灰中和的效果与水洗基本相当，但水洗预处理工艺不仅要消耗大量的水资源，而且投资较大。因此，我们以石灰中和为预处理方式。磷石膏中含自由水 20%左右，生石灰的加入能与可溶性磷组分发生中和反应，从而提高磷石膏的 pH 值。加入生石灰不仅能中和磷石膏里面的酸性物质，还能激发石膏粉形成复合胶凝材料，增加强度。生石灰的加入可在磷石膏脱水前和也可在脱水后。

第四节　脱硫建筑石膏制备的工艺流程

一、脱硫石膏的性能和处理工艺

1. 脱硫石膏的基本物理化学性能

脱硫石膏的化学成分与天然石膏十分相似，都以二水硫酸钙为主。其物理、化学特征理应与天然石膏相似，经过加热、煅烧后同样可以得到多种形态和变体，脱硫石膏和天然石膏经过煅烧后得到的熟石膏和石膏制品在水化动力学、凝结特性、物理性能上也无显著差别。但作为一种工业副产石膏，它具有再生石膏的一些特性，和天然石膏存在一定的差异，主要表现在原始状态、机械性能和化学成分特别是杂质成分上的差异，导致其脱水特征、易磨性及煅烧后的熟石膏粉在力学性能、流变性能等宏观特征上与天然石膏有所不同。

烟气脱硫工艺决定了脱硫石膏的性质，其特点是纯度高、成分稳定、游离水含量大（10%～15%）、粒度小、含较多的 Na^{+}、Mg^{2+}、Cl^{-}、F^{-} 等水溶性离子。一般根据燃烧的煤种和烟气除尘效果不同，脱硫石膏在外观上呈现不同的颜色，常见颜色是灰黄色或灰白色，灰色主要是由于烟尘中未燃尽的碳含量较高造成的。脱硫石膏中还含有少量未反应的颗粒。天然石膏与之相比，呈粉状，化学成分与脱硫石膏相差不大，杂质主要以黏土类矿物为主。表 6-3 和表 6-4 分别列出了脱硫石膏与天然石膏在化学成分以及颗粒粒径方面的区别。

天然石膏和脱硫石膏的化学成分　　　　表 6-3

石膏种类	质量分数（%）							
	CaO	SiO_2	Al_2O_3	SO_3	Fe_2O_3	MgO	吸附水	结晶水
天然石膏	27.46	7.45	2.64	39.59	1.14	0.55	0.50	17.63
脱硫石膏	34.75	1.93	0.40	41.27	0.26	0.26	12.44	17.99

石膏颗粒粒径分布　　　　表 6-4

石膏种类	质量百分数（%）							
	80～60μm	60～50μm	50～40μm	40～30μm	30～20μm	20～10μm	10～5μm	＜5μm
天然石膏	10.9	4.7	9.5	4.9	14.4	15.5	20.0	12.7
脱硫石膏	5.0	15.5	8.3	21.9	31.0	15.7	1.7	1.7

2. 脱硫石膏的胶凝性及其改性措施

（1）石膏的凝结硬化机理

与水硬性的水泥不同，石膏是一种不适宜在潮湿环境中使用的气硬性胶凝材料。一般天然石膏或者脱硫石膏等工业副产石膏在使用之前都需要经过一定温度煅烧加工成含半个结晶水的建筑石膏，即 $CaSO_4 \cdot 1/2H_2O$。半水石膏与水拌合后，形成可塑性浆体，经过一段时间的反应后，将失去塑性，并凝结硬化成具有一定强度的固体。其水化过程的反应式为：

$$CaSO_4 \cdot 1/2H_2O + 3/2H_2O \longrightarrow CaSO_4 \cdot 2H_2O$$

该反应得以发生的机理在于半水石膏的溶解度远大于二水石膏，随着半水石膏的不断溶解，使得溶液逐渐饱和，促使二水石膏不断结晶析出，最终达到“凝结”。

（2）脱硫石膏的煅烧处理工艺

众所周知，二水石膏只有在某一相对稳定的温度区间内才能失去部分结晶水，生成具有胶凝性能的建筑石膏。考虑到石膏晶体形态的复杂多样性，其在100～1000℃这样一个比较广的温度范围内，会因为煅烧温度和方式的不同，产生多种不同的产物，国内有不少学者在这方面进行了大量的研究工作。南京工业大学的研究人员选取了125～900℃之间的10个温度节点将脱硫石膏进行煅烧，并测试其主要性能。结果表明，随着煅烧温度的升高，产物凝结时间逐渐延长，从较低温度下的几分钟终凝到较高温度下的数小时才出现终凝，而其力学性能则呈现先增加、后减小的趋势，并从500℃开始，随煅烧温度的增加其标准稠度用水量逐渐减少，凝结时间大幅延长。同时发现，当煅烧温度为200℃时，煅烧处理后脱硫石膏的力学性能达到最佳，其抗压强度可达20MPa以上。对此，则有学者选取150～220℃温度区间进行了更为细致的研究，结果表明，该温度区间内绝大部分煅烧产物均为含半个结晶水的建筑石膏，并且随着煅烧温度提高，煅烧后的半水石膏颗粒粒径变得细小，粒径分布合理，比表面积增大，降低了二水石膏过饱和溶液的饱和度，加快半水石膏的水化及凝结。但是颗粒太小则会增大标准稠度用水量，导致水化速度过快，生成的石膏晶体不均匀，因而最佳的煅烧温度应为180℃左右，并且煅烧后采取合理的保温其效果更佳。而如果煅烧结束后未采取合理的保温和防护措施，使脱硫建筑石膏处于自然状态下陈化，则可能出现吸水过多而无法凝结的现象。

脱硫石膏的主要成分二水石膏在常温下是稳定相，但是随着温度的升高和外界条件的改变，可得到半水石膏与无水石膏。各国学者对石膏各相的存在条件及其转化条件观点虽有差异，但一般认为：二水石膏在气相状态中，45～200℃温度范围内脱水成β-半水石膏。并且认为，半水石膏在160～220℃温度范围内脱水生成Ⅲ型无水石膏，其吸水性很强，可很快从空气中吸收水分转化为半水石膏。当脱水温度在360～1180℃时，Ⅲ型可溶性无水石膏可转变为Ⅱ型难溶无水石膏。也有观点认为，当煅烧温度达到 1180℃以上时，部分石膏分解出氧化钙，使产物又具有凝结硬化的能力，并称这种产品为煅烧石膏。

脱硫石膏除去上述几种煅烧产物以外在一定的条件下，还可以制备出另外一种晶体形态的半水石膏，即 α-半水高强石膏。与鳞片状的 β 型半水石膏晶体形态不同，这种高强石膏呈短柱状。二水石膏在一定条件的盐溶液中会发生溶解、析晶并转化为 α-半水石膏，但产物结晶形态并不理想。高强石膏的制备方法主要有蒸压法、水热法、常压盐溶液法和干闷法等。综合利用“水溶液法”和“蒸汽加压法”形成了具有特色的“汽液结合法”制备 α-半水石膏工艺。在制备过程中，还可以通过掺入特定组分的晶型转化剂，使得 α-半水石膏结晶形态由针状向棒状、短柱状转变。

(3) 脱硫石膏的活性激发

脱硫石膏由于其主要成分为二水石膏，含有多种杂质离子且附着水含量较高，从而决定了其无论在强度还是耐水性方面都比水泥差。近年来，不少学者进行了大量试验研究，以更好地激发脱硫石膏的潜在活性，以提高其性价比。

粉煤灰与脱硫石膏同为电厂排放的固体废弃物，几十年的应用实践表明，粉煤灰具有良好的胶凝特性，粉煤灰中含有的活性 SiO_2、Al_2O_3 可以促进胶凝体系强度尤其是后期强度的发展。研究表明，将这两种火电厂废渣以适宜的比例配制成混合胶结材，其强度明显要高于普通石膏制品，软化系数也大幅度提升到 0.85 以上。同时为了更好地激发这种混合胶结材体系的胶凝活性，还应适当掺加少量的水泥熟料、石灰等激发剂。对于这样一种多组分的复合胶凝系统，其水化硬化机理可按步骤进行。

① 快速水化期。这一阶段的主要反应是可溶组分迅速溶解，生成水化硅酸钙、氢氧化钙与钙矾石。同时粉煤灰的玻璃体结构被破坏，活性 SiO_2、Al_2O_3 从颗粒表面溶解出来，并形成水化硅酸钙与水化硫铝酸钙。

② 诱导期。第一阶段反应产物沉积在粉煤灰及熟料表面，形成包覆膜，阻止水化反应的进行，反应随之减慢，进入诱导期。

③ 加速水化期。离子半径较小的 OH^-，Ca^{2+} 可扩散穿过包覆膜，使水化反应继续进行，最终使包覆膜破裂，水化加速，胶结材在此阶段产生终凝。

④ 缓慢水化期。体系中粉煤灰及剩余 C_3S 继续缓慢水化。

上述一系列的反应过程生成了以钙矾石和水化硅酸钙凝胶为主要成分的水化产物，其不仅促进体系强度的提高，也能在很大程度上使得硬化体耐水性比单纯的石膏基材料好得多。这主要是因为钙矾石和水化硅酸钙凝胶溶解度远低于二水石膏，并且这两种主要的水化产物覆盖在二水石膏表面，起到良好的包裹保护作用，这种产物的硬化体结构本身裂缝较少，则吸水性大大减弱。而如果该混合胶凝体系中未掺加水泥熟料，胶结材并不能产生满意的胶凝性能。有观点认为，水泥水化的生成物 $Ca(OH)_2$ 是激发脱硫石膏和粉煤灰潜在胶结性能的主要动力，并且体系中尚有未水化的粉煤灰及石膏颗粒填充于水化产物的孔隙中，使胶结材的结构更为致密和均匀。

也有研究者在脱硫石膏-粉煤灰混合胶结材的基础之上，进一步引入了另一种工业废渣—矿渣粉。研究发现，矿渣取代部分脱硫石膏与粉煤灰，能够增加体系的活性，提高体系的抗压强度，较优的矿渣取代量为 30%。而如果在该混合胶凝体系中同样掺加少量水泥熟料和石灰，则矿渣掺量可相应提高。同时进行的试验表明，不同的脱硫石膏煅烧温度对复合胶凝体系的强度性能会产生较大影响，而 600℃煅烧后保温 2h 的工艺为最优。也有观点认为，在脱硫石膏与粉煤灰组成的混合体系中，脱硫石膏在龄期超过 28d 后能作为一种激发剂对粉煤灰水泥体系产生影响；Ca^{2+} 的存在有助于脱硫石膏与粉煤灰发生反应。另一种观点则认为，一定量的脱硫石膏对水泥-粉煤灰胶凝体系活性的激发效果明显，使体系的早期强度也能明显提高，并且通过 XRD

图谱的分析看出，脱硫石膏对粉煤灰起到了硫酸盐和碱性激发的双重作用，且对水泥水化也有一定的保护作用。而如果在该复合胶凝体系中放弃粉煤灰和矿渣粉的使用，只以脱硫石膏和水泥为原料，则当脱硫石膏的用量超过50%时，所得到的水化硬化体的强度基本不降低，从而可以大幅度节省水泥的用量。以此配比与尾矿固结，不仅能够避免石膏带来的环境问题，还降低了尾矿砂胶结填充成本。

在实际应用中，有时也需要单独使用脱硫石膏生产石膏制品，在较低温度下煅烧生成的半水石膏本身胶凝特性较好，而在较高温度下煅烧生成的硬石膏水化速率则很慢，为了加速水化，提高早期强度，则可以通过引入适量的活性激发剂。即使在以脱硫石膏为组分之一的复合胶凝体系中，也可以掺加活性激发剂来提高性能。

二、建筑石膏的生产工艺与装备技术

用脱硫石膏制备建筑石膏的工艺技术路线为：上料→烘干→煅烧→冷却→成品包装。脱硫石膏生产线的成功和先进性，关键取决于石膏的烘干和煅烧工艺装备技术。

在脱硫石膏含水量较低的情况下可采用一步法生产建筑石膏，但通常脱硫石膏含水量在10%时，则将烘干和煅烧分开比较经济合理。

脱硫石膏的烘干可使用闪蒸式的气流烘干工艺、快速转动的双轴桨叶式干燥机、沸腾炉装置、锤式干燥机等。对于含水量高、粒度很细的脱硫石膏而言，选用闪蒸式的热气流直接烘干石膏的效果会更好。

脱硫石膏用的煅烧设备也很多，是生产线上的核心设备。一般有间接换热多管式回转窑、连续炒锅、沸腾炉、气流煅烧装置等。就建筑石膏的质量而言，采用间接换热多管式回转窑煅烧石膏非常理想。

脱硫石膏的烘干和煅烧优化组合的工艺流程如图6-8所示。

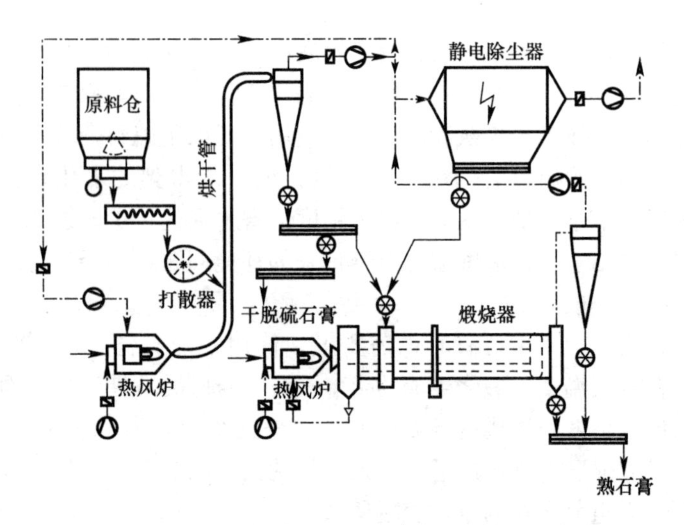

图 6-8 利用优化组合工艺生产建筑石膏粉的工艺流程

（1）原料的上料系统一般采用铲斗车、受料斗、皮带输送机和斗式提升机等设备。湿的脱硫石膏通过上料系统送入原料仓中。解决好原料的粘料和堵料问题是上料系统设计中必须考虑的关键因素。

（2）料仓中的脱硫石膏通过仓底特殊的卸料装置喂入调速螺旋输送机内，并经过打散装置定量地加入立式烘干管内。物料在气流烘干管内与热风炉产生的热烟气直接接触，使脱硫石膏脱去游离水。干的石膏和热气流通过高效旋风收尘器分离，分离出的废气一部分返回热风炉可作为配温风使用，另一部分则通过静电收尘后排放，而分离出的干石膏将送入煅烧工段。均匀连续地喂料和定量定温的热烟气供应能使湿的脱硫石膏在几秒钟内快速烘干。

烘干用的热烟气温度在 450～500℃，而烘干后的废烟气温度则控制在 100℃左右。物料和热烟气的配比非常重要，一般 1∶(0.3～1)。烘干后的石膏游离水的含量可以降至 0.2%。

（3）煅烧器采用连续法生产的间接换热多管式回转窑。干的脱硫石膏均匀地加入回转窑，物料与窑内管束中的热烟气进行间接换热，热烟气的管束具有非常大的换热面积并随着窑一起转动，能对物料产生强制的搅拌作用。石膏粉在这种机械搅拌力和二水石膏脱水所释放的水蒸气的共同作用下，不断地翻滚并与热烟气充分地进行热交换，使二水石膏脱去结晶水，逐渐变成半水石膏。

热烟气温度约为 350℃，石膏的煅烧温度约为 160℃，石膏的煅烧时间约为 1h。较低的热烟气与石膏之间的温差和较长的石膏停留时间，能使熟石膏获得非常好的相组成，即熟石膏产品中，半水石膏含量较高，而无水或二水石膏的含量较低。

(4) 熟石膏的冷却可使用间接冷却的多管回转式冷却器，或用立式直冷式的冷却装置。回转冷却器占地和投资较大，当然效果也要好一些。冷却器把熟石膏从 160℃冷却至 90℃，使熟石膏中的Ⅲ型无水石膏转化为半水石膏。

(5) 冷却后的石膏通过螺旋输送机和斗式提升机送入储料仓中。

(6) 包装工段将储仓中经冷却的熟石膏（或建筑石膏）粉通过旋转喂料机、螺旋输送机、斗式提升机、振动筛、包装料仓和包装机，分包成每袋 40kg 的袋装产品。

采用以上优化组合生产工艺装备的单机产量可达 30t/h，热消耗指标为 1.47×10^6kJ/t，电耗指标为 40kW・h/t。

用脱硫石膏制备的建筑石膏，作为原料可广泛用于纸面石膏板、石膏砌块、石膏顶棚板和粉刷石膏等石膏制品的生产。

第五节　各种石膏煅烧设备的特点浅析

一、国内外石膏煅烧概况

石膏或工业副产石膏是以二水硫酸钙形式存在，其分子式中有两个结晶水，只有脱去一个半结晶水生成半水硫酸钙才有胶凝性质。脱去结晶水的过程即为石膏煅烧。石膏的煅烧主要有干法和湿法两大类，前者是在干燥条件下脱水而成，以β-半水石膏为主的建筑石膏；后者是在饱和水蒸气压力下“煮成”α-半水石膏，也叫高强石膏，两种形态的半水石膏各有不同性质和用途。

本文涉及的是建筑石膏。建筑石膏的生产采用干法煅烧石膏工艺，其种类繁多，按加热方式，分为间接加热和直接加热；按煅烧脱水速度，分为慢速煅烧和快速煅烧；按出料方式可分为间歇和连续两种。

国外在20世纪60年代之前，以传统慢烧型的间歇炒锅和外烧式回转窑为主。60年代后期，对上述设备进行了技术改造，70年代，将间歇炒锅发展成为连续炒锅，80年代后又发展成了锥形炒锅；回转窑也从外烧式发展成内烧式煅烧；为推动石膏工业的技术进步，提高石膏建材制品生产线的运行速度，又发展了气流式快速煅烧工艺。总的来讲，煅烧工艺是从间歇出料到连续出料；间接加热到直接加热；慢速脱水和快速脱水并举的趋势发展。因国情不同，各国对石膏煅烧设备的选择不尽相同：美国20世纪90年代之前主要以炒锅为主，为满足纸面石膏板市场持续快速发展的需要，采取了加速生产线速度的措施，到90年代中期，已将近50%的生产线改成了以彼特磨、Delta磨为主的快速煅烧设备。英国以炒锅及改进炒锅为主，如连续炒锅、埋入式炒锅、锥形炒锅等。德国为炒锅、回转窑、煅烧一体的彼特磨等。日本有炒锅、回转窑及蒸气间接回转窑等。澳大利亚多用外国引进的煅烧设备，近两年发展了沸腾煅烧。从总体水平看，国外的煅烧设备生产规模大，机械化和自动化程度高，能耗较低，煅烧产品质量稳定。国内现有内、外资大型石膏制品企业，多使用引进的大型连续炒锅、彼特磨、气流式煅烧磨和蒸气间接回转窑等设备。而地方企业多使用内、外烧的回转窑、间歇或连续炒锅、沸腾炉等，且规模较小，配套设施不健全，产品质量不够稳定，能耗偏高。国内对规模化、现代化煅烧设备的开发还刚起步，目前，年产10万t以上的沸腾炉、直热式回转窑已有几条投入了生产，生产工艺参数尚有待于优化；国内研发的快速煅烧设备已经完成工业化试验，规模生产正在筹备中。

二、常用煅烧方式及设备简述

1. 间接加热方式

（1）连续炒锅

连续炒锅是带有横穿火管的直圆形锅体，由锅外壁、锅底及火管将热量传递给锅内二水石膏，并靠机械搅拌石膏脱水所产生的水蒸气及循环热气体的搅动，而呈现流态化状态，在此状况下二水石膏脱水而成半水石膏，借助溢流原理连续出料。锅内物料温度在150℃左右，物料煅烧时间1～1.5h，属于低温慢速煅烧方式。连续炒锅煅烧石膏在国内外都是成熟技术，生产稳定，易操作，产品质量均衡有保证，适合煅烧粉状石膏，若用于工业副产石膏，需增设一套气流干燥装置，以除去10%以上的游离水。炒锅可用固体、液体、气体燃料。烧煤连续炒锅热耗在27～30万kcal/t半水石膏左右，若煅烧含10%左右的工业副产石膏，其能耗在36～37万kcal/t半水石膏。

（2）内加热管式回转窑

回转窑内设有许多内管，管内通热蒸气或导热油，物料在窑内间接受热，料在窑内停留时间较长，属低温煅烧，产品质量均衡稳定。日本的部分公司采用此法煅烧天然和工业副产石膏。我国山东从国外引进了一套蒸气煅烧设备，这种方法对于有蒸气气源的地方较合适。据日本资料介绍，煅烧1t二水石膏需耗0.94t蒸气，折算后每吨建筑石膏，热耗约为56万kcal左右，能耗偏高。

（3）沸腾炉

沸腾炉为立式直筒状容器，在底部装有一个气体分布板，工作时使气流从底部均匀进入床层，床层内装有大量的加热管，管内介质为饱和蒸汽或导热油，石膏颗粒进入炉膛后，遇热呈流态状，同时热量通过管壁传递给管外处于流态化的石膏粉，使之沸腾脱水分解。这一煅烧工艺是国内20世纪80年代为配合纸面石膏板生产自行研发制造的。该设备采用低温煅烧，石膏不易过烧，只要料流稳定，出料温度控制适宜，成品大部分均为半水石膏。近年来山东地区应用较多，产品多供纸面石膏板生产线和其他制品。沸腾炉设备小巧，生产能力大，结构简单，设备紧凑，占地少，能耗较低。如产量 12t/h 沸腾炉，热耗约为 22 万 kcal/t 成品，本身的热效率在 95%以上，使用蒸气时热效率 57%～67%，导热油 67%～76%，此炉操作方便，基建投资省，运行费用低，如 10t/h 一套沸腾炉投资约 180～200 万元，20t/h 一套沸腾炉投资约为 300 万元。目前国内的沸腾炉主要应用于煅烧天然石膏，因炉内没有强制性的搅拌装置，有限的气流无法将成团的湿料吹散，料中游离水不能过高，一般控制在 5%以内。对于煅烧游离水 10%左右的工业副产石膏，需要加一套气流烘干装置，这样增加了设备投资，也增大了热耗，但总热耗估算在 28～29 万kcal/t 成品之内，还是偏低的。

2. 直接加热方式（或称气流煅烧）

气流煅烧即热气体与粉料直接接触，二水石膏迅速脱水而成半水石膏。这种方式热利用合理，设备紧凑，使用简单，功效高，适用天然石膏和工业副产石膏。德国沙司基打（Salzgitter）及美国 BMH 公司都有这种设备，前者叫沙司基打磨，后者称 Delta 磨。俗称“气流煅烧磨”，这种“磨”采用高速旋转的锤子将物料抛起并击碎、击细，同时与气流相汇，完成干燥、煅烧过程。上述两个设备中锤体的安装方式，锤头的数量，分级器放置的方向等有所不同，但其工作原理是相同的。

（1）沙司基打磨

沙司基打磨已在德国、美国、挪威、荷兰、印度、韩国等国建立了不同规模的生产线，已有从 2～30t/h 不同规模的系列产品，可用气体、液体（油）做燃料，从资料介绍，当煅烧品位 95%的天然石膏，每吨产品热耗为：24 万 kcal/t，电耗：30kW·h/t。为就地消化本企业烟气脱硫装置排放出来的脱硫石膏，北京国华杰地公司从德国沙士基打公司配套引进了一套 6t/h 煅烧脱硫石膏的设备，该套设备由带两个高速旋转转子的煅烧炉、旋风分离器和强制式陈化等主要设备组成。现已运转2～3年，燃料为重油，属生产初期，尚未达到设计能力，产品可满足同样是引进德国砌块生产线的需求。该煅烧设备外形体积较小，噪声低，构造简单紧凑，产品质量较均衡。该磨在充分消化吸收后，在国内应有较好的发展前景。

（2）Delta磨

该磨是冲击磨，水平方向有两个室，一个锤磨转子室，一个是分级器室。料先进入锤磨室，高速旋转的锤子将料打散并“击细”，同时与热气流相汇，进行干燥和煅烧，热烟气将磨细了的料带入系统内的分级器，旋转叶片将较大的颗粒甩回锤磨室继续粉磨，合格细料经高温收尘器收入料仓。据资料介绍，这种磨在煅烧80％天然石膏，游离水3％时的热耗为22.0万kcal/t成品，若用于10％游离水的脱硫石膏（90％以上）则热耗大约为28～30万kcal/t成品。据BMH公司介绍，此磨设计合理，功效高，设备运行率高，故障少，产品的细度可调节，设备紧凑，占地少，热效率高，能耗低，煅烧的建筑石膏均匀一致，特别适用于煅烧工业副产石膏。

（3）斯德动态煅烧炉

斯德动态煅烧炉是国内自行研发的气流煅烧装置，外形为立式圆柱体，底部带有打散器的立轴与电机相连，产生旋转运动，一个侧面的中下部进料，另一侧面下部通入热风，顶部出料至捕集器进行气固分离后机械输送至储料仓。基本原理是：物料和热气体快速混合，在炉体轴向产生旋转运动，使物料与热载体急速换热，达到二水石膏脱水的目的，这种方式也可称旋流式煅烧。特点是：连续作业，热交换速度快，从进料到出料仅需几秒钟。该技术是东北大学在多种干燥与煅烧设备的基础上，开发的石膏煅烧方式，已建立小型工业化试验装置，并对脱硫石膏、磷石膏进行了煅烧试验，取得了一定的技术参数；并在试验研究的基础上设计了两种工艺路线：一种为“一步法”即将干燥与煅烧合为一步，在同一个设备内完成；另一种为两步法，干燥和煅烧分别在两个设备内完成。目前，第一套年产 5 万 t 的一步法煅烧脱硫石膏的装置已经在北京安装完毕，正在等待试车，第二套二步法脱硫煅烧设备在浙江安装。

（4）彼特磨

彼特磨也是一种气流快速煅烧设备，是集研磨、干燥、煅烧为一体的煅烧设备，是德国 CLAUDISPETERS 公司研制的，简称彼特斯磨。它是一种环形球磨机，磨机最底部为主传动装置，带动下研磨盘旋转，磨盘上有多个直径 600～800mm 的空心圆球，圆球上方是不旋转的上研磨盘。石膏从上侧部进料管送入研磨体的中心部位（进料粒度最大可达 60mm），在离心力作用下，将物料向外推动，推至球体下部与磨环之间被粉碎和研磨。与此同时，500～600℃的热气体由磨体下侧方通入磨内，使石膏与热气流直接接触而迅速脱水成建筑石膏。这种磨可煅烧天然石膏或天然石膏和工业副产石膏混合的石膏。它的特点是：设备体积小，生产效率高，能耗低，产品质量稳定，适合大型连续生产的石膏制品生产线，是应用成熟的石膏煅烧设备之一。国外已有 16～52t/h 的系列产品，根据资料介绍，目前世界上已有近 90 台在运转使用。国内 BNBM 公司已引进二台 30t/h 和一台 40t/h。磨机用于纸面石膏板生产线，煅烧天然石膏时能耗在 24～27 万 kcal/t 之间。

3. 直热式回转窑

直热式回转窑的热介质与石膏物料直接接触使之脱水而成半水石膏或无水石膏。石膏在小角度倾斜圆筒中旋转前进，热介质与其同方向或反方向运动，在运动过程中完成石膏脱水，连续喂料及出料即为连续作业，由于比外烧回转窑热效率高，燃料可用气、油、煤。近几年在河北、山东等地均有不同规模的回转窑生产，已投产的有 4～5t/h、14t/h 的几条生产线，每小时近 30t 的大型内烧式回转窑即将投产。已生产的直热式回转窑都是煅烧天然石膏，燃料为煤，煅烧能耗约在 22～23 万 kcal/t 成品，产品质量以顺流式较好。直热式回转窑煅烧天然石膏是可行的，若煅烧工业副产石膏，在煅烧前不必进行干燥处理，但窑体应有一定长度的干燥带，排湿和收尘要重点设计。近期在河南建成的一条以磷石膏为原料的生产线已试运转，煅烧脱硫石膏的工业性试验也在进行中。估算煅烧脱硫石膏热耗应低于 30.0 万 kcal/t 成品。回转窑设备结构较简单，是国内成熟设备，制造厂较多，设备造价低于炒锅，具有价格优势。

4. 流化床式煅烧炉

该炉是 20 世纪 90 年代澳大利亚 RBS 速成建筑系统有限公司的产品，称“RFC 流化床式焙烧炉”。流化床式煅烧炉外形为立式圆柱体，一侧中部进料，另一侧下部进热风，炉体下部称为床，床底部设有气流分配器，使热气流按要求达到不同速度梯度，将石膏粉吹起使之处于悬浮状态，同时进行热交换（该煅烧炉最大进料粒度≤10mm），使二水石膏脱水而成半水石膏。严格控制床层温度和气体压力，料层温度梯度小，使床层内二水石膏最大限度地变为半水石膏，保证了产品的质量。据澳方介绍，这种炉可煅烧天然石膏和工业副产石膏，可用任何燃料及热能，加工范围广泛的原料和粒径，并有自洁功能，有严格的煅烧温度控制，产品性能稳定。该炉属低温慢速煅烧，物料温度 130～150℃，在炉内停留 40～50min 甚至 1h，煅烧产品的相组成大部分为半水石膏，只有极少量的Ⅲ型无水石膏和二水石膏，没有Ⅱ型无水石膏。对于脱硫石膏的煅烧能耗为：对纯度大于 90％，自由水 10％时其能耗为 1467GJ/t 成品（～35 万 kcal/t），电耗为 30kW·h/t。

三、特点浅析

1. 关于煅烧工业副产石膏的颗粒级配问题

工业副产石膏以“细粉”状态存在，如脱硫石膏的颗粒多集中在 40～60μm，粒度分布曲线窄而瘦，比表面积小，这种颗粒级配会影响产品质量。解决办法一是增加“磨细”措施，在煅烧过程中完成脱水和改变颗粒级配两项任务。经过有“击碎”过程的煅烧产品，其粒度分布曲线大有改变，由窄而瘦变得宽广了，产品性能得到了改善。因此，在设计煅烧工业副产石膏生产线时要注重“击碎”过程。

2. 选择煅烧方式和设备的原则

首先是石膏的种类和性状：是天然石膏还是工业副产石膏；是颗粒状还是粉状；如果是粉状，宜选用快速煅烧设备；如果是颗粒状，则宜选用在窑内停留时间较长的设备。终端产品的种类：如果是生产石膏建材制品，如各种石膏板材、砌块等，宜选用快速煅烧设备。因用快速法生产的建筑石膏凝结硬化快，可提高生产效率，加速模具的周转；如果是生产石膏胶凝材料，如粉刷石膏、石膏粘结剂、石膏接缝材料等，宜选用慢速煅烧设备，因用慢速煅烧的产品凝结硬化较慢，有利于减少外加剂的掺量，降低生产成本；如果两类产品都生产，则按主导产品选择。最终，还应权衡比较各类煅烧设备的性价比等综合技术经济指标。

3. 低温慢速煅烧

指煅烧时物料温度小于150℃，物料在炉内停留几十分钟或1h以上的煅烧方式。如连续炒锅、流化床式焙烧炉。这种煅烧方式是二水石膏受热时逐步脱水而成半水石膏，根据二水石膏纯度，选定最佳脱水温度，自控系统将炉内温度、水蒸气分压、物料停留时间等调整到最佳稳定状态，使煅烧产品质量均一而稳定。其煅烧产品中绝大部分为半水、极少量的Ⅲ型无水石膏、二水石膏及Ⅱ型无水石膏，结晶水含量一般在5.5%～6.0%，个别为>4.0%。煅烧的建筑石膏粉贮存在粉料库中待用，广泛用于粉状、板材等制品。国内外的连续炒锅多年实践证明，其煅烧产品的物化指标均能达到质量标准要求，是石膏煅烧的可靠设备之一。而流化床式焙烧炉在国内尚无实践数据，但从澳方资料介绍，它可煅烧出质量良好的建筑石膏。

4. 快速煅烧

指煅烧物料温度大于160℃，物料在炉内停留几秒钟的煅烧方式。已在国外应用多年，广泛用于高速的纸面石膏板生产线和石膏砌块等产品的生产，效果良好。这种煅烧方式是二水石膏遇热后急速脱水，很快生成半水或Ⅲ型无水石膏，由于料温较高甚至Ⅲ型无水石膏的比例较大，而Ⅲ型无水石膏是不稳定相，在含湿空气中很容易吸潮而成半水相。因此在这种煅烧方式中有的加冷却装置，如彼特磨有通入冷空气的专用冷却装置；沙司基打磨有螺旋式强制式陈化机，都是起到降低料温、达到物料陈化的目的。对于快速煅烧，炉内的气氛很重要，当炉内热气体的含湿量很小时，煅烧的成品物相中Ⅲ型无水石膏相对较多，如燃煤的彼特磨，产品的Ⅲ型无水石膏达30%以上。北京国华的沙司基打磨煅烧的产品结晶水只有3%～3.5%，斯德试验炉煅烧的产品大部分为Ⅲ型无水石膏，这都说明煅烧的产品处于“过火”状态，经过冷却陈化后，相组成有所改变，半水相增加了。而用天然气作为燃料的彼特磨煅烧出的产品相组成中，Ⅲ型无水石膏的量只有10%～15%，这是由于天然气燃烧中生成大量的水分，另一方面是含湿“废气”的合理循环利用，使炉内水蒸气分压加大，有利于相成分的转变和稳定。因此，快速煅烧方式除应调整最佳脱水温度外，还应根据燃料的种类，计算出燃烧气体的含湿量，判断炉内水蒸气分压的大小，若很小，则应采取外加湿的方法以提高炉内的气氛湿度，或采用强制式陈化等措施。快速煅烧最突出的特点是生产效率高、能耗低，生产中通过良好的冷却陈化环节，其产品质量是能得到保证的。

5. 中速煅烧

这是物料在窑内停留时间在几分钟、十几分钟，物料温度在140～165℃之间。这种方式介于上两者之间。典型的煅烧设备是回转窑，早在20世纪70年代中期，我国第一条纸面石膏板生产线就采取了这种方式，煅烧的天然石膏为颗粒状，由于颗粒级配的因素，产品质量不易均一和稳定。但在窑后选择较好的粉磨设备再加上良好的陈化措施，产品质量可以保证。煅烧工业副产石膏时，除在设计窑时考虑一定的干燥带外，还应根据物料的颗粒级配选择合适的粉磨设备，以改进煅烧前后颗粒级配的比例，使产品物性更加优越。目前国内用此方式煅烧工业副产石膏，如磷石膏、脱硫石膏正在试产中，技术参数和性能测试数据有待积累及深化。

6. 混合煅烧

这是宁夏石膏工业设计研究院的工艺技术——混烧法工艺技术和设备，是该院根据脱硫石膏的特性而研制开发的一种新型高效节能的大型煅烧设备。该设备主要是结合了内烧设备的低能耗、高效率，外烧设备的产品质量好、不影响产品白度、煅烧过程明显的特点，利用逆流的热利用率高，换热充分，顺流的高温预热烘干、提高烘干效率的特点进行设计制造的。该设备采用高温热烟气对煅烧窑烘干带外体的加热，使物料在高温带迅速的完成预热烘干，使含水量高达20%的脱硫石膏中的水分迅速脱除，物料迅速烘干。因此，该工艺方法和设备能够适应脱硫石膏高含水量、高细度的特点，并且具有适应附着水含量范围宽、原料不采用预烘干等处理措施、生产规模大、产品热利用效率高、能耗低、产品质量高、产品可调整范围宽等特点，是一种针对脱硫石膏特点的新型的、高效的、节能的大规模生产工艺和设备，每年可生产10～13万t石膏粉，消化电厂脱硫副产废渣15～18万t，是目前国内在建和已建同类项目中最大的。

同时，宁夏建筑材料研究院也就相关技术申请了专利——混合式旋管煅烧窑，该方法是一种集回转式、内设旋管装置、预热烘干、物料煅烧、熟料冷却为一体的煅烧设备。该设备主要区别于现有技术的地方是在窑体内设置可通入热介质（烟气）的旋管，利用通入旋管内的热烟气及与旋管连通的烟气循环室、循环烟管直接进入窑体的热烟气，达到内烧（直接煅烧）外烧（间接煅烧）混合煅烧的目的；采用这种内外混合煅烧处理，可以确保物料与热烟气进行充分的热交换，并且煅烧温度易控制，物料煅烧均匀，从而提高了产品的合格率；同时整个煅烧工艺中热烟气可循环使用，此方式既提高了热效率，又降低了热能耗。

混烧法工艺主要是结合目前各种煅烧设备和煅烧形式的优点并针对脱硫石膏的特点而开发的，该工艺方法的先进性主要体现在以下几个方面：

（1）原料适应性广，对原料要求低，对原料不预先进行任何处理，工艺简单

由于该工艺方法和设备结合了内烧、外烧、顺流、逆流等多种煅烧和换热形式，并且可通过工艺调节单独实现其中的纯外烧、纯顺流以及各种形式混合应用后的主次之分，因此，该工艺方法具有很强的工艺调节性，对不同原料和用户需要的不同产品，可以通过工艺参数的调节来进行调整，实现一套设备适应多种原料、生产多种产品的最大利用价值；由于采用了独特的可调节的高温快速烘干和煅烧过程长短的控制，使该设备对原料所含水分的适应性较宽，能够适应原料附着水在5%～25%之间的原料均可直接应用，而不对原料采用预烘干及其他的预处理过程。

（2）产品质量高、能耗低、生产规模大、环保效果好

在脱硫石膏煅烧时，由于物料中含有大量的水分，因此，产量主要取决于煅烧速度，煅烧速度主要取决于附着水的烘干速度和结晶水的脱出速度，物料粒度较小，干燥后的煅烧脱水速度很快，但含高附着水的物料的烘干速度则较慢，附着水（20%时）蒸发所需的热量几乎与煅烧结晶水所需的热量相等，高效烘干是提高生产规模的关键。由于生产设备采用了较多的换热方式和高效的烘干方法，在煅烧过程中采用较低的煅烧温度和相对较温和的换热过程，因此，既有效提高了换热过程和生产规模（单机生产能力达到5～20万t），又保证了产品质量及产品性能的可调性，同时充分利用了热能，降低了生产能耗（利用含水15%的脱硫石膏生产建筑石膏粉，能耗为40kg煤/t产品）。大型连续生产，配套有成熟完备的除尘装置，保证了较好的环保效果。

（3）产品类别的多样化

利用该种工艺方法和设备可实现一条生产线、一套设备配套

多种工艺参数，生产出能够适用于多个行业应用的各类产品，能够有效地发挥出生产线的最大价值。如采用该套技术和设备，利用同一种或不同种原料，根据市场要求生产建筑石膏粉、陶瓷模具用石膏粉、粉刷石膏用石膏粉、石膏砌块用石膏粉等各类石膏制品的专用产品，使产品能够更大幅度的适应市场和增强市场竞争能力。

（4）燃料种类的适应性强

该设备可采用煤（各种质量的煤均可）、燃油（重油或轻油）、天然气等作为生产供热的燃料，也可利用温度达到 300～1000℃之间的热烟气或废气作为热源。

（5）设备功能性强

主设备混烧窑同时具备烘干（对含附着水 5%～15%的原料烘干）、煅烧（根据需要，调节工艺参数，煅烧出不同相比例的各类石膏粉产品）、冷却（对出煅烧带的物料进行一定程度的冷却，使出料的料温低于 100℃，无冷却装置的设备出料的料温一般在 140℃）等功能，简化了生产工序，节省了设备投资。

（6）设备能耗低

本项目电耗只相当于传统工艺的 62%；煤耗相当于传统工艺的 40%～50%。

（7）工艺设备性价比高

国外设备一般均以整套生产线输出，设备价格极其昂贵，一般，一条同规模的进口生产线的投资相当于国内同类生产线投资的 4～6 倍，其优势主要是设备的自动化控制手段和设备的精细控制等方面优于国产设备和技术，而产品质量基本保持在同一个档次，产品在市场中不存在明显的竞争优势，因此混烧法工艺的性价比比其他方法要高得多。

参考文献

［1］ 桂苗苗，丛钢. 利用磷石膏制造建筑石膏的研究［J］. 重庆建筑大学学报，2000，22（4）：33-36.

［2］ 王裕银，李玉山，高子栋等．脱硫石膏转化为建筑石膏的应用研究［J］．砖瓦，2010（4）：35-38.
［3］ 周富涛，石宗利．磷石膏制备建筑石膏工艺研究［J］．新型建筑材料，2007（7）：48-51.
［4］ 黄孙恺，俞新浩．用烟气脱硫石膏制备建筑石膏的工艺技术［J］．新型建筑材料，2005（1）：27-28.
［5］ 杨玉发，刘友柱，董秀芹等．磷石膏性能及其转化为建筑石膏的工艺研究［J］．山东化工，2007，36（2）：5-8.
［6］ 张社教．浅析以工业副产石膏为原料制备建筑石膏的煅烧设备的选择［J］．铜陵学院学报，2007（4）：83-85.
［7］ 张儒全，魏延青．磷石膏生产建筑石膏的工艺探讨［J］．化工设计，2009，19（5）：18-21.
［8］ 魏建文，韩敏芳，任守政等．用工业废渣磷石膏生产建筑石膏粉研究［J］．非金属矿，2001，24（1）：13-14.
［9］ 胡成军．磷石膏制建筑石膏粉的工艺技术［J］．磷肥与复肥，2007，22（22）：52-53.
［10］ 李汝奕，李丽，曹作刚．氟石膏废渣开发建材的探索与实践［J］．环境工程，2006，19（2）：58-61.
［11］ 周万良，周士琼，李益进．粉煤灰-氟石膏-水泥复合胶凝材料性能的研究［J］．建筑材料学报，2007，10（2）：30-33.
［12］ 陈吉春，罗惠莉．不同条件下改性的硬石膏性能［J］．硅酸盐学报，2005，33（2）：249-252.
［13］ 王波．磷石膏基粉刷石膏的绿色工艺设计［J］．新型建筑材料，2005，（10）：22-24.
［14］ 邹惟前，邹菁．利用固体废弃物生产新型建筑材料［M］．北京：化学工业出版社，2004.
［15］ 陈燕，岳文海，董若兰．石膏建筑材料［M］．北京：中国建材工业出版社，2003.
［16］ 吴莉．缓凝剂对建筑石膏性能的影响和作用机理研究［D］．重庆：重庆大学材料科学与工程学院，2002.
［17］ 袁润章．胶凝材料学［M］．武汉：武汉工业大学出版社，1996.
［18］ 谢超凌．远安磷石膏制备石膏粉试验研究［D］．武汉：武汉理工大学资源与环境工程学院，2006.

[19] 李明卫. 氟石膏资源化应用研究 [D]. 武汉：武汉理工大学材料科学与工程学院，2009.
[20] 王裕银，李玉山，高子栋等. 脱硫石膏转化为建筑石膏的应用研究 [J]. 砖瓦，2010：35-38.
[21] 权刘权，罗治敏，李东旭. 脱硫石膏胶凝性的研究 [J]. 非金属矿，2008，31 (3)：29-32.
[22] 王祈青. 石膏基建材与应用 [M]. 北京：化学工业出版社，2009.
[23] 混合式旋管煅烧窑，专利号：200720147501，宁夏建筑材料研究院.

第七章 工业副产石膏在传统建筑制品中的应用

内容提要： 利用工业石膏生产传统石膏制品与天然石膏建筑制品在生产工艺和设备上具有相同性，工业副产石膏基建筑制品有很好的发展前景。本章对工业石膏在制备纸面石膏板、石膏砌块、石膏空心条板、装饰石膏板等传统建筑制品上的生产工艺和相关生产设备作了详细的阐述，

第一节 纸面石膏板

一、发展概况

纸面石膏板是以建筑石膏为主要原料掺入适量添加剂与纤维做板芯以特制的板纸为护面经加工制成的板材。1890 年美国奥格斯汀·萨凯特和费雷德勒·卡纳发明了纸面石膏，1917 年传入欧洲，随后日本、英国、德国等发达国家相继建厂。

我国的纸面石膏板工业始于 20 世纪 70 年代后期，通过国内自主开发与引进技术装备、消化吸收相结合，从零开始发展至今已经有近百家生产企业，产能已经超过 5 亿 m^2/a。目前，我国生产石膏板的企业中北新建材、拉法基、可耐福、杰科等企业的生产线是单机年产 2000 万 m^2 及以上规模的，其他企业大部分的生产线单机规模都在 1000 万 m^2 以下，尤其是一大批乡镇企

业及个体企业的生产能力都在200～400万m^2，这些生产线的技术及装备的水平普遍不高。石膏板的附加值不高，企业的生产规模、产品的质量及产品的单耗将直接决定盈利能力。单机年产2000万m^2以上的生产线技术装备较好、自动化水平高、设备运转率及生产率都较高，能体现出规模效应，同时也符合国家的产业政策。

在技术及装备方面，自我国第一条国产化年产400万m^2纸面石膏板生产线建成以来，至今20多年，广大科技工作者在实现我国纸面石膏板生产线系列化、大型化、自动化方面做了大量工作。尤其是1997年由中国新型建筑材料工业杭州设计研究院和北新建材共同完成了年产2000万m^2纸面石膏板生产线技术装备的国产化设计，该生产线已经在北新集团成功运行了七年多时间，各项主要技术经济指标均达到或超过了设计要求。在此基础上，由杭州院设计的北新集团年产3000万m^2纸面石膏板生产线于2004年底已经开始投入运行，新汉矿业年产3000万m^2纸面石膏板生产线正在设备调试阶段，这是目前国内单线规模最大、技术和装备最先进的第四代纸面石膏板生产线。可以说，国产化的年产2000～3000万m^2纸面石膏板生产线技术及装备已基本成熟，这将为今后建设大型纸面石膏板生产线提供技术支持。

二、特点

与普通板材相比纸面石膏板有如下特点：

1. 轻质性

用纸面石膏板作空心隔墙，重量仅为同等厚度砖墙的1/15，砌块墙体的1/10。优异的轻质性主要是因为石膏自身的体积密度较小，在生产过程中板芯又添加了减轻重量的材料，12mm的板材其单位面积重量在7～11kg/m^2。

2. 耐火性

纸面石膏板的芯材由建筑石膏水化而成，以$CaSO_4 \cdot 2H_2O$

的结晶形态存在，其中两个结晶水的重量占全部重量的20%左右，常温下是稳定的，遇火时在释放化合水的过程中会吸收大量的热，延迟周围环境温度的升高，其耐火极限可达4h。而且石膏受热释放的结晶水不是有毒物质，所以这就避免了火灾时因有毒气体而使人窒息死亡的危险。

3. 保温性

材料的保温性取决于材料自身的导热系数，材料的导热系数与材料的密度息息相关。纸面石膏板是多孔结构，密度小、导热系数低，故具有良好的保温性能。

4. 隔声性

纸面石膏板独特的空腔结构使其具有良好的隔声性，常用于吊顶及需要的墙面上，既起到吸收作用又起到装饰作用。

5. 施工性

石膏硬度低，故纸面石膏板质地较软，施工性能优越，可任意切断、锯断、钻孔、刨边

6. 膨胀收缩性

纸面石膏板的线膨胀系数很小，加上石膏板又在室温下使用，故其线膨胀系数可忽略不计，而受湿后有一定的收缩率但数值也很小。

7. “呼吸”性

由于石膏板的孔隙率较大并且孔结构分布适当，所以具有较高的透气性能。当室内湿度较高时可吸湿，而当空气干燥时又可放出一部分水分，因而对室内湿度起到一定的调节作用。国外将纸面石膏板的这种功能称为“呼吸”功能，正是由于石膏板具有这种独特的“呼吸”性能，可在一定范围内调节室内湿度，使居住条件更舒适。

8. 环保性

纸面石膏板采用天然石膏及纸面作为原材料，决不含对人体有害的石棉（绝大多数的硅酸钙类板材及水泥纤维板均采用石棉作为板材的增强材料）。

由于纸面石膏板具有质轻、防火、隔声、保温、隔热、加工性能良好（可刨、可钉、可锯）、施工方便、可拆装性能好、增大使用面积等优点，因此广泛用于各种工业建筑、民用建筑，尤其是在高层建筑中可作为内墙材料和装饰装修材料，如：用于框架结构中的非承重墙、室内贴面板、吊顶等。

三、纸面石膏板的质量标准

1. 分类

纸面石膏板按其功能分为：普通纸面石膏板、耐水纸面石膏板、耐火纸面石膏板以及耐水耐火纸面石膏板四种：

（1）普通纸面石膏板（P）

以建筑石膏为主要原料，掺入适量纤维增强材料和外加剂等，在与水搅拌后，浇注于护面纸的面纸与背纸之间，并与护面纸牢固的粘结在一起的建筑板材。

（2）耐水纸面石膏板（代号 S）

以建筑石膏为主要原料，掺入适量纤维增强材料和耐水外加剂等，在与水搅拌后，浇注于耐水护面纸的面纸与背纸之间，并与耐水护面纸牢固地粘结在一起，旨在改善防水性能的建筑板材。

（3）耐火纸面石膏板（代号 H）

以建筑石膏为主要原料，掺入无机耐火纤维增强材料和外加剂等，在与水搅拌后，浇注于护面纸的面纸与背纸之间，并与护面纸牢固的粘结在一起，旨在提高防火性能的建筑板材。

（4）耐水耐火纸面石膏板（代号 SH）

以建筑石膏为主要原料，掺入耐水外加剂和无机耐火纤维增强材料等，在与水搅拌后，浇注于耐水护面纸的面纸与背纸之间，并与耐水护面纸牢固地粘结在一起，旨在改善防水性能和提高防火性能的建筑板材。

2. 规格尺寸

板材的公称长度为 1500mm、1800mm、2100mm、2400mm、

2440mm、2700mm、3000mm、3300mm、3600mm 和 3660mm。

板材的公称宽度为 600mm、900mm、1200mm 和 1220mm。

板材的公称厚度为 9.5mm、12.0mm、15.0mm、18.0mm、21.0mm 和 25.0mm。

纸面石膏板的标记的顺序依次为：产品名称、板类代号、棱边形状代号、长度、宽度、厚度以及本标准编号。如：长度为 3000mm、宽度为 1200mm、厚度 12.0mm、具有楔形棱边形状的普通纸面石膏板，标记为：纸面石膏板 PC3000×1200×12.0。

3. 要求

我国国家标准《纸面石膏板》GB/T 9775—2008 对纸面石膏板有如下质量要求：

（1）外观质量

纸面石膏板板面平整，不应有影响使用的波纹、沟槽、亏料、漏料和划伤、破损、污痕等缺陷。

（2）尺寸偏差

板材的尺寸偏差应符合表 7-1 的规定。

尺寸偏差 **表 7-1**

项　目	长　度	宽　度	厚度	
			9.5	≥12.0
尺寸偏差（mm）	−6～0	−5～0	±0.5	±0.6

（3）对角线长度差

板材应切割成矩形，两对角线长度差应不大于 5mm。

（4）楔形棱边断面尺寸

对于棱边形状为楔形的板材，楔形棱边宽度应为 30～80mm，楔形棱边深度应为 0.6～1.9mm。

（5）面密度

板材的面密度应不大于表 7-2 的规定。

面密度 **表 7-2**

板材厚度（mm）	面密度（kg/m²）
9.5	9.5
12.0	12.0
15.0	15.0
18.0	18.0
21.0	21.0
25.0	25.0

（6）断裂荷载

板材的断裂荷载应不小于表 7-3 的规定。

断裂荷载 **表 7-3**

板材厚度（mm）	断裂荷载（N）			
	纵向		横向	
	平均值	最小值	平均值	最小值
9.5	400	360	160	140
12.0	520	460	200	180
15.0	650	580	250	220
18.0	770	700	300	270
21.0	900	810	350	320
25.0	1100	970	420	380

（7）硬度

板材的棱边硬度和端头硬度应不小于 70N。

（8）抗冲击性

经冲击后，板材背面应无径向裂纹。

（9）护面纸与芯材粘结性

护面纸与芯材应不剥离。

（10）吸水率（仅适用于耐水纸面石膏板和耐水耐火纸面石膏板）

板材的吸水率应不大于 10%。

（11）表面吸水量（仅适用于耐水纸面石膏板和耐水耐火纸面石膏板）

板材的表面吸水量应不大于 $160g/m^2$。

（12）遇火稳定性（仅适用于耐水纸面石膏板和耐水耐火纸面石膏板）

板材的遇火稳定时间应不少于 20min。

（13）受潮挠度

由供需双方商定。

（14）剪切力

由供需双方商定。

四、原材料

（一）石膏

1. 天然石膏

我国的天然石膏资源十分丰富，作为纸面石膏板的原料必须满足一定的技术质量要求。一般选用二水硫酸钙含量大于和等于 75%的 2 级或 3 级石膏，颜色灰色、灰白色和深灰色，结晶呈片状、纤维状、粗颗粒状均可。此外，天然石膏中的有害杂质可能对石膏板的制造工艺和产品性能产生影响，如：钠、钾、镁的氯化物硫酸盐等可溶性杂质会破坏护面纸与石膏板芯的粘结或降低其粘结强度。因此必须严格控制有害杂质的含量：$Na_2O \leqslant 0.02\%$，$K_2O \leqslant 0.02\%$，$Cl^- \leqslant 10 \times 10^{-6}$ mg/L。

2. 工业副产石膏

工业副产石膏是指工业生产排出的以硫酸钙为主要成分的副产品的总称，又称化学石膏、合成石膏。磷素化学肥料和复合肥料生产、燃煤锅炉烟道气石灰石法/石灰湿法脱硫、萤石用硫酸分解制氟化氢、发酵法制柠檬酸都产生工业副产石膏。目前常用于纸面石膏板的生产的有脱硫石膏、磷石膏和氟石膏。

(1) 脱硫石膏

① 脱硫石膏中所含杂质对纸面石膏板性能的影响

由于脱硫石膏品位高，性能接近天然石膏，国外许多国家如日本、德国和美国等几乎所有的纸面石膏板厂部分或全部使用脱硫石膏生产纸面石膏板。尽管脱硫石膏是非常好的原料，但我国的脱硫石膏由于为湿粉状存在，含水率较高、白度不够等问题使其推广应用受到限制。脱硫石膏中含有较多的游离水，所以在煅烧前应进行预干燥（气流干燥、管束干燥法），处理除去附着水和部分结晶水，以利煅烧脱水。另外若 MgO、Na_2O、Cl^- 等可溶性杂质含量不稳或超标将使纸面石膏板出现起泡、回潮、脱纸等现象，通过水洗的方法或者与天然石膏混合使用的方法来减少杂质的影响以达到要求。各种杂质对纸面石膏板的影响如下：

a. 氯化物的影响

脱硫石膏中最主要的杂质是氯化物，氯化物在纸面石膏板中会影响石膏板纸和石膏芯的结合，在潮湿的条件下，氯会使钉子和钢筋加速生锈，因此脱硫石膏中的氯含量要求控制在一定的范围内。氯化物主要来源于燃料煤中，消除氯化物的方法是用热水洗涤，使其溶解于水中。

b. 钾、钠的影响

钠是很有害的成分，在纸面石膏板中影响纸和石膏芯粘结，钠在石膏中以 Na_2SO_4 形式存在，在纸面石膏板干燥时，Na_2SO_4 迁移到面纸与石膏芯之间，形成一层膜，石膏板干燥后，在常温下冷却下来，当温度低于 32℃时，此时 Na_2SO_4 吸收环境中的水分后形成白色絮状的粉末，使面纸和石膏芯粘结不好而剥离，这就是所谓粉化现象。而钾在脱硫石膏中形成复盐，也会影响面纸和纸芯的结合。

c. 镁盐的影响

一般镁以 $MgSO_4$ 形式存在，为可溶性盐，在纸面石膏板中，也会从石膏浆迁移到石膏芯与 $Na_2SO_4 \cdot 10H_2O$ 面纸结合处，影响纸面石膏板面纸的粘结。

② 纸面石膏板生产对脱硫石膏品质的要求

纸面石膏板生产对脱硫石膏有很高的要求，见表 7-4：

纸面石膏板对脱硫石膏的质量要求　　　　表 7-4

指标名称	游离水	$CaSO_4 \cdot 2H_2O$	MgO	Na_2O	Cl^-
指标值	<10%	>90%	<0.1%	<0.06%	$<1\times10^{-4}$
指标名称	SO_2	pH 值	有机物	颜色	气味
指标值	<0.25%	5	0.1%	白色	无味

③ 用脱硫石膏制造纸面石膏板生产工艺

用脱硫石膏和用天然石膏生产纸面石膏板，主要区别是建筑石膏的制备工艺不同。制板工艺基本相同，只需对配料比例和干燥曲线进行相应的调整即可。建筑石膏的制备工艺主要有一步法和二步法两种，工艺流程见图 7-1。

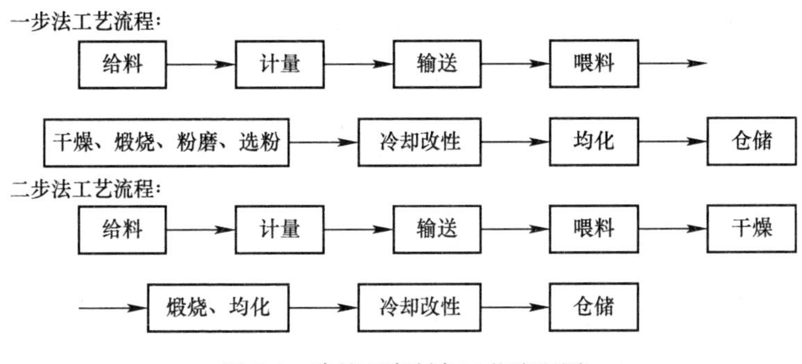

图 7-1　建筑石膏制备工艺流程图

一步法的特点是：工艺简洁，凝结时间短，能耗低，自动化程度高。但对原材料的适应性较差，工艺控制精度要求高，投资大，适合于大型纸面石膏板生产线配套使用。

二步法的特点是：产品质量稳定，半水石膏含量高，对原材料的游离水和品位变化适应性较强，可以使用其他工业副产石膏。但工艺相对比较复杂，凝结时间较长，用于石膏板生产需要添加大量的促凝剂。

（2）磷石膏

磷石膏与天然石膏相比含有较多杂质，这些杂质的存在对其应用性能造成了有害影响。磷石膏中磷分为可溶性磷和非可溶性磷，对石膏制品造成影响的主要是可溶性磷和共晶体磷。氟以可溶氟（NaF）与 CaF_2、Na_2SiF_6 等难溶氟形态存在，对石膏制品造成影响的主要是可溶氟。磷石膏中钾、钠主要以碳酸盐、硫酸盐、磷酸盐、氟化物等可溶盐形式存在；磷石膏制品受潮时，钾、钠离子沿硬化体孔隙迁移至表面，水分蒸发后在表面析晶，使制品表面产生起霜和粉化现象。磷、氟影响石膏制品的凝结时间和强度，钾、钠过高会出现纸面石膏板生产中不粘纸现象。目前水洗、中和、分级是净化处理磷石膏的有效方法。

工艺流程（图 7-2）简述：磷石膏打散破碎后，经皮带输送机进入第一混合洗涤槽，洗涤用水来自第二级洗涤过滤液，搅拌一段时间后，由料浆泵送入湿法振动筛，筛上大颗粒除去，筛下料浆经第一级皮带过滤机，滤液排入堆场水中，滤渣进入第二混合洗涤槽，用清水洗涤，搅拌一段时间后，泵入第二级皮带过滤机，滤液作为第一混合洗涤槽洗涤用水，滤渣为净化石膏产品，自然堆放晾干即可。

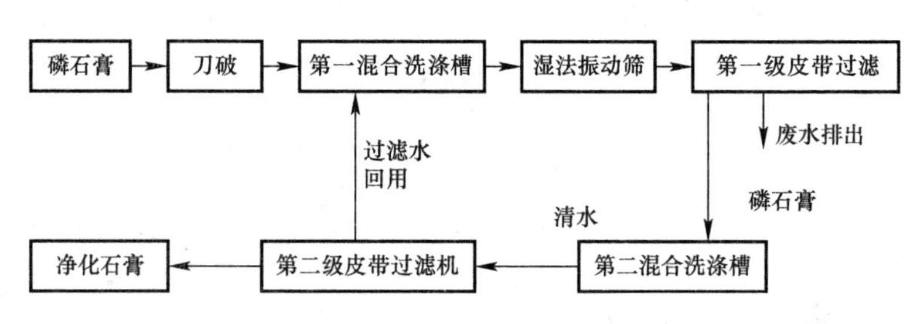

图 7-2　清水两级串洗磷石膏制建筑石膏粉工艺流程图

（3）氟石膏

氟石膏是氢氟酸制备过程中的副产品，目前关于氟石膏生产纸面石膏的研究很少。济南大学材料学院周敏、谢红波等人研究

了以氟石膏为原料、玉米秸秆纤维为增强材料添加复合激发剂激发氟石膏活性最终形成纸面石膏

（二）护面纸

在纸面石膏板的生产过程中护面纸与石膏芯牢固结合于一体，虽然护面纸的重量仅占石膏板总重的5%或更少，但是护面纸起到承受拉力和加固作用，而且板材表面平整度、板的边部形状等都与其密切相关，其地位举足轻重。

（三）胶粘剂

纸面石膏板的护面纸和石膏芯必须牢牢结合形成一个整体才能发挥整体强度的作用。因而胶粘剂的选择很是关键。常用的胶粘剂有聚合物、糊精、天然淀粉和改性淀粉。

（四）发泡剂

加入石膏料浆中的发泡剂成泡后以气泡状态充满料浆之中。气泡的体积约占石膏料浆的5%～15%。其中主要作用是减轻石膏板的重量从而达到节约石膏用量降低成本的目的。同时提高隔热、隔声、保温性能，改善板材脆性，使板材质量显著提高。在混合料浆中加入发泡剂比混合料浆不加入发泡剂的成型整度和干燥速度提高10%～20%，大大降低能耗，有利于干燥。

（五）增强增韧纤维

纸面石膏中加入增强增韧剂可以改善板的强度、韧性和施工性能。一般选用纤维材料在石膏结晶过程中起到“拉筋”作用使板芯强度提高，同时具有抗裂性并使板材有一定的弹性。常用的纤维有纸纤维、木纤维和玻璃纤维。

（六）调凝剂

调凝剂包括促凝剂和缓凝剂，它们的主要作用是通过改变熟石膏中各相组成的溶解度和溶解速度来调节料浆的凝结时间。

五、纸面石膏板生产工艺

纸面石膏板是以建筑石膏为主要原料，掺入适量添加剂与纤

维做板芯，以特制的板纸为护面，经加工制成的板材。纸面石膏板具有重量轻、隔声、隔热、加工性能强、施工方法简便的特点。

纸面石膏板的生产技术是基于建筑石膏水化机理。建筑石膏的主要成分为β-半水石膏，与水结合形成二水石膏，其简要生产工艺流程图如图 7-3 所示。

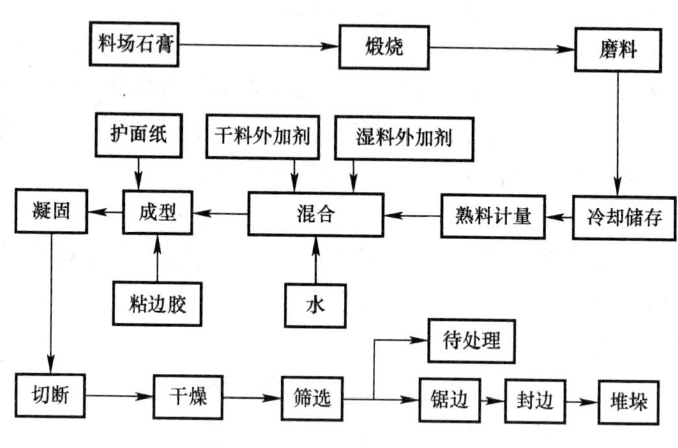

图 7-3　纸面石膏板生产工艺

下面以某公司生产工艺为例来说明纸面石膏板的制造过程和设备。该公司采用的主要原料是脱硫石膏，其主要成分为 $CaSO_4 \cdot 2H_2O$，其经过回转窑煅烧后可得到β型半水石膏为主建筑石膏，该过程用方程式表示为：

$$CaSO_4 \cdot 2H_2O \xrightarrow{\text{加热}} CaSO_4 \cdot 1/2H_2O + 3/2H_2O$$

煅烧后的建筑石膏经冷却后，储存于大料仓备用。

1. 配料部分

（1）备料：

① 改性淀粉、缓凝剂、纸浆、减水剂、水等原料经定量计量后放入水力碎浆机搅拌成原料浆，然后泵入料浆储备罐备用；

② 发泡剂和水按比例投入发泡剂制备罐搅拌均匀，泵入发泡剂储备罐备用；

③ 促凝剂和熟石膏粉原料经提升输送设备进入料仓备用。

（2）配料：

料浆储备罐中的浆料使用计量泵泵入到搅拌机，发泡剂使用动态发泡装置发泡后进入搅拌机，促凝剂和石膏粉使用全自动计量皮带秤计量后进入搅拌机，然后所有主辅料在搅拌机混合成合格的石膏浆。所有主辅料的添加都包括在自动控制系统中，随生产线速度的不同自动调节，以适应大规模、高速度的要求。

2. 成型输送部分

上纸开卷后经自动纠偏机进入成型机，下纸开卷后经自动纠偏机、刻痕机、振动平台进入成型机，搅拌机的料浆落到振动平台的下纸上进入成型机，在成型机上挤压出要求规格的石膏板，然后在凝固皮带上完成初凝，在输送辊道上完成终凝，经过定长切断机切成需要的长度，经横向机转向，转向后两张石膏板同时离开横向机，然后使用靠拢辊道使两张板材的间距达到要求后，经分配机分配进入干燥机干燥。

3. 烘干部分

采用锅炉提供蒸汽作为热源，蒸汽经过换热器换出热风后经风机送入干燥机内部完成烘干任务。本干燥机分为 4 区，能很好地完成石膏板干燥的干燥曲线，避免过烧、不干等缺陷。该工艺环保、节能、热效率高、工艺参数容易控制。

4. 成品包装部分

干燥机完成干燥任务后，经出板机送入横向系统，完成石膏板的定长切边、全自动包边，然后经过成品输送机送入自动堆垛机堆垛，堆垛完成后使用叉车运送到打包区检验包装，全套生产流程完成

第 1、2、3、4 步骤主要设备及流程如图 7-4 和图 7-5 所示。

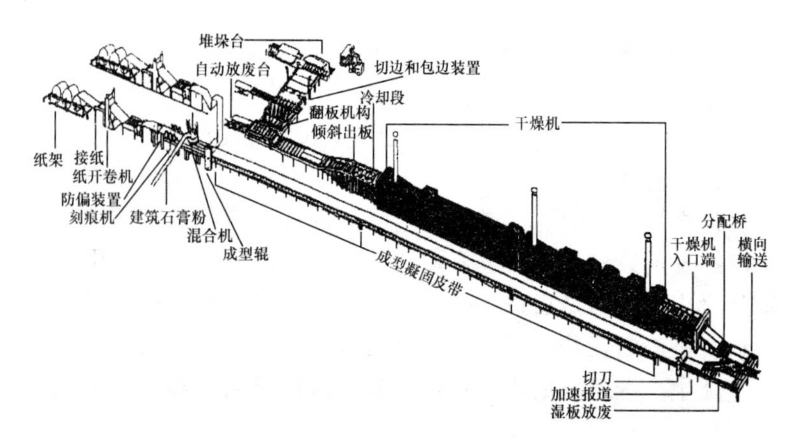

图 7-4　纸面石膏板生产线立体形象示意图

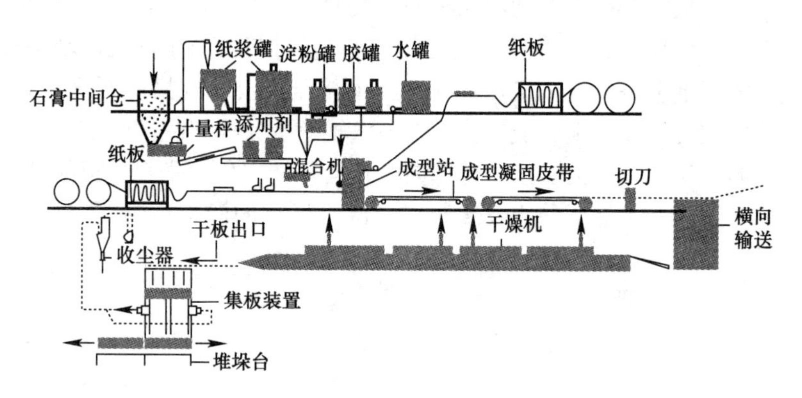

图 7-5　纸面石膏板生产流程示意图

该公司的纸面石膏板具有以下特点：

（1）生产能耗低，生产效率高：生产同等单位的纸面石膏板的能耗比水泥节省 78%，且投资少，生产能力大，工序简单，便于大规模生产。

（2）轻质：用纸面石膏板作隔墙，重量仅为同等厚度砖墙的 1/15，砌块墙体的 1/10，有利于结构抗震，并可有效减少基础及结构主体造价。

(3) 保温隔热：纸面石膏板板芯60%左右是微小气孔，因空气的导热系数很小，因此具有良好的轻质保温性能。

(4) 防火性能好：由于石膏芯本身不燃，且遇火时在释放化合水的过程中会吸收大量的热，延迟周围环境温度的升高，因此，纸面石膏板具有良好的防火阻燃性能。经国家防火检测中心检测，纸面石膏板隔墙耐火极限可达4h。

(5) 隔声性能好：采用单一轻质材料，如加气混凝土、膨胀珍珠岩板等构成的单层墙体其厚度很大时才能满足隔声的要求，而纸面石膏板隔墙具有独特的空腔结构，具有很好的隔声性能。

(6) 装饰功能好：纸面石膏板表面平整，板与板之间通过接缝处理形成无缝表面，表面可直接进行装饰。

(7) 加工方便，可施工性好：纸面石膏板具有可钉、可刨、可锯、可粘的性能，用于室内装饰，可取得理想的装饰效果，仅需裁纸刀便可随意对纸面石膏板进行裁切，施工非常方便，用它做装饰材料可极大地提高施工效率。

(8) 舒适的居住功能：由于石膏板的孔隙率较大，并且孔结构分布适当，所以具有较高的透气性能。当室内湿度较高时，可吸湿，而当空气干燥时，又可放出一部分水分，因而对室内湿度起到一定的调节作用，国外将纸面石膏板的这种功能称为“呼吸”功能，正是由于石膏板具有这种独特的“呼吸”性能，可在一定范围内调节室内湿度，使居住条件更舒适。

(9) 绿色环保：纸面石膏板采用天然石膏及纸面作为原材料，决不含对人体有害的石棉（绝大多数的硅酸钙类板材及水泥纤维板均采用石棉作为板材的增强材料）。

(10) 节省空间：采用纸面石膏板作墙体，墙体厚度最小可达74mm，且可保证墙体的隔声、防火性能。

由于纸面石膏板具有质轻、防火、隔声、保温、隔热、加工性能良好（可刨、可钉、可锯）、施工方便、可拆装性能好，增大使用面积等优点，因此广泛用于各种工业建筑、民用建筑，尤其是在高层建筑中可作为内墙材料和装饰装修材料。如：用于框架结构中的非承重墙、室内贴面板、吊顶等。

六、纸面石膏板的质量控制

（一）纸面石膏板质量的影响因素

1. 护面纸对石膏板材强度影响及分析

纸面石膏板的强度，来自于护面纸的张力强度。护面纸的质量及与石膏芯体的结合力，很大程度上决定了纸面石膏板无论内在质量还是外观的质量。纸面石膏板材的纵向、横向断裂强度分别对应面纸的纵向张力强度和底纸的横向张力强度，鉴于护面纸对石膏板材强度贡献率约80%，以12mm厚石膏板计，无论理论上计算还是实际应用，均验证了面纸纵向张力强度提高10%时，纸面石膏板材纵向断裂荷载将提高8%（假定原断裂荷载550N将提高至594N）；同样底纸横向张力强度提高10%时，板材横向断裂荷载将提高8%（假定原横向断裂荷载200N将提高至216N）。所以，配套护面纸张力强度（面纸纵向和底纸横向）成为提高轻质纸面石膏板强度的决定因素。

2. 石膏芯体对石膏板强度影响及分析

以12.0mm厚石膏板为例。实验表明，板芯纵向强度约占板材纵向强度的20%，板芯横向强度约占16%。由此可见，石膏芯体对板材强度贡献率较小。提高原矿石膏品位对改善石膏板断裂荷载影响不大，当然它对石膏板材其他性能如纸面芯材粘结等性能会有积极意义。同样，纸面石膏板单位面积质量的增加，对改善石膏板断裂荷载影响较小，相对而言，其能耗、运输成本等综合性能和效益的负面影响较大。

3. 环境湿度和吸附水对石膏板材强度的影响

纸面石膏板对环境具有很强的吸湿性能，所吸收的吸附水直接影响到板材的断裂荷载，尤以纵向断裂荷载为甚。9.5mm厚石膏板断裂荷载与吸附水含量的关系见图7-6。

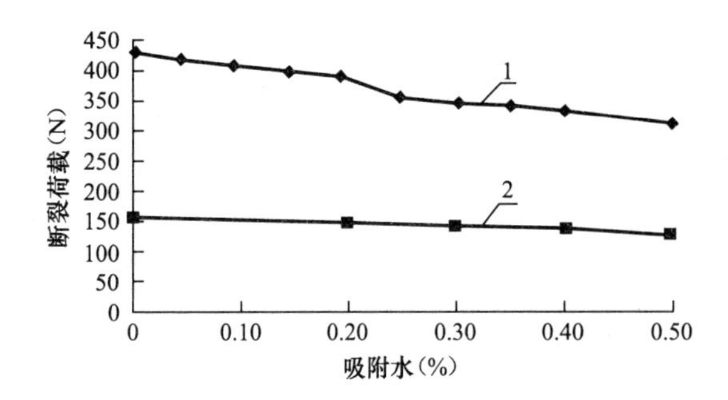

图 7-6　9.5mm 厚石膏板断裂荷载与吸附水关系曲线

1-纵向断裂荷载；2-横向断裂荷载

图 7-6 表明，吸附水对 9.5mm 厚石膏板纵向断裂荷载影响极大，而对横向断裂荷载影响较小。吸附水在 0.25%左右时即影响到断裂荷载合格与否（标准值 360N）的判定；而横向标准值 140N 对应吸附水 0.45%，允许范围较大。12.0mm 厚石膏板断裂荷载与吸附水含量的关系见图 7-7。

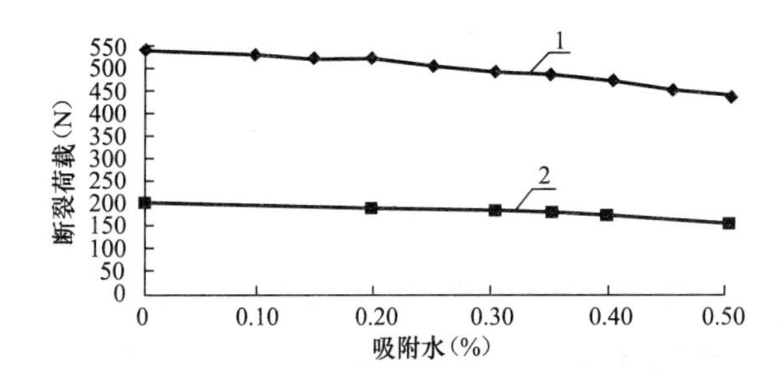

图 7-7　12.0mm 厚石膏板断裂荷载与吸附水关系曲线

1-纵向断裂荷载；2-横向断裂荷载

图 7-7 表明，同样，吸附水对 12.0mm 厚石膏板纵向断裂影响极大，对横向断裂荷载影响较小。吸附水在约 0.25%时即影响到断裂荷载合格与否（标准值）的判定；而横向标准值 180N 对应吸附水 0.40%，允许范围较大。试验表明，空气相对湿度大于 70%时，石膏板材吸湿性很强，吸附水快速增多，断裂荷载将随之下降；而相对湿度小于 50%时，石膏板材吸附水开始

释放，断裂荷载与其干燥状态数值接近一致。

（二）轻质高强纸面石膏板的生产质量控制

1. 优选护面纸

由于纸面石膏板强度约80%源于护面纸，提高护面纸抗张强度成为首选。国外面纸180g/m^2、190g/m^{2}纸的强度优于国产210～230g/m^{2}面纸；国外160g/m^2、170g/m^{2}的底纸强度优于国产190～210g/m^{2}的底纸。同时，护面纸与石膏芯材粘结性能也是关键所在，它们是构成轻质高强板材要素之一。

2. 优选石膏

尽管石膏纯度对纸面石膏板强度直接贡献率不大，但是高纯度石膏对石膏板材综合性能有很大帮助，其中尤以粘结性能和耐火性能最突出，同时对降低石膏板材密度也有直接贡献。国外石膏板企业普遍采用高纯度石膏，品位高达95%，就是很好的例子。

3. 采用高效发泡剂和先进发泡工艺

优质石膏配以固含量60%以上超浓缩高效发泡剂，是轻质纸面石膏板的重要技术保证。同时采用先进的动态发泡工艺，极大地降低纸面石膏板材的密度。

4. 玻璃纤维的影响

玻璃纤维对纸面石膏板材强度影响很小，只有添加量达到一定程度时才会提高板材强度，当然耐火纸面石膏板则另当别论。

（三）纸面石膏板的施工技术

1. 施工工艺流程

轻钢龙骨纸面石膏板隔墙的施工工艺流程为：在结构梁板上弹线、找方正→安装天地龙骨→竖向龙骨分档→安装竖向龙骨→安装横向穿杆卡档龙骨→安装门洞框→安装一侧罩面板→安装系统管线、盒→填充防火隔声棉→安装另一侧罩面板→自攻螺钉校正、防锈处理→弹性腻子嵌板缝→粘贴封缝条→板面满刮腻子3遍并打光→刷内墙乳胶漆2遍。

2. 施工技术要点

（1）施工作业条件

隔墙安装应在主体结构、屋面、地面、室内抹灰、外墙窗玻璃等工序完成后进行；墙面板安装应在暖卫、通风、电气的暗装管道、过墙管、电线管及墙面预埋件完成，管道保温、管道试压及隐蔽验收后进行；裱糊工程应待顶棚、门窗玻璃、油漆、刷浆工程完成后进行；隔墙安装的环境温度应≤5℃。

（2）墙位放线

按设计平面布置图在地面上弹出墙主面边线和龙骨边线，定出墙体门洞、窗洞位置，并将线引至顶棚和墙柱上；放线时应考虑建筑物竣工的实际尺寸并适当调整，以保证整体协调。

（3）墙垫制作

当设计采用水泥、水磨石、大理石踢脚板时，墙下端做墙垫；先清理与墙垫接触的地面，刷界面处理剂、浇筑C20混凝土，且要求墙垫表面平整，两侧垂直。

（4）龙骨安装

根据所弹龙骨边线，先用射钉枪固定垫有泡沫塑料条的沿地、沿顶龙骨，射钉间距≤600mm；竖向龙骨两端应插入沿顶、沿地龙骨内，用抽芯铆钉固定，靠墙或柱子的竖向龙骨用射钉（或膨胀螺栓）固定在墙或柱上，射钉间距≤500mm；竖向龙骨应从墙的一端向另一端或从门窗洞口向两端排列及安装，竖向龙骨的间距为：（板宽1.2m＋接缝宽）/2，且≤615mm，当最后1根竖向龙骨的间距＞615mm时，应增设1根竖向龙骨；当层高大于竖向龙骨长度时，竖向龙骨应接长，可用U形龙骨套在竖向龙骨接缝处，用抽芯铆钉或自攻螺钉固定，设计要求石膏板不铺到顶的隔墙，竖向龙骨仍应安装到顶；隔墙高度大于石膏板长度时，在石膏板水平接缝处应增设横撑龙骨，用沿地、沿顶龙骨或竖向龙骨截成小段固定在两根竖向龙骨之间，竖向龙骨开口面用卡托与横撑连接，竖向龙骨背面用角托与横撑连接。门、窗等洞口及墙面需挂重物的位置也应增设横撑龙骨；当层高＞3m

时，对于QL、QC体系，可在600mm一档的竖向龙骨空洞中穿入通贯横撑龙骨，并用支撑卡和通贯横撑龙骨连接件卡紧。通贯横撑龙骨间距为600mm或1200mm，且应在竖向龙骨固定前插入；安装在门洞口、窗洞口、预留洞口处的竖向龙骨及横撑龙骨需用加强龙骨予以加强。加强龙骨应与竖向龙骨、横撑龙骨预拼成整体后再安装；金属减振条与竖向龙骨垂直连接，用抽芯铆钉固定，间距≯600mm，减振条搭接长度≮100mm；在QL及QC竖向龙骨上，应选用与龙骨断面尺寸相适应的支撑卡，卡距≮600mm，应卡紧牢固，不得松动。

（5）纸面石膏板安装

检查龙骨安装质量，门洞口框是否符合设计及构造要求，龙骨间距是否符合石膏板宽度的模数；安装一侧的纸面石膏板，从门口处开始，无门洞口的墙体由墙的一端开始，石膏板一般用自攻螺钉固定，板边钉距200mm，板中间距300mm，螺钉距石膏板边缘的距离在10～16mm，自攻螺钉固定时，纸面石膏板必须与龙骨紧靠；安装墙体内电管、电盒和电箱设备；安装墙体内防火、隔声、防潮填充材料，与另一侧纸面石膏板同时进行安装填入；安装墙体另一侧纸面石膏板：安装方法同第一侧纸面石膏板，其接缝应与第一侧面板错开；安装双层纸面石膏板：第2层板的固定方法与第1层相同，但第3层板的接缝应与第1层错开，不能与第1层的接缝落在同一龙骨上。

（6）接缝处理

纸面石膏板接缝有平缝、凹缝和压条缝3种形式，可按以下步骤处理：①刮嵌缝腻子：刮嵌缝腻子前先将接缝内浮土清除干净，用小刮刀将腻子嵌入板缝，与板面填实刮平；②粘贴拉结带：待嵌缝腻子凝固成形随即粘贴拉结材料，先在接缝上薄刮一层稠度较稀的胶状腻子，厚度为1mm，宽度为拉结带宽，随即粘贴拉结带，用中刮刀自上而下沿一个方向刮平压实，赶出胶状腻子与拉结带之间的气泡；③刮中层腻子：拉结带粘贴后，立即在其上再刮一层比拉结带宽 80mm 左右、厚度约 1mm 的中层腻子，将拉结带埋入这层腻子中；④找平腻子：用大刮刀将腻子填满楔形槽，与板抹平。

（7）墙面防潮处理与墙面装饰

为防止石膏板面因批腻子或受水潮湿而变形，在接缝处理完毕、满批修平腻子前，墙面必须满刷两道防潮材料，第 1 道横刷与第 2 道竖刷，隔墙下端不做墙基，隔墙直接与地面接触时，石膏板与地面应有≮10mm 的间隙，隔声墙应使用建筑密封膏填满缝隙；卫生间等潮湿房间的隔墙应采用防水石膏板，下端应设防水层，墙面应做防潮处理，沿隔墙设置水池、水箱、脸盆等附件时，墙面应贴瓷片或其他防水片材。根据设计要求，可做各种饰面。

3. 施工中的注意事项

施工应以《建筑装饰装修工程质量验收规范》GB 50210—2001 的规定为准，并应特别注意以下几个问题：

（1）隔墙骨架的垂直度偏差应控制在 3mm 内，沿地龙骨的轴线弹出后，要引测到沿顶龙骨上去，使上下轴线重合，才能达到墙面垂直。因此，准确引测轴线是保证垂直度不超差的关键。

（2）轻钢骨架连接不牢固的原因是局部节点不符合构造要求，安装时局部节点应严格按图纸规定处理，钉固间距、位置、连接方法等应符合设计要求。

（3）墙芯岩棉填充应密实、均匀、不下坠。如果使用薄岩棉填塞龙骨墙芯，因其不易填塞密实就容易下坠，其隔声和防火性能就会受到影响。将岩棉毡边框处用岩棉条压紧，则岩棉毡就不会下坠。若电盒处的岩棉裁口太大，也会造成局部岩棉填充不密实，因而应正确量测好电盒在框格内的位置，认真裁割岩棉毡。

（4）贴缝材料质量要好，所用的胶粘结性要强、无毒，胶带的抗拉强度要大，有一定的韧性和伸缩性，否则封缝条会脱落或被拉裂起缝。

（5）墙体收缩变形及板面裂缝的原因是竖向龙骨紧顶上下龙骨，未留伸缩量，长度＞2m 的墙体未做控制变形缝，造成墙面变形。隔墙周边应留 3mm 的空隙，这样可以减少因温度和湿度影响产生的变形和裂缝。

（6）墙体罩面板不平大多由两个原因造成：一是龙骨安装横向错位，二是石膏板厚度不一致。明凹缝不均的原因是纸面石膏板拉缝的尺寸未掌握好，施工时应注意板块分档尺寸，保证板间拉缝一致。

第二节　石膏砌块

一、石膏砌块的发展情况

石膏砌块是以建筑石膏为主要原材料经加水搅拌、浇注成型和干燥制成的轻质建筑石膏制品。在生产中根据性能要求允许加入纤维增强材料轻骨料，也可加入发泡剂或者高强石膏。石膏砌块主要用于框架结构和其他结构建筑的非承重墙体，一般作为内隔墙用。若采用合适的固定及支撑结构墙体，还可承受较重的荷载。掺入特殊外加剂的防潮砌块可用于浴室、卫生间等不是持续潮湿的场所。

1. 国外发展情况

在欧洲，法国的石膏砌块产量最高，在世界上也是首屈一指，年产量约 1700 万 m^2，人均年消耗量为 0.33m^2；联邦德国石膏砌块的年产量为 600 万 m^2 左右，其中 25％的产品是采用工业副产石膏生产的；荷兰石膏砌块的年产量为 300 万 m^2，是所有隔墙材料中销售量最大的产品，占 50％。此外，比利时、西班牙、奥地利、芬兰也生产大量的石膏砌块，年产量在 70～400 万 m^2 之间，其中芬兰的石膏砌块全部是采用工业副产石膏生产的。在东欧，波兰是石膏砌块最大的生产国，其次是南斯拉夫和保加利亚。俄罗斯与罗马尼亚的石膏砌块一部分是采用工业副产石膏生产的。

在亚洲，以伊朗的石膏砌块产量最大，年产量为400～500万m^2。其次为土耳其，年产量约100万m^2。此外，还有伊拉克、以色列、约旦、黎巴嫩、沙特阿拉伯和叙利亚生产石膏砌块。目前，亚洲只有韩国采用工业副产石膏生产砌块。

在非洲，阿尔及利亚的产量占首位，每年产量为2000万m^2，其次为埃及、摩洛哥、突尼斯、塞内加尔。其中塞内加尔是利用工业副产石膏生产砌块的。

在南美和中美，委内瑞拉的产量最大，其次为阿根廷、巴西、智利和哥伦比亚。

在大洋洲，澳大利亚有3个石膏砌块工厂，但其生产能力比其他建材产品的产量低。在这一地区，石膏砌块仍处于发展阶段。

在国外，石膏砌块在工业领域有着十分广泛的应用。欧洲是世界上石膏砌块产量最高、采用量最大的地区。国外工业发达国家石膏胶凝材料产量约占水泥产量的5.7%～26%，而我国的石膏胶凝材料产量占水泥产量的比例很低，仅占3%，目前我国石膏砌块的发展还处于起步阶段，还有相当大的发展空间。

2. 国内发展情况

石膏工业在我国已有较长的发展历史。国内在20世纪70年代末就开始研制和生产石膏砌块，但一般均为手工、立式单模生产。80年代国家建材局组织专家组利用“立模成型、液压顶升”原理研制出了集装箱式结构的石膏砌块机组，产品规格及质量要求均符合联邦德国DIN18163标准。1985年国家在支援西藏项目中从联邦德国引进了一套集装箱式石膏砌块机组，后来因故该机组于1997年被转售至武汉裕森公司，并生产出合格产品，年生产能力为15万m^2左右。

目前国内石膏砌块成型机组的主要生产厂家有：泰安西格机

电科技有限公司、北京力博特尔科技有限公司、武汉老三届新型建材有限公司、杭州仁和建材技术开发有限公司等。这些厂家成型机组的单机生产能力都可达到15万m^2以上，符合国家政策的规模要求。近年来我国石膏砌块行业已开始得到快速发展，目前约有四五十家厂家在生产各种类型的石膏砌块。比较具有代表性的厂家有：北玛建筑装饰材料有限公司、北京国华杰地动力技术服务有限公司、北京力博特尔科技有限公司在山东莱芜的石膏空心砌块生产线等。

二、石膏砌块的特点

1. 耐火性

石膏砌块中的石膏是以二水硫酸钙（$CaSO_4 \cdot 2H_2O$）的形式存在，二水硫酸钙在遇火高温状态下释放结晶水，1mol的二水石膏会先释放1.5mol的结晶水，变成半水石膏（$CaSO_4 \cdot 1/2H_2O$），随着温度的进一步升高，再释放0.5mol的结晶水，变成$CaSO_4$。据推算100mm厚的石膏砌块墙体每平方米要蒸发十几千克水分。在结晶水蒸发完之前墙体的温度不会进一步升高。因此石膏砌块具有优良的防火性能，完全符合国家防火标准要求。

2. 隔声性

众多建筑材料中石膏砌块是一种理想的隔声材料。60mm厚的石膏空心砌块就可以满足国家标准《民用建筑隔声设计规范》GBJ 118—88规定的住宅建筑隔声要求。另外以100mm厚的石膏砌块墙体为例其建筑隔声值已达到36～38dB，其他同规格建筑材料是难以达到此值的。实心砌块的隔声值，尤其是低频隔声值有所加强，更能满足隔声要求。另外通过在石膏砌块中掺加轻骨料如膨胀珍珠岩、陶粒等或采用空腔结构加吸声材料等还能够改善砌块的保温性和提高隔声性能。不同规格石膏空心砌块的隔声、耐火性能见表7-5。

石膏空心砌块隔墙构造和性能 **表 7-5**

隔墙分类	构造	墙体			隔声指数(dB)	耐火极限(h)	备注
		条板层数	重量(kg/m^2)	厚度(mm)			
一般隔墙	隔火、隔声单层墙板	1	42	60	30	1.3	—
防火隔墙	耐火双层墙板	2	84	140	41	3	双层墙板错缝间距≥200mm
隔声隔墙	隔声双层墙板	3	84	160	41	3	双层墙板错缝间距≥200mm
隔声隔墙	隔声双层墙板	4	85	160	45	3.25	双层墙板错缝间距≥200mm

3. 舒适性

石膏砌块在硬化过程中形成无数个微小的蜂窝状呼吸孔。由于石膏砌块的微孔结构特性，当室内环境湿度较大时呼吸孔自动吸湿，在相反的条件下却能自动释放储备水分，这样反复循环巧妙地将室内湿度控制在一个适宜的范围。这种呼吸过程既不影响墙体结构的稳定性及安全程度，又提高了居住的舒适感。石膏与木材的平均导热系数相近，均比较小，导热系数小，使得当人接触它时，不感觉冰冷，这就使人们特别钟爱在室内使用木材。石膏砌块的特殊材质决定了应用于建筑物后使建筑物的功能得到显著提高和改善。

4. 环保性

在水泥、石灰、石膏三大胶凝材料的生产过程中建筑石膏的能耗最低，大力发展石膏制品就可起到节约能源、保护环境的作用。石膏砌块平整度高，表面细腻光滑，外形美观大方。除此之外石膏砌块还具有生产清洁、施工方便等优点，可广泛适用于各种房屋建筑，特别是高层建筑物的非承重内墙。总之石膏砌块不仅是一种性能非常好的建筑材料，而且是一种非常全面的、符合持续发展及循环经济的新型绿色建筑材料。

5. 稳定性

石膏砌块分布着无数均匀微小的气泡及孔道，这种构造不仅降低了密度，还使它具有一定的可变性能，因而石膏砌块具有较大的初始屈服变形值，成为一种具有延长特点的墙体材料。其次石膏的体积稳定在框架中能长期保持紧密结合。正是这种性能，使墙体材料能够与框架结构一致同步变形。由于体积稳定性的特点，只要石膏砌块与框架结构之间连接措施到位，就能有效防止地震中墙体与框架之间的脱位。经有关振动研究部门对墙体的抗震能力进行了检测，石膏砌块轻质墙体材料具有可以满足抗震设计的变形能力，是抗震设防地区高层框架良好的抗震材料。

6. 施工性

石膏砌块墙体施工具有以下优点：石膏砌块墙体的安装基本采用干法作业，墙体内的构造柱或门窗洞口过梁可采用钢构件或混凝土预制构件，基本无需混凝土现浇作业，可加快施工进度；石膏砌块产品尺寸精确、表面平整度好，墙面砌筑完成后只需局部用粉刷石膏找平，用石膏腻子罩面，省去墙面抹灰工序，节省了费用，避免了墙面开裂等质量问题；墙体安装完毕，经几天干燥后，即可进行墙面的装饰，可大大缩短工期。

三、石膏砌块的质量标准和技术性能

1. 分类

根据行业标准《石膏砌块》JC/T 698—1998 石膏砌块可以划分为：按其结构特性可分为石膏实心砌块（K）和石膏空心砌块（S）；按其石膏来源可分为天然石膏砌块（T）和化学石膏砌块（H）；按其防潮性能可分为普通石膏砌块（P）和防潮石膏砌块（F）；按成型制造方式可分为手工石膏砌块和机制石膏砌块。

2. 规格

石膏砌块外形为纵横边缘分别设有榫头和榫槽，其规格为：

（1）长度为666mm；

（2）高度为500mm；

（3）厚度为60mm、80mm、90mm、100mm、120mm。

可根据用户要求生产其他规格的产品，其质量应符合《石膏砌块》JC/T 698—1998标准的要求。

3. 产品标记

石膏砌块的标记顺序为：产品名称、类别代号、规格尺寸和标准号。例如：用天然石膏作原料制成的长度666mm、高度500mm、厚度为80mm的普通石膏空心砌块标记为：石膏砌块KTP 666×500×80。

4. 技术要求

（1）外观质量

砌块表面应平整，棱边平直，外观质量应符合表7-6的规定：

石膏砌块外观质量 **表7-6**

项　目	指　标
缺角	同一砌块不得多于1处缺角，尺寸应小于30mm×30mm
板面裂纹	非贯穿裂纹不得多于1条裂纹，长度小于30mm，宽度小于1mm
油污	不允许
气孔	直径5～10mm不多于2处；>10mm不允许

（2）尺寸偏差

石膏砌块的尺寸偏差应不大于表7-7的规定。

石膏砌块尺寸偏差 **表7-7**

项　目	规　格	尺寸偏差
长度（mm）	666	±3
高度（mm）	500	±2
厚度（mm）	60、80、90、100、110、120	±1.5

（3）表观密度

实心砌块的表观密度应不大于1000kg/m^3，空心砌块的表观密度应不大于700kg/m³，单块砌块质量应不大于30kg。

（4）平整度

把钢板尺立放在砌块表面两对角线上，用塞尺测量砌块表面与钢板尺之间的最大间隙作为该试件的平整度。石膏砌块表面平整度应不大于1.0mm。

（5）断裂荷载

石膏砌块应有足够的机械强度，断裂荷载值应不小于1.5kN。

（6）软化系数

石膏砌块的软化系数应不低于0.6，该指标仅适用于防潮石膏砌块。

四、石膏砌块的原材料

（一）石膏

1. 建筑石膏

根据GB/T 9776—2008，建筑石膏组成中β-半水硫酸钙（β-CaSO4·1/2H_2O）的含量（质量分数）应不小于60.0%，其物理力学性能应符合表7-8要求。

建筑石膏的物理力学性能 **表7-8**

等级	细度（0.2mm方孔筛筛余）（%）	凝结时间（min）		2h强度（MPa）	
		初凝	终凝	抗折	抗压
3.0	≤10	≥3	≤30	≥3.0	≥6.0
2.0				≥2.0	≥4.0
1.0				≥1.6	≥3.0

此外，工业副产石膏应进行必要的处理后，方能作为制备建筑石膏的原材料。工业副产建筑石膏的放射性核素限量应符合GB 6566的要求。工业副产建筑石膏中限制成分氧化钾（K_2O）、氧化镁（MgO）、五氧化二磷（P_2O_5）和氟（F）的含量应有供需双方商定。

2. 氟石膏

氟石膏主要成分是无水硫酸钙（Ca_2SO_4），难溶于水，水化缓慢，凝结能力差，且不具有早期强度。目前，部分氟石膏用作水泥的外加剂，而大部分氟石膏稍加中和处理后就作为一种固体废弃物堆存，但直接堆存不仅占地，还污染土壤和地下水环境。直接用氟石膏成型砌块时，砌块的强度过低，无法直接应用，掺加适量的明矾、Na_2SO_4 或 Na_2CO_3，显著提高以氟石膏为原料的硬化块体的抗压强度。因为盐类激发剂在氟石膏颗粒的表面生成二水石膏，二水石膏不断结晶，是提高氟石膏块体强度的机理所在。根据水化硬化机理，盐类激发剂在整个水化过程中，不参与网络结构的形成，只是附着在氟石膏晶体上，通过复盐的形成和分解来促进氟石膏的水化。随着水化的逐步推进，水化后期是晶体生长过程，复盐作用将减弱，盐类激发剂从氟石膏胶结料中分离出来，填充于氟石膏胶结料的孔隙中，其在提高氟石膏硬化体强度的同时，也能阻止水分的进入，提高氟石膏砌块的强度。

氟石膏也有其自身优势：生产氟石膏的原料酸和萤石纯度很高，并且在无水状态下反应，所产氟石膏为无水石膏，Ca_2SO_4 含量高达95%以上，是一种难得的极品石膏资源。从氟化氢反应炉中排出的未加水处理的新鲜氟石膏（未经长期堆放）用于生产建筑石膏，又有以下优势：纯度高、杂质少；无需煅烧处理；无需破碎，粉磨工作量小。直接利用无水氟石膏经激发生产新型墙材，工艺流程短、成本低、可减少污染、节约能源，是今后氟石膏综合利用的新途径之一，可从根本上解决氟石膏综合治理的问题。

氟石膏建筑砌块的生产，是将无水氟石膏、石灰粉、粉煤灰、矿渣、外加剂等按比例混合拌匀后，采用半干法振压成型，成型压力为15～20MPa，砖坯经静停堆垛养护至28d即可入库。

为了充分发挥氟石膏本身的增强作用，生产高强度的氟石膏砌块，通常添加适当的化学复合物质。这种复合材料的硬化机理主要有3个方面：外加的增强粘合剂本身对复合材料强度的贡献；添加物与氟石膏间生成的新物质形成强度较高的新物相；氟石膏本身发生转化，形成强度较高的新物相。在这三者作用下，复合材料的整体强度大大增加。

高强度氟石膏砌块的生产工艺流程简述如下：激发剂与其他添加剂混合后再与氟石膏搅拌混合，在固定床反应器中进行第 1 次反应，同时消除氟石膏中的有害成分。然后经强力搅拌机均化处理，加上一部分复合凝胶材料与氟石膏强力搅拌混合后压制成型，进行第 2 次反应，经养护后即成产品。试验生产线的成型部分是专门为氟石膏类物料研制开发的新型设备，采用多工位，是目前最大的国产液压砖坯成型装置。多孔砌块和更大规模产量的主机可在此基础上制造。整条试验生产线具有年产 500 万块标砖的生产能力，经扩产能力可达 2500 万块。其主要生产流程见图 7-8。

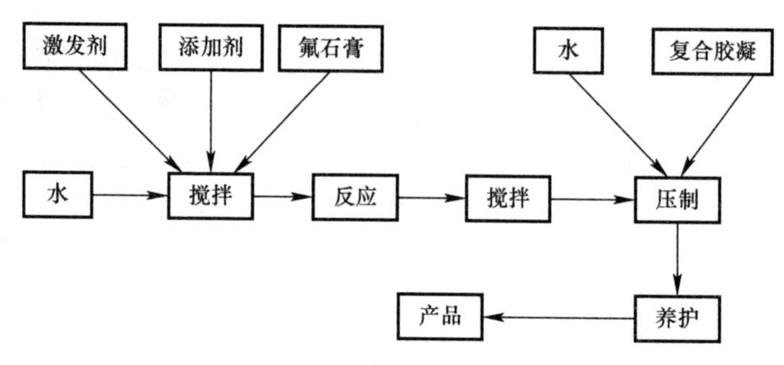

图 7-8　高强度氟石膏砖坯液压成型流程示意图

3. 磷石膏

磷石膏生产石膏砌块的关键技术包括：磷石膏水洗净化技术；粉状石膏烘干技术；浇注成型及添加剂配方技术等。现详述如下：

（1）磷石膏水洗净化技术

磷石膏中除含有磷、氟和一些无机杂质外，还含有对产品有害的有机杂质，这些杂质会影响墙体材料产品的颜色，降低产品强度，对人体产生辐射，腐蚀混用的装饰材料，因此需要对磷石膏进行洗涤净化处理。

贵州宏福实业开发有限总公司在节约开支、降低研发成本的原则下，独创出阶梯池式人工洗涤净化技术，其工艺流程见图 7-9。

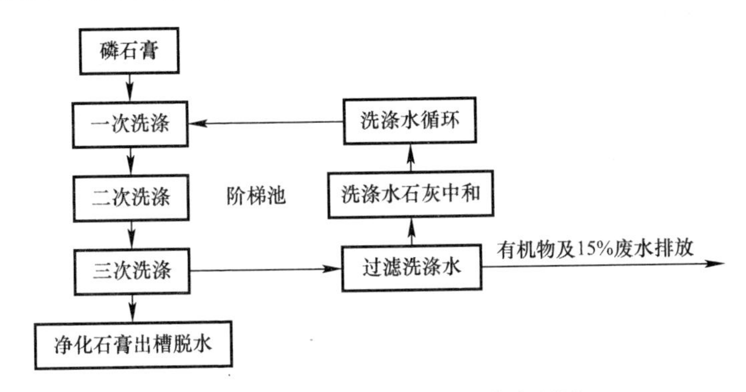

图 7-9　阶梯池式洗涤技术工艺流程图

这种洗涤技术实现了“四合一”的洗涤效果，为磷石膏洗涤净化开创了新的技术和工艺：

① 水洗——可除去磷石膏中细小的可溶性杂质，如游离磷酸、水溶性磷酸盐和氟。

② 分级——可除去磷石膏中细小的不溶性杂质。如硅砂、有机物以及细小的磷石膏晶体。

③ 湿筛——可除去磷石膏中大颗粒石英和未反应的杂质。

④ 石灰中和——可除去磷石膏中的残留酸。

（2）粉状石膏烘干技术

粉状石膏烘干技术在国内有成熟的锤式烘干和连续性沸腾炉烘干及间歇式炒锅烘干技术。粉状石膏烘干的技术要点包括烘干温度、烘干时间和烘干量。掌握这些技术要点，就能通过试验确定石膏砌块产品的成本情况，为工业化生产提供基础数据。间歇式烘干技术关键在于炉膛温度控制、炒锅炒拌速度控制、炒锅排潮控制、粉尘控制、石膏炒制温度控制和成品静放时间控制等。掌握这些技术，就基本可以生产出合格的建筑石膏粉，有了建筑石膏粉，就可以生产多项下游产品。

（3）浇注成型及添加剂配方技术

石膏产品是建筑石膏粉、水和各种添加剂拌合反应，还原为二水增强石膏，根据模型形成石膏制品。还原过程中的形状控制和增强技术的应用是研发工作重点。石膏制品强度增强技术、制品表面不脱粉技术成型浇注中的缓凝技术、抽空和脱模时间控制技术都是研发的关键技术。

石膏砌块的增强技术主要是控制一部分石膏粉的炒制温度，并可以添加适量的石灰粉、水泥进行增强。这种技术的应用，不仅可以增强石膏砌块的强度，还可以提高石膏砌块的防潮性能。在石膏砌块成型过程中添加适量的短切玻璃纤维，可大大增强砌块的抗折强度；添加胶质添加剂，可完全控制石膏砌块表面脱粉；添加缓凝剂可以控制砌块成型时的抽空和脱模时间，从而调整生产速度，提高和控制产品的生产量。

4. 脱硫石膏

脱硫石膏的脱水过程与天然石膏不同，天然石膏游离水含量小，一般不大于2%，在脱水过程中游离水很快就蒸发掉，接着便是脱结晶水过程。脱硫石膏游离水含量高，在脱水过程中脱去的水分多，脱水的前部分主要为脱游离水，后半部分主要为脱结晶水。脱水过程前部分料温上升速率较慢，排湿量大，后半部分料温上升速率较快，排湿量较小，达到料温要求后15min即可。

脱硫石膏适宜的脱水温度以170～200℃为好，恒温时间3～4h，所得建筑石膏可达到或超过国家标准优等品的质量要求。陈化是影响石膏性能的重要因素，通过陈化可使脱水后石膏中的相组成趋于稳定，石膏性能不产生大的波动。陈化7d左右石膏性能趋于稳定，表现为标准稠度用水量稳定与强度波动小。在工业生产中，考虑到生产效率和能耗等因素，确定最高料温为175℃。

与天然建筑石膏相比，脱硫建筑石膏的生产更节能。天然石膏在生产过程中需破碎、粉磨，每生产1t建筑石膏耗电约50度，并且天然建筑石膏在性能上难与脱硫建筑石膏相比拟。

如图7-10所示，脱硫石膏空心砌块的成型过程，包括原材料计量、高速搅拌、浇注、脱模干燥等工序。

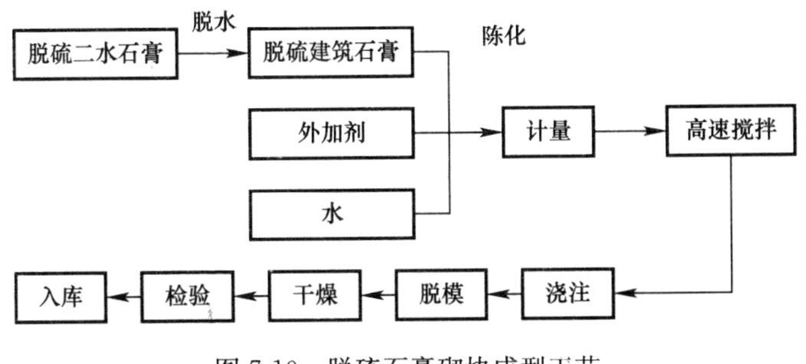

图 7-10 脱硫石膏砌块成型工艺

（二）其他原材料

其他原材料有各种轻骨料、纤维增强材料、发泡剂、填料、活性掺合料及其添加剂等，主要的是粉煤灰、陶粒、玻璃纤维、水淬矿渣、炉渣、水泥等，参见有关技术资料。

五、施工质量控制

1. 施工操作及质量要求

（1）施工单位应按施工图弹好中线及楼面标高；安装石膏砌块的楼面应事前清扫干净。

（2）石膏砌块安装前：应检查材料质保资料和检测报告，现场重点针对砌块含水率、平整度、有无破坏性裂缝、缺角等进行检查，严禁使用不合格产品。

（3）石膏砌块安装：根据地面弹线位置，在地面先用 C20 混凝土浇筑高度 120～300mm 基座，砌筑时，在石膏砌块的凹槽内直接填入粘结材料，砌至板底或梁底。预留 20～30mm 的缝隙，在石膏砌块顶端打入木楔，间隔 1000mm，卡紧，再将嵌缝材料嵌入墙顶缝内并刮平。

（4）石膏砌块与已粉好的墙、柱侧面的连接：应事先在墙、柱面相应位置开槽，槽宽为 100mm。沿高度方向将 10mm×20mm×40mm 防腐木块固定在墙、柱上，每块砌块不少于 2 处，木块嵌入砌块凹槽内以加强两者的连接牢度。

（5）石膏砌块应分皮错缝搭接：上、下皮石膏砌块搭接长度不得小于85mm，并采用专用粘结材料粘结，嵌缝要饱满、密实。

（6）若隔墙长度≥5.0m时，应加设60mm×60mm×（1.5～2.0）mm薄壁方钢管至梁（或板）底，和地坪撑紧，每隔5m设置一根，钢管表面点焊细目钢丝网，以便在其表面进行批刮；墙高度≤4.0m时，应在门框上高度为2.2～3.0m的范围内加设钢丝网片，两端应与墙柱牢固连接，钢丝网片与混凝土墙柱用射钉连接固定；与砖墙的连接，则先钻深100mm的孔，再插入钢筋，填满1∶2水泥砂浆。门洞边外钻孔上中下三个，顶部钻孔两个，窗洞边与顶钻孔不少于两个。

（7）门、窗宽≤1500mm与砌块墙的连接，可在门、窗洞口侧壁钻直径300～400mm的孔，埋入木楔，用射钉或螺钉与门、窗框铁脚固定，门、窗洞口宽＞1500mm时，洞口两侧用60mm×60mm×2.0mm方钢管加固。

（8）门窗洞口过梁可按洞口大小配置预制钢筋混凝土过梁，搁置长度每边不小于250mm，当门洞两侧有加强薄壁方管时，可采用60mm×60mm×2.0mm钢管作为过梁，此钢管过梁两侧与洞两侧薄壁方管电焊连接。

（9）石膏砌块安装定位后，经施工单位质量人员检查合格后方可灌浆、贴缝予以固定。

（10）固定踢脚线、挂镜线、门窗套等时，用埋木楔加铁钉固定；悬挂较重物品时，要两面予以固定；用切割机开凿插座槽与线管槽，严禁手工凿；埋铁管前要涂两道防锈漆，然后用粘结材料压入抹平。

（11）粘结、嵌缝、批嵌材料应搅拌均匀，随抹随用，并应在0.5h内用完。每平方米墙体粘结材料不少于0.5kg。

2. 验收和质量要求

（1）墙面粉刷前检查石膏砌块拼缝是否密实，且目测无空隙。

（2）石膏砌块安装后，应无松动现象。

（3）表面平整度和立面垂直度应符合国家墙体验收规范要求。用 2m 直尺检查表面平整度，允许偏差 3mm；立面垂直度用托线板检查，允许偏差 3mm。

3. 石膏砌块的使用要求

（1）石膏砌块只用于非承重内隔墙，不能用于外墙。

（2）石膏砌块不适用于长期湿度大、有水浸泡或有流动水的地方，如用于潮湿环境或有防水要求的墙体时，应采取防潮、防水做法等构造措施加以处理，如：根据可能与水接触的范围，在隔墙的局部或全部用防水卷材或涂料进行防水处理；生产砌块时，在配料中加防水剂或有机胶粉；用密封油膏封严缝隙与孔洞。

（3）砌块墙体的粘结材料、填缝材料、抹灰材料应选用厂家配套材料。

4. 常见施工质量问题和防治措施

（1）石膏砌块墙常见质量问题是墙面裂缝，主要应该控制以下几个关键工序：

① 保证材料质量，控制进场原材料的含水率，并且防止安装后受潮产生收缩；

② 砌块墙顶端侧面与原结构连接牢固；

③ 石膏砌块凹槽嵌缝严密，上下压紧后待浆体溢出后再刮平；

④ 对于易出现裂缝的部位，如门窗上沿、孔洞周边等处，应加设贴缝胶带、弹性腻子、钢丝网片等；

⑤ 对于接线盒、线槽预埋，应用专用工具开槽，保护石膏砌块墙成品，严禁重物敲击碰撞。

（2）实心石膏砌块墙在后道工序中的处理方法是墙面抹灰采用白水泥或建筑石膏粉与 801 胶水调制的石膏浆，可避免因用水泥砂浆等传统材料而产生起壳或裂缝。墙面抹灰时先刷一道 801 胶，再抹石膏浆 1～2mm 厚，待初凝时用铁板抹平，表面装饰时可有针对性地采用弹性涂料，从而有效防止产生细小裂纹。

（3）石膏砌块墙体的防水性较差，故一般不宜用做较为潮湿部位的隔墙材料。

5. 施工注意事项

（1）因石膏制品吸水率高，应设导墙（如直接落地应做防水处理）。导墙可用混凝土导墙、踢脚砌块导墙、空心砖导墙等。

（2）已粉刷处理的墙体与砌体相接处应除去隔离层。砌筑时上下错缝，丁字、十字、转角部位墙体砌块须咬砌搭接，搭接长度不小于8cm。

（3）厚110mm的砌体墙高超过5m、厚80mm的墙高超过4m时，要设钢筋混凝土抗震带；直墙长度超过6m要加构造柱。

（4）如果在墙上吊挂较轻的物件，如挂镜线、衣帽钩、壁挂灯等，可用电钻打孔，用快粘粉镶嵌直径为25mm左右木砖，然后旋入木螺钉；对于一些较重的物体，如暖气片、热水器等，则应用穿墙螺栓，且该部分石膏砌块应采用实心砌块，然后应用砂浆将空心孔洞灌实，再用穿墙螺栓固定。

（5）门窗口配套预制过梁。安装门口时，在门洞两侧预埋木砖，铝合金、塑钢门窗应在砌筑同时安装，用镀锌拉条固定。

（6）卫生间贴瓷砖：墙体砌筑完毕，刨平，用毛刷或辊刷涂刷1～2遍SG791胶水溶液，胶水比为1∶3，再用胶调水泥素灰刮一过渡层，待其干后，抹水泥砂浆搓出麻面，常规贴瓷砖即可。

第三节　石膏空心条板

石膏空心条板是以建筑石膏为基材，掺以无机轻骨料、无机纤维增强材料而制成的空心条板，代号SGK。石膏空心条板按板材厚度分3种规格：厚60mm、90mm和120mm。60mm厚适用于厨、厕墙及管道包装；90mm厚主要用于分室墙和较大的管道包装；120mm厚主要用于分户墙及楼道走廊。普通板的宽度为600mm，7孔ϕ60mm，板的长度不大于3000mm。石膏空心条板按性能不同分普通型和防水型两种，厨房、卫生间的墙体要采用防水型石膏条板，其他房间的墙体采用普通型石膏条板。石膏空心条板（砌块）是我国目前较理想的轻质非承重内隔墙材料之一，产品不仅代替标准黏土砖，而且适应性强，施工方便，减少湿作业，加快施工进度，可达到节能降耗，提高经济效益的目的。

一、石膏空心条板的特点

（1）质量轻

90mm厚石膏空心条板的密度600～900kg/m，比240mm厚砖墙轻60%左右。

（2）强度高

集中破坏荷载为1300N，抗压强度为7.37～10.8MPa，抗折强度为1.57MPa，抗拉强度1.45～2.42MPa。

（3）隔声与保温性能

90mm厚石膏空心条板隔声大于43dB；热绝缘系数为0.8～1.10m^2·K/W。

（4）抗震性能

由于石膏空心条板是将建筑石膏与纤维充分搅拌后经浇注、抽芯开模压制成型，因此，材料致密，同时又采用非刚性连接，故有良好的抗震性能。

（5）防火性能

石膏空心条板的耐火极限大于2.5h。

二、石膏空心条板的规格、质量标准和技术性指标

根据现有的行业标准《石膏空心条板》JC/T 829—1998，其规格和质量有如下要求：

（一）外形、规格和标记

1. 外形

石膏空心条板的外形如图7-11和图7-12所示，空心条板应设榫头。

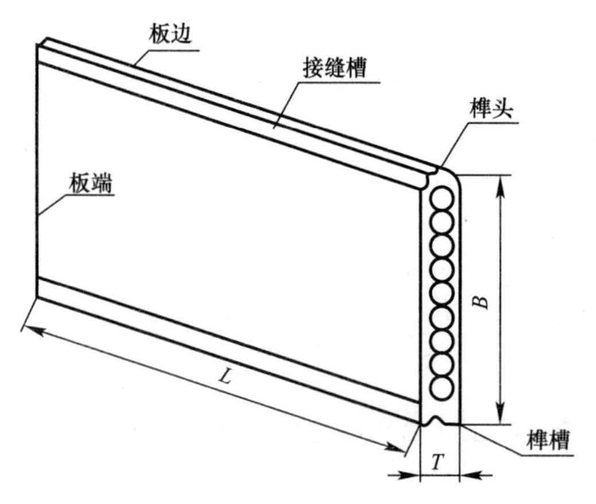

图 7-11　石膏空心条板外形示意图

注：示意图仅为表达几何尺寸和解释名词术语用

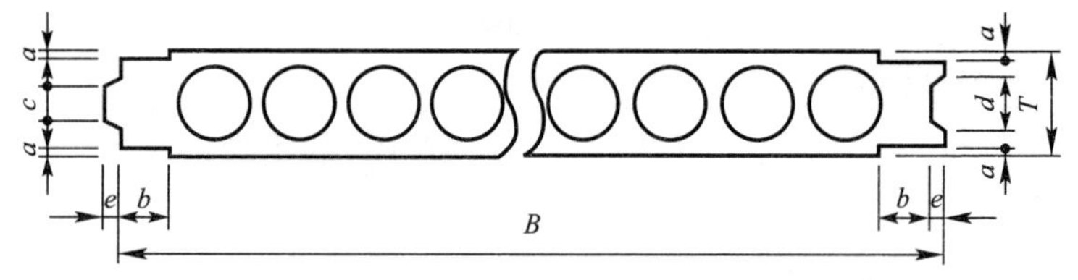

图 7-12　石膏空心条板断面示意图

注：示意图仅为表达几何尺寸和解释名词术语用

2. 规格尺寸

（1）长度为 2400～3000mm。

（2）宽度为 600mm。

（3）厚度为 60mm。

其他规格由供需双方商定。

3. 产品标记

产品按下列顺序标记：产品名称、代号、长度、标准号。如长×宽×厚＝3000mm×600mm×60mm 的石膏空心条板标记为：石膏空心条板 SGK 3000 JC/T 829—1998。

（二）技术要求

（1）石膏空心条板的外观质量应符合表 7-9 规定。

石膏空心条板外观质量 **表 7-9**

项　目	指　标
缺陷掉角，深度×宽度×长度 50mm×10mm×25mm～10mm×20mm×30mm	不多于 2 处
板面裂纹，长度 10～30mm，宽度 0～1mm	
气孔，小于 10mm，大于 5mm	
外露纤维，贯通裂缝、飞边毛刺	不许有

（2）石膏空心条板的尺寸偏差应符合表 7-10 规定。

石膏空心条板尺寸偏差 **表 7-10**

序　号	项　目	允许偏差（mm）
1	长度 L	±5
2	宽度 B	±2
3	厚度 T	±1
4	每 2m 板面平整度	2
5	对角线差	10
6	侧向弯曲	$L/1000$
7	接缝槽宽 a	+2
8	接缝槽宽 b	0
9	榫头宽 c	0
10	榫头高 e	−2
11	榫槽宽 d	+2
12	榫槽深 e	0

（3）孔与孔之间和孔与板面之间的最小壁厚不得小于 10mm。

（4）面密度：（40±5）kg/m^2。

（5）抗弯破坏荷载不小于 800N。

（6）抗冲击性能为承受 30kg 砂袋落差 0.5m 的摆动冲击三次，不出现贯通裂纹。

（7）单点吊挂力为受 800N 单点吊挂力作用 24h，不出现贯通裂纹。

三、原材料和生产工艺

（一）石膏

1. 建筑石膏粉

应符合 GB/T 9776—2008 标准的规定。

2. 脱硫石膏

脱硫石膏空心条板以脱硫建筑石膏为胶结材料、以粉煤灰为填充材料、以玻璃纤维为增强材料、以聚苯乙烯颗粒为轻质材料，添加适当的外加剂，采用立模成型工艺。首先将物料计量、搅拌均匀，进入料浆计量罐，然后通过料浆输送泵输送料浆到成型主机注模，成型主机采用电加热并机械抽拔芯管、开合模，产品达到一定强度后由半成品输送系统送入养护窑内养护，养护好的产品经包装入库。其生产工艺流程图见图 7-13 所示。

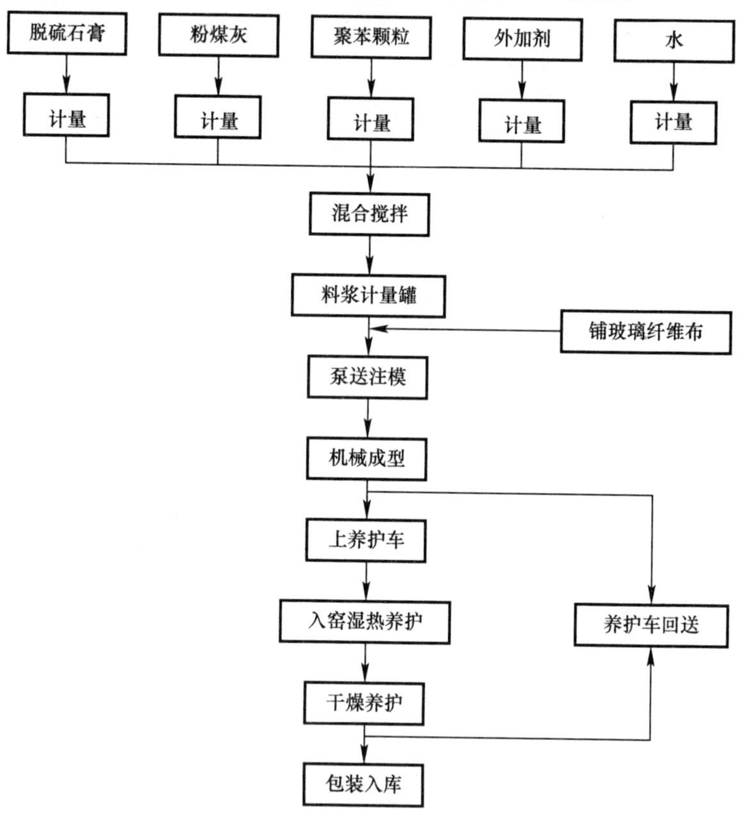

图 7-13　石膏空心条板生产工艺流程

3. 磷石膏

在原料采用和生产工艺方面较天然石膏空心条板（砌块）的

生产有较大改进，主要是：

（1）通常生产天然石膏空心条板要加入一定比例的水泥，以提高板材的强度和耐性。而生产磷石膏产品不加水泥，仅加少量价格远低于水泥的助剂，即可达到板材所要求的强度及耐湿性。

（2）板材的成型、干燥采用较先进工艺。

这两方面成为磷石膏空心条板生产中提高产品，质量降低成本的关键步骤。

研究表明，在标稠完全一致的情况下，磷石膏空心条板抗弯荷载大于天然石膏空心条板。天然石膏空心条板含水率一般在3%～7.5%，所以石膏板易吸潮变形，而磷石膏空心条板含水率小于1%，一般在0.2%以下，大大克服了这方面的缺点，可应用于湿度较大的场所。其具体生产工艺如图7-14所示：

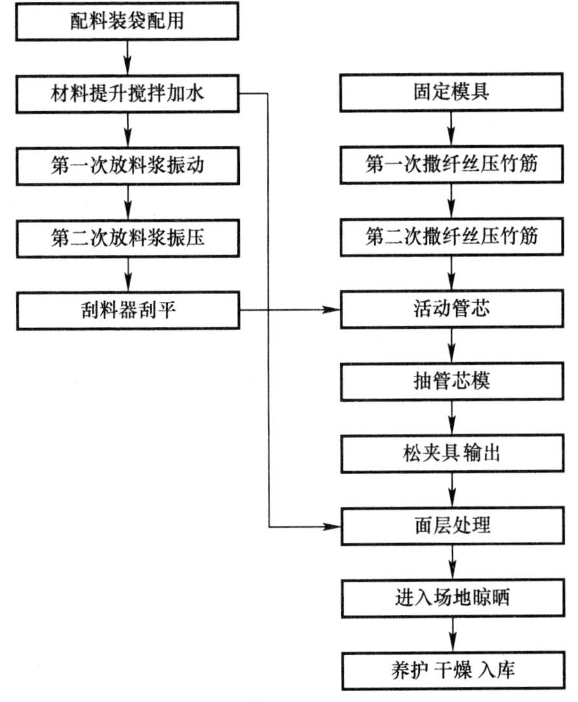

图7-14　磷石膏空心条板生产工艺流程

四、施工工艺

1. 施工安装工艺流程

地面清理→测量放线→隔墙内管线施工→安装U形或L形钢板卡→立隔墙板木楔子→临时固定→调整垂直度及平整度→板下口嵌石膏泥→板两侧粘网格布，初刮腻子→板内灌石膏浆→线槽处理及拼缝处理。

（1）地面清理

清理隔墙板与顶板、梁、墙面、地面的结合部，凡凸出的砂浆、混凝土均需剔除干净，结合部尽量找平。

（2）弹线

根据设计图纸，在待安装墙板位置的柱侧面、地面、顶棚面（梁底面）弹出与石膏空心条板同厚的2条平行线。

（3）配板

板长应按照楼面结构层净高尺寸减小约30～60mm配板。板的尺寸不相适应时，预先拼接加宽或锯窄成合适的板。

（4）配制胶粘剂

石膏条板之间，条板与主体结构的连接用1号石膏胶粘剂粘结牢固，该胶粘剂的性能指标为：抗剪强度1.5MPa，粘结强度1.0MPa，初凝时间0.5～1.0h。该胶粘剂配比为：m(水)∶m(石膏粉)∶m(羧甲基纤维素)＝0.8∶1∶0.01，配制量以一次使用不超过20min为宜，超过初凝时间已开始凝固了的胶粘剂不得再加水、加胶继续使用。

2. 初装

石膏空心条板的安装应从与墙的结合处开始，依次安装。先刷净板侧面浮灰，将石膏条板利用木楔子临时支撑固定在双线内，采用撬杠将石膏空心条板逐步挤紧顶实。同时校正石膏空心条板的垂直度、平整度，使其达到中级抹灰标准。随后在板缝外面贴网格布，用石膏浆灌注板缝，灌注粘结完毕后的墙体底面用石膏泥堵实。当灌注接缝强度达到10MPa以上时，撤去木楔，并用同等强度的石膏泥堵实。

3. 连接方式

（1）石膏空心条板的连接

石膏空心条板的两侧为半圆形企口，施工时 2 块板的半圆形企口拼接在一起，两侧采用 1 号石膏胶粘剂粘贴 50mm 宽的玻纤网格布，然后在拼缝处圆形企口内灌注与石膏板材相同的石膏浆体，内掺 10mm 左右的短纤维，见图 7-15。

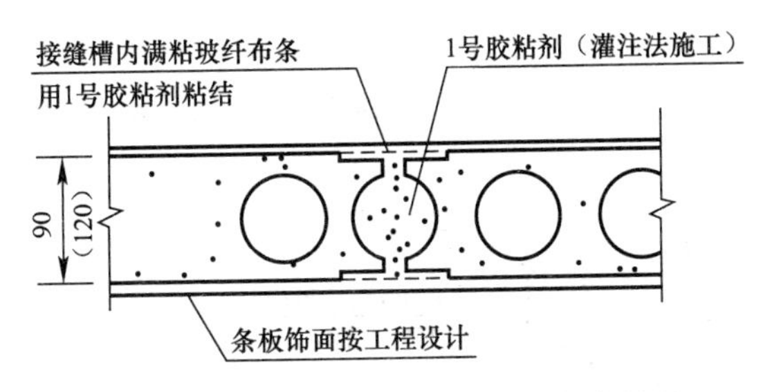

图 7-15　石膏空心条板一字连接节点处理

（2）石膏空心条板与楼板、梁底面及顶棚的连接

石膏空心条板与楼板、梁底面及顶棚面的连接，除直接利用找平抹灰层固定嵌接外，还可利用 U 形或 L 形抗震卡（钢板卡）固定。U 形或 L 形钢板卡采用 50mm 长、1.2mm 厚的钢板。在与石膏空心条板的对应接缝处，将 U 形或 L 形钢板卡用射钉固定在结构梁板（主体墙、楼地面）处。石膏空心条板校正好后，用 1 号石膏胶粘剂在条板与结构梁板（主体墙、楼地面）相交的阴角部位粘结 200mm 宽的玻纤网格布（图 7-16 和图 7-17）。

（3）石膏空心条板在门头板部位的做法

石膏空心条板在门头板部位的做法有两种，一种是制作门头板，门头板与两侧的隔墙板仍然采用灌注式连接，门两侧的窄条，不设圆孔，配筋加强；另一种做法是在装板时，先不考虑门洞，在装完板灌完浆待石膏浆强度达到要求后，在板上画出门洞位置，采用手锯切出门洞。这两种方法都能有效地防止门头板两侧裂缝的出现。

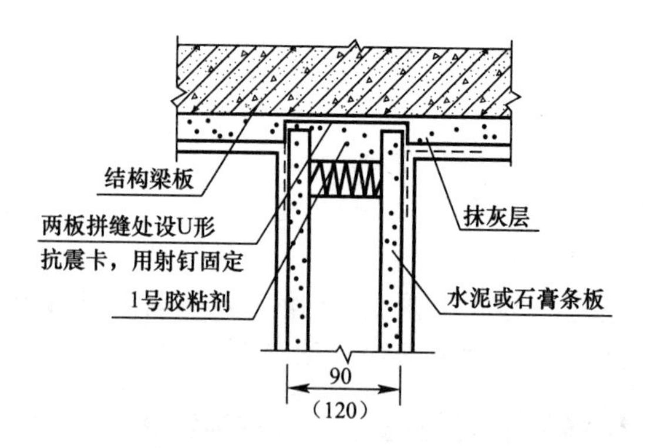

图 7-16　石膏空心条板与主体墙连接（抗震构造节点）

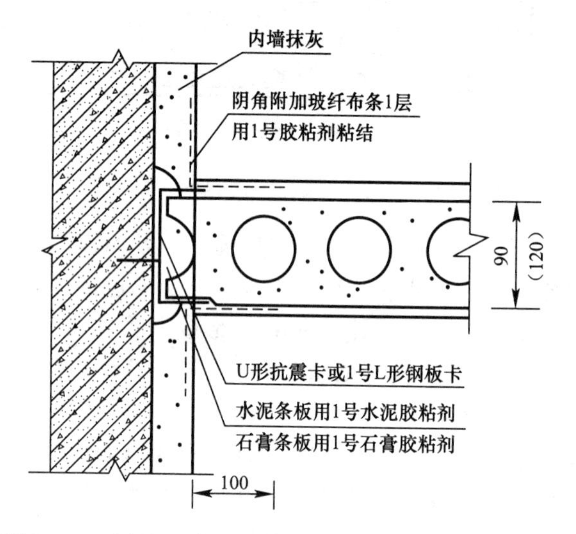

图 7-17　石膏空心条板与结构梁板连接（抗震构造节点）

（4）管线固定做法

石膏空心条板由于硬度较小，切割十分方便，管线施工时可直接采用切割机或手锯在隔墙板上沿石膏板的圆孔单面开槽，不把板开透，将管线固定在石膏板的圆孔内，然后采用石膏浆加入石膏粉，调成胶泥状，直接分层填实，高出隔墙板面，待其硬化后，用刨子把板面刨平。这种方法使后填的石膏与板连成一体，且由于材质相同不会因为收缩或温度应力而产生裂缝。

4. 施工注意事项

（1）石膏空心条板进入施工现场时一定要检查石膏板是否干燥。因为石膏空心条板在没有完全干燥前，如果堆放不当，很容易变形，且以后无法恢复。

（2）石膏空心条板在灌石膏浆以前，一定要检查其平整度与垂直度。验收合格后，先将石膏板临时固定，再灌石膏浆，否则在灌完浆后无法修整。

（3）由于石膏板安装时大部分为湿作业，所以一定要待其强度达到要求后方可进入下一道工序。如：板下口石膏泥凝固后方可拆木楔子；网格布粘牢、初刮腻子强度达到要求后才能灌石膏浆；石膏浆强度达到要求后才能在板上开槽开洞。

（4）在安装完工后，如发现个别地方平整度不太合适，可用刨子修整一下或用石膏腻子分层找平，不用刮水泥腻子或抹灰。

（5）石膏板施工中为了灌浆方便，一般把灌浆的口开到离顶板 200mm 处，浆灌满后，开口以上部分用腻子刀把拼缝切开，然后分层填石膏泥，拼缝千万不要漏灌，可用钉子扎进去逐个检查。

第四节　石膏刨花板

以石膏作为胶凝材料，用木质材料（木材加工剩余物、小径材、枝丫材或植物纤维中的棉秆、蔗渣、亚麻杆、椰壳等）的刨花为增强材料，再加入一定比例的化学助剂和水，在受压状态下完成石膏与木质材料的固结而形成的板材称为石膏刨花板。它是一种新型的绿色现代建筑材料，同时也是国家推广的新型墙体材料。石膏刨花板具有轻质、高强、隔声、隔热、阻燃、耐水等性能和可锯、刨、钻、铣、钉等可加工性能，同时具有不含挥发性污染物，不吸收静电组合物等特性；可用于框架建筑工程中的内、外墙体材料和顶棚、活动房、家具制造和包装、音响材料等。

作为替代黏土砖的墙体材料，石膏刨花板的生产能耗和热传导系数都远远小于黏土砖，这对于节约能源和保护耕地都有着重大的意义。

一、石膏刨花板的发展情况

20 世纪 80 年代初，原西德费劳霍夫木材研究所研制的一种轻型人造建筑板材起名为石膏刨花板。到了 1985 年，第一条石膏刨花板生产线在芬兰投产，它具有高强度、轻质、防火、防潮、无异味、不含对人体有害物质以及良好的表面加工性能，所以，它一问世就受到人们的青睐，在世界范围内广泛地应用于建材、建筑业。

我国开始接触石膏刨花板是在 1985 年，与原西德就该技术在我国的适用性进行了探讨。到了 90 年代，山西侯马和天津各引进一条年生产能力均为 3 万 m^3 生产线；山东苍松建筑材料公司从德国也引进一条年生产能力 3 万 m^3 的生产线；镇江、成都等人造板机械厂在消化、吸收国外技术的同时，开发了石膏刨花板成套生产设备。1999 年，在内蒙古使用国产设备建立一条年产 1.5 万 m^3 石膏刨花板的工厂。

石膏刨花板在我国虽然经历了多年的发展历史，对生产工艺和技术装备也进行了不少研究，积累了一定的生产和使用经验，但总的来说，石膏刨花板的推广和应用是比较缓慢的，时至今日，我国石膏刨花板的设计年产量大致在 1000 万 m^3 左右。按照我国人造板工业发展战略目标和国家新型建材的发展规划，这种板材将有一个较大的发展空间。

二、石膏刨花板的特点

石膏刨花板问世 20 多年来，由于生产技术的改进，使其性能得到逐步的改善，兼具石膏和木材的优点，其主要特点表现在：

1. 节约能源、成本低、生产效率高

由于刨花是水的载体，不需要干燥，同时制板采用冷压法，可以节省大量能源；石膏价格低、凝固速度快，可以连续生产，效率高、成本低，树种对石膏刨花板性能的影响相对水泥刨花板来说要小。

2. 物理力学强度好

由表 7-11（德国标准）可知，石膏刨花板的各项物理力学性能比较好，特别是吸水厚度膨胀率更是远远好于普通刨花板，由 2 块厚为 10mm 的石膏刨花板组成的墙体阻燃时间可以达到 30min，达到难燃材料要求。

石膏刨花板物理力学性能指标　　表 7-11

项　目	指　标
密度（Kg/m^3）	1000～2000
含水率（%）	2～3
静曲强度（MPa）	6.0～10.0
弹性模量（MPa）	2800～4200
表面抗拉强度（MPa）	0.50～0.70
表面结合强度（MPa）	0.60～1.00
吸湿线膨胀率（%）	0.06～0.08
热传导率［W/(m·K)］	0.18～0.35
水蒸气辐射阻力系数	16.0～18.0
2h 吸水厚度膨胀率（%）	1.2～1.5
24h 吸水厚度膨胀率（%）	1.6～2.2

3. 隔声性能好

我国对住宅分户墙的隔声性能做了如下规定：一级隔声≥50dB，二级隔声≥45dB，三级隔声≥40dB。一块厚 12mm 石膏刨花板的隔声指数为 32dB，由两块厚为 10mm 的石膏刨花板组成的结构墙，其隔声数为 43dB，如果中间填以矿棉，则达到 51dB。

4. 可装饰性能好

板材具有很好的机械加工性能，可对其进行钻、锯、磨、

钉、胶结等加工，板材表面可贴装饰纸、喷灰浆、刷油漆。

5. 具有环保功能

石膏刨花板的主要组成材料是石膏与木刨花，这不同于木质刨花板、纤维板、胶合板等因必须以醛系树脂为胶粘剂而存在游离甲醛与游离酚污染问题，也不同于以聚氯乙烯塑料为基料的塑料壁纸、地板及壁板，这些化学建筑材料存在由于老化、降解以及层析而导致氯气析出散发的问题。因此，石膏刨花板符合人们的健康要求。

三、石膏刨花板的技术要求

1. 分等

根据石膏刨花板的外观质量、规格尺寸、物理力学性能分为优等品、合格品两个等级。

2. 外观质量

各等级外观质量要求见表 7-12。

石膏刨花板外观质量要求　　表 7-12

缺陷名称	缺陷规定	产品等级	
		优等品	合格品
断裂透痕	断痕≥10mm	不允许	1 处
局部松软	宽度≥5mm，或长度≥1/10 板长	不允许	1 处
边角缺损	宽度≥10mm	不允许	3 处

3. 规格尺寸及偏差

（1）幅面尺寸见表 7-13。

石膏刨花板的幅面尺寸　　表 7-13

宽度（mm）	长度（mm）					
600	600	1500				
1220			2500	2750	3000	3050

注：经供需双方协议后，可生产其他幅面尺寸的石膏刨花板。

（2）长度和宽度允许偏差±5mm。

（3）两对角线长度之差不得超过 6mm。

（4）最大翘曲度不得超过 0.5mm/m。

（5）板边缘不直度偏差不得超过 1.5mm/m。

（6）厚度规格：公称厚度为 8mm、10mm、12mm、16mm、19mm、22mm、25mm、28mm。经供需双方协议后，可生产其他厚度的石膏刨花板

（7）厚度偏差应符合表 7-14 规定。

石膏刨花板厚度偏差　　　　表 7-14

项　目	优等品		合格品	
	厚度（mm）		厚度（mm）	
	≤12	>12	≤12	>12
单面砂光	±0.5	±0.6	±0.6	±0.7
两面砂光	±0.3			

注：如未砂光板厚度偏差符合砂光板厚度偏差规定，可不砂光。

4. 物理力学性能

物理力学性能应符合表 7-15 规定。

石膏刨花板优等品物理力学性能指标　　　　表 7-15

厚度范围（mm）	密度（g/m³）	板内平均密度偏差（%）	静曲强度（MPa）	弹性模量（MPa）	内结合强度（MPa）	吸水厚度膨胀率（%）	垂直板面握螺钉力（N）	含水率（%）
≤12	≤1.30	±10	≥7.5	≥3000	≥0.35	≤3	≥800	≤3
(12，18)			≥7.0	≥2900	≥0.32		≥740	
>18			≥6.5	≥2800	≥0.28		≥680	

5. 燃烧性能

按 GB/T 5464 和 GB/T 8625 分类方法分为两个等级：

（1）不燃性建筑材料 A 级；

（2）难燃性建筑材料 B_1 级。

四、原材料

石膏刨花板以刨花和建筑石膏为主要原料，加一定比例的水和适量的缓凝剂制成。

1. 石膏

石膏刨花板一般使用建筑石膏，建筑石膏的物理力性能应符合国家标准 GB/T 9776—2008 的要求，且其中半水石膏的比例应在 75%以上。同时也可使用符合其性能要求的排烟脱硫石膏或磷石膏。

根据石膏刨花板的生产工艺特点，对建筑石膏相组成的要求如下：半水石膏>75%，无水石膏Ⅱ<3%，无水石膏Ⅲ<5%，二水石膏<1%，非水化成分<15%。石膏刨花板要求建筑石膏的细度以 0.2mm 方孔筛筛余<10%，初凝时间应不少于 3min，终凝时间应不大于 30min。

（1）磷石膏

磷石膏经过运输机送入辊式压碎机压碎后运入料仓贮存，再由计量输送将石膏粉送到清洗工段，该工段将石膏粉与水搅拌成悬浮液并吸入真空过滤脱水后运往干燥工段干燥，而可溶性不洁物随热水排出。干燥工段将石膏粉的含水率保持在 1%～20%，然后再以气力输送使热气体与石膏的混合物沿切线方向进入螺旋形的焙烧炉焙烧，焙烧的最佳温度为 140～160℃，经过焙烧的石膏再通过旋风分离器分选后送入冷却炉，在炉内进行时效处理，冷却后的石膏粉由气力输送到石膏粉贮存仓贮存。采用磷石膏应建立放射性检验，严格控制放射性元素含量。

（2）脱硫石膏

脱硫石膏经一系列工序生成建筑石膏，符合 GB/T 9776—2008 即可。

2. 刨花

森林采伐剩余物（如小径材、间伐材、枝丫材）、木材加工剩余物（如刨花、木屑）、竹材加工剩余物、农作物剩余物（如棉秆、蔗渣）等都是生产石膏刨花板的原料。树种和树皮对石膏刨花板的性能影响很大，松木、杨木、桦木等都适合，总的来说针叶材比阔叶材要好。树皮中含有大量单宁酸（$C_{76}H5_{2}O_{46}$）等物质，对石膏结晶有不利影响，因此要先剥皮，残留树皮含量不超过 2%。木刨花为水的载体，在刨花和石膏混合后，石膏粉附着在刨花上，并吸收刨花中的水分进行水化。木材含水率要求在 60%～70%，不超过 80%，不低于 40%。

3. 缓凝剂

根据石膏刨花板生产工艺的要求，必须延缓建筑石膏的凝结时间，因此需掺入缓凝剂。对缓凝剂的要求：掺入缓凝剂后，建筑石膏的初凝时间必须超过 lh，并对强度无明显的影响。常用的缓凝剂有三类：

第一类是有机酸类，如柠檬酸三钠、柠檬酸、葡萄酸、乳酸、苹果酸。

第二类是无机盐类，如硼酸、硼砂、碳酸等。

第三类是将对强度有影响的缓凝剂与有互补作用的促凝剂混合而成的复合缓凝剂。

4. 生产工艺及设备

石膏刨花板生产由石膏粉制备工段、刨花制备工段、计量混合工段、铺装成型工段、加压养护工段、干燥锯截工段、砂光等工段组成，生产工艺如图 7-18 所示。

（1）石膏粉制备工段

石膏刨花板以熟石膏粉（半水石膏 $Ca_2SO_4 \cdot 1/2H_2O$）为原料。石膏刨花板生产必须设置石膏粉车间，以生产符合工艺要求的高品质的建筑石膏粉。石膏矿石进厂后经破碎、磨粉、连续炒粉、均化等工序的加工以后，被加工成符合国家《建筑石膏标准》（GB 9776—88）要求的石膏粉。

（2）刨花制备工段

刨花制备是将木质原料加工成符合制造石膏刨花板要求的刨花原料。其加工过程与普通刨花板刨花生产过程基本一致。刨花

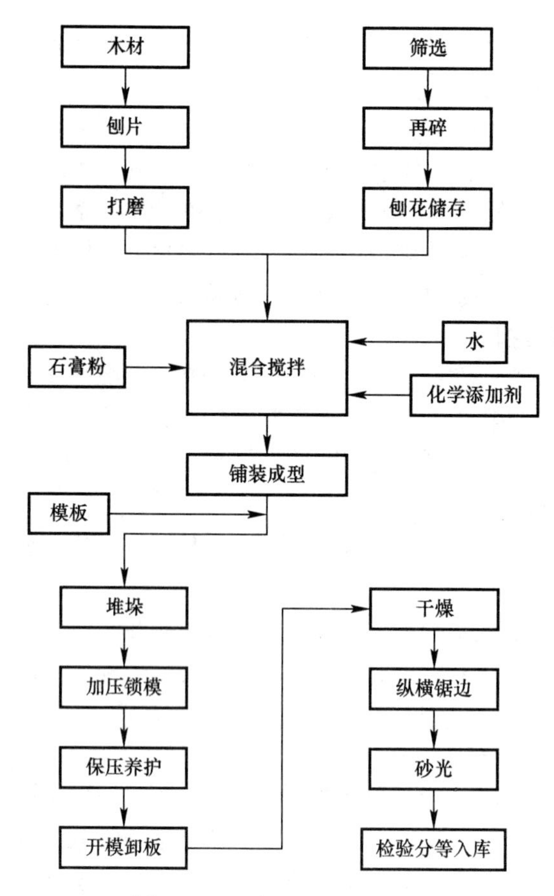

图 7-18 生产工艺流程方框图

厚度要求为 0.2～0.5mm。石膏刨花板生产对木材树种有一定的要求，树种以杨木、松类、云杉、冷杉等为宜。木材到场后应有一定的贮存时间，使其含水率均衡一致，含水率要求在 40%以上。木材送入长材刨片机中进行刨片，然后进入打磨机中打磨，经筛选后粗大刨花还需再碎后与合格刨花一样进入刨花料仓中贮存。

（3）计量混合工段

本工段分别对刨花、石膏、化学添加剂、水进行计量，按照工艺要求的重量配比，在大型混合搅拌机中进行混合搅拌。在刨花计量前必须对刨花进行含水率检测，并根据含水率的多少按工艺要求确定加水量并进行计量，同时按照一定的配比将化学添加剂经计量后投入水中，然后使加有化学添加剂的水与刨花混合。另一方面石膏出料后经计量而进入混合搅拌机与刨花、水、化学添加剂的混合物充分混合。为适应用户对石膏刨花板性能的不同要求，可在一定的范围内调整其配比，使其物理力学性能作出相应的调整。石膏刨花板水膏比 0.3～0.4，木膏比 0.2～0.3。

(4) 铺装成型工段

混合搅拌后的石膏、刨花等的混合料，由中间混合料仓出料后均匀地进入成型铺装机。铺装机为机械铺装机，垫板在铺装机内互相搭接，混合料被铺装成连续的板坯带，出铺装机后被加速运输机拉开，形成一张张带垫板的板坯。板坯通过计量秤称重，不合格的板坯经翻板回收利用（或排出车间），垫板通过垫板回送装置送回到生产线上；合格板坯则通过运输机到堆垛装置堆垛。垫板双面需喷洒脱膜剂。

(5) 加压养护工段

合格板坯经堆垛机堆到一定的高度后（约 72 张板），即由重型辊筒运输机送入压机加压。加压后经上、下锁模装置锁定后出压机保压养护，石膏刨花板为常温养护，保压养护时间约为 2h。养护完成后板垛回到压机内开模，然后再运到卸垛装置卸垛分板而进入干燥工段。垫板通过垫板回送线送回生产线，下锁模具则通过辊筒运输机运至堆垛机下。

(6) 干燥锯截工段

石膏刨花板在卸垛分板后直接进入干燥机干燥，含水率要求降到 1%～3%左右。干燥后的板子进入纵横截锯机，锯成一定规格的板材。

(7) 砂光工段

砂光线与主生产线是分开的，干燥、锯边后的规格板材，经一定时间堆放后，板垛运至砂光线进行逐张砂光，以保证成品板的厚度公差。最后，不同等级规格的成品板送往成品库外销。

第五节　装饰石膏板

一、装饰石膏板简介

装饰石膏板是一种以建筑石膏为主要原料，掺入适量纤维增强材料和外加剂，与水一起搅拌成均匀的料浆，经浇注成型、干燥而成的不带护面纸或其他覆盖物的装饰板材。

我国不带护面纸的装饰石膏板生产始于1978年，当时装饰石膏板的生产工艺和工艺配方都非常简单，厂家用熟石膏粉加水和增强纤维即可做成石膏板。对装饰石膏板的产品质量要求，既无一个统一的规定，也没有一个统一的检测方法。人们对装饰石膏板的采用大多持谨慎态度，装饰石膏板的市场推广因而受到很大的限制。这个时期，装饰石膏板生产尚处于初级阶段。此后，不少厂家对装饰石膏板进行了大量研制工作，产品质量不断提高。由于装饰石膏板具有优良的不燃性、价格低廉、安装方便、装饰美观等优点逐渐得到人们的认同，其市场推广逐年增大。到20世纪80年代末，90年代初，我国不少建筑装饰开始大量采用装饰石膏板。如1991年，地处广州市天河区的广东省外经贸大厦（33层）全部采用装饰石膏板，共计37000m^2此后，装饰石膏板大举步入建筑装饰行业。

目前，装饰石膏板已由中级水平向高级水平发展的阶段。剧烈的市场竞争，促使不少生产厂家对装饰石膏板的产品质量与安装工艺进行不断地研究与改进，如在原料配方、成型模具、生产工艺以及龙骨形状、板面图案、安装方式等方面均取得了不少科技成果和技术专利。质量优良的装饰石膏板在高级建筑装饰工程开始大面积采用，如广州的五星级宾馆亚洲大酒店（17万m^2），上海市的金陵海欣大厦（2 万 m^2），北京市的外经贸部谈判大厦（2 万 m^2），北京市电讯枢纽工程（6 万 m^2）等。并从 1997 年开始，我国装饰石膏板产品开始少量出口至俄罗斯、东南亚等国家及香港地区。

二、装饰石膏板特点

装饰石膏板是目前我国应用比较广泛，用量也较大的一种新型建筑装饰材料。它与水泥、石灰并列为三大胶凝材料，具有八个方面的优点：

（1）生产能耗比水泥低 78%；

（2）单位基建投资比水泥低一半；

（3）表观密度比水泥、石灰都小；

（4）防火性能好，耐火时间可达 2～3h；

（5）装饰功能好，可形成平整建筑构件；

（6）凝结硬化快，制品易于实现大规模生产；

（7）抹灰功效高，可机械化施工；

（8）石膏材料具有“呼吸”功能，居住舒适。

三、装饰石膏板的种类与应用

1. 一般装饰石膏板

装饰石膏板是以建筑石膏为主要原料掺入适量纤维增强材料和添加剂，与水一同搅拌成均匀料浆，经浇注成型和干燥制成。开始生产的品种为平板、孔板、浅浮雕板，后来又发展了防潮板、嵌装式装饰石膏板、吸声装饰石膏板。

2. 防潮装饰石膏板

为了提高装饰石膏板的应用范围，近年来发展了多种防潮装饰石膏板，通过在配方中加入乳化沥青、石蜡乳液、松香石蜡乳液和有机硅乳液等石膏板防水剂，大大降低了装饰石膏板的吸水率和受潮挠度值，从而提高了它的防潮性能，保证了其装饰效果。

3. 嵌装式装饰石膏板

嵌装式深浮雕装饰石膏板是一种周边带有企口的厚棱装饰石膏板。由于板材的棱边厚度往往超过25mm，板材背面中部又设有十字形加强肋，因此整个板材具有良好的刚度，允许板面的浮雕图案做得十分突出，即使在潮湿环境下使用，也不会产生较大的翘曲变形。加之棱边带有企口，采用T形暗装龙骨吊装，不但可使吊装龙骨不外露，大大加强了板材装饰的整体性，而且安装采用插接和粘结形式，既便于板材的安装，又便于板材的替换。目前国内已有黄石、镇江、杭州等地建成了嵌装式装饰石膏板生产线，产品销售情况良好。此种产品规格是参照国外有关规格，并结合我国的建筑模数生产的。其技术指标如下，板材规格：边长625mm×625mm和500mm×500mm，棱边厚度＞28mm，整板的断裂荷载＞15.7N，板重＜20kg/m^2，吸水率＜3%，尺寸公差±1mm。

4. 吸声装饰石膏板

吸声装饰石膏板通常有两类：一类是在纸面石膏板的基础上进行再加工，即在纸面石膏板上进行冲孔、刻槽、粘贴衬垫材料而成；另一类则是在普通装饰石膏板平板中钻穿透孔，或者直接浇注成带穿透孔的板，然后再粘贴或不粘贴衬垫材料，其平均吸声系数只有0.3左右，具有显著吸声效果的吸声装饰石膏板是以穿孔率在15%左右的嵌装式石膏板为基板，在其后衬防散落材料和20mm岩棉，最后再覆以铝箔。这种吸声板在125～4000Hz范围内的平均吸声系数达0.54～0.88，它还具有很强的防噪声功能。在生产工艺上，由于嵌装式石膏板周边厚棱形成的背面空腔有利于衬垫材料的嵌入和复合，比用厚板类装饰石膏制得的吸声板整体性强，强度高，刚性好，装饰效果也更理想。

5. 纸面装饰石膏板

以纸面石膏板为基板，经加工使其表面有圆孔、长孔、毛毛虫孔等图案的装饰石膏板；或经丝网印刷术制成具有各种图案的装饰石膏板；或在其表面喷涂各种花色彩图，粘贴装饰壁纸的纸面石膏板。

6. 复合型装饰石膏板

石膏板为基材，和其他材料复合的复合型石膏板。如上海建科所以高强石膏与泡沫聚苯乙烯自熄板材复合制成的既有保温、隔热，又有装饰作用的石膏复合轻质装饰板。

四、装饰石膏板的规格、质量标准和技术性指标

（一）产品分类

1. 分类

根据板材正面形状和防潮性能的不同，其分类及代号见表 7-16。

装饰石膏板分类 **表 7-16**

分 类	普通板			防潮板		
	平板	孔板	浮雕板	平板	孔板	浮雕板
代号	P	K	D	FP	FP	FD

2. 形状

装饰石膏板为正方形，其棱边断面形式有直角形和倒角形两种。

3. 规格

装饰石膏板的规格为两种：500mm×500mm×9mm 和 600mm×600mm×11mm。其他形状和规格的板材，由供需双方商定。

4. 产品标记

产品按下列顺序标记：名称、类型、规格、标准号。如：板材尺寸为 500mm×500mm×9mm 的防潮孔板，装饰石膏板 FK500 JC/T 799-2007。

（二）要求

1. 外观质量

装饰石膏板正面不应有影响装饰效果的气孔、污痕、裂纹、

缺角、色彩不均匀和图案不完整等缺陷。

2. 板材尺寸允许偏差、不平度和直角偏离度

板材尺寸允许偏差、不平度和直角偏离度应不大于表 7-17 的规定。

板材尺寸偏差要求 **表 7-17**

项 目	指 标
边长（mm）	±1.0
厚度（mm）	±1.0
不平度（mm）	2.0
直角偏离度（°）	2

3. 物理力学性能

产品的物理力学性能应符合表 7-18 的要求。

装饰石膏板物理力学性能 **表 7-18**

序号	项 目		指 标					
			P，K，FP，FK			D，FD		
			平均值	最大值	最小值	平均值	最大值	最小值
1	单位面积质量（kg/m^2）≤	厚度 9mm	10.0	11.0		13.0	14.0	—
		厚度 11mm	12.0	13.0		—	—	—
2	含水率（%） ≤		2.5	3.0	—	2.5	3.0	—
3	吸水率（%） ≤		8.0	9.0	—	8.0	9.0	—
4	断裂荷载（N） ≥		147	—	132	167	—	150
5	受潮挠度（mm）≤		10	12	—	10	12	—

注：D 和 FD 的系数指棱边厚度。

五、原材料

1. 建筑石膏

符合国家标准 GB/T 9776—2008 的要求。由于装饰石膏板属装修装饰材料，对外观质量要求较高，要求石膏纯度在 80%～90%为好。对于工业副产石膏，这些要求同样适用。

2. 玻璃纤维

主要起增强作用，采用长度为10～15mm的无碱或低碱纤维。

3. 胶料

其作用是增加板材平面的光滑度，改善平面起粉现象，视需要而定。

第六节　纤维石膏板

一、概述

纤维石膏板（或称石膏纤维板、无纸石膏板）是一种以建筑石膏粉为主要原料，以各种纤维为增强材料的一种新型建筑板材。纤维石膏板是继纸面石膏板取得广泛应用后又一次开发成功的新产品。由于外表省去了护面纸板，因此，应用范围除了覆盖纸面石膏板的全部应用范围外，其综合性能优于纸面石膏板，如厚度为12.5mm的纤维石膏板的螺钉握裹力达600N/mm^2，而纸面的仅为100N/mm^2，所以纤维石膏板具有可钉性，可挂东西，而纸面板不行；产品成本略大于纸面石膏板，但投资的回报率却高于纸面石膏板，因此是一种很有开发潜力的新型建筑板材。

在应用方面，纤维石膏板可做墙衬、隔墙板、瓦片及砖的背板、预制板外包覆层、顶棚板块、地板防火门及立柱、护墙板以及特殊应用，如拖车及船的内墙、室外保温装饰系统。在销售市场方面除了常用建筑业及用户自行装修市场外，还有其他的新市场。

二、特点

1. 尺寸、厚度、表面、边部

在幅面尺寸方面，纤维石膏板可有三类尺寸，其中大幅尺寸供房屋预制厂用，如2500mm×(6000～7500) mm；标准尺寸供一般建房用，如1250（或1200）mm×（2000～3750）mm；小幅尺寸供DIY市场及特殊用，如1000mm×1500mm。同时还能按用户要求切成各种特殊尺寸。

在厚度方面，纤维石膏板有很大的厚度范围，从6mm直至25mm。至于板的上表面，可做成光洁平滑或经机械加工成各种图案形状，或经印刷成各种花纹，或经压花成带凹凸不平的花纹图样。

当厚度公差有特殊要求时可砂磨。还有，经叠层处理（表面粘合各种装饰板材）后可具有很强的装饰效果，这也大大拓展了应用范围。其板边可通过机械加工成各种不同的形式，以适合不同的安装系统。

2. 密度与强度

纤维石膏板密度，三层墙板为800～1000kg/m^3，均质板和结构板为1100～1200kg/m^3，轻质板为450～700kg/m^3。由于有相当大的调整范围，因此产品适用性较广。抗弯强度4～10MPa，用于不同部位及场合时，可调整至相应性能。

纤维石膏板具有很好的质量强度比及最佳的弹性变形，抗断裂能力强，手搬运时不易折断。

此外，纤维石膏板具有很高的抗冲击能力，内部粘结非常牢固，抗压痕能力强。其他数据与木质板相类似。可用螺钉、圆钉及专用钉书钉固定，不碎裂，因此容易安装。在钉螺钉和圆钉时，允许载荷直接作用于板上而不用补强，其剪断值可达500N。

3. 在潮湿环境中的特性有改善

受潮后，纤维石膏板因气候变化引起的线性变化较木质板优越得多。

抗水性方面，经表面吸水试验，2h内小于160g/m^2。另外通过浸水试验，板材不分层、不分解、不溶解，离水干燥后可恢复原有强度。

4. 防火、隔声及调节居室气候

纤维石膏板是不可燃的（不产生火焰），其防火等级满足各国有关标准，如 DIN：A2 级；BS：0 级；ASTM：X 级。用于隔墙耐火时间可达 120min。在隔声方面，单层墙面 STC，49dB；单板 RW，30dW。在调节居室气候方面，能很好地吸收及释放潮气，以平衡居室空气湿度，提供良好的居室气候。

5. 容易加工、安装

纤维石膏板在加工、安装、干法施工等方面基本与纸面石膏板相同。如现场需改切其他尺寸时，可以锯断（手锯或电锯），也可在单面切痕后掰断。纤维石膏板十分便于搬运，不易损坏。由于纵横向强度相同，故可以垂直及水平安装。

纤维石膏板的安装及固定，除了与纸面石膏板一样用螺钉、圆钉固定外，还可用专用钉书钉固定，使施工更为快捷与方便。此外，两块板之间的接缝形式，可用也可不用接缝带，比较灵活方便。

一般的纸面石膏板的安装系统均可用于纤维石膏板，如用作顶棚板（块），板边开槽可装暗龙骨，矩形板边则可用于明龙骨。纤维石膏板的装饰可用各类墙纸、墙布、各类涂料及各种墙砖等。

三、生产工艺及设备

（一）国内情况

国内纤维石膏板的生产大致可分为缠绕法、辊压法和抄取法等几种。

1. 缠绕法

采用湿法铺浆、缠绕成型工艺，即半水石膏和纤维在大量水的拌合下，在毛布长网成型机上经铺浆、真空脱水、缠绕成型，然后再经切边、整平、凝固、烘干而成。板内纤维呈纵向排列，因此板的纵、横向弯曲强度的差异较大。此法生产的板材板面不够平整，生产呈间歇性，能耗大，规模小。

2. 辊压法

将半水石膏、纤维和水搅拌后，立即注入涂有脱模剂的铝或塑料模型内成型。成型时，带料浆的模具在上下两辊之间滚压平整。滚压时上铺橡胶布或聚乙烯塑料板。石膏凝固后，翻转脱模，经干燥后入库。该法纤维含量可较少，成本较低，但强度也低，自动化程度低，劳动强度大，质量不易保证。

3. 抄取法

与石棉水泥板的生产方法类似。采用圆网抄取设备，使用旋转圆筒连续过滤，将含有分散纤维的料浆抄取到铜网上，靠负压吸附作用，通过连续毛毡，将物料一层一层地缠绕到成型筒上，至一定厚度后切断脱出板坯，烘干后经切边入库。此法料浆浓度低，纤维易分散，坯层薄，增强效果好，可制成薄板。但能耗较高，不能连续生产。

上述几种方法的生产工艺及技术装备均较落后，产品质量较差，工人劳动强度大，成品率低，规模小。

4. 半干法

20 世纪 90 年代中，我国引进了一条 300 万 m^2/a 的纤维石膏板生产线，投资约 1.4～1.6 亿元，生产均质纤维石膏板。该线无熟石膏煅烧和废料回收系统，主要工艺流程见图 7-19。

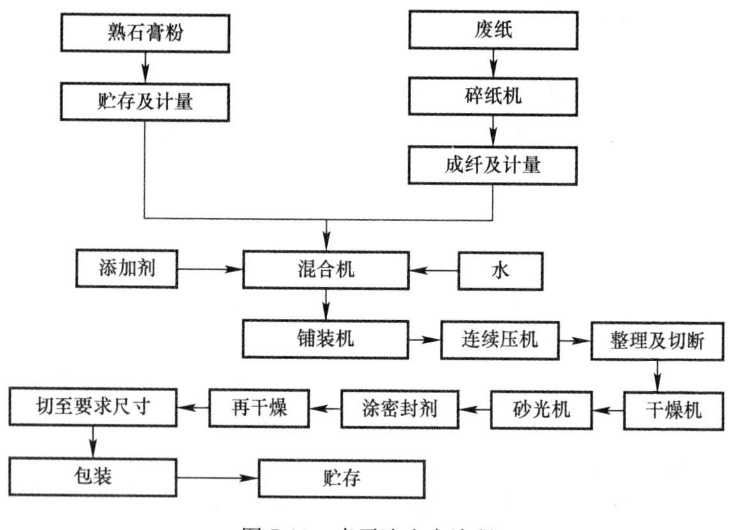

图 7-19 半干法生产流程

（二）国外情况

根据介绍，国外在 1950 年针对纸面石膏板存在的缺陷提出了纤维石膏板的设想，于 1970 年开发研制了纤维石膏板生产线。其生产工艺经历了湿法和半干法。在半干法生产的压机方面，又经历了辊筒式压机、随动式压机及连续带式压机等几个阶段。在纤维石膏板的开发过程中，针对均质板存在的问题，又提出了三层结构的纤维石膏板，并开发研制出相应的铺装系统。现根据了解情况介绍如下：

1. 湿法

原为德国某公司的中间试验线，经扩建而成，规模为 250～300 万 m^2/a，生产 6～20mm 厚纤维石膏板，板长 2.5～4m，一般为 3m。其主要工艺流程见图 7-20。

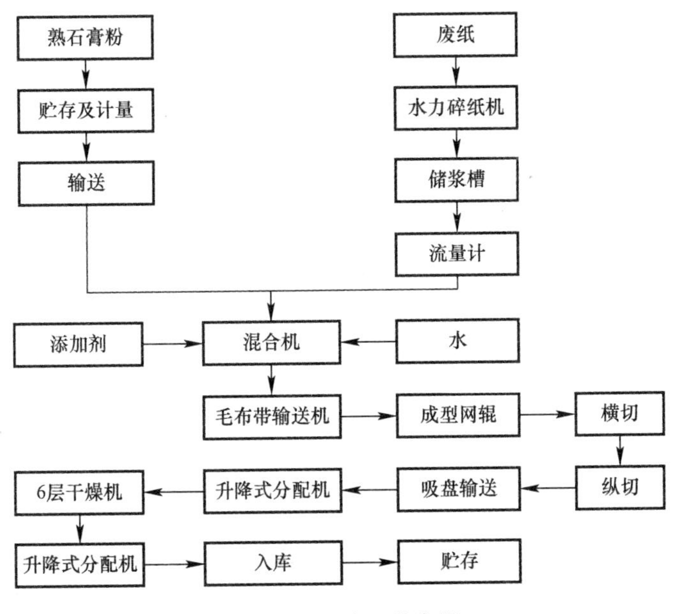

图 7-20　湿法工艺流程

从混合机流出的石膏料浆进入流浆箱，该箱由控制槽、分流槽及铺浆槽等组成，见图 7-21。料浆在进入控制槽 11 后，经 2 道闸门（1、2）流入分流槽 10，分流槽内有分流板 4 及调节装置 3，使料浆横向均匀摊开后进入铺浆槽 9。铺浆槽入端有挡板 5，后面有 2 道闸板（6、7）以控制料浆的压差，下部有叶轮起混合及防止料浆沉淀作用，叶轮下有气动卸料门。其出口处设可调节挡板 8，目的是使料浆流速与其后毛布带 12 流速一致。

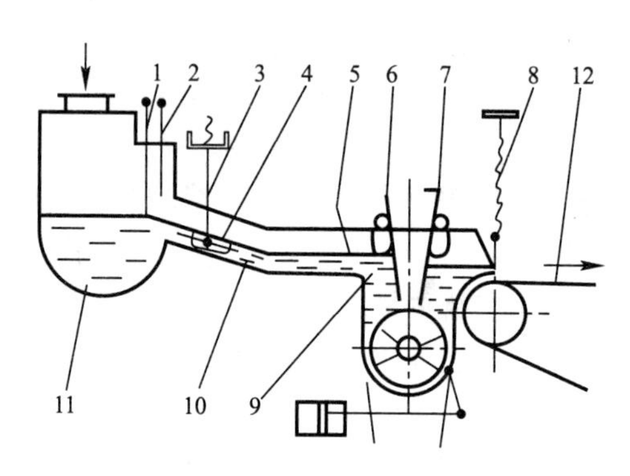

图 7-21　铺浆部分示意

然后料浆进入毛布带输送机，料浆在此大部脱水并形成薄料层，见图 7-22。

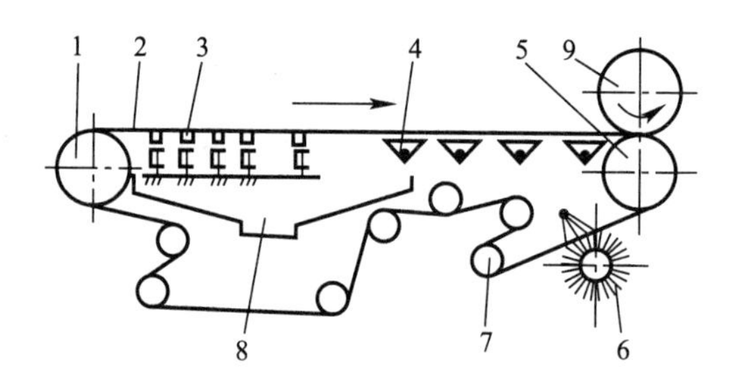

图 7-22　毛布带输送机

据了解毛毡 2 的寿命为 300～600h。料浆进入胸辊 1 后在毛布上形成料层，经 10～15 根托板 3（可调）再由 5～10 只真空吸水箱 4 吸水，料层在伏辊 5 处由真空成形网辊 9 堆积。而毛布经清洗装置6、张紧装置7、托辊、改向辊等返回。托板处所脱离的水由排水槽8排出。

成形网辊由液压加压，周长与板坯长度相对应，圆网辊切割及输送系统见图7-23。其内部有真空箱1，通过转轴引出，还有双气缸切刀2。当料层累积到要求厚度时，自动测厚仪发讯，切刀将板坯切断，气动刮板3将板坯铲下，由皮带机4送到横切机5及纵切机6。然后由双位真空吸盘7将纤维石膏板放在带钢垫板的小车上，一层石膏板一层钢垫板地堆垛，达到要求垛数时，将小车开至干燥机前的升降式分配机上，再进入干燥机。干燥机为6层辊道式，与纸面石膏板干燥机相似，进出端均为升降式分配机。板材干燥后即进入堆垛及包装，垫板返回经清洗、上脱模剂后再次使用。

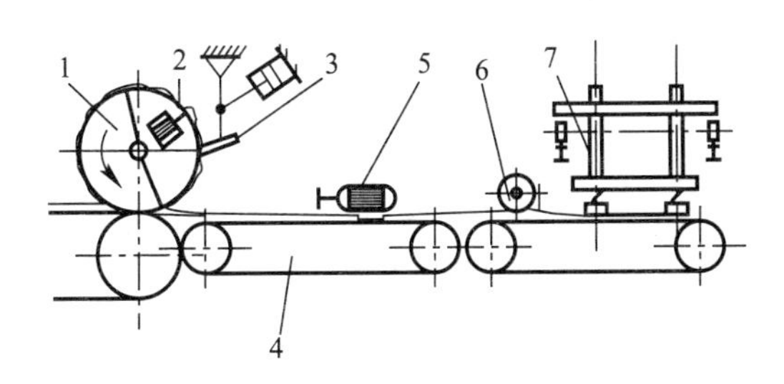

图7-23 圆网辊切割及输送系统

用此法制成的纤维石膏板厚度尺寸公差±0.4mm，长度及宽度尺寸公差为±2mm。抗弯强度：横向3MPa，纵向4MPa。因未涂密封剂，30min浸渍，吸水量为板重的40%。

生产线定员：配料4人/班，制板7人/班，维修2人/班。此法为早期生产方式，用水量较大，干燥能耗较高，板材性能也较差。

2. 随动往复压机半干法

德国某公司在20世纪80年代初建成此线，年产量为300～400万m^2/a。其生产工艺与上述湿法有很大不同，见图7-24。

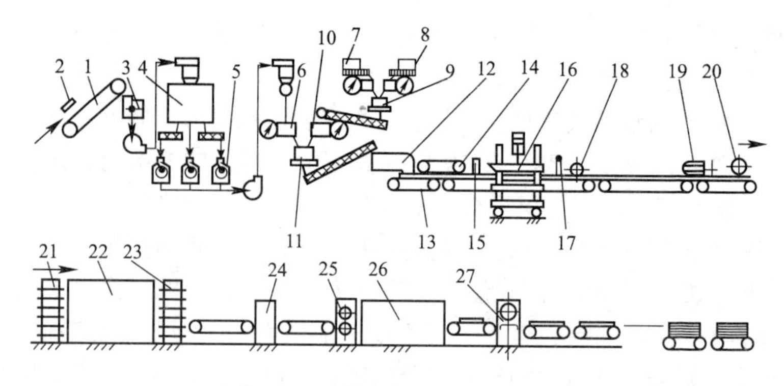

图 7-24　随动往复压机半干法系统

用皮带输送机 1 将废报纸、废杂志经金属探测器 2 送到碎纸机 3，将纸打成碎片，负压送至分离器后进碎纸仓 4，再由螺旋输送机将碎纸片喂入 3 台磨机 5 内，将碎纸片磨成干纸纤维，再用负压送至计量设备 6 计量后进入主混合机 11。

熟石膏粉进仓 7，添加剂进仓 8，分别经计量后进入混合机 9 中预混合，预混合好的粉料由螺旋输送机送至计量器 10 计量后，进入主混合机 11 与干纸纤维混合，混合料由螺旋输送机送入铺装机 12，在网带 13 上铺成厚度约 150mm 的均匀料层。铺料后先用皮带式预压机 14 将料压成约 30mm 厚的板坯，然后用洒水装置 15 均匀洒水，洒水后用大型随动式液压压机 16 压实，以脱去多余的水。随动压机压下时与生产线上的板坯同速运行，经过一段时间后抬起并快速返回，如此往复循环，使板坯全长均匀压实。板坯出压机后，用高压水刀 17 纵向切边，再由胶轮 18 压平板边后进入凝固带凝固。接着用横切刀 19 横切，毛刷轮 20 刷去切渣后，由加速输送机将板运到干燥机入端的升降式分配机 21，依次进干燥机 22 的各层辊道。干燥机共有 8 层辊道，为横向气流，烧天然气，直接用明火加热。干燥机封闭区全长约 80m。干燥后的板材经干燥机卸板系统 23 进入各类输送设备，经单面或双面磨光机 24 磨光板面、涂胶机 25 涂防水密封剂和烘干机 26 烘干后，进入堆垛设备或进入各种切割机 27，切成小块后堆垛包装。

主要原料配比为：熟石膏粉约 81%，纸纤维约 18%，促凝剂小于 1%，并加少量添加剂。

此法机械化、自动化程度较高，产品规格较多，板材质量尚好。因用水较少，故干燥能耗较低。由于大型液压随动压机设备庞大复杂，且始终处在随动运动或快速返回之中，影响生产率的进一步提高，另外，此种压制方法对板材质量仍有些影响。

3. 连续压机半干法

连续压机是在随动压机的基础上改进、提高的结果，同时也相应改动了某些环节，但整个半干法的生产流程大致不变。有一种新型连续压机见图 7-25。

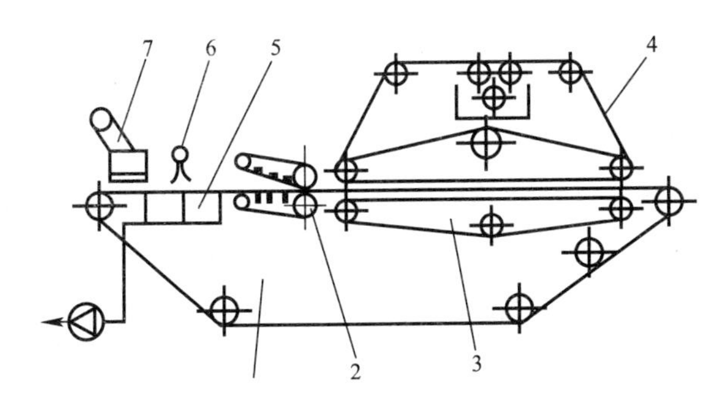

图 7-25　连续压机示意

连续压机主要由成型网带输送机 1、预压机 2、压机本体 3 及覆盖皮带机 4 组成。在其入口处装有铺装机或预成型设备 7，水计量及淋水系统 6，成型网带下部还装有真空箱及真空系统 5。

经混合后的熟石膏粉、纸纤维、促凝剂、添加剂等通过铺装机在网带上形成松软的厚料层，经水喷淋系统 6 最终加湿后，先由真空箱吸去一部分多余水分，再经预压机初压后进入连续压机。连续压机的功能是在石膏凝固硬化期间使板坯密实。

成型网带输送机 1 包括特殊网带及传动装置、网带清扫刷、网带清洗站及吹干系统等。预压机 2 为压辊结构，包括传动站、带封闭皮带及清洗刷，其倾角可调。连续压机 3 为压辊结构附传动站，上下压辊均有无端胶带，胶带带张紧及清洗刷，由液压站通过压辊对板坯加压，并有板厚测量、调节及控制装置。压机长度及压辊数与产量有关，因此生产线扩大产量比较方便。一般压机总长在 15～30m。覆盖皮带机 4 使板坯表面光洁及保护上部传送带，它也带张紧、清洗及皮带纠偏装置。装上花型皮带时，可生产浮雕板。

此法由于克服了随动压机的缺点，拓宽了生产规模的范围，即年产 300～1500 万 m^2 均能适应，所生产的均质纤维石膏板质量好、能耗低、产量高，得到比较广泛的应用。如板厚公差小于 ±0.3mm，板面光洁，一般不用砂光。

4. 连续压机三层铺装半干法

该生产线是在连续压机生产均质纤维石膏板的基础上进行再次改进的，采用三层铺装系统及其他措施，可生产均质纤维石膏板、三层纤维石膏板及轻质纤维石膏板，主要生产流程见图 7-26。

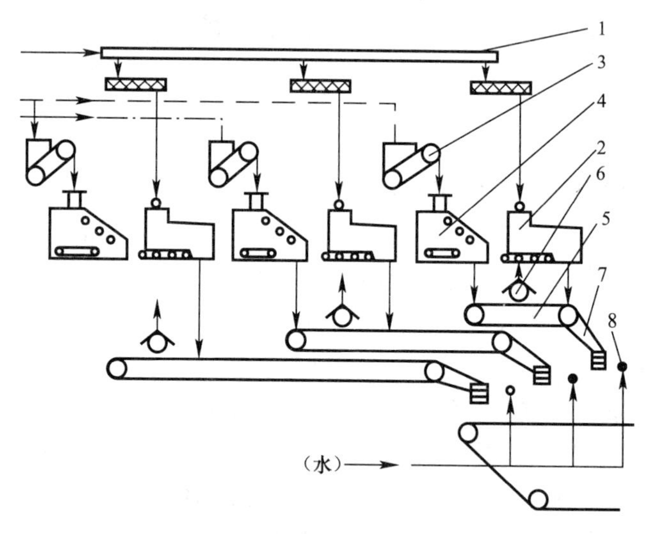

图 7-26　三层铺装系统示意

熟石膏粉、添加剂、干废板等经贮存、计量、混合进入分配输送机1，再分三路进入3台熟石膏成型仓2。纸纤维、添加剂等原料经锤磨、纤维磨、贮存、计量、混合后通过膨胀室和皮带机3进入2台纤维成型仓4，分别形成上下面层料。纸纤维、添加剂、淀粉、膨胀珍珠岩等原料经成纤、膨胀、贮存、计量、混合后通过膨胀室和皮带机3进入中间一台纤维成型仓4，形成芯层料。各面层和芯层的熟石膏成型仓和纤维成型仓分别下料在3条预成型皮带5上，由纤维刮平装置6刮平后，分别进入3台带移动溜子的混合头7混合，形成上层、芯层、下层，料层铺上成型网带输送机，再由水计量及喷淋系统8喷水后进入预压机。熟石膏成型仓2带往复铰刀，使仓的宽度方向同样充满物料。带全套熟石膏计量秤、输送系统及仓满监测器。纤维成型仓4带往复皮带，使仓的宽度方向同样充满物料，并带仓满监测器。

带移动溜子的混合头7系将纤维与熟石膏粉等混合（上、下面层）或将纤维、淀粉、膨胀珍珠岩等混合，分别作为上下面层料或芯层料，铺装在成型网带上，形成三层结构的纤维石膏板。本生产线经适当调整工艺、配方，也可生产均质板或轻板。此法是目前国际上先进完善的生产纤维石膏板的方法。

各种半干法生产过程中产生的干、湿废料均可通过废料回收系统分别进入促凝剂系统及煅烧系统重复使用，因此无废料排放。

参考文献

[1] 曹志强．利用脱硫石膏生产纸面石膏板的工艺技术［J］．粉煤灰，2009（4）：41-42.
[2] 李传炽．利用脱硫石膏制造纸面石膏板［J］．粉煤灰，46.
[3] 胡成军．磷石膏水洗净化试验及工艺［J］．磷肥与复肥，2007，22（5）：66-67.

［4］ 莫希强．轻钢龙骨纸面石膏板隔墙施工技术［J］．建筑技术与应用，2006：47-48.
［5］ 王建强，俞日银［J］．新型建筑材料，2004：50-51.
［6］ 周敏，谢红波，李国忠．玉米秸秆增强氟石膏纸面石膏板研制［J］．非金属矿，2007，30（4）：8-10.
［7］ 明道兴．纸面石膏板隔墙施工应注意的技术要点［J］．建材与装饰，2007（7）：107-108.
［8］ 张锦峰，王玉洪，许红升等．氟石膏砌块的开发与应用研究［J］．建筑砌块与砌块建筑，2006（5）：59-62
［9］ 张锦峰，王玉洪，许红升等．高强度氟石膏砌块的研制［J］．砖瓦，2005（9）：40-42.
［10］ 周泳波．磷石膏砌块生产关键技术及工艺［J］．新型墙材，2007（2）：32-33.
［11］ 娄广辉，徐亚中，张凤芝等．石膏砌块的发展现状及研究进展［J］砖瓦，2009（12）：33-35.
［12］ 李茂义、孙会功、肖剑光．石膏砌块应用技术［J］．新型建筑材料，2008（11）：36-38.
［13］ 何文忠．实心石膏砌块隔墙的施工质量控制［J］．建筑砌块与砌块建筑，2009（4）：48-49.
［14］ 丛钢，林芳辉，彭志辉等．脱硫石膏空心砌块研制［J］．房材与应用，1996（6）：44-47.
［15］ 朱惠伟，朱义铁，黄勇然．佳田国际大厦石膏空心条板施工技术［J］新型建筑材料，2005：35-36.
［16］ 柏玉婷，李国忠．利用脱硫建筑石膏制备空心条板［J］．砖瓦，2008（8）：59-62.
［17］ 董坚，马铭杰，张化．磷石膏生产石膏空心条板（砌块）可行性分析［J］．山东建筑工程学院学报，2000，15（1）：81-84.
［18］ 朱惠伟，朱义铁．石膏空心条板隔墙的构造及安装工艺［J］．建筑技术，2006，37（9）：685-686.
［19］ 马铭杰，董坚，张化．研制用化工废渣（磷石膏）制作新型墙体材料-磷石膏空心条板［J］．环境工程，1996，14（6）：40-43
［20］ 刘贤淼，傅峰，张双铁等．石膏刨花板的生产技术及应用前景［J］．木材加工机械，2003（5）：12-16.

［21］ 言智钢. 石膏刨花板生产工艺与发展前景［J］. 临产工业，2009，36（3）：38-40.

［22］ 龙玲，陆熙娴. 脱硫石膏刨花板制造工艺的初步研究［J］. 木材工业，2000，14（2）：13-15.

［23］ 曹志强. 利用脱硫石膏生产纸面石膏板的工艺技术［J］. 应用研究，2009（4）：41-42.

第八章　工业副产石膏在新型建材中的应用

内容提要： 本章对工业副产石膏开发高附加值新型建筑材料进行了深入研究。利用工业副产石膏生产新型建筑材料是实现工业副产石膏高附加值利用的方法之一，本章对工业副产石膏在制备高强石膏粉、石膏基自流平材料上的研究进行了阐述，同时对工业副产石膏代替天然石膏生产新型绿色节能型墙体材料的应用进行了介绍。

第一节　工业副产石膏制备高强石膏粉

半水石膏的化学分子式为 $CaSO_4 \cdot 1/2H_2O$，它是属于假六方晶系的晶体。半水石膏似乎是在无水硫酸钙的固体溶液加入了半个水分子，含水量波动在 0.15～0.65。带 0.5 个结晶水的半水石膏只是固体溶液的一种特殊形态。它是二水石膏在脱水过程中的一个初级产物。半水石膏按其结晶形态的不同，可分为不同的种类，而不同的结晶形态取决于它的煅烧条件及其制备过程。将二水石膏（天然或工业副产石膏）在 107～170℃下煅烧，脱水生成β-半水石膏，磨细后成为以β-半水石膏为主要成分的建筑石膏。二水石膏在加压蒸气中加热处理，或者置于某些盐溶液中加热煮沸，将脱水形成α-半水石膏，经干燥磨细后，成为以α-半水石膏为主要成分的高强石膏。二水石膏的脱水化学反应过程如下：

$$CaSO_4 \cdot 2H_2O \xrightarrow[110 \sim 170^\circ C]{\text{与大气相通}} \beta\text{-}CaSO_4 \cdot \frac{1}{2}H_2O + \frac{3}{2}H_2O$$

$$CaSO_4 \cdot 2H_2O \xrightarrow[110\sim140℃]{\text{饱和蒸汽压或盐溶液}} \alpha\text{-}CaSO_4 \cdot \frac{1}{2}H_2O + \frac{3}{2}H_2O$$

所以根据不同的加热温度和条件，半水石膏有α、β两种形态，这取决于对二水石膏采用的生产加工方法。α-半水石膏是在饱和水蒸气的气氛中加热，由二水石膏缓慢脱水形成（如蒸气加压法），或者是在某些盐类溶液中结晶形成。

高强石膏的制备方法主要有以下几种：蒸压法、水热法、常压盐溶液法、干闷法等。动态水热法在西方发达国家发展很快，生产过程中普遍采用转晶剂来控制α-半水石膏晶形，它适合于磷石膏制取α-半水石膏的研究。20世纪80年代以来，用常压盐水溶液法制备出了高强度的短柱状α-半水石膏，但与实际应用有一定的差距。目前，我国主要采用蒸压法生产α-半水石膏。本章研究利用工业副产石膏通过蒸压法生产高强石膏粉的方法，其中工业副产石膏采用的是华能石膏（脱硫石膏）和桂林石膏（磷石膏）。

一、蒸压时间对脱硫石膏转化为半水石膏性能的影响

在研究蒸压时间对脱硫石膏转化为半水石膏性能的影响时，在脱硫石膏中没有加入任何转晶剂，也没有把石膏加工成块状，脱硫石膏在压力为0.15～0.2MPa，温度为125～130℃下蒸压，蒸压后的脱硫石膏在110℃烘干。

蒸压时间是蒸压过程中的一个重要参数，研究蒸压时间对脱硫石膏转化为半水石膏性能的影响，可以完善蒸压制度。在蒸压时间较短的情况下，仅仅从处理脱硫石膏的某一性能来讲，很难确定哪种方法处理的脱硫石膏更适合使脱硫石膏转化为强度较高的半水石膏。例如：理论上讲处理后石膏的稠度越小，其强度应该越高，但是在测试石膏稠度过程中，由于石膏的凝结时间较短，操作过程中很短的时间波动都会对测试结果产生很大的影响。只有经过足够长的蒸压过程，处理后的脱硫石膏各方面的性能才会有非常大的提高。经过12h处理的脱硫石膏与经过3h处

理的脱硫石膏相比，干抗压强度提高了 52.5%，但是，蒸压时间太长必然会提高制备半水石膏的成本，并且还需要对处理脱硫石膏的其他工艺参数进行研究，因此在下面的研究过程中，确定蒸压时间为 6h。蒸压时间对脱硫石膏转化为半水石膏性能的影响见表 8-1。

蒸压时间对脱硫石膏转化为半水石膏性能的影响　表 8-1

序号	稠度（%）	初凝（min）	终凝（min）	抗折强度（MPa）	抗压强度（MPa）	干抗折强度（MPa）	干抗压强度（MPa）
T-3	67.5	5	6	3.40	6.0	7.10	16.0
T-6	57.5	11	13	3.75	7.8	6.65	17.5
T-9	56	11.5	14	3.55	7.6	7.95	17.0
T-12	54	17	19	4.30	11.3	8.85	24.4

二、蒸压温度对脱硫石膏转化为半水石膏性能的影响

在蒸压法制备 α-半水石膏的过程中的影响依次为：恒温温度＞干燥温度＞升温时间＞恒温时间，因此研究蒸压过程中恒温对用脱硫石膏和分析纯 $CaSO_4 \cdot 2H_2O$ 制备高强石膏粉的影响具有一定的现实意义，南京工业大学李东旭课题组对此进行了研究。由于石膏蒸压处理是在饱和蒸气压的状况下进行的，一个蒸压温度就对应具体的蒸压压力，因此在本章只提出蒸压温度变化对用二水石膏制备半水石膏的影响。

1. 力学性能分析

分别采用了 110℃、120℃和 130℃的情况下对用脱硫石膏与分析纯 $CaSO_4 \cdot 2H_2O$ 蒸压 6h，蒸压处理后的石膏在 110℃烘干。对制备的半水石膏的力学性能与微观结构进行研究，其中力学性能测试试件的尺寸为 20mm×20mm×20mm，试样的加水量为 60%，测试在（40±4)℃烘干至恒重的干抗压强度，测试结果见图 8-1。

根据试验研究表明，在蒸压过程中，二水石膏脱水成 α-半水石膏的形成机理为溶解-析晶过程。蒸压釜中温度（或压力）

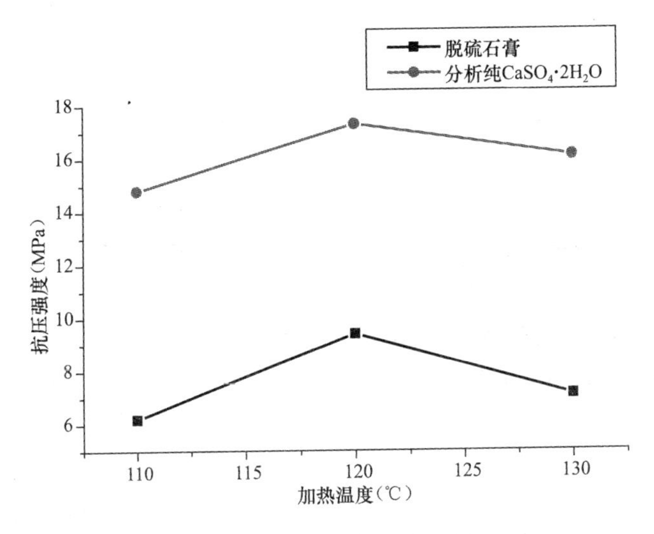

图 8-1　蒸压温度对半水石膏性能的影响

过高或过低都会使得二水石膏溶解转化速度与 α-半水石膏析晶成长速度不一致，影响 α 型半水石膏发育长大成密实完美的晶体。不论是使用脱硫石膏还是使用分析纯 $CaSO_4 \cdot 2H_2O$ 作为原料来制备高强石膏粉，都是随着蒸压温度的增加，制备出的石膏粉的力学性能先提高后降低，当蒸压温度为 120℃时，力学性能达到最优；用化学纯 $CaSO_4 \cdot 2H_2O$ 作为原料来制备高强石膏粉的力学性能远远高于用脱硫石膏制备高强石膏粉的力学性能。高强石膏粉的制备不仅受到工艺参数的严格影响，并且与选择制备生产高强石膏粉的原料也有很大的关系。

2. 微观结构分析

通过蒸压法用分析纯 $CaSO_4 \cdot 2H_2O$ 和脱硫石膏在不同的温度下制备半水石膏，对半水石膏及其最终水化产物进行了电子显微镜形貌分析。为防止经过粉磨后的半水石膏微观结构会被破坏，因此通过蒸压法制备的半水石膏不经过粉磨直接进行电子显微镜形貌分析。用于电子显微镜分析的水化产物样品制作方法为：将一定比例的蒸馏水与半水石膏粉均匀混合，然后将浆体滴到玻璃片上，为使其消化充分，让其在自然状态下缓慢干燥。待样品中的多余水分挥发完后即进行电子显微镜观察。

图 8-2 分别表示分析纯 $CaSO_4 \cdot 2H_2O$ 在 110℃、120℃和 130℃情况下，通过蒸压法制备半水石膏的微观结构形貌。从这三组的 SEM 照片可以看出：通过蒸压法制备的半水石膏多为柱状，无定形的小颗粒较少，并且随着蒸压温度的升高，半水石膏柱状结构的长径比也逐渐增加。结合前面通过蒸压法制备半水石膏的力学性能和一些相关文献的论述可推断，半水石膏的力学性能不仅与其本身的自形程度有正比例关系，而且还与半水石膏的长径比有反比例关系，即要想使制备出的半水石膏的力学性能达到最优，就要求制备的半水石膏自形程度高，长径比小。从图 8-2（*a*）、图 8-2（*b*）与图 8-2（*c*）对比可得，随着蒸压温度变为 130℃时，制备出的半水石膏晶体逐渐致密。

（*a*）110℃

（*b*）120℃

图 8-2 蒸压温度对用分析纯 $CaSO_4 \cdot 2H_2O$ 制备半水石膏微观结构的影响（一）

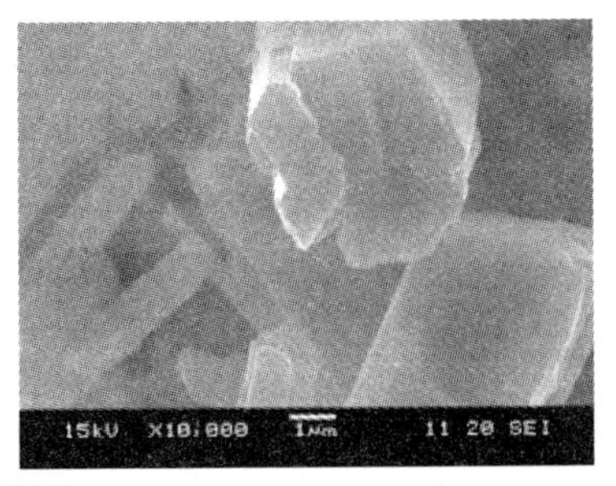

(*c*) 130℃

图 8-2　蒸压温度对用分析纯 $CaSO_4 \cdot 2H_2O$ 制备半水石膏微观结构的影响（二）

图 8-3 表示脱硫石膏在 130℃情况下，通过蒸压法制备半水石膏的微观结构形貌。图 8-3 与图 8-2 对比可得，前者结构较为疏松，比表面积较大，自形程度不高，结晶较差，晶体的裂纹和孔隙相对较多，针柱状结构的晶粒大小在较宽的范围；同时也可以说明前者粉料要想达到后者粉料同样的稠度则需要更多的拌合水，即前者粉料水化后的强度要比后者粉料水化后的强度低。

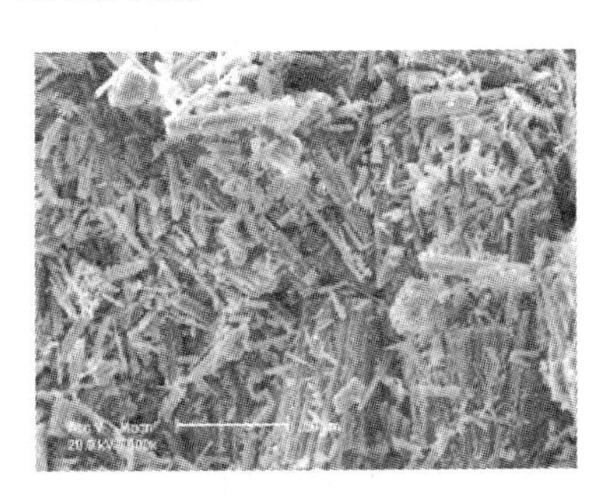

图 8-3　脱硫石膏制备半水石膏微观结构（130℃）

图 8-4 为水化产物的 SEM 图像照片。图 8-4（*a*）为用分析纯 $CaSO_4 \cdot 2H_2O$ 经过蒸压处理后制备出半水石膏的水化产物的 SEM 照片。从照片可见水化产物皆为二水石膏典型的针柱状结构，自形程度很高，极少见无定形胶凝状的物质，半水石膏水化

产物晶体的大小在1～5μm范围内。图8-4（*b*）为用脱硫石膏经过蒸压处理后制备出半水石膏的水化产物的形貌特征，其特征与图8-4（*a*）有一定的区别，除了自形程度很高的针柱状二水石膏晶体外，出现了较多的无定形状的胶凝物质，自形的二水石膏晶体与胶凝状物质之间的接触关系显示得非常清楚。有的自形的二水石膏晶体和胶凝状物质存在有过渡关系；有的外形上自形程度很高的二水石膏晶体内部包裹有大量的无定形胶凝状物质。针柱状二水石膏晶体的大小差别较大。半水石膏水化后可以形成结晶良好的二水石膏晶体，这是由于浆体中Ca^{2+}和SO_4^{2-}离子的过饱和度与二水石膏的饱和溶解度差别不是太大，且又具有充裕的晶体自由生长间距，因而较易形成自形程度很高的二水石膏晶体。

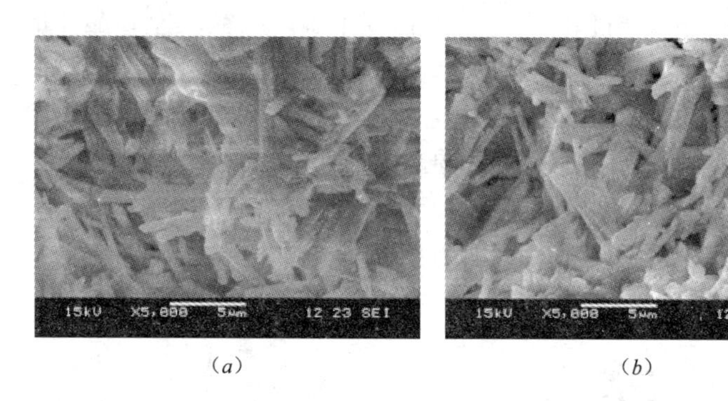

（*a*）　　（*b*）

图8-4　在温度为110℃情况下，用分析纯$CaSO_4 \cdot 2H_2O$（*a*）和脱硫石膏；（*b*）制备半水石膏水化样的SEM图片

三、干燥温度对脱硫石膏制备半水石膏性能的影响

脱硫石膏在不掺转晶剂的情况下，加入10%水蒸压6h，分别对蒸压后的脱硫石膏在100℃、110℃、120℃、140℃、160℃等温度下干燥4h，把干燥后的脱硫石膏在相同的条件下粉磨，最后对处理后的脱硫石膏性能进行测试，测试结果见表8-2。

干燥温度对脱硫石膏制备半水石膏性能的影响　　表 8-2

序　号	稠度(%)	初凝(min)	终凝(min)	抗折强度(MPa)	抗压强度(MPa)	干抗折强度(MPa)	干抗压强度(MPa)
T-100	50	—	—	—	—	—	—
T-110	57.5	11	13	3.75	7.8	6.65	17.5
T-120	60	8	11	3.78	7.5	6.76	16.5
T-140	62	4	7	3.34	6.6	6.55	15.4
T-160	68	9	14	3.04	6.8	6.05	11.4
T-140/120	63	14	17	3.70	7.8	5.83	18.5

注：T140/120 先经过 140℃烘 1h 然后再经过 120℃烘干。

在试验的过程中发现物料从出釜到进烘箱的时间间隔也是影响半水石膏性能的重要因素。时间间隔越短，石膏性能越好。在石膏溶解度曲线中，二水石膏和半水石膏的溶解曲线在 97℃相交，该温度表示半水石膏水化的可能极限，当温度高于 97℃时，α-半水石膏溶解度与二水石膏相同，不会产生二水石膏结晶；当温度低于 97℃时，使溶有半水石膏的液相成为过饱和状态，产生二水石膏结晶，而二水石膏的存在对 α-半水石膏溶解度性能产生不利影响。因此开釜时，要迅速拿出放到保持较高温度的烘箱中。当用较低的干燥温度（如 100℃）处理蒸压后的脱硫石膏时，虽然温度高于 97℃，但是由于料的数量以及放入烘箱时间间隔等问题，使其大部分转化为二水石膏，因此经过这个温度处理的脱硫石膏的强度很低。烘干是为了除去蒸压后半水石膏内部所含的吸附水。在烘干过程中，必须严格控制物料的烘干温度。温度过高会使半水石膏继续脱水，生成可溶性的硬石膏，强度降低；温度过低又会使部分半水石膏转化为二水石膏，凝结时间加快，同样降低强度。

四、转晶剂对脱硫石膏转化为半水石膏性能的影响

1. 半水石膏的性能

脱硫石膏在蒸压之前先与转晶剂溶液均匀混合，加水量占石膏总重的 10%，蒸压 6h，在 110℃的烘箱内烘干。分别在脱硫石膏中加入一定量的烷基苯磺酸钠、硫酸铝、硫酸铁、醋酸镁和木质素磺酸钙，然后对处理后的脱硫石膏粉进行性能测试，测试

结果见表 8-3。

转晶剂对脱硫石膏转化为半水石膏性能的影响　　表 8-3

序号	转晶剂	稠度（%）	初凝（min）	终凝（min）	抗折强度（MPa）	抗压强度（MPa）	干抗折强度（MPa）	干抗压强度（MPa）
1	烷基苯磺酸钠	52.8	11	15	3.87	10.2	10.15	32.3
2	硫酸铝	52.1	9	14	4.90	13.2	11.08	36.1
3	硫酸铁	64.7	6	11	3.04	6.8	6.15	21.4
4	醋酸镁	65.5	4	10	3.40	11.6	5.98	18.0
5	木质素磺酸钙	65.6	14	17	3.73	12.5	6.76	19.5

结晶学理论认为：晶体的生长速度实际上是指晶面在单位时间内向外平行推移的距离，各个晶面的相对生长速度决定了晶体的外部形态，而各个晶面相对生长速度的大小可以随所处环境的改变而发生改变。在处理脱硫石膏的过程中，加入适当的外加剂，改变半水石膏结晶生长时的环境，促使产物的晶体形态向理想形状转化，把这类外加剂称之为晶形转化剂（转晶剂）。转晶剂的作用是使脱硫石膏脱水时，生成柱状结晶形态的半水石膏。它掺入后就吸附在石膏颗粒的表面上，阻止晶形向纵向发展，改变石膏晶形的大小，从而影响用处理过脱硫石膏配制自流平材料的性能。转晶剂的种类、掺量都会影响半水石膏的结晶生长。

2. XRD 分析

转晶剂的作用是使二水石膏脱水时生成柱状结晶形态的半水石膏。它掺入后就吸附在颗粒的表面上，阻止晶形向纵向发展，改变石膏晶形的大小，从而降低用水量，提高强度。转晶剂的种类不同，对石膏晶形有很大的影响，从而影响其强度。在研究转晶剂对脱硫石膏制备半水石膏影响的过程中，所采用的烘干温度是 110℃。从通过不同转晶剂对脱硫石膏制备半水石膏影响的 XRD 可以看出，醋酸镁、木质素磺酸钙作为脱硫石膏制备半水石膏的转晶剂与硫酸铝、烷基苯磺酸钠作为脱硫石膏制备半水石膏转晶剂的 XRD 有明显的不同，它们最强峰的位置有很大区别。从它们的干抗压强度也可以看出，后两组的强度值比前两组的强度值大的多（图 8-5～图 8-8）。在脱硫石膏中加入烷基苯磺酸钠和硫酸铝可以提高半水石膏的力学性能。

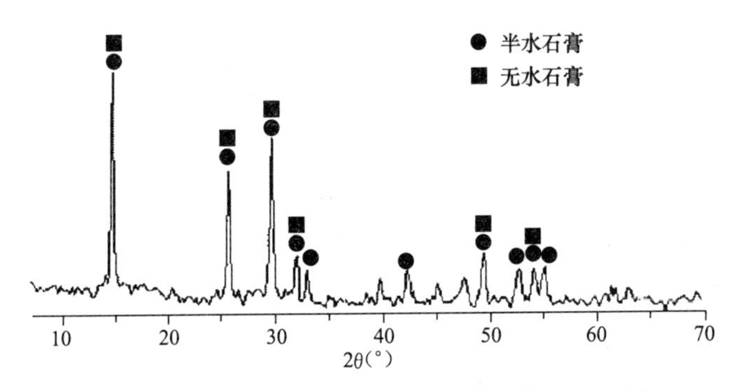

图 8-5　醋酸镁对制备半水石膏的影响的 XRD 图谱

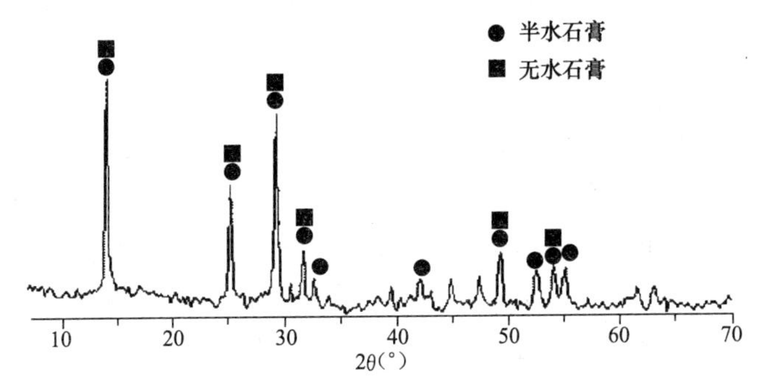

图 8-6　木质素磺酸钙对制备半水石膏的影响的 XRD 图谱

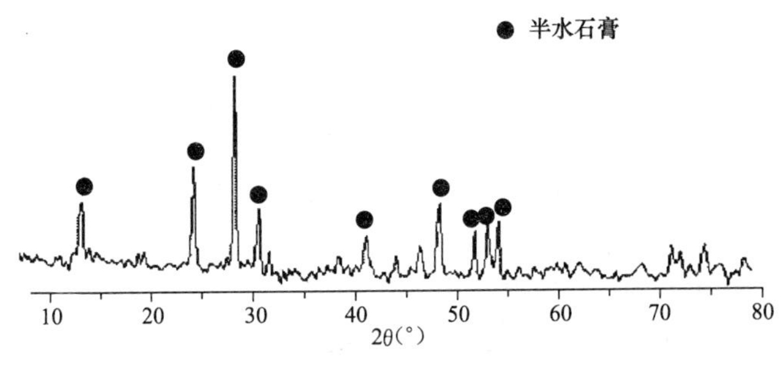

图 8-7　硫酸铝对制备半水石膏的影响的 XRD 图谱

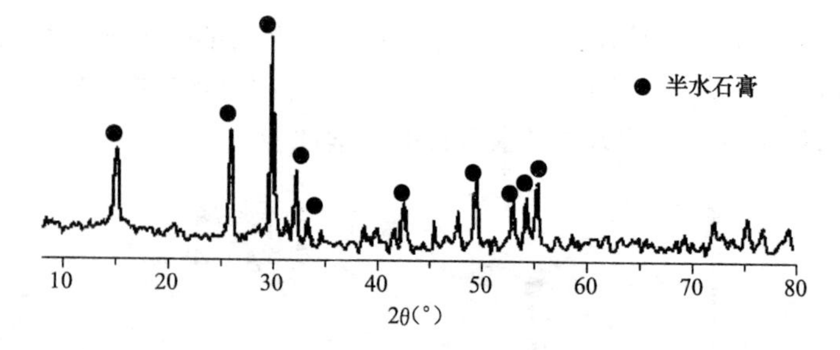

图 8-8　烷基苯磺酸钠对制备半水石膏的影响的 XRD 图谱

3. 显微结构分析

用脱硫石膏制备半水石膏的 SEM 分析见图 8-9。与前面一章谈到用煅烧法制备的半水石膏的微观结构上有很大的不同，通过煅烧法制备的半水石膏粉多由疏松、细小、不规则的片状晶体组成，而通过蒸压法制备出的石膏粉从图 8-9 中可以看出，由棒状组成和不规则较小颗粒组成。通过煅烧制备的半水石膏主要组成是β-半水石膏，而通过蒸压制备的半水石膏的主要组成是 α-半水石膏，两者在微观结构上有极大区别。从一些文献中，α-半水石膏的微观结构是致密粗大完整的棒状、短柱状，虽然从图 8-9 中显示的晶体结构不是很致密，并且含有大量的较小的不规则结构，这可能是由于制备的半水石膏的原料是脱硫石膏，根据上面一章谈到的脱硫石膏基本性质是由不规则的颗粒组成，并且颗粒较小。

五、粉磨时间对蒸压脱硫石膏性能的影响

1. 半水石膏的性能

研究粉磨时间对蒸压脱硫石膏力学性能的影响。脱硫石膏在蒸压之前先与水均匀混合，加水量占石膏总重的 10%，蒸压 6h，在 110℃ 的烘箱内烘干。把蒸压处理后的脱硫石膏分别粉磨 20min、40min、60min、80min、100min、120min，研究细度对蒸压脱硫石膏力学性能的影响。力学性能测试试件的尺寸为 20mm×20mm×20mm，试样的加水量为 60%，测试在（40±4)℃烘干至恒重的干抗压强度。

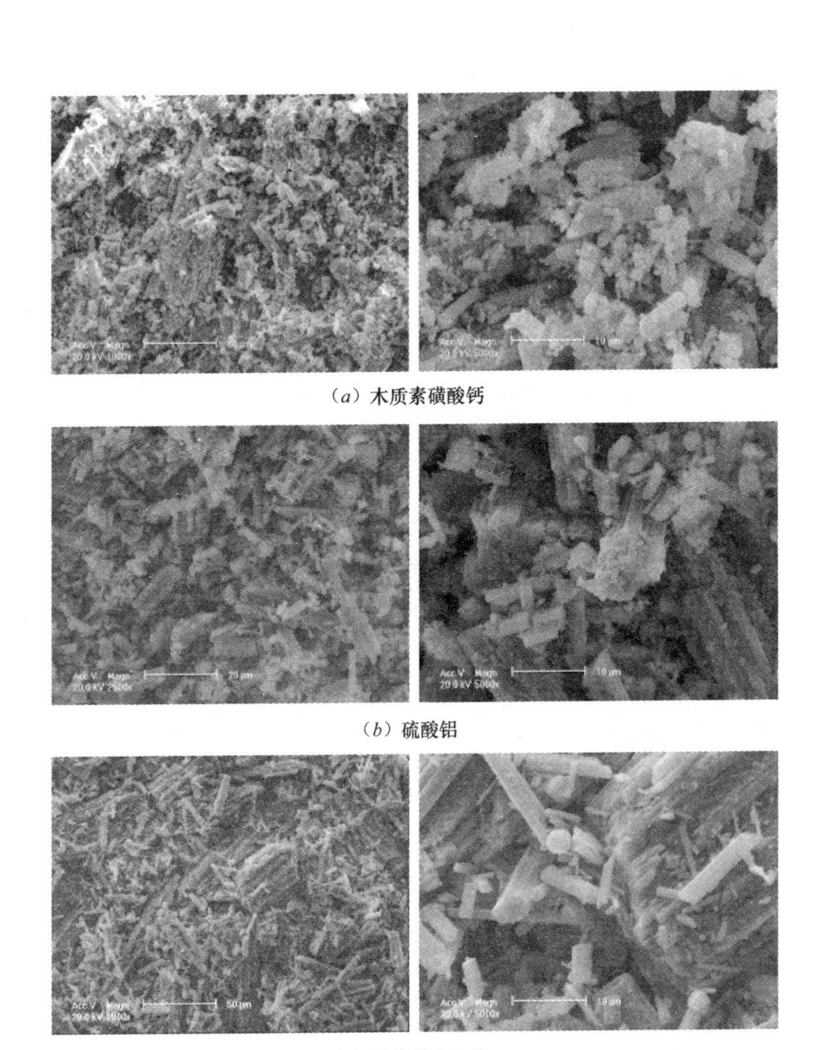

（*a*）木质素磺酸钙

（*b*）硫酸铝

（*c*）烷基苯磺酸钠

图 8-9　转晶剂对制备半水石膏的影响的 SEM 照片

从表 8-4 和图 8-10 中可以看出，随着粉磨时间的增加，制备的石膏粉的比表面积逐渐增加，但是抗压强度随着细度的增加，出现了先增加后减小的趋势，粉磨后脱硫石膏的比表面积为 464.4m^2/kg 时，石膏粉的力学性能达到最优。粉磨时间较短时，石膏粉的细度较小，在水化过程中，石膏粉中的半水石膏不充分的反应，然后粉磨时间过长时，石膏粉的细度太大，要想加水后的石膏粉具有同样的工作性能则需要更多的水，因此石膏粉太细或太粗都不利于其力学性能的提高。

粉磨时间对脱硫石膏的影响 **表 8-4**

粉磨时间（min）	细度（cm^2/g）	抗压强度（MPa）
20	3849	5.60
40	4644	12.37
60	5888	11.13
80	6563	11.08
100	7403	9.06
120	8138	5.61

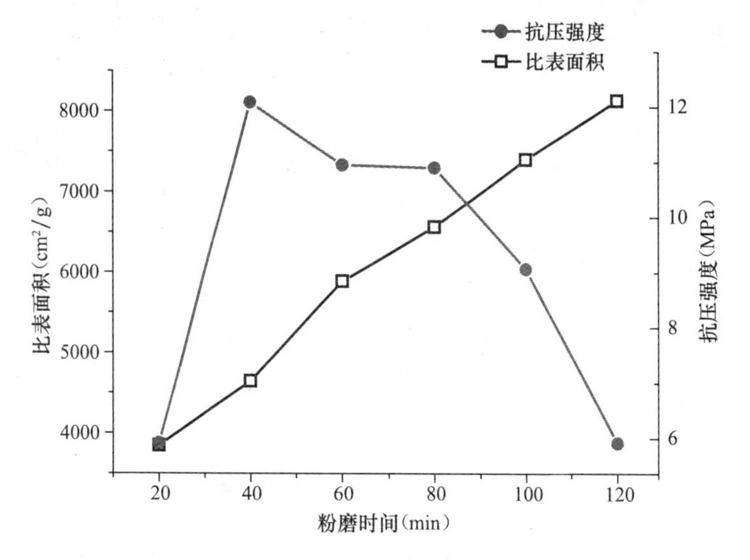

图 8-10　粉磨时间对脱硫石膏的影响

2. XRD 分析

脱硫石膏经过煅烧处理后制备石膏粉，随着粉磨时间的增加，d值为0.60128、0.34674、0.18447的三个半水石膏的特征峰有较大的不同，说明通过不同的粉磨时间后，脱硫石膏的主要成分仍然是β-半水石膏，只是随着粉磨时间的变化半煅烧处理后的半水石膏的晶体的完整性发生了变化。脱硫石膏经过煅烧处理后制备的石膏粉中除了含有β-半水石膏外，还含有少量可溶性的$CaSO_4$、不可溶的$CaSO_4$和二水石膏。从图8-11中可以看出，随着粉磨时间的延长，用脱硫石膏蒸压处理制备的高强石膏粉成分上没有太大的变化，即说明蒸压制备半水石膏粉的成分受到粉磨因素的影响较小。

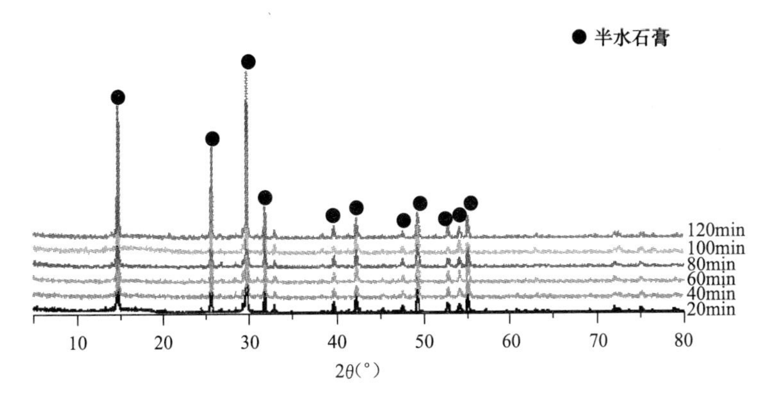

图8-11　不同粉磨时间脱硫石膏的XRD图谱

3. 粒度分析

通过用激光粒度分析仪对蒸压后脱硫石膏粉颗粒分布进行测量，发现不同的粉磨时间的石膏粉颗粒分布有很大的差异。分别对蒸压6h，在110℃烘干至恒重粉磨20min和100min的石膏粉进行颗粒分布测试，测试结果分别见图8-12和图8-13。激光粒度分析仪在测试物料分布时，是根据粒子对光的散射来决定粒子的大小的，该散射角接近于与颗粒直径相等的孔隙所产生的衍射。

图8-12和图8-13分别是粉磨20min和100min脱硫石膏的粒度分布是用体积-对数分布表示的。不论粉磨时间的长短，其

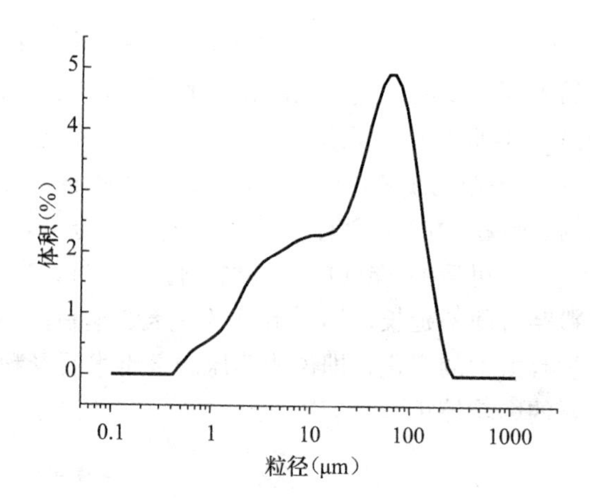

图 8-12　粉磨 20min 脱硫石膏的粒度分布图

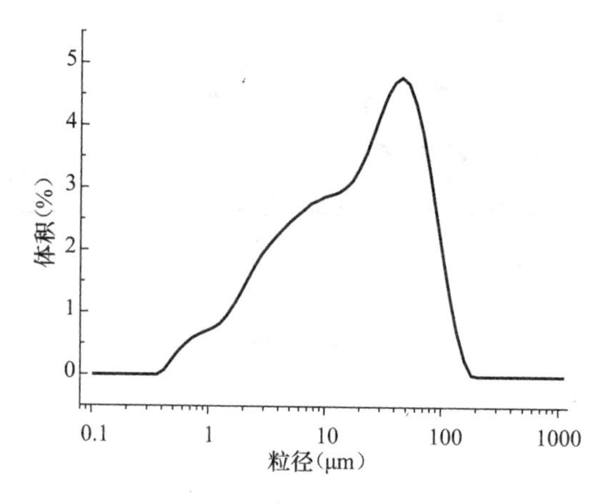

图 8-13　粉磨 100min 脱硫石膏的粒度分布图

颗粒分布带都较宽，颗粒主要集中在 2.5～100μm 之间（表 8-5），但是平均颗粒尺寸发生了较大的变化，粉磨 20min 的石膏粉的平均粒径（根据重量）为 41.88μm，而粉磨 100min 的石膏粉的平均粒径（根据重量）为 28.36μm。用脱硫石膏通过蒸压处理制备的石膏粉，增加粉磨时间主要破坏颗粒中的中等粒径的颗粒。

脱硫石膏的粒度分布　　表 8-5

粉磨时间（min）	d（0.1）（μm）	d（0.5）（μm）	d（0.9）（μm）
20	2.564	28.981	101.792
100	2.259	18.825	68.952

六、用磷石膏制备石膏粉的研究

1. 用磷石膏制备石膏粉的研究

在图 8-14 中，从上到下分别表示在磷石膏中加入硫酸铝与木质素磺酸钙的复合转晶剂，没有加转晶剂，加入硫酸铝与柠檬酸钠的复合转晶剂进行蒸压处理过的磷石膏 XRD 图谱。对于加入不同转晶剂的同一种工业副产石膏，经过蒸压处理后，其 XRD 衍射峰的谱线位置基本是一致的，都有半水石膏衍射峰，但其强度有所不同。磷石膏与脱硫石膏的 XRD 图谱相比较，磷石膏 XRD 图谱在衍射角 2θ 为 26.6875°时出现了较强的衍射峰，经分析这是二氧化硅的衍射线，说明磷石膏与脱硫石膏相比含有较多的二氧化硅，这个结果与化学分析的结果相一致。

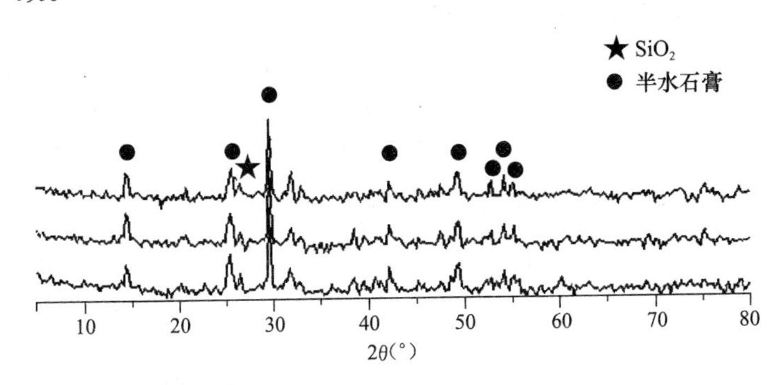

图 8-14　蒸压处理磷石膏的 XRD 图谱

2. 转晶剂对制备高强石膏粉的力学性能的影响

磷石膏在蒸压处理之前先用清水进行清洗除去悬浮物和可溶性的杂质，然后与溶有转晶剂的水均匀混合，蒸压 6h，在 110℃

的烘箱内烘干。分别在磷石膏中加入一定量的烷基苯磺酸钠、硫酸铝和硫酸铁与不加任何转晶剂，对用磷石膏制备出的石膏粉进行性能对比。研究转晶剂对用磷石膏制备高强石膏粉力学性能的影响。力学性能测试试件的尺寸为20mm×20mm×20mm，试样的加水量为60%，测试在（40±4)℃烘干至恒重的干抗压强度，测试结果见图8-15。

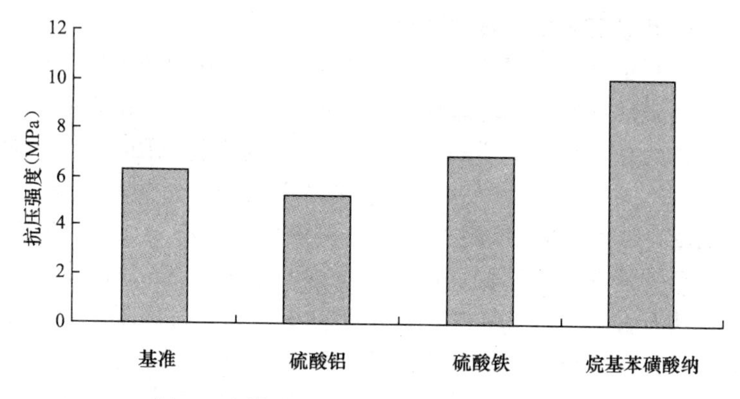

图8-15 转晶剂种类对石膏抗压强度的影响

由于磷石膏中的杂质较多，除了含有可溶性的杂质外还含有一些不可溶性的杂质，即使可溶杂质由于吸附在石膏颗粒表面上，也很难通过常规的清洗方法把其彻底的清除。磷石膏中的杂质对蒸压法制备出的石膏粉性能的影响较为复杂。整体来讲利用磷石膏通过蒸压法制备的石膏粉的性能较差，只有在磷石膏中掺入一定量的烷基苯磺酸钠才可以制备出性能相对优异的石膏粉。

3. 微观结构分析

通过蒸压法用磷石膏在掺转晶剂烷基苯磺酸钠和不掺转晶剂的情况下制备半水石膏，对半水石膏及其最终水化产物进行了电子显微镜形貌分析。为防止经过粉磨后的半水石膏微观结构被破坏，因此通过蒸压法制备的半水石膏不经过粉磨直接进行电子显微镜形貌分析。用于电子显微镜分析的水化产物样品制作方法为：将一定比例的蒸馏水与半水石膏粉均匀混合，然后将浆体滴到玻璃片上，为使其消化充分，让其在自然状态下缓慢干燥。待样品中的多余水分挥发完后即进行电子显微镜观察。

图 8-16 分别为用磷石膏在不掺转晶剂（*a*）和掺转晶剂烷基苯磺酸钠（*b*）的情况下制备半水石膏的 SEM 图像照片。从照片可见制备出的半水石膏皆为针柱状结构，自形程度较高。图 8-16（*a*）为在不掺任何转晶剂的情况下用磷石膏制备半水石膏的 SEM 图像照片，半水石膏晶体的大小在 0.5～10μm 范围内。图 8-16（*b*）为在掺转晶剂烷基苯磺酸钠的情况下用磷石膏制备半水石膏的 SEM 照片，自形程度相对较差，出现了较多的无定形状的结构，但是半水石膏的针柱状结构的长径比要比不加转晶剂制备的半水石膏的长径比小得多。

（*a*）基准

（*b*）苯烷基磺酸钠

图 8-16　磷石膏制备半水石膏的微观结构

图 8-17 分别为用磷石膏在不掺转晶剂（*a*）和掺转晶剂烷基苯磺酸钠（*b*）的情况下制备半水石膏水化样的 SEM 图像照片。从图 8-17（*a*）可见，半水石膏的水化产物多为针状结构和无定形的胶凝状物质，晶体与晶体之间搭接较少，孔洞较多，因此也解释了力学性能相对较差的原因。从图 8-17（*b*）可见水化产物皆为二水石膏典型的针柱状结构，自形程度很高，极少见无定形胶凝状的物质，半水石膏水化产物晶体的大小在 1～5μm 范围内，晶体之间的搭接相对较多。

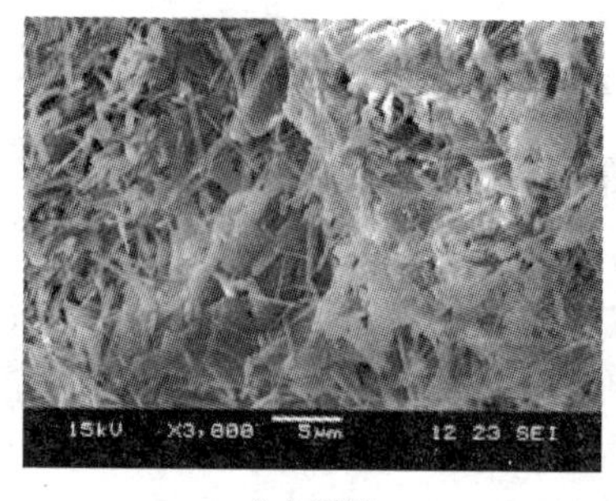

（a）基准

（b）苯烷基磺酸钠

图 8-17 磷石膏制备半水石膏水化样的 SEM 照片

七、总结

（1）干燥是为了除去蒸压后半水石膏内部所含的吸附水。在烘干过程中，必须严格控制物料的烘干温度。温度过高会使半水石膏继续脱水，生成可溶性的硬石膏，强度降低；温度过低又会使部分半水石膏转化为二水石膏，凝结时间加快，同样降低强度，一般干燥温度选择略高于工业副产石膏脱水的温度点。

（2）转晶剂的作用是使二水石膏脱水时生成柱状结构形态的半水石膏。掺入到石膏中的转晶剂吸附在颗粒的表面上，阻止晶形向纵向发展，改变石膏晶形的大小，从而降低用水量，提高强度。转晶剂的种类不同，对石膏晶形有很大的影响，从而影响其强度。在脱硫石膏中加入烷基苯磺酸钠和硫酸铝可以制备出性能较为优异的石膏粉。

（3）不论使用的是脱硫石膏还是使用分析纯 $CaSO_4 \cdot 2H_2O$ 作为原料来制备高强石膏粉，都是随着蒸压温度的增加，制备出的石膏粉的力学性能先提高后降低，当蒸压温度为 120℃时，力学性能达到最优；用化学纯 $CaSO_4 \cdot 2H_2O$ 作为原料来制备高强石膏粉的力学性能远远的高于用脱硫石膏制备高强石膏粉的力学性能。高强石膏粉的制备不仅受到工艺参数的严格影响，并且与选择制备生产高强石膏粉的原料也有很大的关系。

（4）利用磷石膏通过蒸压法很难制备出性能较为优异的高强石膏粉。通过蒸压用磷石膏制备半水石膏，在不掺任何转晶剂的情况下，半水石膏晶体的大小在 0.5～10μm 范围内；在掺烷基苯磺酸钠的情况下，半水石膏晶体为针柱状结构，长径比要比不加转晶剂制备的半水石膏小得多，但自形程度相对较差。

（5）通过蒸压法制备的半水石膏多为柱状，无定形的小颗粒较少，并且随着蒸压温度的升高，自形程度逐渐增加，同时半水石膏柱状结构的长径比也逐渐增加。半水石膏的力学性能不仅与其本身的自形程度有正比例关系，而且还与半水石膏的长径比有反比例关系，即要使制备出的半水石膏的力学性能达到最优，就要求制备的半水石膏自形程度高，长径比小。当蒸压温度为120℃左右时，通过蒸压法制出的半水石膏的微观结构自形程度较高，同时长径比也较小。

（6）利用脱硫石膏通过蒸压法制备出的石膏粉，为了使其具有较优异的性能，在粉磨过程中要严格控制石膏粉的细度，粉磨时间较短时，石膏粉的细度较小，在水化过程中，石膏粉中的半水石膏反应不充分，然后粉磨时间过长时，石膏粉的细度太大，要想加水后的石膏粉具有同样的工作性能则需要更多的水，因此石膏粉太细或太粗都不利于其力学性能的提高。当粉磨的细度为 450～650m^2/kg 时，制备出的石膏粉的力学性能达到最优。

第二节　工业副产石膏制备自流平材料

一、自流平材料的发展状况

1. 自流平材料的概述

自流平材料是在不平的基底上使用，提供一个合适的平整、光滑的和坚固的铺垫基底，以架设各种地板材料，例如木地板、PVC、瓷砖等精找平材料。自流平材料按胶凝材料的不同可以分为石膏基自流平材料与水泥基自流平材料。自流平材料最大的好处是能够在很短的时间内大面积的精找平地面，这就对一些工程的材料应用带来很大的帮助。由于低弹性模量的薄饰面材料（如PVC地板、橡胶地板等）越来越广泛的应用，现在地面施工的质量要求往往都达不到这些对地面要求非常严格的饰面材料的标准，而且往往地面饰面材料开始施工的时候，也是工程竣工日接近的时候，用缓慢的水泥砂浆修补或打磨平整不能在短期内达到要求，也使得自流平材料应用越来越广泛。

2. 自流平材料国内外发展现状

自流平材料是近年来发展起来的以无机胶凝材料为基料的一种用于地面自找平材料。日本开发较早，在1972～1973年首先由住宅公团对石膏基、水泥基自流平材料作了基础研究，1976年对采用α-半水石膏为基料的石膏基自流平材料进行了施工试验。西德的帕依爱罗公司用Ⅱ型无水石膏，奇罗泥公司用α-半水石膏都生产了强度为20～30MPa、铺设厚度为10mm的自流平材料。美国的石膏水泥公司开发的用α、β-石膏混合物，在现场加入骨料后泵送的自流平材料也已广泛应用。

石膏基自流平材料，由于石膏的耐水性较差，呈中性或酸性，对铁件有锈蚀的危险，因而使用范围受到限制。于是水泥基自流平材料的开发研究在国际上引起重视，日本1982年正式应用于实际工程中，欧美一些国家也正在陆续推出水泥基自流平材料。

地面自流平材料的研究开发，在我国起步较晚，只有在近几年才开始研制开发与应用。我国20世纪80年代才开始研究用天然石膏配制石膏基自流平材料，配制出的石膏基自流平材料性能较差，不能满足人们的需要，并且到目前为止，国内还没有关于石膏基自流平材料的标准。我国是石膏大国，但我国的石膏工业起步晚、基础差是一个不争的事实。对石膏的研究较少，石膏的质量极不稳定，性能指标偏差很大，强度低、凝结时间忽长忽短，对石膏基自流平材料的研究更是极少。董兵等人认为：在碱性与酸性激发剂共同作用的情况下，在天然无水石膏中加入适量的外加剂可以制备出石膏基自流平材料。目前在国内，用工业副产石膏来制备石膏基自流平材料的研究还没有人论及。为了使工业副产石膏利用在自流平材料中还有待于进一步的研究。

3. 石膏基自流平材料目前存在的问题和趋势

石膏基自流平材料由于石膏的耐水性较差，因而使用范围受到限制。要想使石膏基自流平材料有较广的应用就必须提高石膏的耐水性。不论任何工业副产石膏都必须处理具有水化性能的石膏。目前最为常见是把石膏处理成半水石膏。半水石膏是配制石膏基自流平材料的主要成分和胶凝相。半水石膏水化的理论水膏比为18.6%，但其实际用水量却高达65%～80%，即使α-半水石膏也在40%左右，如此高的水膏比必然恶化石膏基材料的孔结构，导致强度大幅降低。许多工业副产石膏的纯度比天然石膏还要高，但是也含有少量的杂质，并且这些杂质对石膏的性能有非常大的影响，要想有效地把这些杂质在不造成二次污染的条件下除去掉是相当困难的。并且由于不同的企业采用不同的除硫工艺，使得产生的工业副产石膏性能有很大的区别，因此对于不同企业的工业副产石膏（甚至同一企业不同生产阶段）都应采用不同的处理工艺来对工业副产石膏进行处理。

由于聚合物价格远远高于石膏的价格，而且用普通工艺配制的石膏基自流平材料中聚合物的掺量又偏高，这导致了因造价昂贵而使其推广应用受到了很大限制。为了降低聚合物掺量，可以将分次投料工艺引入到石膏基自流平材料配制中。在骨料表面包裹一层聚合物，这样可以使少量的聚合物在骨料-石膏相界面处发挥最充分的作用，改善骨料与石膏水化产物之间的界面粘结，从而在低聚合物掺量下获得与较高聚合物掺量下相当甚至更好的结果，使石膏自流平材料的力学性能与单位价格可以满足人们的要求。也可以采用几种聚合物或无机物共同作用来改性石膏基自流平材料混合改性可以显著改善砂浆的微观结构，提高砂浆的密实性、抗压与抗折强度，并且混合改性砂浆的成本显著低于聚合物改性砂浆。

工业副产石膏的产量每年以非常快的速度增加，目前堆放的工业副产石膏已达4000多万吨，截止到2010年年底，脱硫石膏和化工副产品石膏积存量超过1亿t。目前对工业副产石膏的利用主要在建筑石膏、水泥生产等领域。这些方面的应用仍然不能消纳日益增加的工业副产石膏，要想解决日益增加的工业副产石膏就必须通过其他途径来解决。用工业副产石膏配制石膏基自流平材料的研究是符合国家政策和社会发展要求的。

建筑材料是生产资料，又是生活资料，随着我国经济的快速增长和大规模建设的展开，对建筑材料的需求量越来越大，质量要求越来越高，特别是人民居住水平的不断提高，要求提高材料的功能、性能、装饰效果等。因而，建筑材料作为生产资料和生活资料的属性都日益强化。石膏基自流平材料具有良好的流动性、稳定性；凝结硬化前，不发生离析、分层及泌水等不良现象，在自重或轻微外力的作用下能自动流平，与基层粘结牢固，施工速度快，省时、省力等特点。该材料可广泛应用于地面自流找平，旧地面、起砂地而及施工不合格地面的修补。工业副产石膏基自流平材料作为一种环保、节能的新型地面材料，必然会得到越来越广泛的应用。

二、石膏基自流平材料中所用的外加剂

1. 保水剂（纤维素醚）

目前应用于砂浆中的纤维素醚主要包括甲基羟乙基纤维素醚（MHEC）、甲基羟丙基纤维素醚（MHPC）和甲基纤维素醚（MC）。砂浆的保水性随纤维素醚添加量、黏度和细度的增加而增加。纤维素醚的黏度越高，其分子量就越高，其溶解性能会相应地降低，这对材料的强度和施工性能产生负面影响。黏度越高，对材料的增稠效果越明显，但并不是正比关系。黏度越高，湿砂浆会越粘，在施工时，表现为粘刮刀和对基材粘着力高，但对砂浆的结构强度的增加不大。纤维素醚的细度对

其溶解性能有较大的影响。较粗的纤维素醚通常为颗粒状，在水中很容易分散溶解而不结块，但溶解速度很慢。纤维素醚分散于骨料和胶凝材料中，只有足够细的粉末才能避免加水搅拌时出现纤维素醚结团，当纤维素醚加水溶解结块后，再分散溶解就很困难。

2. 可再分散乳胶粉

早在1000多年前人类已经发现使用天然树脂或蛋白质材料可以显著提高无机胶凝材料的耐久性以及粘结等性能，例如我国的赵州桥经千年不毁就是很好的例证，这种经验一直延续到今天，尤其是水泥的发明和大量普及，随着近代高分子合成树脂技术不断的进步，在20世纪50年代合成树脂开始应用到传统建筑材料中。

目前应用较为广泛的可再分散乳胶粉有：醋酸乙烯酯与共聚胶粉（VAC/E)、乙烯与氯乙烯及月桂酸乙烯酯三元共聚胶粉(E/VC/VL)、醋酸乙烯与乙烯高级脂肪乙烯酯三元共聚胶粉(VAC/E/VeoVa)、醋酸乙烯与乙烯高级脂肪酸共聚胶粉(VAC/VeoVa)、丙烯酸酯与苯乙烯共聚胶粉（A/S）醋酸乙烯酯与丙烯酸及高级脂肪酸乙烯酯三元共聚胶粉（VAC/A/VeoVa)、醋酸乙烯酯均聚胶粉（PVAC)、苯乙烯与丁二烯共聚物胶粉（SBR）等。

当可再分散乳胶粉加入到石膏基材料中共同拌合时，聚合物颗粒均匀地分散在石膏基材料中，石膏遇水就开始发生水化反应，聚合物颗粒便沉积到凝胶体和未水化的石膏颗粒上，随着水化反应的进行，水分不断地消耗，水化产物的增多，聚合物颗粒逐渐聚集在毛细孔中，并在凝胶体表面、未水化石膏颗粒上形成紧密的堆积层，这聚集的聚合物颗粒逐渐填充毛细孔并覆盖着它们不能完全填充的毛细孔的内表面，由于水化和干燥使水分进一步减少，在凝胶体上和空隙中紧密堆积的聚合物颗粒便凝聚成连续的薄膜，形成与石膏浆体互穿基质的混合体，并且使水化产物之间以及和骨料之间相互胶结。由于带有聚合物的水化产物在界面形成覆盖膜，也由于聚合物在界面过渡区空隙中凝聚成膜，从而使石膏基材料的界面过渡区更为致密，使石膏基材料的性能得以改善，缓解了内应力，使应力集中降低，减少了微裂缝的产生。并且这种聚合物薄膜既起到疏水的作用，又不会堵塞毛细管，使得材料具有良好的疏水性和透气性。同时由于聚合物薄膜造成的密封效应，也大大地提高了材料对水分的抗渗性、抗化学性和抗冻-融耐久性，改善了材料的抗弯强度、抗裂性、附着强度、弹性和韧性，最终可以避免材料收缩开裂，还可以减少粘结层的厚度。

细分散有机聚合物加入石膏基材料中可以改善砂浆的抗拉强度。聚合物除了在砂浆中形成薄膜外，另外，材料在石膏水化后形成刚性骨架，而在骨架内聚合物形成的薄膜具有活动接头的功能，可以保证刚性骨架的弹性和韧性，聚合物膜的抗拉强度要比普通砂浆的抗拉强度高出 10 倍以上，所以细骨料有机聚合物还可以改善砂浆的抗拉强度。从高分子化学角度来讲，如果分子链中既含有柔性，又含有刚性链，从而聚合物显现又刚又柔的特性，在石膏水化物中形成强度较大的网络结构，像钢筋一样在石膏中提高其力学性能。

3. 减水剂

减水剂是指在保持砂浆稠度相同的条件下，能减少拌合水用量的添加剂。减水剂的种类主要有：木质素系减水剂、萘系高效减水剂、三聚氰胺高效减水剂、聚羧酸盐系高效减水剂等。石膏颗粒在溶液中的热运动致使其在某些边棱角处相互碰撞、相互吸引形成絮状结构。由于絮状结构中包裹了许多水，因而无法提供足够的水提供胶凝材料水化，所以降低了材料的和易性。加入减水剂后，亲水基团定向的吸附在石膏胶凝材料的表面上，使胶凝材料表面具有相同的电荷，胶凝材料颗粒之间相互排斥，释放出絮状结构中包裹的水，从而提高材料的和易性。

4. 缓凝剂

缓凝剂是可以降低石膏等的水化速度和水化热，延长凝结时间的添加剂。缓凝剂主要可以分为糖类、羟基羧酸及其盐类、无机盐类和木质磺酸盐类等。不同的缓凝剂对石膏缓凝机理是不一样的。以柠檬酸为例，柠檬酸对半水石膏的溶解影响不大。其影响主要表现在抑制二水石膏晶核的形成与生长，柠檬酸通过络合作用吸附在新生成的二水石膏晶胚上，降低晶胚的表面能，增加成核势能垒，晶胚达到临界成核尺寸时间延长，石膏的诱导期相应地延迟，同时由于吸附作用，二水石膏成核几率和数量减少，离子在各晶面的叠合速率降低，晶体生长延缓，晶核有充分的时间和空间发育生长，因此晶体尺寸明显粗化。二水石膏（111）面主要由钙离子组成，柠檬酸通过络合作用，对核晶体选择性吸附，抑制该晶面在C轴方向的生长，改变了Z轴的生长速率，长轴生长受到抑制，晶体由针状转变为短柱状。

5. 消泡剂

消泡剂可以释放拌合料中混合过程和施工过程中所夹带或产生的气泡，提高抗压强度，改善表面状态。目前较常使用的消泡剂有多元醇和聚硅氧烷等。消泡剂是抑制或消除泡沫的表面活性剂，一般具有以下条件：表面张力要比被消泡介质低；与被消泡剂介质有一定的亲和性，分散性好，具良好的化学稳定性。

三、用脱硫石膏配制自流平材料

研究用不同的方法处理后的脱硫石膏与磷石膏的性能和用这些处理过的工业副产石膏配制石膏基自流平材料。石膏基自流平材料的配方，主要由基料、砂、填充料、保水剂、减水剂、膨胀剂和消泡剂等成分组成。研究石膏基自流平材料的组成对其性能的影响。

1. 通过煅烧法制备的石膏粉配制自流平材料的研究

研究石膏、水泥、木质纤维素、消泡剂和可再分散乳胶粉对石膏基自平流材料性能的影响。并且在配制石膏基自流平时加入适量的磺化三聚氰胺高效减水剂、无水柠檬酸、超细砂，拌合水用量为35%（材料干重），石膏是通过煅烧处理的脱硫石膏（华能石膏）。根据析因试验的要求与杂质含量对影响确定正交试验中所需要的因素水平表如表8-6所示。根据标准《地面用水泥基自流平砂浆》（JC/T 985—2005）的要求对配制的石膏基自流平材料的流动度和1d力学性能进行测试，测度结果见表8-7。

析因实验设计因素水平表（wt%）　　**表8-6**

	石　膏	水　泥	木质纤维素	消泡剂	可再分散乳胶粉
1	50	3	0.1	0.1	3
2	60	8	0.5	0.3	5

配合比设计与试验结果　　**表8-7**

编号	石膏（wt%）	水泥（wt%）	木质纤维素（wt%）	消泡剂（wt%）	可再分散乳胶粉（wt%）	流动度（mm）	抗折强度（MPa）	抗压强度（MPa）
1	50	3	0.1	0.1	5	138	0.95	3.6
2	60	3	0.1	0.1	3	80	1.72	8.2
3	50	8	0.1	0.1	3	165	1.38	5.6
4	60	8	0.1	0.1	5	135	1.90	8.0
5	50	3	0.5	0.1	3	165	1.30	5.2
6	60	3	0.5	0.1	5	95	1.48	7.8
7	50	8	0.5	0.1	5	175	1.25	4.4
8	60	8	0.5	0.1	3	115	2.08	9.3
9	50	3	0.1	0.3	3	145	1.14	5.3
10	60	3	0.1	0.3	5	105	1.40	6.9
11	50	8	0.1	0.3	5	175	0.95	3.8
12	60	8	0.1	0.3	3	83	2.00	10.6
13	50	3	0.5	0.3	5	134	0.98	3.6
14	60	3	0.5	0.3	3	80	1.65	8.4
15	50	8	0.5	0.3	3	180	1.23	4.9
16	60	8	0.5	0.3	5	120	1.55	7.2

注：无水柠檬酸配成溶液加入到自流平材料中。

通过方差分析得出（表 8-8～表 8-10）：对自流平材料的流动度产生影响的主要因素是石膏与水泥。增加石膏的掺量会降低自流平材料的流动度，然而增加水泥的掺量会增加自流平材料的流动度。这是由于石膏的凝结时间很短，在很短时间内就发生水化，石膏晶体之间产生搭接，从而增加石膏的掺量使自流平材料的流动性变差。自流平材料流动度的测试在加水后很短的时间内完成，在这段时间内，对于石膏而言已经有一部分的半水石膏发生了水化反应，然而水泥在这个时候只是相当于细骨料，起到"滚珠"作用，减少自流平材料的组成之间相对滑移时的阻力，增加了自流平材料的流动度。

流动度的方差分析　　表 8-8

	SS	自由度	MS	F 比	显著性
石膏	13456.00	1	13456.00	62.38655	0.000013
水泥	2652.25	1	2652.25	12.29673	0.005663
木质纤维素	95.06	1	95.06	0.44074	0.521776
消泡剂	132.25	1	132.25	0.61316	0.451748
可再分散乳胶粉	256.00	1	256.00	1.18690	0.301512
误差	2156.88	10	215.69	—	—
总和	18748.44	15	—	—	—

抗折强度的方差分析　　表 8-9

	SS	自由度	MS	F 比	显著性
石膏	1.322500	1	1.32250	125.4744	0.000001
水泥	0.184900	1	0.18490	17.5427	0.001863
木质纤维素	0.000400	1	0.00040	0.0380	0.849443
消泡剂	0.084100	1	0.08410	7.9791	0.018014
可再分散乳胶粉	0.260100	1	0.26010	24.6774	0.000564
误差	0.105400	10	0.01054		
总和	1.957400	15			

抗压强度的方差分析　　表 8-10

	SS	自由度	MS	F 比	显著性
石膏	56.25000	1	56.25000	162.3377	0.0000002
水泥	1.44000	1	1.44000	4.1558	0.068810
木质纤维素	0.09000	1	0.09000	0.2597	0.621356
消泡剂	0.12250	1	0.12250	0.3535	0.565328
可再分散乳胶粉	9.30250	1	9.30250	26.8470	0.000412
误差	3.46500	10	0.34650	—	—
总和	70.67000	15	—	—	—

对自流平材料的抗折强度产生影响的主要因素是石膏、水泥、消泡剂与可再分散乳胶粉。对自流平材料抗压强度产生影响的主要因素是石膏和可再分散乳胶粉。石膏和可再分散乳胶粉分别作为无机与有机胶凝材料，增加它们的掺量，使自流平材料在水化过程中可以生成更多的水化产物（二水硫酸钙和聚合凝胶体），使材料之间的搭接强度增强，从而提高了自流平材料的强度。消泡剂对于自流平材料的抗折强度是主要影响因素，而对抗压强度则不是主要影响因素。这主要是由于材料中的孔对抗折强度要比对抗压强度的影响明显。增加消泡剂的掺量，使自流平材料中的气孔减少，从而可以显著提高其抗折强度。

2. 通过蒸压法用脱硫石膏制备的石膏粉配制自流平材料

（1）缓凝剂种类与掺量对自流平材料性能的影响

石膏基自流平材料的胶凝材料是石膏，石膏的强度主要来源于二水石膏晶体之间的相互交叉连生，按结晶理论，二水石膏晶体的形成包括半水石膏的溶解、二水石膏晶核的形成以及二水石膏晶体的生长。通过改变任一过程参数，可获得不同的微观结构，最终导致石膏硬化体强度的变化。为了调整石膏基自流平材料的硬化时间，以满足施工要求，必须加入缓凝剂。尽管缓凝剂的作用机理说法不一，但有一点已被证实，缓凝剂可以改变二水石膏晶体形貌，使晶体普遍粗化，从而显著降低石膏硬化体的强度，从而影响石膏基自流平材料的强度。本文研究柠檬酸钠、酒石酸和柠檬酸以及掺量对石膏基自流平材料性能的影响，试验结果见表8-11。

缓凝剂种类对自流平材料的流动性与力学性能的影响　表8-11

缓凝剂种类	流动度（mm）	20min流动度（mm）	抗折强度（MPa）		抗压强度（MPa）	
			1d	28d	1d	28d
柠檬酸钠（0.1%）	113	104	1.52	2.78	7.2	10.2
酒石酸（0.1%）	123	118	1.46	4.68	6.1	14.6
柠檬酸（0.1%）	123	115	1.52	3.19	6.7	10.6

在石膏基自流平材料加入不同的缓凝剂对其性能有很大的影响。从表8-11中可以看出：在石膏基自流平材料加入0.1%的酒石酸对其流动性与力学性能都是最优的。缓凝剂通过强烈抑制石膏晶体长轴方向的生长，改变了晶体各个晶面的相对生长速率来达到其缓凝的效果。缓凝剂的作用是延缓石膏凝结硬化时间，保证石膏基自流平材料具有足够的施工时间。

研究柠檬酸在自流平材料中掺量的不同对其流动性能与力学性能的影响。柠檬酸在自流平材料中的掺量分别为0%、0.05%、0.1%和0.2%，试验结果见表8-12。

柠檬酸掺量对自流平材料的流动性与力学性能的影响　表8-12

柠檬酸掺量（%）	初始流动度（mm）	20min流动度（mm）	抗折强度（MPa）		抗压强度（MPa）	
			1d	28d	1d	28d
0	115	85	2.21	4.16	7.3	10.0
0.05	110	125	2.01	3.97	6.3	10.5
0.1	123	115	1.52	3.19	6.7	10.6
0.2	75	85	1.27	3.67	3.9	7.9

柠檬酸对半水石膏的溶解度影响不大，其影响主要表现在抑制二水石膏晶核的形成与生长方面。柠檬酸通过络合作用吸附在新生成的二水石膏晶胚上，降低晶胚的表面能，增加成核势能

垒，晶胚达到临界成核尺寸时间延长，石膏的诱导期相应地延迟。同时，由于吸附作用，二水石膏成核几率和数量减少，离子在各晶面的叠合速率降低，晶体生长延缓，晶核有充分的时间和空间发育生长，因此晶体尺寸明显粗化。二水石膏（111）面主要由钙离子组成。柠檬酸通过络合作用，对该晶面选择性吸附，抑制该晶面在c轴方向的生长，改变了长短轴的相对生长速率，长轴的生长受到抑制，晶体由针状变为短柱状。

从表8-12中可以看出：在不掺缓凝剂的情况下，自流平材料的20min流动度降低很大，并且当缓凝剂的掺量达到0.2%时，20min流动度与初始流动度相比，流动度值有一定的增加，但是与标准《地面用水泥基自流平砂浆》JC/T 985—2005的要求相比，还有很大的差距，缓凝剂的掺量过高或是过低都不利于自流平材料流动性能的提高。随着柠檬酸掺量的增加，自流平材料的力学性能呈下降趋势。当柠檬酸的掺量为0.05%时，自流平材料同时具有较好的流动性能与力学性能。

（2）减水剂种类对自流平材料性能的影响

减水剂的功能是在不减少用水量的情况下，改善新拌砂浆的工作性能，提高砂浆的流动性；在保持一定工作性能下，减少水泥用水量，提高砂浆的强度；在保持一定强度情况下，减少单位体积砂浆的水泥用量，节约水泥，改善砂浆拌合物的流动性以及砂浆的其他物理力学性能。当砂浆中掺入高效减水剂后，可以显著降低水灰比，并且保持砂浆较好的流动性。目前，一般认为减水剂能够产生减水作用主要是由于减水剂的吸附和分散作用。试验中我们采用三种常用的减水剂：萘系、羧酸系和三聚氢胺，实验结果见表8-13。

减水剂种类对自流平材料的流动性与力学性能的影响　表8-13

减水剂种类	初始流动度（mm）	20min流动度（mm）	抗折强度（MPa）		抗压强度（MPa）	
			1d	28d	1d	28d
萘系	148	148	2.06	4.09	6.3	13.0
羧酸系	179	148	1.40	3.18	6.2	9.3
三聚氰胺	110	125	2.01	3.97	6.3	10.5

加入减水剂可显著改善石膏基自流平材料的力学性能。强度的提高是拌合用水量减少的结果。各种减水剂增强作用的顺序与其减水效果顺序基本一致，依次是萘系＞三聚氰胺＞羧酸系。值得说明的是羧酸系高效减水剂为液态的，不适合掺入到干混砂浆中。硬化体中二水石膏为针状晶体，硬化体强度依赖于针状晶体的胶织搭结，减水剂对二水石膏晶体形貌影响较小，但使晶体尺寸有所减小，晶体之间的搭接密实程度明显增加，结晶接触点增多，晶体之间的孔洞减少。

由于在自流平材料中掺入的萘系高效减水剂与三聚氰胺高效减水剂属于阴离子表面活性剂，石膏颗粒在水化初期时其表面带有正电荷（Ca^{2+}），减水剂分子中的负离子 SO_3^{2-} 就会吸附于石膏颗粒上，形成吸附双电层（ξ），相互接近的石膏颗粒会同时受到粒子间的静电斥力和范德华引力的作用。随着ξ电位绝对值的增大，颗粒间逐渐以斥力为主，从而防止了粒子间的凝聚。与此同时，静电斥力还可以把石膏颗粒内部包裹的水释放出来，使体系处于良好而稳定的分散状态。随着水化的进行，吸附在石膏颗粒表面的高效减水剂的量减少，ξ电位绝对值随之降低，体系不稳定，从而发生了凝聚。

羧酸系高效减水剂，结构呈梳形，主链带有多个活性基团，并且极性较强，侧链也带有亲水性的活性基团，当这些活性基团吸附在石膏颗粒表层后，可以在石膏表面上形成较厚的立体包层，使石膏达到较好的分散效果，从而使掺入羧酸系高效减水剂的石膏基自流平材料具有较好流动性能。

（3）水泥掺量对自流平性能的影响

① 水泥掺量对自流平材料力学性能与流动性能的影响

研究水泥在自流平材料中掺量的不同对其流动性能与力学性能的影响。水泥在自流平材料中的掺量分别为3%、8%、13%和18%，试验结果见表8-14。

水泥掺量对自流平材料的流动性与力学性能的影响　表 8-14

水泥掺量（%）	初始流动度（mm）	20min 流动度（mm）	抗折强度（MPa）		抗压强度（MPa）	
			1d	28d	1d	28d
3	110	125	2.01	3.97	6.3	10.5
8	145	144	2.63	6.94	10.2	22.5
13	88	—	1.18	6.54	3.8	19.5
18	110	—	1.31	6.55	4.5	21.2

从表 8-14 中可以看出：当水泥的掺量为 8%时，配制出的自流平材料的流动度性能与力学性能都达到了最优，并且能够满足标准《地面用水泥基自流平砂浆》JC/T 985—2005 的要求。当水泥含量在 8%时，自流平材料的流动性非常好，并且在测其流动性时发现其具有较好的保水性，没有发生泌水现象。

② 水泥掺量对自流平材料尺寸变化的影响

自流平材料的尺寸变化率影响着它与地面的粘结力、表面变形、中层空洞和裂缝等，所以对自流平材料的尺寸变化率的研究是非常重要和有意义的。从表 8-15 中可以看出：掺入不同量的水泥的自流平材料的收缩变化率都能够满足标准《地面用水泥基自流平砂浆》JC/T 985—2005 的要求，并且随着水泥掺量的增加，自流平材料表现出逐渐收缩的性能。随水泥用量的增加，其在硬化过程中，水分蒸发产生的干燥收缩和化学收缩引起的自生收缩，造成构件宏观体积的收缩。

水泥掺量对自流平材料的尺寸变化率的影响（%）　表 8-15

水泥掺量	3d	7d	14d	21d	28d
3	0.09	−0.02	0.02	0.02	0.06
8	0.12	0.06	0.03	0.02	−0.01
13	0.12	0.07	−0.04	−0.03	−0.04
18	−0.08	−0.07	−0.09	−0.11	−0.14

③ 水泥掺量对自流平材料微观结构的影响

从图 8-18 可以看出：当水泥掺量为 3%与 8%时，自流平材料的胶凝主体是短柱状的二水石膏，随着水泥掺量的增加，自流平材料的微观结构由原来短柱结构变为以絮状二水石膏与水化硅酸钙的混合体，内部固相间逐渐变得密实。因此在自流平材料中掺入一定量的水泥有利于提高其力学性能，一方面水泥中的铝酸三钙与石膏发生反应生成具有胶凝性的三硫型水化硫铝酸钙；水泥本身含有的硅酸三钙与硅酸二钙发生水化反应生成具有凝胶性能的C-S-H（水化硅酸钙凝胶）；另一方面水泥水化生成氢氧化钙，氢氧化钙可以改变无水石膏溶解度与溶解速度，硬石膏水化硬化能力增加。因而掺有水泥熟料的脱硫石膏是具有气硬性与水硬性双重性质的胶凝材料，使其强度有较大的提高。并且掺入到石膏中的可再分散乳胶粉使石膏晶体相连接，也可以提高硬化体的强度。

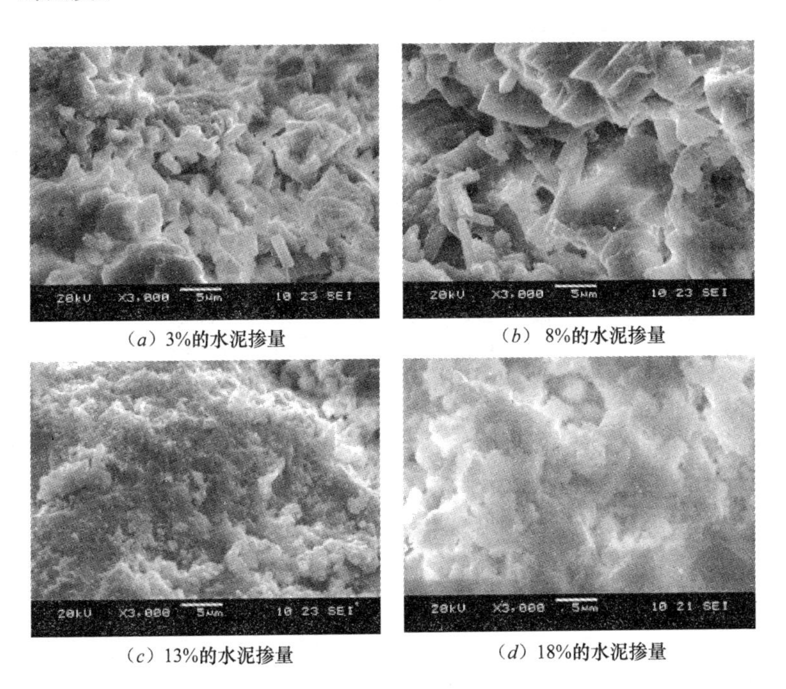

（*a*）3%的水泥掺量　（*b*）8%的水泥掺量

（*c*）13%的水泥掺量　（*d*）18%的水泥掺量

图 8-18　水泥掺量变化水化样的SEM照片

④ 水泥掺量对自流平材料孔结构的影响

从表8-16可知，石膏基自流平材料硬化体的孔主要以大孔（>100nm）的形式存在。随着水泥掺量的增加，孔径细化趋势明显：大于500nm的孔逐渐增加，当水泥掺量为3%、8%、13%和18%时，100～500nm的孔体积分别占总孔体积的5.9346%、13.9870%、24.4028%、37.5693%，而大于500nm的孔体积分别占总孔体积的92.9754%、85.1330%、68.3417%、52.6853%。由于水泥掺入到石膏基自流平材料中对其孔径分布的影响不是简单的通过物理作用，而是由于水泥本身的水化以及水泥与石膏反应来改变石膏基自流平材料的孔径分布的。由于石膏基自流平材料硬化体的孔大都大于100nm，Mehta教授提出的孔径 d<20nm为无害孔、d 在20～50nm为少害孔、d 在50～100nm为有害孔、d>100nm为多害孔的结论不适合解释石膏基自流平材料孔径分布的规律对其宏观性能的影响。

水泥掺量变化对自流平材料孔径分布的影响　　表8-16

组　别	总孔体积（cm^3/g）	孔隙率（%）	孔径（nm）	孔径分布孔体积（cm^3/g）	百分率（%）
水泥掺量为3%	0.1941	29.1114	>500	0.1805	92.9754
			100～500	0.0115	5.9346
			<100	0.0021	1.0900
水泥掺量为8%	0.1414	21.4723	>500	0.1204	85.1330
			100～500	0.0198	13.9870
			<100	0.0012	0.8800
水泥掺量为13%	0.2119	25.2634	>500	0.1437	68.3417
			100～500	0.0528	24.4028
			<100	0.0154	7.2555
水泥掺量为18%	0.1841	23.4960	>500	0.0969	52.6853
			100～500	0.0692	37.5693
			<100	0.0180	9.7454

比孔体积单位质量样品所含孔体积，它反映了样品孔隙率的情况。由图8-19可以直观地看出：随着水泥掺量的增加，自流

平材料的主要孔径分布向左偏移，即说明随着水泥掺量的增加，孔径细化。从强度角度来考虑，石膏基自流平材料和孔结构有很好的相关性，孔隙率越低，孔径越小，强度就越高，说明在石膏基自流平材料掺入一定的水泥有利于硬化体强度的提高。

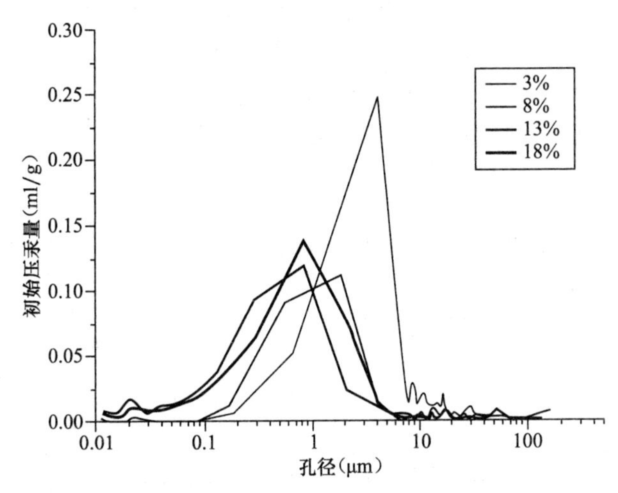

图 8-19　水泥掺量变化对自流平材料孔径分布的影响

（4）石膏掺量对自流平材料性能的影响

石膏作为自流平的基体，与水发生水化，产生粘结力，起到整个流体支撑骨架的作用，是石膏基自流平材料的主要胶凝材料，研究石膏掺量对其性能的影响有着非常重要的意义。石膏在自流平材料中的掺量分别为 44％、54％、64％和 74％，试验结果见表 8-17。

石膏掺量对自流平材料的流动性与力学性能的影响　表 8-17

石膏掺量（%）	初始流动度（mm）	20min 流动度（mm）	抗折强度（MPa）		抗压强度（MPa）	
			1d	28d	1d	28d
44	140	135	2.08	5.46	8.7	17.6
54	145	144	2.63	6.94	10.2	22.5
64	135	144	2.84	6.08	10.7	24.3
72	117	74	2.64	5.60	10.2	22.1

从表 8-17 可以看出，当石膏的比例达到 64%的时候石膏不管从流动度还是从力学性能方面都有着很好的参数，也都超过了标准《地面用水泥基自流平砂浆》JC/T 985—2005 对 1d 强度的要求（抗压 2.0MPa 和抗折 6.0MPa）。

同样的，α-半水石膏作为在石膏基自流平材料中最重要的水化胶凝成分，其对自流平材料的各种性能起着最重要的作用，所以它在模型的尺寸变化上也起着最重要的作用，故有必要对几种不同的石膏掺量的配合进行尺寸变化率的研究，试验结果如表 8-18 所示。

石膏掺量对自流平材料尺寸变化率的影响（%）　　表 8-18

石膏掺量	3d	7d	14d	21d	28d
44	0.01	−0.03	−0.03	−0.02	−0.02
54	0.12	0.06	0.03	0.02	−0.01
64	0.09	−0.02	0.01	0.01	0.01
72	0.08	0.04	0.03	0.04	0.02

根据标准《地面用水泥基自流平砂浆》JC/T 985—2005 的要求，自流平材料的 28d 尺寸变化率必须在−0.15%～+0.15%的范围内，从表 8-18 中可以看出：在不同石膏掺量的情况下，石膏基自流平材料的 28d 尺寸变化率都能符合这个标准，并且在整个的水化过程中，样品的收缩变化没有太大的波动，尺寸结构比较稳定。

（5）可再分散乳胶粉对石膏基自流平材料的影响

FLOWKIT32（FL32）和 FLOWKIT51（FL51）是易来泰（Elotex）开发的专门用来配制自流平材料的产品，但是由于各自的处理工艺不尽相同，因此对配制石膏基自流平材料的流动性、保水性、抗离析能力以及力学性能等方面有较大的区别，结果见表 8-19。

可再分散乳胶粉对自流平材料性能的影响　　表 8-19

序号	流动度（mm）	20min 流动度（mm）	1d 抗折强度（MPa）	1d 抗压强度（MPa）	28d 抗折强度（MPa）	28d 抗压强度（MPa）	28d 尺寸变化率（%）	粘结强度（MPa）
FL32	133	130	2.75	9.20	5.6	20.0	0.06	1.6
FL51	145	137	3.20	9.60	8.3	24.7	0.03	2.1

FL32 可再分散乳胶粉采用了新一代的聚羧酸减水剂技术，在自流平材料中加入少量的减水剂就可以保证其有足够的流动性。FL51 与 FL32 相比具有更高的减水剂的效果，因此在同样的配合比的情况下，前者具有更优异的流动性。同时由于 FL51 具有更优的减水效果、保水以及抗离析能力，因此配制出的石膏基自流平材料具有更优异的力学性能、稳定性能与粘结性能。

四、用磷石膏配制石膏基自流平材料的研究

1. 转晶剂对自流平材料性能的影响

在处理磷石膏的过程中，加入适当的外加剂，改变半水石膏结晶生长时的环境，促使产物的晶体形态向理想形状转化，把这类外加剂称之为转晶剂。转晶剂的作用是在磷石膏脱水时，生成柱状结晶形态的半水石膏。它掺入后就吸附在石膏颗粒的表面上，阻止晶形向纵向发展，改变石膏晶形的大小，从而影响用处理过的磷石膏配制自流平材料的性能。转晶剂种类的不同，掺入量的不同都会影响半水石膏的结晶生长。

表 8-20 主要研究不同转晶剂处理后的磷石膏配制石膏基自流平材料，对其流动度与力学性能的影响。当在磷石膏中加入硫酸铝与柠檬酸钠；醋酸镁、硫酸铁与烷基苯磺酸钠（这种复合转晶剂即为 E）时处理后的磷石膏配制石膏基自流平材料，其流动度与强度均能满足标准 JC/T 985—2005 的要求。

不同转晶剂处理过的磷石膏配制自流平材料的性能　表 8-20

序号	转晶剂	流动度（mm）	20min 流动度（mm）	1d 抗折强度（MPa）	1d 抗压强度（MPa）
L-A	—	150	155	0	0
L-B	氧化钙	120	115	0.76	2.33
L-C	氧化钙＋(硫酸铝＋木质素磺酸钙)	135	135	0.95	2.4
L-D	氧化钙＋（硫酸铝＋柠檬酸钠）	155	150	2.36	8.0
L-E	氧化钙＋(醋酸镁＋硫酸铁＋烷基苯磺酸钠)	165	140	2.88	12.4
L-F	氧化钙＋柠檬酸钠	160	145	1.50	5.4

注：氧化钙不作为转晶剂，掺量为石膏重量的 2%（外掺法）。转晶剂的掺量为石膏重量的 0.035%，其中添加的复合转晶剂组分配合比分别为：硫酸铝：木质素磺酸钙＝50：50；硫酸铝：柠檬酸钠＝50：50；醋酸镁：硫酸铁：烷基苯磺酸钠＝5：90：5。

通过掺入不同转晶剂蒸压处理的磷石膏来配制自流平材料，其性能变化很大。当在磷石膏掺入较为适当的转晶剂时，由于石膏的结晶习性得到了改变，不仅可以提高石膏基自流平材料的流动度，并且还可以大大提高强度。但当在磷石膏掺入不适当的转晶剂时，不仅不会提高自流平材料的性能，反而会降低其力学性能。例如在磷石膏中加入硫酸铝和木质素磺酸钙，这是由于掺入这些物质后，过饱和度降低，从而形成的晶胚数量减少，且晶体生长变缓，二水石膏晶体有充分的时间与空间发育长大，使石膏晶体尺寸粗化，石膏晶体之间的接触点减少，搭接强度降低，从而使用这种石膏配制的自流平材料的强度变低。

表 8-21 所示，转晶剂（E）掺量对磷石膏配制自流平材料的性能的影响。转晶剂的掺量不同对石膏基自流平性能影响很大。当转晶剂的掺量为 0.035%时，配制的自流平材料的各方面性能最好。由表可见，自流平材料的力学性能随着转晶剂掺量的变化而变化。当转晶剂掺量增加时，力学性能随之提高，但是，当转晶剂的掺量大于 0.035%时，再增加转晶剂的掺量时，自流平材

料的力学性能变差。这可能是加入过多的转晶剂后，半水石膏结晶格子上出现很多缺陷，晶体结构不完整。同时，在水化反应过程中，过多的转晶剂造成二水石膏交叉网结构中出现不连续点，使水化硬化体强度下降。

转晶剂（E）掺量对磷石膏配制自流平材料的性能的影响　表 8-21

序　号	转晶剂的掺量（%）	流动度（mm）	20min 流动度（mm）	1d 抗压强度（MPa）	1d 抗折强度（MPa）
L-E1	0.015	138	150	7.3	1.88
L-E2	0.035	165	140	12.4	2.88
L-E3	0.055	140	135	11.0	2.52
L-E4	0.075	137	135	9.4	2.31
L-E5	0.095	132	130	7.8	2.01

2. 配合比对自流平材料性能的影响

研究可再分散乳胶粉（FL51）的掺量、纤维素醚（H300P2）和磺化三聚氰胺高效减水剂对石膏基自平流材料性能的影响。配制石膏基自流平材料所用的石膏粉是：掺入转晶剂的磷石膏在蒸压温度为 125～130℃、压力高于一个大气压的情况下，恒温恒压 6h，再通过干燥和粉磨制得的半水石膏粉，其中前 5 组加入 2%的氧化钙，第 6 组加入 4%的氧化钙（表 8-22）。

磷石膏配制石膏基自流平的配合比设计（%）　表 8-22

序　号	石　膏	砂	水　泥	FL51	消泡剂	H300P2	减水剂
1	54	40	3	3	0.10	—	—
2	54	41	3	2	0.10	—	—
3	54	42	3	1	0.10	—	—
4	54	42	3	1	0.10	—	0.50
5	54	42	3	1	0.10	0.5	0.50
6	54	42	3	1	0.10	0.5	0.50

表 8-23 的结果表明，随着可再分散乳胶粉（FL51）掺量的减少，石膏基自流平材料的流动性能变差，当 FL51 的掺量为 1%时，自流平材料没有流动性能，说明 FL51 具有减水的性能，并且随着其掺量的增加，减水效果也就越明显。当 FL51 的掺量太高时（如 3%），自流平材料具有较好的流动性，但是，按这个配合比配制的试样由于保水性不好，使其产生严重的分层，从而导致自流平材料的力学性能变差。为使配制的自流平材料具有较好的流动性能，在与配合比 3 其他组分相同的情况下，在配合比 4 中外掺 0.5%的磺化三聚氰胺高效减水剂。从试验结果可以看出：根据配合比 4 配制的试样与根据配合比 3 配制的试样相比，流动性能有很大的提高，但是力学性能略有下降。在配合比 5 中通过添加具有保水效果的纤维素醚 H300P2 来改善自流平材料的性能。根据配合比 5 配制的试样与根据配合比 4 配制的试样相比，自流平材料的各方面的性能都略有提高。从而可以得出：在配制石膏基自流平材料时，要兼顾材料的流动性能与保水性能，才能保证材料具有较好的力学性能。

磷石膏配制自流平材料的流动度和力学性能　　表 8-23

序号	流动度（mm）	20min 流动度（mm）	1d 抗折强度（MPa）	1d 抗压强度（MPa）	28d 抗折强度（MPa）	28d 抗压强度（MPa）
1	169	158	1.40	5.0	4.17	13.4
2	168	139	2.07	6.8	5.07	14.4
3	—	—	2.35	7.7	5.27	15.5
4	136	140	1.83	5.1	5.06	15.9
5	148	141	2.07	5.8	6.36	16.7
6	135	130	2.40	7.7	6.72	22.4

对于配合比 8-22 中用的石膏粉是在其他晶型转化剂不变的情况下加入 4%的氧化钙蒸压处理磷石膏制得的。在蒸压过程中加入氧化钙一方面可以中和磷石膏含有的 P、F、游离酸等酸性物质，另一方面可以激发石膏的活性，提高自流平材料的力学性能。从根据配合比 5、6 配制试样的性能结果可以看出：增加氧

化钙的掺量可以大大提高石膏基自流平材料的力学性能。从表8-24可以看出：根据配合比1、2配制的自流平材料其收缩变形性能都不能满足标准JC/T 985—2005的要求。由于根据配合比1、2配制的自流平材料产生严重的分层现象，并且两者间的分层厚度有所区别，使其收缩头在不同的分层里，从而表现出根据配合比1配制的自流平材料出现严重的膨胀，根据配合比2配制的自流平材料出现严重的收缩。同时从表8-24也可以看出：只要配制的自流平材料具有较好的均质性，就可以保证其具有较小的收缩变形。

磷石膏配制石膏基自流平材料的变化率（10^{-4}）　表8-24

序　号	3d	7d	14d	21d	28d
1	6.33	8.17	18.38	18.02	18.10
2	−14.19	−17.17	−18.83	−17.23	−17.48
3	−2.40	−2.21	−4.19	−1.73	−5.46
4	1.15	1.92	3.27	3.85	1.79
5	2.67	3.62	4.10	1.94	3.00
6	−0.06	−3.46	−2.85	−4.21	−0.31

3. 自流平材料的微观分析

从图8-20的A、B中可以看出：经过蒸压处理的磷石膏制备的半水石膏水化产物晶形多为柱状或板状，自形程度很高，胶凝状物质较少，柱状或板状晶体交织在一起，无定向排列，形成较为致密的水化产物硬化体，对硬化体的强度发挥十分有利。从半水石膏水化产物的晶形可以认为：经过蒸压处理后的磷石膏制备的石膏粉主要是α-半水石膏。从图C与图D可以看出：水泥水化产物的晶形和可再分散乳胶粉（FL51）在自流平材料中的微观结构。图8-21a反映的是SEM图C对应a处的能谱分析。从能谱分析可以看出：a处有水泥的水化产物（因为有很强的铝元素峰），在放大10000倍的SEM下，发现水泥与部分石膏发生了水化反应，水化产物为细小的针状，并且与石膏相连，可以提高自流平材料的强度，所以在自流平材料中适当掺入水泥对材料的力学性能是有利的。能谱分析图 a 有很强的碳元素峰，从而可以得出：在 a 处也有可再分散乳胶粉，呈现出一种絮状结构，与水泥的水化产物与石膏交织在一起。图 8-21b 反映的是 SEM 图 D 对应 b 处的能谱分析。b 处是没有完全分散开的絮状结构的可再分散乳胶粉。当可再分散乳胶粉掺量过高时，自流平材料的保水性能下降，可再分散乳胶粉随着水分的外溢而出现结块。在设计自流平材料的配合比时，适当掺入可再分散乳胶粉，对材料的力学性能与工作性能是有利的，但是当掺量过高，又不能保证其保水性能时，可再分散乳胶粉的掺入不利于材料的力学性能的提高。

图 8-20　自流平材料的 SEM 照片

4. 结论

（1）用蒸压法处理的脱硫石膏（添加硫酸铝转晶剂）可以配制出性能优异的石膏基自流平材料，满足标准《地面用水泥基自

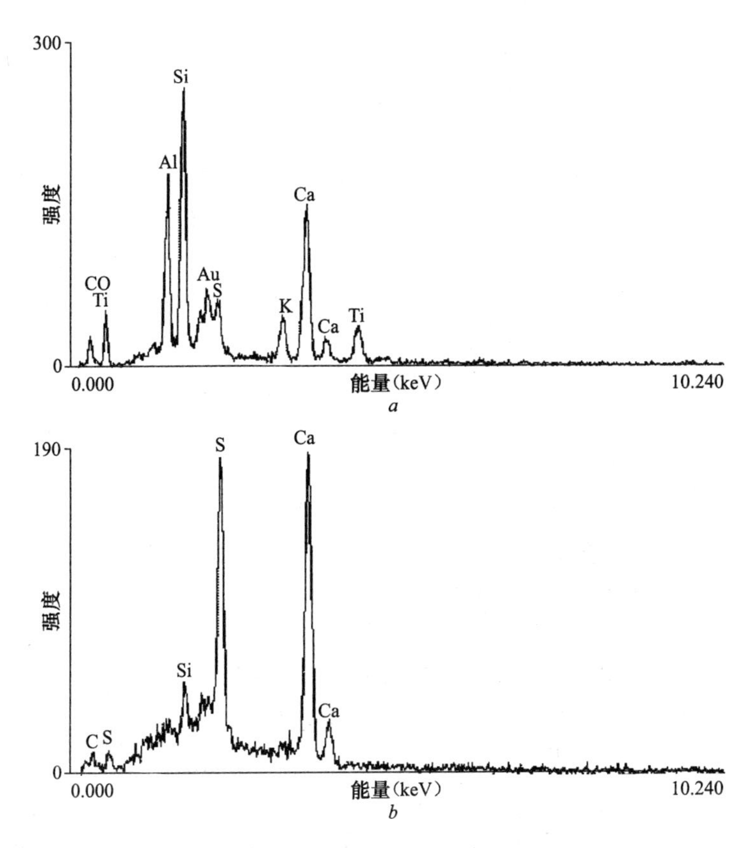

图 8-21　SEM 对应处的能谱分析

流平砂浆》（JC/T 985—2005）的要求，当石膏的掺量为 54%、水泥的掺量为 8%、消泡剂的掺量为 0.1%、可再分散乳胶粉（FL51）掺量为 1%、保水剂（H300P2）掺量为 0.05%时自流平材料的各项性能达到最优。

（2）缓凝剂的种类与掺量、减水剂种类对自流平材料的性能影响很大。在不掺入缓凝剂的情况下，自流平材料的 20min 流动度降低很大，并且当缓凝剂（柠檬酸）的掺量达到 0.2%时，20min 流动度与初始流动度相比，流动度值有一定的增加，缓凝剂的掺量过高或是过低都不利于自流平材料流动性能的提高。随着柠檬酸掺量的增加，自流平材料的力学性能呈下降趋势。当柠檬酸的掺量为0.05%时，自流平材料同时具有较好的流动性能与力学性能。

（3）通过掺入不同转晶剂蒸压处理的磷石膏来配制石膏基自流平材料，其性能变化很大。在磷石膏中加入硫酸铝与柠檬酸钠；醋酸镁、硫酸铁与烷基苯磺酸钠时处理后的磷石膏配制石膏基自流平材料，其流动度与强度均能满足标准《地面用水泥基自流平砂浆》JC/T 985—2005的要求。

（4）自流平材料的力学性能随着转晶剂（E）掺量的变化而变化。当转晶剂（E）掺量增加时，力学性能随之提高，但是，当转晶剂的掺量大于0.035%时，再增加转晶剂的掺量时，自流平材料的力学性能变差。在处理磷石膏时，适当的增加氧化钙的掺量，可以大大地提高石膏基自流平材料的力学性能，在自流平材料整个的水化过程中可以有效地控制其收缩变形。

（5）为了保证石膏基自流平材料具有较好的工作性能、力学性能和收缩性能，在配制自流平材料时要兼顾材料的流动性能与保水性能。只要配制的自流平材料具有较好的均质性，就可以保证其具有较小的收缩变形。在设计自流平材料的配合比时，适当地掺入可再分散乳胶粉和水泥，对材料的力学性能与工作性能是有利的，但是当可再分散乳胶粉的掺量过高，又不能保证其保水性能时，不利于材料力学性能的提高。在石膏基自流平材料中掺入一定量的水泥，可以优化其孔结构，提高其密实度。

第三节　石膏制备新型墙体材料

一、新型石膏基保温墙体材料概述

目前，我国每年新建房屋面积近20亿m^2，其中80%为高耗能建筑；在既有的近400亿m^2建筑中，有95%是高耗能建筑。我国绝大多数采暖地区房屋围护结构的保温隔热功能，都比气候相近的发达国家差了许多，其中传热系数，建筑外墙相差3.5～4.5倍、外窗相差为2～3倍、屋面为3～6倍，门窗的空气渗透相差为3～6倍。在建筑整体舒适度低于世界各发达国家的情况下，我国单位建筑面积能耗是发达国家能耗的2～3倍，建筑能耗已经占到当年全社会终端能源消耗的27%以上。严峻的事实表明，国家要走可持续发展道路，发展建筑节能与绿色建筑刻不容缓。

民用建筑节能：是指居住建筑和公共建筑在规划、设计、建造和使用过程中，通过采用新型墙体材料，执行建筑节能标准，加强建筑用能设备的运行管理，合理设计建筑围护结构的热工性能，提高采暖、制冷、照明、通风、给排水和通道系统的运行效率，以及利用可再生能源，在保证建筑使用功能和室内热环境质量的前提下，降低建筑能源消耗，合理、有效地利用能源。

建筑节能50%可以看作包括三个方面：国家根据区域环境要求（由南到北），围护结构为25%～13%；空调采暖为20%～16%；照明设备为7%～18%。围护结构：外（内）墙、屋面、地面（楼层面）、外窗（门）等保温。合理选择和应用新型建材产品是围护结构节能的重要环节。

我国是砖瓦等传统墙体材料生产和使用的大国，各类砖年产量达6000多亿标块，目前实心黏土砖占70%，年取土14.3亿m^3，并对环境造成了严重污染。因此，国务院1999年发文，指定170个城市2003年6月30以前禁止使用实心黏土砖，所有省会城市2005年底以前禁止使用实心黏土砖。新型墙体材料是以非黏土为原料、采用新的工艺技术生产的，具有节能、节土、利废、保护环境等特点和改善建筑功能的墙体材料。“禁实”之后，新型墙体材料的年需缺口达3000～4000多亿块，大量以工业副产石膏、粉煤灰、煤矸石等作为原料的砖瓦企业正在各地新建和改扩建。但总体而言，中低档砖瓦产品占我国总产量的绝大部分，在建筑中仅作为框架结构的填充物或一般性承重墙体，然后再以水泥砂浆，瓷砖或涂料装饰外墙，施工起来费工费时，而且不能满足城市建筑日趋艺术化、景观化的需求。

新型墙材是新型建筑材料的重要组成部分，是民用建筑围护结构使用的基础性材料。目前市场应用的主要有两大类新型墙材：

块、砖类：有混凝土（轻质混凝土、粉煤灰混凝土）小型空心砌块、混凝土多孔砖、加气混凝土（粉煤灰、硅砂等）、混凝土空心砖、混凝土实心砖、煤矸石砖、灰砂砖、粉煤灰砖、黏土空心砖和黏土多孔砖（全国有的地方已将其列入非新型墙材范围）等。

板状类：有纸面石膏板、石膏板空心条板、水泥刨花板、纸面草板、轻质混凝土墙板、GRC 板、硅钙板、蜂窝夹心板、铝塑类芯板（EPS 和聚氨酯）、混凝土岩棉复合外墙板、保温复合墙板等。

我国建筑采暖能耗过大，浪费十分严重。北京地区常用的 37cm 砖墙，传热系数为 1.57W/(m^2・K)，而气候条件接近的发达国家的标准，一般规定外墙传热系数限值为 0.3～0.4W/(m^2・K)，由此看出北京地区 37cm 砖墙的传热系数为发达国家的 4～5 倍，造成采暖能耗过高，采暖和空调运行成本的居高不下。表 8-25 是几种墙体材料室温下的导热系数。

几种墙体材料在 20℃ 室温下的导热系数　　　表 8-25

序　号	材料名称	干密度（kg/m^3）	导热系数［W/(m・K)］	修正系数
1	钢筋混凝土	2500	1.74	—
2	黏土陶粒混凝土	1600	0.84	1.15
		1200	0.53	—
3	加气混凝土	700	0.22	1.2
	泡沫混凝土	300	0.08	—
4	水泥砂浆	1800	0.93	—
	内墙抹灰砂浆	1500	0.87	—
5	蒸压灰砂砖	1900	1.1	—

续表

序号	材料名称	干密度（kg/m^3）	导热系数［W/(m·K)］	修正系数
6	烧结页岩砖	1800	0.76	—
7	混凝土空心砌块	190	热阻 0.16（m^2·K)/W	—
8	聚氨酯硬泡沫塑料	30	0.025	1.1
9	无网聚苯板	20	0.042	1.25
10	有网聚苯板	30	0.042	1.5
11	聚苯颗粒保温浆料	350	0.060	1.2

石膏作为一种蕴藏丰富的非金属矿资源和工艺性能材料，早已引起人们的关注，尤其是加工简单、能耗较低、质量轻、凝结快、放射性低和隔声、隔热、耐火性能好等优良特性，已被广泛地应用在墙材上。石膏墙材主要用于框架结构和其他结构建筑的非承重墙体，一般作为内隔墙用。若采用合适的固定及支撑结构，墙体还可以承受较重的荷载（如挂吊柜、热水器、厕所用具等）。掺入特殊添加剂的防潮墙材，可用于浴室、厕所等空气湿度较大的场合。

石膏墙材相对其他墙体材料、特别是传统实心黏土砖，具有如下优点：

1. 耐火性能好

石膏与混凝土相比，其耐火性能要高 5 倍。我国 1998 年颁布的《建筑材料燃烧性能分级方法》和《建筑材料难燃性能实验方法》已将石膏制品列为不燃体。在德国，根据 DIN4102 的规定，石膏砌块属于 A1 级，为不燃建筑材料。厚度 80mm 以上的石膏砌块隔墙是防火级（防火等级 F180－A）。100mm 以上的石膏砌块隔墙是高防火级（防火等级 F180－A）。日本建设省房产局规定，凡利用国库补助的住宅建筑时，其中防火、不燃的材料必须用石膏板做顶棚板和内墙防火板。另外，由于二水石膏在遇火高温状态下要释放结晶水，其含量高达 21%。如墙厚 80mm 的石膏砌块墙体，遇火时每平方米要蒸发出约 15kg 水分，墙体才能进一步升温。一般 1kg 的结晶水全部挥发需要 126kJ 左右的热量。40m² 的办公室相当于要蒸发 1t 左右的水，将消耗掉大量的热量。而其他非石膏制品的墙体材料无此特性。

2. 良好的保温隔声特性

1cm 厚的石膏层的保温性能相当于 3cm 的砖瓦层或 4cm 的砂浆抹面或 5cm 厚混凝土房的保温隔热性能。当普通外墙砖厚为 370mm 时，传热系数为 1.15kJ/(m² · s · K)，如果改用 200mm 厚的石膏板墙，其传热系数为 0.15kJ/(m² · s · K)，可节能 60%。一般 80mm 厚的石膏砌块相当于 240mm 厚实心砖的保温隔热能力。另外，以 100mm 厚的石膏砌块大墙体为例，其建筑隔声值已达 36～38dB，其他同类型同厚度建筑材料是难以达到此值的。空心砌块的隔声值、尤其是低频隔声值虽有所减低，但仍不能满足隔声要求。在石膏砌块中掺加轻骨料，如膨胀珍珠岩、陶粒等，或将石膏料浆进行发泡，或采用空腔结构加吸声材料等，可改善砌块的保温隔声性能。

3. 轻质、抗震、墙体光洁平整

以双面抹灰黏土实心砖墙为例，半砖墙重为 296kg/m²，一砖墙重量为 524kg/m²，而不同抹灰的实心石膏砌块墙体，80mm 厚约 72kg/m²，100mm 厚约 90kg/m²，相当于黏土实心砖墙重量的 1/3～1/4。用机械成型制成的石膏墙材尺寸精度高，表面光洁平整，榫槽配合精密。用石膏基为主的胶粘剂错位砌筑，通常经短期培训即可上岗。同时在施工中不需特殊工具或设备。石膏墙面一般不需抹面，即可刷涂料、贴壁纸或粘贴装饰面砖等。

4. 施工速度快

石膏墙材可钉、可锯、可刨、可修补，加工十分方便。一名工人每天可铺砌 20～40m² 石膏墙面。因无需吊装设备，隔墙又不需要龙骨，所需五金件及配套件较少，因此操作简便。另外，在墙上埋设电线或其他管线也比较简单，可先用工具在墙上开孔或开槽，安完管线或插座的设备后，用腻子封闭即可。

5. 提高了居住舒适度

石膏墙材具有呼吸功能，房间内过量湿气可很快吸收，当气候变化湿度减小能再次放出水气而不影响墙体牢固程度，具有调节室内湿度功能，可调节室内小气候。墙面在空气湿度较高时也无冷凝水，居住十分舒适。石膏墙体在短时间高湿度的房间（如厨房、浴室等）仍正常使用。还有，石膏墙材的尺寸、体积比较稳定，墙面不会产生裂缝，也不会发生虫蛀等弊病。

6. 石膏生产能耗及成本低

建筑石膏是一种低能耗产品。生产 1t 熟石膏粉比生产 1t 水泥减少能耗约 45%，减少投资 50%以上。能增加建筑物的有效使用面积。一般可减小墙体厚度 1/2，能增加有效使用面积约 10%。取代黏土砖，不毁耕地。目前我国年产 7 千多亿块黏土砖。约毁农田 21～28 万亩。如用石膏墙体材料取代 10%的黏土，每年可节约土地资源 2～3 万亩。

另外，在生产石膏墙材的原料中掺加相当一部分废渣：如粉煤灰、炉渣，除使用天然石膏外，还可使用工业副产石膏，使相当一部分废渣变废为宝。其次，在生产石膏墙材的过程中，基本无三废排放。在使用过程中，不会产生对人体有害的物质。因此石膏墙材是一种很好的保护和改善生态环境的绿色建材。

长期以来，国内不少单位开发了一些石膏复合墙体，如轻钢龙骨纸面石膏板夹岩棉复合墙体，纤维石膏板或石膏刨花板等与龙骨的复合墙体，加气（或发泡）石膏保温板或砌块复合墙体，石膏与聚苯泡沫板、稻草板、蜂窝纸芯、麦秸芯板等复合的大板等。特别是纤维增强低碱度水泥（GRC 板）或硬石膏水泥压力板与各种有机、无机芯材的复合墙体，既可以做内墙材料也可以做外墙材料，得到了国内外墙体材料界的高度重视，石膏墙材异军突起，发展迅猛。

我国各种工业副产石膏的排放量极大，不仅占用大量土地、污染环境，而且给生产企业造成很大负担。而工业副产石膏中二水硫酸钙含量一般超过 80%，是一种重要的再生石膏资源。随着国家对绿色生产和环保生态要求的提高，工业副产石膏资源化合理利用是国家、企业迫在眉睫必须解决的重大课题。利用工业副产石膏开发新型墙体材料意义重大、前景广阔，社会、经济和环保效益显著。

相对传统石膏墙体材料如石膏砌块、石膏板而言，新型石膏墙体材料主要包括石膏膨胀珍珠岩保温墙体材料、石膏聚苯乙烯颗粒墙体材料、发泡石膏墙体材料、石膏基相变墙体材料等。下面将分别对它们进行介绍。

二、石膏膨胀珍珠岩保温墙材

膨胀珍珠岩如图 8-22 所示，是由酸性火山玻璃质熔岩（珍珠岩）经破碎，筛分至一定粒度，再经预热，在 1400℃以上高温延时烧结而制成的一种白色或浅色的优质绝热保温材料。其颗粒内部是蜂窝状结构，无毒、无味、不腐、不燃、耐酸、耐碱。可以用不同的粘合剂制成不同性能的制品，其特点是表观密度小、绝热及吸声性能好，具有吸附能力，表 8-26 和表 8-27 是膨胀珍珠岩的化学成分分析及性能指标。玻化微珠，是膨胀珍珠岩的一种，经过特种技术处理和生产工艺加工形成内部多孔、表面玻化封闭，呈球状体细径颗粒，是一种具有高性能的新型无机轻质绝热材料。

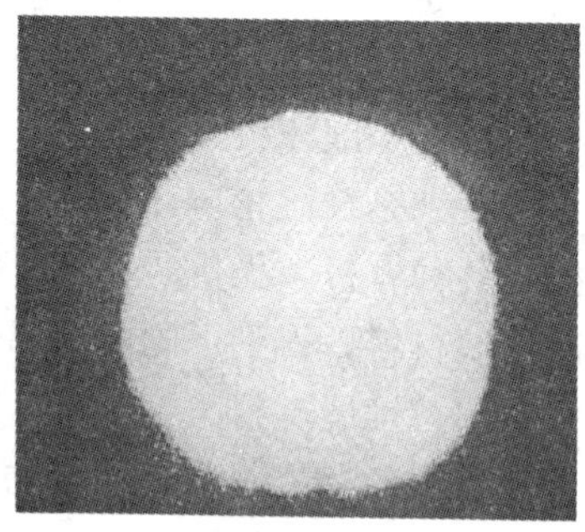

图 8-22　膨胀珍珠岩及玻化微珠

膨胀珍珠岩化学成分分析　　表 8-26

成　分	含量（%）	成　分	含量（%）
SiO_2	69～72	Fe_2O_3	0.5～1.5
Al_2O_3	12～18	CaO	0.1～0.2
K_2O	4～5	MgO	0.2～0.5
Na_2O	3～4.5		

膨胀珍珠岩性能指标　　表 8-27

项　目	参　数
松散密度（kg/m^3）	30～190
粒径（mm）	两种（0.15～1.18）（2～3）
筒压强度（kg/cm）	1.5
含水率（%）	≤0.5
使用温度（℃）	−200～1150
pH 值	6～8
热传导率［w/(m·K)］	≤0.016

1. 膨胀珍珠岩的生产工艺过程

图 8-23 为膨胀珍珠岩的生产流程。从矿山开采后的矿石通

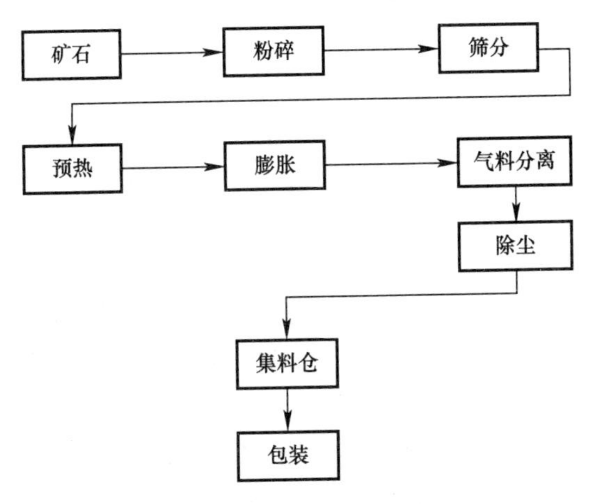

图 8-23　膨胀珍珠岩生产流程

过机械破碎、振动式筛分加工成具有一定粒度级配的矿砂。珍珠岩原料矿砂的含水量一般为4%～6%，由于含水量过高，经高温加热后，水分的急速挥发会造成珍珠岩的炸裂。所以，应首先将珍珠岩的无效水含量在膨胀前去除掉，使其保留正常膨胀所需的水分（即有效水分）。经过国内外实验室和生产厂的大量试验总结，膨胀珍珠岩的有效含水量在2.2%～2.4%之间时，膨胀后的效果最佳，膨胀倍数最大（即松散密度最低）。因此，膨胀珍珠岩的生产过程应包括预热、膨胀两个关键工序。

（1）预热：根据产地、粒度大小的不同，珍珠岩矿砂在650～800℃的温度环境下预热2～8min后，含水率将达到膨胀要求。

（2）膨胀：经预热后的矿砂，经投料装置均匀洒向温度保持在1100～1200℃高温的火焰上，矿砂将被急剧加热并迅速膨胀至原来体积的10～30倍，膨胀后的珍珠岩颗粒呈白色或浅灰色，内部含有蜂窝状结构，松散密度一般为40～80kg/m^3。

（3）膨胀后的珍珠岩随着高温气体经旋风分离器进行料器分离后进入骨料仓，含有少量微尘的高温气体经袋式除尘装置除尘后排到大气中。

2. 膨胀珍珠岩的应用

膨胀珍珠岩是应用极为广泛的一种材料，几乎涉及各个领域，例如：

（1）建筑领域：与各种粘合剂配合制成各种规格与性能的型材；工业窑炉与建筑物屋面与墙体的保温隔热层、防火涂料、吸声板等。

（2）工业领域：制氧机、冷库、液氧液氮运输管道的填充式保温保冷绝热；吸附浮油的过滤材料；炼钢过程的集渣材；炸药敏化剂；橡胶、油漆、涂料、塑料、等填充料及扩张剂等。

（3）农园艺领域：无土栽培、土壤改良、农药缓凝剂等。

膨胀珍珠岩是一种有发展前途的新型建筑材料，将松散的膨胀珍珠岩填充在墙体或吊平顶中，即成保温墙或保温平顶。如以膨胀珍珠岩为骨料，用水泥、石灰、沥青、乳化沥青、水玻璃、石膏或树脂等作为胶结料，亦可根据使用要求加入适量的泡沫剂、憎水剂等掺合料，配制成灰浆或混凝土，以此可制作成各种形状、不同要求的块料或板材，与屋面板和墙板复合后即成为保温屋面板或墙板。膨胀珍珠岩灰浆用于墙体和屋面，能取得良好的保温隔热效果，而且施工方便，经济耐用。

在国外，自 20 世纪 60 年代以来，膨胀珍珠岩应用在建筑中已得到重视，美国在高层建筑中，为了减轻建筑物自重，用膨胀珍珠岩作抹灰砂浆的骨料，就占珍珠岩总产量的 10%左右。日本已广泛地在钢筋混凝土大型墙板中用水泥膨胀珍珠岩灰浆，作为外墙饰面和内墙保温材料。

3. 石膏基膨胀珍珠岩保温墙体材料的研究

（1）石膏基膨胀珍珠岩保温砂浆

① 膨胀珍珠岩砂浆应用简况

自 1924 年德国人发现了珍珠岩焙烧后有膨胀特性后，第二次世界大战期间，1940 年美国内华达州开始生产膨胀珍珠岩作砂浆骨料。战后，在墙面抹灰工程中大量使用膨胀珍珠岩，其在抹灰砂浆中的用量约占膨胀珍珠岩用量的 80%。由于 2～3cm 厚膨胀珍珠岩砂浆层的保温能力可相当于 12～14cm 厚砖墙，尤其是膨胀珍珠岩与石膏粘结剂配制的砂浆比普通砂浆轻 60%左右，施工劳动强度也较低，因而应用广泛。美国材料试验协会并为此制订了一些标准，如《石膏抹灰用无机骨料标准》ASTM C35—76，其中提出石膏抹灰用骨料主要有三种，第一种即为膨胀珍珠岩，第二、三种为天然砂、人造砂及膨胀蛭石。美国材料试验标准并规定抹灰用石膏采用半水石膏，含量不得低于 66%。在膨胀珍珠岩的产量方面，美国长期居世界首位。1980 年达 700 多万立方米，而且一直到 70 年代初，膨胀珍珠岩主要用于抹灰工程，其用量约占总产量的一半。但是，现场湿作业要多用劳动力，由于美国人工费用昂贵，到 70 年代中期已转向装配式干法施工为主，膨胀珍珠岩主要用于制品，用于抹灰工程的比例小一些。

我国自1966年在大连试生产以来，膨胀珍珠岩发展很快，制品种类也有很大的发展。水泥珍珠岩、石灰珍珠岩或水泥-石灰珍珠岩砂浆抹灰，在东北、华北、华东等地区不少工程上有所应用。锦州从1980年起在钢丝网水泥密肋薄板上喷涂145mm厚水泥膨胀珍珠岩，作为框架住宅外墙板，已建房屋2.6万m^2。

从世界范围来看，膨胀珍珠岩砂浆抹灰是膨胀珠珍岩在建筑上应用得最广泛的一种。其质轻，不燃，施工简便，加上保温性能好，价格又低廉，除抹灰用外，还可用作现浇整体屋面、钢结构耐火覆层和顶棚板饰面等，起保温、防火、防结露及装饰等作用。现在世界上已有30多个国家在生产和应用膨胀珍珠岩。

目前，国内生产膨胀珍珠岩的厂家已超过1500个，年产量已超过600万m^2。占我国保温材料年产量的7%左右，是国内使用最为广泛的一类轻质保温材料，1m^3的价格一般为80～120元，在高效保温材料中，是很便宜的。

② 工业副产石膏膨胀珍珠岩（玻化微珠）保温砂浆

玻化微珠是一种新型无机轻质绝热材料，是利用含结晶水的酸性玻璃质火山岩（如珍珠岩、黑耀岩、松脂岩等）经粉碎、脱水（结晶水）、气化膨胀、熔融、玻化等工艺生产而成。其颗粒呈不规则球状，内部为多孔的空腔结构，外表封闭、光滑，具有质轻、绝热、防火、耐高温、耐老化、吸水率低等优异性能。

玻化微珠主要化学成分是SiO_2、Al_2O_3、CaO，颗粒粒径为0.1～2mm，表观密度为50～100kg/m^3，导热系数为0.028～0.048W/(m·K)，漂浮率大于95%，成球玻化率大于95%，吸水率小于50%，熔融温度为1200～1380℃；筒压强度（1MPa压力的体积损失率%）38%～48%。

玻化微珠保温砂浆用玻化微珠作为轻质骨料，加入无机胶凝材料和多种外加剂后，通过预混合干拌制成的无机保温砂浆，结合聚丙烯微纤维及玻化微珠起到节能隔热保温等功效。

通过对粒径级配的正确选择可以控制玻化微珠颗粒间的空隙率和总表面积，可提高砂浆的流动性和自抗强度，减少收缩率，提高产品综合性能，降低综合生产成本。在轻质干混砂浆（保温型、砌筑型、抹面型）应用中，用玻化微珠替代传统的普通膨胀珍珠岩和聚苯颗粒作干混保温砂浆轻质骨料，克服了膨胀珍珠岩吸水性大、易粉化，在料浆搅拌中体积收缩率大，易造成产品后期强度低和空鼓开裂等现象，同时又弥补了聚苯颗粒有机材料易燃、防火性能差、高温产生有害气体、各组分材料相容性差、耐老化耐候性低、施工中粘结强度低、反弹性大等缺陷，提高完善了保温砂浆的综合性能和施工性能。在无机保温砂浆的研究领域，以水泥基保温砂浆的研究居多，而石膏基研究较少。

江飞飞等人以重庆市珞璜电厂生产的脱硫建筑石膏为胶凝材料，膨胀玻化微珠为保温隔热轻骨料，并采用可再分散乳胶粉、纤维素醚、聚丙烯纤维等聚合物改性，配制无机保温砂浆，系统研究骨料、乳胶粉、纤维素醚和聚丙烯纤维对保温砂浆保水率、干湿密度、压折比、压剪粘结强度、极限变形量等综合性能的影响。

半水石膏凝结硬化很快，为满足保温砂浆施工需要，应该加入缓凝剂调节其凝结时间。柠檬酸是建筑石膏常用的高效缓凝剂。

脱硫石膏空白样初凝时间只有10min，可操作时间很短。掺入0.1%的柠檬酸可使初凝时间延长30min，终凝时间延长至2h，可操作时间大大延长，完全可以满足施工要求。但加入柠檬酸，会使石膏硬化体强度损失增大，当初凝时间延长至42min时，抗压和抗折强度的损失率分别达26%和19%，分别为12.22MPa和4.32MPa。所以在满足可操作时间的情况下，尽量少掺柠檬酸，适宜的掺量为石膏质量的0.05%～0.1%。

砂浆组分例如骨料、乳胶粉、纤维素醚、纤维等对脱硫石膏基保温砂浆性能有很大的影响。

保温砂浆的力学性能、保温性能与其密度直接相关，玻化微珠的掺量越大，砂浆的体积密度越小，导热系数也越小。骨料与石膏的体积质量比对砂浆拌合物湿表观密度和干密度的影响十分显著，随着骨料与石膏体积质量比的增大，湿表观密度和干密度都呈线性降低。当这一比例达到 4.5∶1 时，干密度开始达到 GB/T 20473—2006 中Ⅱ类保温砂浆的要求（≤400kg/m³）；达到 7∶1 时，干密度降低到可以满足Ⅰ类保温砂浆的要求（≤300kg/m³），并且曲线趋于平缓。

乳胶粉加入后，保温砂浆的抗压强度有所降低，抗折强度有一定程度的提高，压折比显著降低，表明保温砂浆的脆性降低，韧性增强。保温砂浆粘结强度随乳胶粉掺量的增加有较大幅度的提高，当胶粉掺量为 2%时，粘结强度大于 50MPa，达到 GB/T 20473—2006 对粘结砂浆的要求。

纤维素醚是起增稠保水作用的外加剂，可防止砂浆离析，从而获得均匀一致的可塑体。纤维素醚掺量为 0.6%时即可使保温砂浆拌合物的保水性从不掺时的 64%上升至 98%，保水效果十分明显。而且由于纤维素醚有引气稳泡的作用，随着纤维素醚掺量的增加，保温砂浆的干密度明显降低，当纤维素醚掺量达 1%后，保温砂浆的干密度变化趋于平缓，影响弱化。另一方面，由于拌合物黏性随纤维素醚掺量增大而增加，浆体内引入的大量气体难以排出，使硬化后的保温砂浆结构疏松，降低了剪切粘结强度。

纤维主要起增加砂浆韧性，提高抗裂和抗冲击性能的作用。随着聚丙烯纤维掺量的增加，压折比明显降低，三点弯曲试验断裂时的变形量和断裂能增大，表明保温砂浆的韧性、抗裂和抗冲击性能由于砂浆中纤维网络的连接作用得到了较大改善。在聚丙烯纤维掺量为 0.6%时，保温砂浆的压折比、极限变形量和断裂能的变化都趋于平缓，影响弱化。

李明卫等人以氢氟酸生产过程中的副产品，由硫酸与萤石反应产出的以含硫酸钙为主的氟石膏废渣和玻化微珠为主要材料，配以少量的水泥和其他外加剂制备新型保温砂浆。

选用可调节氟石膏的 pH 值，中和氟石膏中的残余酸的碱性激发剂 A 和可促进氟石膏的水化盐类激发剂 B 复合激发，并掺入多种外加剂来提高氟石膏胶结料的力学性能。

在盐类激发剂的作用下，无水氟石膏水化生成板状或柱状的二水石膏晶体，板状或柱状晶体交织在一起，形成了较为致密的水化产物硬化体，对硬化体的强度发挥十分有利。加入少量的激发剂B之后，氟石膏胶材的7d抗折和抗压强度都明显增加。当激发剂B的掺加量为0.5%时，抗折、抗压强度为3.9MPa和16.5MPa，达到最大。

随玻化微珠掺量增加，砂浆堆积密度和干密度显著下降。掺量50%时，分别为270kg/m^{3}和450kg/m^3。但抗压强度急剧下降，14d和28d抗压强度分别为0.88MPa和0.93MPa。这主要是由于玻化微珠的掺入破坏了胶凝材料水化后形成的制品的显微结构，从而使强度降低。

在氟石膏保温砂浆中掺入少量的水泥能够显著提高保温砂浆的力学性能，尤其对砂浆早期强度的增加有明显的效果，有利于施工和产品的实际应用。随着水泥掺量的增加，早期水化产物增多，对砂浆强度有明显的提高。但干密度也变大，影响了砂浆的其他性能。综合考虑，水泥适宜掺量为10%。

为提高砂浆与玻化微珠颗粒之间的润湿亲合性，使用高分子粘结剂进行表面改性。粘结剂对砂浆抗压强度的影响很小，但折强度随粘结剂掺量增多而增大。在砂浆的凝结硬化过程中，粘结剂会在玻化微珠与凝胶浆体之间的过渡区干燥成膜，使两者的界面结合更密实、更牢固；并且当干粉砂浆加入水搅拌时，胶粉颗粒分散到水中，形成乳液，然后随着水分的蒸发，乳液再次脱水，在砂浆中形成了由无机和有机粘结剂构成的框架体系，使得砂浆自身强度得以提高。在砂浆中加入少量的可分散胶粉能显著提高砂浆的抗折性能、抗裂性能和它的粘结性能。

通过优化试验配合比，掺入碱性激发剂和盐类激发剂，并加入纤维、粘结剂等多种外加剂，可以较大程度的改善保温砂浆的性能，测得的主要性能见表8-28。

氟石膏保温砂浆优化配合比及性能　　　表 8-28

氟石膏（%）	水泥（%）	无机改性剂（%）	激发剂A（%）	激发剂B（%）	粘结剂（%）	纤维（%）	水（%）	堆积密度（kg/m³）	干密度（kg/m³）	导热系数[W/(m·K)]	抗压强度（MPa）	压剪粘结强度（MPa）	线收缩率（%）
75.5	10	8	3	0.5	2	1	100	266	376	0.085	0.93	0.175	12

王坚等人研究了以玻化微珠为轻骨料配制而成的新型磷石膏保温砂浆。

a. 配合比：

胶结料：磷石膏建筑石膏 80%～86%，复合缓凝剂 0.2%～0.5%，甲基羟乙基纤维素醚 0.2%～0.5%，可再分散乳胶粉 2%～6%，木质纤维素 0.3%～0.5%，重钙 11%～13.6%。

砂浆配合比：M（胶结料）∶M（玻化微珠）＝2∶（1.0～1.1）。

b. 生产工艺流程图如图 8-24 所示。

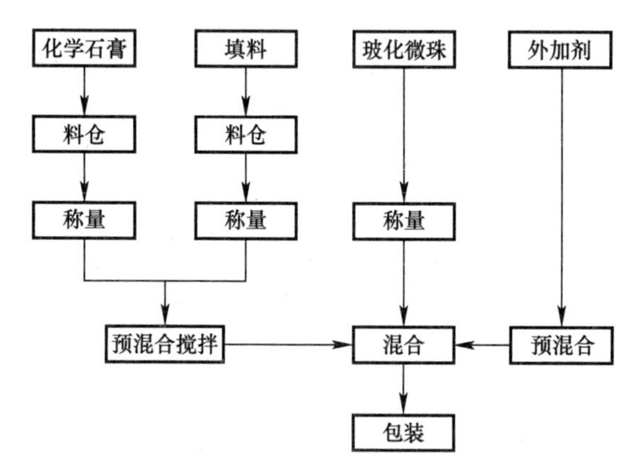

图 8-24　新型工业副产石膏保温砂浆的生产工艺

c. 新型石膏玻化微珠保温砂浆性能应满足表 8-29 要求。

新型石膏玻化微珠保温砂浆性能要求　表 8-29

项　目	性能要求
初凝时间（min）	≥60
终凝时间/h	≤8
干密度（kg/m^3）	≤350
湿密度（kg/m^3）	≤550
抗压强度（kPa）	≥600
粘结强度（kPa）	≥100
导热系数［W/(m·K)］	≤0.06
可操作时间（min）	≥50
保水率（%）	≥70
线性收缩率（%）	≤0.3
软化系数	≥0.6
燃烧性能	A 级

d. 施工工艺

基层墙面清理→润湿墙面→吊垂直、套方、弹抹灰厚度控制线→涂刷界面剂→做灰饼、冲筋→抹磷石膏玻化微珠保温砂浆→保温层验收→抹石膏抗裂砂浆同时压入耐碱玻纤网布→验收→抹面层粉刷石膏→抹平压光→验收。

（2）石膏基膨胀珍珠岩保温砌块

石膏基膨胀珍珠岩保温砌块具有轻质、保温、隔热、施工简便、经济耐用等优点，较其他一般保温材料性能好。

张雷研究利用徐州磷肥厂副产磷石膏生产石膏珍珠岩保温砌块。采用珍珠岩-石膏复合胶结料（80%石膏＋10%水泥＋10%粉煤灰）制作保温砌块，表 8-30 是该砌块的原料配合比，图 8-25 是这种砌块的生产工艺流程图。

砌块原料配合比　表 8-30

胶结料			胶骨比	浓度 5%有机粘接剂（聚乙烯醇水溶液，聚合度为 1500）	水灰比
石膏	水泥	粉煤灰			
80	10	10	1∶1	与骨料重量相同	0.5～0.6

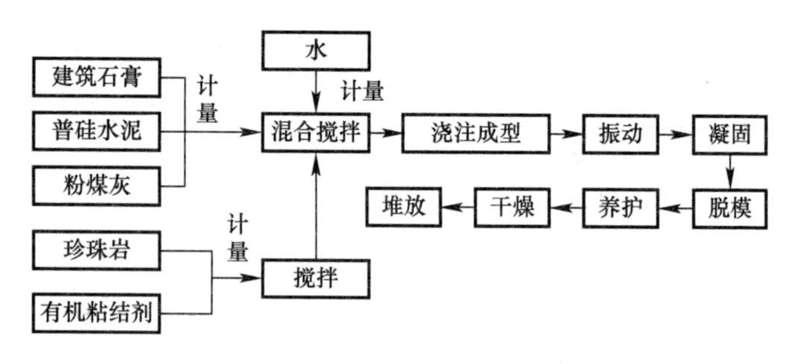

图 8-25　生产工艺流程图

① 原料混合

首先把珍珠岩掺合在粘结剂水溶液中搅拌，制成涂有水溶液粘结剂的轻骨料，然后将石膏、水泥、粉煤灰按顺序投入搅拌机内搅拌 1min，再注如经计量的水与上述混合物混合搅拌 2～3min。

② 浇筑成型

混合好的石膏混合物浇入成型机内，为使料浆分布均匀和密实，振动 1min。

③ 养护干燥

砌块成型后用塑料薄膜养护 5～7d，然后将砌块起运到堆场内，自然干燥 1～4 周。成型后的砌块不宜在阳光下直接暴晒和直接烘干，否则不利于水硬性胶材料强度的发挥。

表 8-31 给出了从成品堆中抽样进行检验的规格为 240mm×190mm×115mm 磷石膏珍珠岩砌块的物理性能。

石膏珍珠岩保温砌块性能　　表 8-31

抗压强度 (MPa)	导热系数 [W/(m·K)]	密度 (kg/m^3)	空心率 (%)	吸水率 (%)	块重 (kg)
5.24	0.139	457	46	9.0	2.4

根据表 8-31 中的磷石膏珍珠岩砌块的物理性能判断，在保证热工性能的前提下，采用该保温砌块能满足内墙和屋面使用的力学及热学性能要求。

三、发泡石膏墙材

发泡石膏是一种通过蒸压法、物理发泡法、化学发泡法使石膏膨胀、体积达到原来几倍甚至十几倍，凝固成型的轻质高强合成材料，具有优异的保温、吸声、耐潮、阻燃性能。发泡石膏可以应用在石膏型、保温材料等方面。

发泡石膏是一种具有一定透气性的石膏。它是通过化学或物理等手段，使石膏内部形成类似蜂窝状组织，即具有相互连通的大小孔洞，而型腔表面层却是光滑致密的薄层，其厚度仅十分之几毫米。故采用发泡石膏可以生产出尺寸精度高，表面粗糙度值低的复杂薄壁精铸件。目前，国内发泡石膏主要用于生产飞机、汽车、仪表等工业上的框架类、叶轮类铸件和精密模具。

轻质保温建材可以替代传统建筑材料如红砖、混凝土砌块等，应用在非承重墙体和屋顶隔热保温层，保温效果显著。石膏保温材料具有许多显著的优点，如生产能耗低、防火性能好、导热系数小、装饰效果好、对环境无污染等。将发泡石膏作为新型保温型墙体材料是目前新型墙体材料中可行性比较大的。

蒸压法是将灌好的石膏模型置于封闭容器内，在一定的水蒸气压力下蒸煮，然后再干燥焙烧。这种方法得到的发泡石膏强度高，透气性能好，但生产周期长，设备占用较多，工艺复杂陈旧，现在应用的已经非常少。

物理发泡法是在石膏浆料中加入发泡剂，在搅拌过程中吸入大量气体，形成细小、均匀的大量气泡，得到发泡石膏产品，其生产周期短，节省模具材料，设备简单。

化学发泡法是在石膏浆料中加入外加剂，靠外加剂与浆料产生化学或者几种外加剂之间产生化学反应，放出大量气体，均匀分布于石膏产品内形成多孔结构，该方法存在成本较高，操作上存在不安全因素等缺点。

溶液中引入气泡通常需要两个条件，一是空气进入溶液，通常可采用某些机械方法如搅拌、振荡或者向溶液中通入压缩空气等方法实现；二是进入溶液的空气能被液相独立地包围，并稳定在液相中，则需在溶液中加入通常所称的发泡剂，这些发泡剂的主要成分之一是表面活性剂。发泡石膏制备过程中常用的发泡剂主要是松香皂、纸浆废液、废动物毛、烷基苯磺酸钠等。

表面活性剂分子结构一般是由两种极性基团构成，这些极性基团称为亲水基团和亲油基团。表面活性剂加入溶液中后，可吸附在气液相界面，降低界面张力。当在该溶液中引入空气时，空气被周围的液相包围形成气泡，此时在气泡周围瞬间生成疏水基伸向气泡内部，亲水基伸向液相的吸附膜。

气泡的产生使相界面增加，表面自由焓增加，因此是热力学不稳定状态，同时大小不同的两个气泡相接触时，根据拉普拉斯原理，小气泡内的压力较大气泡高，经过一定时间，空气通过隔膜向大气泡中移动，最后形成一个大气泡。因此，为了使无数的小气泡能在溶液中稳定足够的时间，在降低溶液界面张力的同时，也要使气泡周围的吸附膜有较好的性能。这些性能包括吸附膜的表面压力、表面黏性和表面弹性，其中表面黏性和表面弹性是气泡稳定的关键因素。

在石膏料浆中引入的气泡，由于受到石膏固体粒子溶解、析晶和凝结碰撞的作用，气泡的稳定会变得更加困难。这就要求发泡剂不但应具有良好的界面活性作用，还应在气泡周围形成牢固的、具有一定弹性或机械强度的表面吸附膜，以使气泡能在石膏料浆中稳定一定的时间。

柳华实等人研究利用由松香、骨胶、NaOH 等和水按一定比例配制而成的松香骨胶类发泡剂制备发泡石膏保温材料。其具体制作工艺是：将复合发泡剂溶于定量水中，充分搅拌，待有丰富泡沫后，将石膏、水泥等固体粉末混合均匀，倒入配好的水溶液中搅拌均匀，后浇注到模具中成型，2h 后拆模，自然干燥。

该种发泡石膏的基本配比：水膏比 0.5，水泥掺量为石膏的 8%。复合发泡剂掺量会对试样性能产生较大的影响，采用不同发泡剂掺量（石膏的质量百分比）时，试样的强度性能指标、表观密度以及导热系数的变化如表 8-32 所示。

发泡剂掺量对试样性能的影响表　　表 8-32

发泡剂（%）	抗折强度（MPa）	抗压强度（MPa）	表观密度（kg/m^3）	导热系数 [W/(m·K)]
0	3.05	7.36	1264	0.26
1	1.85	3.25	950	0.21
2	1.01	1.89	682	0.16
3	0.55	0.96	450	0.12

随着发泡剂用量增加，试样的力学强度大幅度降低，表观密度下降明显，导热系数逐渐减小。这表明加入发泡剂后，试样的组织结构变得疏松，内部为多孔状结构。考虑到试样的强度性能指标，当发泡剂的掺量为 2%时，试样的综合性能较好，抗折强度为 1.01MPa，抗压强度为 1.89MPa，表观密度为 682kg/m^3，导热系数为 0.16W/(m·K)。

利用汞压力测孔仪对试样孔隙率和孔径分布进行测试，可以看出：空白试样孔隙率为 0.1106mL/g，孔径主要分布在 0.1～2μm 之间；当发泡剂掺量为 2%时，人工搅拌时为 1.1247mL/g，孔径主要分布在 4～200μm 之间；电动搅拌时为 1.6926mL/g，孔径主要分布在 20～100μm 之间。

发泡剂对石膏中泡沫的形成影响很大，既影响气孔的数量又影响气孔的分布。空白试样的孔隙率很低，且大多数孔的孔径都很小，起不到保温隔热作用。当掺入 2%的发泡剂后，发泡剂的发泡作用非常显著，孔隙率比空白试样提高了 10～15 倍。经人工搅拌的石膏试样孔径范围变化较大，从 4000～200000nm，孔大小不一。大的气孔容易破裂形成通孔，影响材料的保温性能。经电动搅拌的石膏试样泡沫丰富，总的孔隙率是人工搅拌的两倍，且孔径大小较均匀，有利于材料的保温隔热。

在相同发泡剂加入量的条件下，石膏试样的孔隙率还受搅拌时间长短的影响。搅拌时间过短，泡沫量较少，试样孔隙率低；

但搅拌时间过长会导致试样中的气泡脱气，搅拌中气泡不断溢出，从而使试样的气泡含量减少，试样孔隙率降低，表观密度增大，导热系数提高。控制适当的搅拌时间，发泡剂的分散度较大，发泡效果好，孔径较均匀且平均孔径较小，对材料的保温隔热性能十分有利。

因为泡沫是不稳定体系，纯液体很难形成稳定持久的泡沫，必须有发泡剂或表面活性剂，在强力搅拌作用下才能得到稳定性较好的泡沫。在搅拌过程中，气泡间会运动、合并增大以至破裂而消失。采用发泡剂的目的就是使产生的泡沫由不稳定体系变成稳定体系。发泡剂掺入料浆后，可吸附在气泡表面形成双分子膜，并且使气泡膜外表面呈疏水层，因而对气泡起稳定和分散作用。另外由于发泡剂在气泡水膜上的定向分布，降低了水膜的表面张力，从而增加其稳定性。发泡剂中有些成分还能与 Ca^{2+} 形成难溶物沉积于气泡的外表面，增加了气泡的厚度和强度，也有利于气泡的稳定存在。

孙天文研究开发气泡直径小（简称微发泡）、发泡能力强、稳定性能好、对强度影响小的复合型皂角松香酸类阴离子表面活性剂作为石膏微发泡剂，从而更有效地降低建筑石膏制品体积密度，提高建筑石膏制品的综合物理力学性能。

复合型皂角松香酸类阴离子表面活性剂明显地减少水的界面张力，当其掺量为 0.05%时，水溶液的界面张力只有 4.12×10^{-2}N/m，其起泡高度为 87μm，可作为微发泡剂的主要成分。

采用机械搅拌合通入压缩空气的方法将空气引入石膏料浆中发泡；微发泡剂的掺量为石膏粉用量的 0.06%，对石膏制品性能的试验结果见表 8-33。

不同起泡方法对石膏制品性能的影响　　表 8-33

起泡方法	气孔显微直径（mm）	密度（kg/m³）	新增气孔率（%）
机械搅拌（2000r/min）	0.52	985	7.51
机械搅拌（4000r/min）	0.45	960	9.86

续表

起泡方法	气孔显微直径(mm)	密度（kg/m^3）	新增气孔率(%)
压缩空气（0.1MPa）	0.63	865	18.78
压缩空气（0.15MPa）	0.69	840	21.13
压缩空气（0.25MPa）	1.02	790	25.82
不加发泡剂的石膏原样	1.05	1065	—

注：新增气孔率=[(不加发泡剂石膏密度－发泡剂石膏密度)/不加发泡剂石膏密度]×100%

机械搅拌和通入压缩空气都可以达到在石膏料浆中引入空气的目的，但机械搅拌的效果没有通入压缩空气好，通入压缩空气为0.1MPa时，新增气孔率达到了18.78%；随着压缩空气压力的增加，新增气孔率还在不断增加。但从气孔显微直径来看，机械搅拌引入气孔的显微直径远小于通入压缩空气引入的气孔显微直径，特别是当压缩空气压力较大时，气孔显微直径增至1.02mm。

另外掺加微发泡剂的建筑石膏制品密度明显降低，同时降低了建筑石膏的比强度。随着发泡剂掺量大于0.1%时，建筑石膏的比强度下降非常多，当掺量为0.2%时，建筑石膏的比强度只有0.71；而当掺量为0.06%时，建筑石膏比强度达到最高点0.98，比不掺微发泡剂的建筑石膏的比强度高。因此微发泡剂在建筑石膏制品中掺量控制在0.05%～0.07%。

目前国内生产的纸面石膏板一般每毫米厚石膏板的质量约为1.0～1.05kg/m^2，折算成9mm厚纸面石膏板，质量为9.0～9.5kg/m^2。而国外同类产品每毫米厚石膏板的质量约0.85～0.95kg/m^2，折算成9mm厚板，质量为7.7～8.5kg/m^2。国内外纸面石膏板单位面积质量的差异除了与石膏品位及生产工艺有关外，还和石膏发泡剂关系密切。

表8-34为微发泡剂掺入纸面石膏板后，对纸面石膏板性能的影响。

微发泡剂对纸面石膏板性能影响表 **表 8-34**

性　能	掺量（%）	
	0	0.06
单位面积质量（kg/m²）	9.32	7.96
粘结性能	好	好
比强度	0.70	0.73

注：以上数据为 9mm 厚纸面石膏板；表中比强度=[(纵向抗折强度+横向抗折强度)/2]/单位面积质量。

从表 8-34 的试验结果来看，在纸面石膏板中加入微发泡剂后，纸面石膏板单位面积质量明显降低，加入 0.06%微发泡剂后，质量减轻 14.59%。掺微发泡剂的纸面石膏板，纸与石膏的粘结性能好，比强度比不掺微发泡剂的增加 4.29%，这可能是掺微发泡剂的纸面石膏板内部气孔结构较为合理，从而增加了单位面积质量材料对强度的贡献。

微发泡剂是一种新型的建筑石膏添加剂，能在石膏制品中引入微小的气孔。添加 0.06%微发泡剂时，可降低石膏制品密度 15%～20%，并有助于提高材料的比强度。

四、石膏基相变墙材

1. 相变材料

相变材料（phase Change Materials，PCM）即潜热储能材料，是指随温度变化而改变形态并能提供潜热的物质。材料由固态向液态或液态向固态转变时发生热能转变，称之为状态转变或相变。传统固液蓄热材料随着吸热而温度上升。但相变材料吸收和释放热量时温度保持恒定。

相变材料在建筑节能中应用的原理为：相变材料发生相变时伴随着相变热的释放与吸收，即在热转换过程中，相变材料中的冷负荷储存在蓄能结构中，随着室外温度的降低，储存的热量一部分释放到室外，从而降低了建筑冷负荷；另一部分释放到室内，增加了晚间建筑的冷负荷。

根据上述理论，以相变储能结构为例，将相变材料应用到现有的建筑中，可以大大增加建筑结构的储热能力，使用少量的材料就可以储存大量的热量。由于相变储能结构的储热作用，建筑物室内和室外之间的热流波动被减弱、作用时间被延长，从而可以降低建筑物供暖、空调系统的设计负荷，达到节能的目的。

将相变材料引入建筑中，可以通过向建筑围护结构中加入相变储能材料，制备成相变建筑围护结构，这样通过相变围护结构可以减小室内的温度波动，提高舒适度，使建筑采暖或空调不用或者少用能量，提高能源利用效率，而且也可以解决热能及电能供给和需求失衡的矛盾，使空调或采暖系统利用夜间廉价电运行，降低空调或采暖系统的运行费用。

用作潜热储能材料应满足以下相应的热力学、动力学和化学性能及经济性要求：（1）合适的相变温度；（2）相变潜热高；（3）传热好；（4）稳定的相平衡；（5）密度大；（6）体积变化小；（7）蒸气压低；（8）无过冷现象；（9）高结晶速率；（10）长期化学稳定性；（11）与建筑材料的兼容性；（12）无毒；（13）不燃；（14）丰富价廉。

根据特定用途选择 PCM，使用温度应与相变温度相匹配，潜热尽可能地高，PCM 热导性高，利于能量的储存释放。PCM 在相变时保持相稳定，有助于调节蓄热，密度大可减小盛装容器尺寸，相变体积变化小和低蒸气压可以减少 PCM 封装问题。过冷现象是 PCM 尤其是水合盐类存在的问题，超过几度的过冷会干扰热能的释放，而超过 5～10℃的过冷就会彻底阻止放热，所以不能存在过冷。PCM 应能耐水侵蚀、不分解，与建筑材料相容性好，具有无毒、不燃、不爆炸等安全性，量大价廉等经济性。

适于不同温度范围的相变材料有很多，图 8-26 给出了相应分类。

相变材料可分为有机相变材料、无机相变材料和复合类相变材料。其中无机类 PCM 主要有结晶水合盐类、熔融盐类、金属等；有机类 PCM 主要包括石蜡、脂肪酸、醋酸和其他有机物。

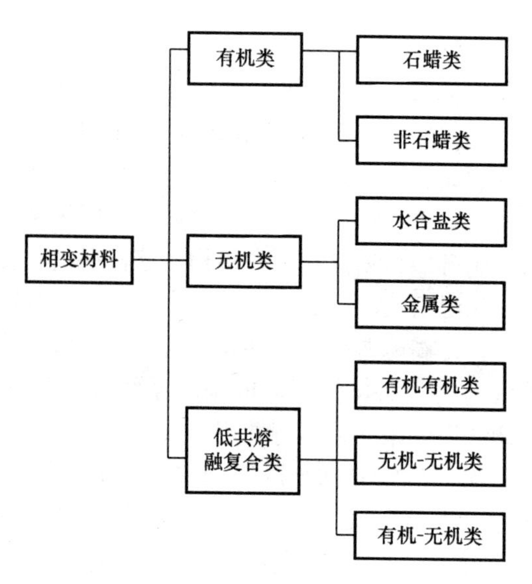

图 8-26　相变材料的分类

近年来，复合相变储能材料应运而生，它既能有效克服单一的无机物或有机物相变储能材料存在的缺点，又可以改善相变材料的应用效果，拓展其应用范围。

很多有机和无机材料可以依据熔点和熔化热用作相变材料。但是除了熔点符合所需温度范围，大部分相变材料不满足前面所述的要求。没有一个纯材料满足全部理想材料要求的特性，必须设计选择合适可行的材料以弥补物理性能的不足。

2. 相变储能建筑材料的研究进展

相变材料的研究可以追溯到二战以后在建筑采暖中太阳能蓄热的研究。为寻找比显热储能更加有效，体积更小的储能系统，研究逐渐转向了潜热储能。早期潜热储能的研究主要是低成本、现成的水合盐熔融固化，显示了巨大潜力。但是它们有过冷的趋势，而且因不能全部融化导致分相。所以过冷和分相的现象妨碍水合盐的热学行为，导致经过不断的冷热循环后出现不规则变化、分相或渗漏。尽管使用水合盐和相似无机物有比较显著的优点，但是用作可靠实用的储能系统仍然困难重重。为了避免无机相变材料固有的缺点，研究方向转向了低挥发的无水有机物例如聚乙烯二醇、脂肪酸及相关衍生物、石蜡等。最初由于比水合盐价格高，单位体积潜热量低被舍弃，但是随着成本的降低和其他优势如物理和化学稳定性，良好的热性能和可调相变温度区，逐渐被大量研究。

应用于建筑中的相变储能建筑材料的研究最早开始于1981年，由美国能源部太阳能公司发起，1988年由美国能量储存分配办公室推动此项研究。20世纪90年代以PCM处理建筑材料（如石膏板、墙板与混凝土构件等）的技术发展起来了。随后，PCM在混凝土砌块、石膏墙板等建筑材料中的研究和应用一直方兴未艾。1999年，国外又研制成功一种新型建筑材料——固液共晶相变材料，在墙板或轻型混凝土预制板中浇注这种相变材料，可以保持室内温度适宜。欧美有多家公司利用PCM生产销售室内通讯接线设备和电力变压设备的专用小屋，可在冬夏均保持在适宜的工作温度。

（1）建筑用相变材料的选择

Abhat、Lorsch et al. 和 Farid 给出了可能用作储能材料的综合列表。理想的PCM材料应满足以下标准：高熔化热和导热性能，高比热容，体积变化小，无腐蚀性，无毒，无过冷或分解现象。在建筑应用方面只有相转变温度和人体舒适度（20℃）接近的相变材料才能使用。表8-35给出了适合应用在建筑中的相变材料。

在1980之前就有人考虑在建筑中使用相变材料以达到蓄热储能的目的。相变材料作为建筑暖通工程应用的一部分，已经在特朗勃墙、墙板、地面供热系统和顶棚板中应用，对相变墙板和相变混凝土系统的模型进行了开发和测试，提高标准石膏板和混凝土砌块的蓄热能力，尤其在电力削峰填谷和太阳能利用方面。

水合盐和有机相变材料　　表 8-35

PCM	熔点（℃）	熔解潜热 (kJ/kg)
$KF \cdot 4H_2O$ 四水氟化钾	18.5～19	231
$CaCl_2 \cdot 6H_2O$ 六水氯化钙	29.7℃	171
$CH_3(CH_2)_{16}COO(CH_2)_3CH_3$ 硬脂酸丁酯	18～23	140
$CH_3(CH_2)_{11}OH$ 十二烷醇	17.5～23.3	188.8
$CH_3(CH_2)_{16}CH_3$ 正十八烷	22.5～26.2	205.1
$CH_3(CH_2)_{12}COOC_3H$ 棕榈酸丙酯	16～19	186
45% $CH_3(CH_2)_8COOH$+55% $CH_3(CH_2)_{10}COOH$ 45/55 癸酸-月桂酸	17～21	143

建筑相变储能材料的应用有两个不同的目的：第一是冬天使用太阳能加热，提高室内温度；第二是夏天使用电能空调降低室内温度。总之应该与时间和电力相结合达到蓄热储能节约能源的目的。在建筑蓄热储能中可以通过以下三种方式引入相变材料：①加入到墙体中；②加入到其他非墙体部位；③加入到暖通设备中。

（2）相变材料与基材融合

解决相变材料与基材融合的问题才能更好地促进相变蓄热系统的发展。目前的融合方法主要有以下几种：直接加入法、浸泡浸渍法和封装法。直接加入法是在建筑材料成型过程中直接加入相变材料，便于控制相变材料的加入量。浸泡浸渍法则是通过建筑材料中的孔隙吸附液态相变材料，便于处理成品建材以制取相变建材。封装法包括宏观封装和微观封装。宏观封装是将相变材料封装在管状、球状、板状或袋装容器中，这种宏观封装在太阳能领域广泛应用，但存在相变时与外界环境接触面积小，能量传递过低，所以微观封装逐渐成为国内外研究的热点，下面主要介绍微观封装法。

微观封装是指球状或杆状的微小颗粒包裹一层超高分子量的聚合物薄膜，这层薄膜主要防止相变材料液化时渗出，且和建筑材料有很好的兼容性。与传统相变材料相比，微观封装法具有很多优点：如增大了材料的比表面积，提高了导热系数；有效降低多次循环使用带来的渗漏；可较大程度地消除相分离和过冷现象；降低某些相变材料的挥发毒性，可解决与建筑基体材料相结合时表面结霜问题；提高了相变材料的耐久性，延长了使用寿命等。

微观封装法可分为以载体基质作支撑和与载体基质共混两种。

① 以载体基质作支撑

把载体基质做成微胶囊、多孔泡沫或三维网状结构的材料，通过吸附或灌注相变材料于其中，然后采用已成膜物质包覆载体基质，制备出微胶囊或颗粒。

Choi 用原位聚合法合成了以二聚氰胺-甲醛树脂为壳的正十四烷微胶囊，所用乳化剂为 SMA（苯乙烯-马来酸酐-马来酸单甲酯共聚物）。将预备好的正十四烷乳化液加入水溶性二聚氰胺-甲醛预聚体体系中，在 60℃水浴和 600r/min 的机械搅拌下聚合 3h 得到相变微胶囊。乳化阶段搅拌速度为 8000r/min。所得产品平均粒径为 4.25μm，相变温度和相变潜热分别为 7.69℃和 291.96J/g。罗英武等应用细乳液聚合法合成了以石蜡为囊芯、聚苯乙烯为囊壁、平均粒径为 100nm 的胶囊。刘星等以低熔点石蜡为芯材，三聚氰胺改性脲醛树脂（MUF）为囊材，用原位聚合法合成了低熔点石蜡相变材料微胶囊，石蜡含量为 w(石蜡)＝46.15%相变温度为 14.74℃，热焓值为 98.59J/g。郑立辉等以尿素包合法制得的低熔点石蜡作芯材，用尿素-甲醛预聚体为原料，用原位聚合法对石蜡进行微胶囊化，研究得出：微胶囊化低熔点石蜡的初始吸热温度低于 35℃，比固体石蜡降低 10℃左右，相变温度明显降低但吸热值较少。张正国利用膨胀石墨的大孔径结构及其优良的吸附特性，制备出了石蜡质量分数分别为 50%、60%、70%和 80%的石蜡/膨胀石墨复合相变储热材料，研究得出：膨胀石墨吸附石蜡后依然保持了原来疏松多孔的蠕虫状形态，石蜡被膨胀石墨均匀吸附；其相变温度与纯石蜡相似；其相变潜热与基于复合材料中对应石蜡含量的相变潜热计算值相当；由于膨胀石墨具有优异的导热性能，使得复合相变储热材料的储（放）热时间比石蜡明显减少。Nihal Sarier 和 Emel Onder 以正十八烷和正十六烷两种石蜡类相变材料直接注入聚氨酯泡沫塑料蜂窝状结构得到定型相变材料。当聚氨酯多孔泡沫塑料与正十八烷的比例为 1∶1.4，与正十六烷的比例为 1∶1 时，有好的热性能和耐用性，不会发生泄漏。其中聚氨酯多孔泡沫塑料与正十八烷的比例为 1∶1.4 的相变材料相变温度为 30℃左右，其相变焓值为所研究的几种物质中最高的。张东以膨胀多孔石墨和硅藻土两种多孔矿物介质与硬脂酸丁酯有机相变材料制备了复合材料，具有明显的层状结构，并借助层状复合材料热传导模型分析了多孔矿物介质内部结构特征对复合材料导热性能的影响。王智宇等以石蜡为相变储能物质，以水泥、粉煤灰、增塑剂、减水剂、聚丙烯纤维、膨胀聚苯颗粒和膨胀珍珠岩为原料制备了纤维增强相变储能保温建筑材料，研究得出：在外环境温度变化的情况下，含 9%石蜡制成的相变储能保温箱体内温度波动远远小于普通保温箱体内的波动。由于石蜡存在于膨胀珍珠岩的空隙中，孔隙的表面张力比较大，相变储能保温建筑材料在经过长时间工作后仍然具有良好的稳定性。

② 与载体基质共混

采用易成膜物质，与相变材料共混而成，即利用两者的相容性，熔融后混合在一起而制成成分均匀的相变材料。Krupa 等对与聚丙烯共混的软、硬菲舍尔托石蜡进行研究，得出：聚丙烯基体保存材料紧凑的形状；石蜡的含量应大于 10%，且聚丙烯与这两种石蜡都是比例为 3∶2 时热流值最大；聚丙烯与软石蜡共混物的分解有两个步骤而与硬石蜡共混物的分解仅有一个步骤。

（3）相变材料在建筑上的应用

① 相变特朗勃墙

一些研究人员已经设想在墙体、顶棚板和楼板中引入相变材料以调节室温。在特朗勃墙中已经用相变材料代替碎石，并对这种墙体的可靠性进行了相关实验和理论测试。在给定相同蓄热量情况下，与原碎石特朗勃墙相比，该墙体体积小且质轻，因此方便应用在建筑改造中。通常使用水合盐和石蜡类相变材料，并使用金属添加剂以提高导热性。

为验证相变储能材料能提高被动式太阳能采暖的特朗勃墙的热性能，对厚度为30cm和10cm的普通混凝土特朗勃墙进行温度采集，与相同构造但掺有重量比20%的石蜡类相变材料的混凝土墙体进行比较。Castellon等人研究了这种朝南的特朗勃墙是否全年适用于地中海气候以减少暖通用电。Bourdeau测试了两个以六水氯化钙（熔点29℃）为相变材料的被动式太阳能集热墙，表明8.1cm厚相变墙体比40cm厚混凝土墙体热性能稍好，并对十水硫酸钠（熔点32℃）作为相变材料用于特朗勃墙的可靠性进行了实验和理论研究。研究得出厚度小的相变特朗勃墙比普通混凝土特朗勃墙在储热性能上更好。Knowler使用添加提高传热性的金属外加剂的工业石蜡制成一种特朗勃墙。Stritih和Novak给出一种建筑通风的太阳能墙体，吸收太阳能传递给黑石蜡（熔点25～30℃），储存的热量加热空气用于室内通风，吸收效率为79%。模拟结果显示显热或潜热储存的能量可通过仪器测量得到，相变材料的熔点受输出空气温度的影响。分析给出供暖季节墙体合适厚度为50mm，相变材料的熔点比室温高几度。

② 相变墙板

墙板由于价格低广泛应用在不同工程中，适合相变材料的封装。封装工艺可以通过石膏板的孔隙吸收液体相变材料，也可以在石膏板制作的潮湿阶段加入相变材料。在建筑结构中引入相变材料以增加轻质建筑物的热舒适度的想法在过去几十年里已被很多研究者研究论证，其中大多数是想通过宏观胶囊封装或直接浸泡工艺加以应用，Kedl and Stovall提出了正十八烷蜡填充石膏板应用被动式太阳能采暖的观点，并且使用浸渍工艺制成了小样品到全尺寸的石膏板材。Shapiro研究了一些适合加入石膏板且适于佛罗里达州气候的相变材料例如脂肪酸甲基酯、棕榈酸甲酯、硬脂酸甲酯的混合物和短链脂肪酸、癸酸和月桂酸的混合物。尽管这些物质有相对高的潜热，但是相变蓄热熔点温度范围并不和炎热气候的室内舒适温度相匹配。Salyer and Sircar 研究利用由石油炼制的线性烷烃掺入石膏板并减少固液体积变化时引起的渗漏工艺，相变材料既可以通过干基石膏板孔隙吸附又可以添加在石膏板湿基成型过程中。王岐东等通过直接加入法制备相变石蜡储能石膏板，其相变温度接近于夏季室内舒适温度 26℃，隔热保温性能明显优于普通石膏板，且表面无石蜡渗出的油腻感和裂缝，具有良好的蓄热性和耐久性。郑立辉等以干燥的石膏板通过浸泡到含能改善石膏微孔表面的极性的硬脂酸钠的液体石蜡中制成复合相变石膏板。

但是浸渍工艺却存在诸如渗漏、耐久性差等缺点，使得这些产品很少被实际应用。新型的微观封装工艺可以克服以上缺点，能使相变材料产品在建筑中较好应用。

Schossig 等人在 Fraunhofer ISE 太阳能系统研究机构通过 5 年完成德国政府基金资助项目，该项目包括相变建筑模型的建立、模拟计算，延伸至全尺寸相变房屋的计算测量，图 8-27 是第一种市场化的产品。

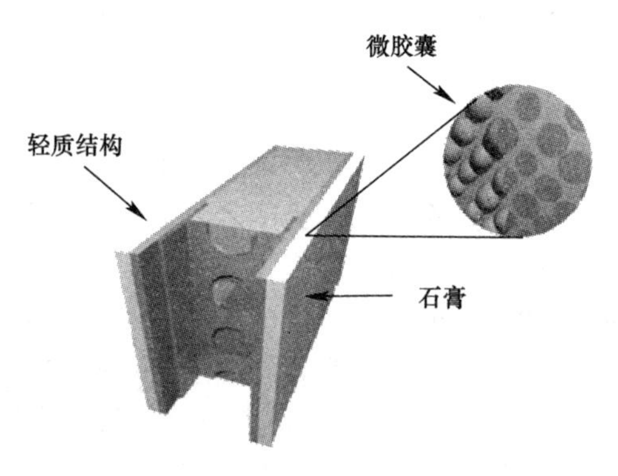

图 8-27　轻质相变墙，内层砂浆中含相变微胶囊

③ 相变窗

相变窗其实就是在窗户的外面安装相变百叶窗。白天百叶窗打开到窗外，受太阳辐射吸热相变材料熔化，夜晚关闭百叶窗，相变材料凝固向室内放热。Harald Mehling 研究得出使用相变窗可以使室内温度以延迟 3h 降到最低（图 8-28 为相变百叶窗）。

图 8-28　相变百叶窗

④ 楼层板供热系统

楼层板（地板）是建筑的重要部位，同时也是建筑暖通常使用的部位。Athienities 和 Chen 研究了地板供热系统的瞬时传热。研究主要关注覆盖层的影响和太阳辐射对其温度分布及能量消耗。该系统构造是在混凝土或石膏混凝土蓄热层上覆盖地毯或硬木地板。室外实验房屋的实验和模拟计算显示太阳辐射在直射区域比背阴区域的温度高 8℃。部分覆盖地毯式地板表面受太阳辐射吸热前后温差可达到 15℃，可减少 30％的能量消耗，但蓄热层厚度由 5cm 增加到 10cm 并不会过多节省能量。

辐射加热系统比空气对流加热系统优势明显，引入建筑围护结构，可大大节省生活空间，而且蓄热储能可起到电力削峰填谷的作用，因此电力负荷就会减小。从应用观点看，致密的混凝土会使室内温度变化较大，而相变材料会在温度小范围变化释放相变潜热，提高热舒适度。图 8-29 是一种定形相变楼层板电加热系统的简图，是由聚苯乙烯绝缘层、电加热器、相变材料、空气层和木地板组成。该系统在电价低的夜晚工作蓄热，白天断电，通过相变材料固化释热。我国城市中夜晚电价是白天的 1/3～1/5，因此使用这样的系统会节约电费，更重要的是降低发电厂的电力负荷。

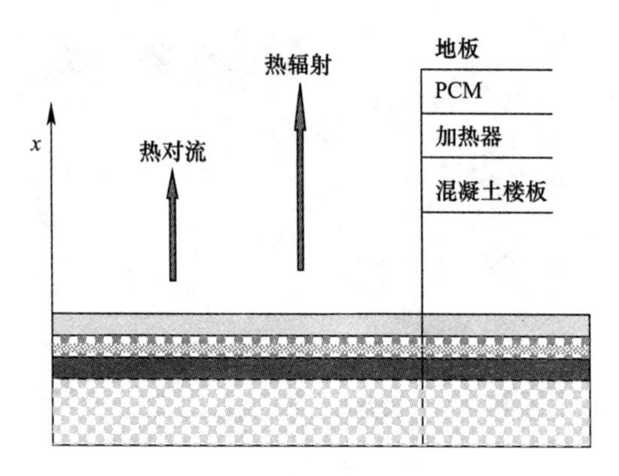

图 8-29　定形相变楼层板电加热系统简图

Nagano 等给出了用于建筑相变蓄热的地板空气系统，实验尺寸是 0.5m²，相变材料由泡沫状废玻璃珠和石蜡的混合物组成。3cm 厚多孔相变层安装在地板下面。室温的变化和潜热存储量测量结果显示了使用颗粒包裹相变材料在建筑暖通应用的可能性。

⑤ 相变顶棚板

顶棚板是屋顶重要部分，可以用在建筑暖通方面加以利用。Belusko 研制了一种相变顶棚板系统，在电力峰谷时蓄热，峰顶放热，并对研究了影响此暖通系统的因素。所用相变材料熔点范围是 20～30℃，和室温接近。Benard 等人在秘鲁农村制作了一个含相变太阳能屋顶的恒温孵卵室，其分为两个连接部分：天井和加热外壳。两个上部由玻璃密封 42kg 石蜡的半圆形箱安装在密闭玻璃屋顶上。夜晚聚氨酯厚层置于玻璃屋顶和石蜡箱之间调节加热外壳温度在 22～30℃之间。Gutherz 和 Schiler 研发了一种将相变材料置于顶棚板之中的采暖系统，使用镜子反射将太阳能通过窗户传递给相变材料。其优点是体积小，蓄热面积大，蓄热介质用量少，初期可减少 17%～36%的热损失。Turnpenny等研制了热管嵌入相变材料的蓄冷单元，该系统在夜晚蓄冷白天释冷，并给出了空气-相变材料传热的一维数学模型以确定实验单元的尺寸。

Kodo 和 lbamoto 研究了使用相变顶棚板办公室的空调系统对电力调峰的作用。碎石-羊毛-相变顶棚板中加入了熔点接近室温 25℃的微胶囊封装的相变材料，替代碎石-羊毛顶棚板，该系统使用低价调峰电和减少电力高峰用电降低了用电成本，与传统混凝土板储能的建筑相比，该系统具有以下优点：

（1）由于提高了顶棚板内冷空气密度，所以储能效率增大。

（2）只要顶棚板不因梁而隔断，冷空气可以通过所有顶棚板用于储能。

（3）只要相变顶棚板表面温度长期低于相变材料的熔点，室内热环境可以得到有效提高。

参考文献

[1] 黎力，吴芳. 自流平材料的应用发展综述 [J]. 新型建筑材料，2006，(4)：7-11.

[2] 苑金生. 地面自流平材料 [J]. 广西土木建筑，1998，23 (3)：23-25.

[3] 杨子生. 自流平砂浆的研究与应用 [D]. 郑州：郑州大学，2002.

[4] 王坚，苏敏静. 新型工业副产石膏保温砂浆配制与施工工艺 [J]. 建筑技术，2010，41 (5)：400-403.

[5] L. Schmitz，C. J. Hacker，张量. 纤维素醚在水泥基干拌砂浆产品中的应用 [J]. 新型建筑材料，2006，(7)：45-48.

[6] 赵玉索. 有机硅消泡剂的研究及发展 [J]. 浙江化工，2007，38 (3)：12-15.

[7] 孙蓬，王晓东. α 型半水石膏的研究与发展 [J]. 丹东纺专学报，2004，11 (3)：36-40.

[8] 赵青南，陈少雄，岳文海．蒸压法生产高强石膏粉的工艺参数研究［J］．建材料地质，1995，(6)：40-42.

[9] 段庆奎，董文亮，王惠琴，等．α型超高强石膏（K型石膏）研究与开发［J］．非金属矿，2001，24（3）：26-26.

[10] 陈聪龙，陈碧瑜，张心耳，等．α-型半水石膏的性能研究及应用［J］．福州大学学报（自然科学版），1995，23（4）：100-103.

[11] 胥桂萍，童仕唐．从FGD残渣制备α型半水石膏过程晶形的控制［J］．吉林化工学院学报，2002，19（2）：3-7.

[12] 曹光华，刘晓霞，周相玲．高强α-半水石膏的制备工艺［P］．中国：01107002．1，2002．08．07.

[13] 陈志山．α型半水石膏的生产工艺［J］．非金属矿，1995，(1)：23-25.

[14] 王超勇，陶鲜．α型半水石膏的生产工艺及应用［J］．非金属矿，2001，24（5）：34-36.

[15] 王新民，李颂．新型建筑干粉砂浆指南［M］．北京：中国建筑工业出版社，2004.

[16] 李明卫，杨新亚，王锦华．氟石膏制备新型保温砂浆的研究［J］．建材发展导向，2009，(1)：45-47.

[17] 张雷．石膏珍珠岩保温砌块的研制［J］．房材与应用，1997，(6)：40-41.

[18] 江飞飞，彭家惠，毛靖波．脱硫石膏基无机保温砂浆的配制研究［J］．墙材革新与建筑节能，2009，(11)：53-56.

[19] 孙天文．石膏微发泡剂的研制［J］．新型建筑材料，2001，2：1-3.

[20] Atul Sharma，V. V. Tyagi，C. R. Chen，D. Buddhi. Review on thermal energy storage with phase change materials and applications. Renewable and Sustainable Energy Reviews 2009，13：318-345.

[21] 陈则韶，葛新石，顾毓沁．量热技术和热物性测定［M］．合肥：中国科学技术大学出版社．1991：36-81.

[22] Gmelin E，Sarge SM. Temperature，heat and heat flow rate calibration of differential scanning calorimeters. Thermochimica Acta 2000，347：9-13.

[23] Zhang Y，Jiang Y. A simple method，the T-history method，of determining the heat of fusion，specific heat and thermal conductivity of phase-change materials. Measurement and Science Technology 1999，

10：201-5.

[24] He Bo，Gustafsson Mari，Setterwall Fredrik. Paraffin waxes and their mixture as phase change materials（PCMs）for cool storage in district cooling system. IEA Annex Turkey 1998，10：45-56.

[25] 闫全英，王威. 低温相变石蜡储热性能的实验研究［J］. 太阳能学报，2006，27（8）：805-810.

[26] 潘金亮. 相变储能材料专用蜡的开发（D）. 天津大学，2005.

[27] Eman-Bellah S. Mettawee，Ghazy M. R. Assassa. Thermal conductivity enhancement in a latent heat storage system. Solar Energy 2007，81：839-845.

[28] Xavier Py，Regis O，Sylvain M. Paraffin/porous-graphite-matrix composite as a high and constant power thermal storage material. International Journal of Heat and Mass Transfer 2001，44：2727-2737.

[29] 张正国，王学泽，方晓明. 石蜡/膨胀石墨复合相变材料的结构与热性能［J］. 华南理工大学学报（自然科学版），2006，34（3）：1-5.

[30] 肖敏，龚克成. 良导热、形状保持相变蓄热材料的制备及性能［J］. 太阳能学报，2001，22（4）：427-430.

[31] Atul Sharma，S. D. Sharma，D. Buddhi. Accelerated thermal cycle test of acetamide，stearic acid and paraffin wax for solar thermal latent heat storage applications［J］. Energy Conversion and Management，2002，43：1923-1930.

[32] Li Huang，Marcus Petermann，Christian Doetsch. Evaluation of paraffin/water emulsion as a phase change slurry for cooling applications［J］. Energy，2009，34：1145-1155.

[33] 王岐东，董黎明，代一心，等. 两种相变材料储能石膏板的实验研究［J］. 北京工商大学学报（自然科学版），2005，23（5）：4-7.

[34] KISSOCK J K，HANNIGJ M，THOMAS I，et al. Early results from testing phase change wallboard［A］. IEA Annex10，Proceedings of phase Change Materials and Chemical Reactions for Thermal Energy Storage（First Workshop）［C］. Adana，Turkey：［sn］，1998：16-17.

[35] 罗庆，李楠，刘红，等. 高熔点石蜡在建筑室外贴面砖中的应用性能研究［J］. 材料导报，2008，Z02：385-387.

[36] Miroslaw Zukowski. Experimental study of short term thermal ener-

gy storage unit based on enclosed phase change material in polyethylene film bag [J]. Energy Conversion and Management，2007，48：166-173.

[37] 张东，周剑敏，吴科如，等. 颗粒型相变储能复合材料 [J]. 复合材料学报，2004，21 (5)：103-108.

[38] 胡小芳，林丽莹，胡大为. 石膏基陶粒吸附石蜡复合储能材料制备及性能 [J]. 天津理工大学学报，2008，24 (03)：63-66.

[39] Schossig P，Henning H-M，Gschwander S，Haussmann T. Micro-encapsulated phase-change materials integrated into construction materials [J]. Solar Energy Mater Solar Cells，2005，89：297-306.

[40] 刘星，汪树军，刘红研. MUF/石蜡的微胶囊制备 [J]. 高分子材料科学与工程，2006，22 (2)：236-238.

[41] T. Kondo，T. Ibamoto，T. Yuuji，Research on thermal storage of PCM wallboard，Workshop for International Energy Agency，Annex 10，Japan，2000.

[42] K. P. Lin，Y. P. Zhang，X. Xu，H. F. Di，R. Yang and P. H. Qin，Modeling and simulation of under-floor electric heating system with shapestabilized PCM plates [J]，Build Environ，2004，39 (12)：1427-34.

[43] Bansal NK，Buddhi D. An analytical study of a latent heat storage system in a cylinder [J]. Solar Energy，1992，33 (4)：235-42.

[44] Chaurasia PBL. phase change material in solar water heater storage system. In：Proceedings of the 8th international conference on thermal energy storage；Stuttgart，Germany，Aug. 28-Sept. 1 (2000).

[45] Sharma A，Pradhan N，Kumar B. Performance evaluation of a solar water heater having built in latent heat storage unit，IEA，ECESIA Annex 17. Advanced thermal energy storage through phase change materials and chemical reactions-feasibility studies and demonstration projects. 4th workshop，Indore，India. March 21-24，2003，p. 109-15.

[46] Huseyin Ozturk H. Experimental evaluation of energy and exergy efficiency of a seasonal latent heat storage system for greenhouse heating [J]. Energy Convers Manage，2005，46：1523-42.

[47] Eiamworawutthikul C，Strohbehn J，Harman C. Investigation of

phase change thermal storage in passive solar design for light-construction building in the southeastern climate region. A research program to promote energy conservation and the use of renewable energy. 2002/10/27/

[48] http: // intraweb. stockton. edu/eyos/energy _ studies/ content/docs/FINAL _ PAPERS/14B-1. pdf.

[49] Stritih U, Novak P, Solar heat storage wall for building ventilation [J]. Renewable Energy, 1996, 8 (1-4), 268-271.

[50] Kedl R J, Stovall T R. Activities in support of the wax impregnated wallboard concept [C]. New Orleans: US. Department of Energy: Thermal energy storage researches activity review, 1989

[51] K. Nagano, S. Takeda, T. Mochida, K. Shimakura, T. Nakamura. Study of a floor supply air conditioning system using granular phase change material to augment building mass thermal storage-Heat response in small scale experiments [J]. Energy and Buildings, 2006, 38 (5): 436-446.

[52] Belusko, M. , Saman, W. and Bruno, F. Roof integrated solar heating system with glazed collector [J]. Solar Energy, 2004, (76): 61-69.

[53] 周盾白，郝瑞，周子鹄，等. 石蜡/蒙脱土纳米复合相变材料的制备及在墙体上的应用 [J]. 能源技术，2009，30 (2): 102-104.

[54] Takeshi Kondo, Tadahiko Ibamoto, Research on the thermal storage of PCM ceiling board, Futurestock 2003 (9th International Conference on Thermal Energy Storage), Proceedings Volume 2, pp. 549-554, Warsaw, Poland

[55] S. Gschwander, P. Schossig, H. -M. Henning. Micro-encapsulated paraffin in phase-change slurries [J]. Solar Energy Materials & Solar Cells, 2005, (89): 307-315.

[56] Inaba H, Morita S. Flow and cold heat-storage characteristics of phase-change emulsion in a coiled double -tube heat exchanger [J]. Journal of Heat Transfer-Transactions of the ASME, 1995, 177 (5): 440-446.

结 束 语

石膏墙体材料以其性能优越逐渐被人们所接受，将成为最好的墙体材料之一，将在建筑上广泛应用。大量化学石膏的产生，给石膏建材的发展带来了机遇，利用化学石膏生产石膏建材是资源综合利用最好的建材产品之一，我国每年约有 20 亿 m^2 的建筑量，仅内墙面积将超过 10 亿 m^2，还有城乡 400 亿 m^2 现有建筑需要改造、装饰装修，这就为石膏建材的发展提供了广阔的市场空间。

节约资源、节约耕地、保护环境，有效地利用资源，建设节约型社会已成为实现经济社会可持续发展的当务之急。至 2010 年底，我国已有约 5 亿 kW 的燃煤发电机组安装了烟气脱硫装置，其 88%的烟气脱硫装置是采用石灰石-石膏湿法烟气脱硫系统（即 WFGD），根据我国电煤的含硫量，在 2010 年之后，每年将要排放近亿 t 湿法脱硫的副产品——脱硫石膏。另外，我国每年还要排放与脱硫石膏同属工业副产石膏的磷石膏 4000 万 t，并且磷石膏多年的蓄积已达数亿吨，再加上其他工业副产石膏的排放量，工业副产石膏的排放总量将是一个巨大的数字。目前我国天然石膏的产量为 5000 多万吨，其中 3500 万 t 用于水泥缓凝剂，其他则转化为半水石膏粉或纸面石膏板和石膏砌块等，这样即使全部工业副产石膏全部取代了天然石膏，仍可能有几千万吨乃至上亿吨的工业副产石膏无法利用。由此可见，如果不对工业副产石膏的处理技术加以创新并积极开拓新的用途，进行全面的综合利用，必定会对环境造成二次污染，且也是对资源的一种浪费。工业石膏未来发展和应用方向主要有以下几个方面：

1. 利用工业石膏生产新型墙体材料

从上世纪末，我国政府高度重视墙体材料革新工作，一直在努力倡导使用新型墙体材料，出台了一系列墙体材料革新政策。尤其是国家要求 170 个城市限期“禁实”后，各地也相继出台了地方政策，禁止使用实心黏土砖，鼓励生产使用新型墙体材料。

利用工业石膏制备的轻质墙体材料是国家推广的新型建筑墙体材料，符合我国墙体材料改革政策。以未经煅烧的工业废石膏为原料，通过对其进行改性制备出水硬性的工业石膏基复合胶凝材料，能够改善气硬性石膏胶凝材料耐水性较差这一通病，将其用作石膏基新型墙体材料的生产中，可以大大提高石膏基墙体材料的综合性能，改变市场上利用传统工业石膏煅烧制备的石膏墙体材料仅适用于室内隔墙而无法应用在室外保温墙材的局限性，大大扩大了工业废石膏墙材的应用范围。同时，对于工业石膏非煅烧用于墙体材料中，可以大大提高工业废石膏的利用量，降低处理成本，具有很好的发展前景，可以有效地推动我国石膏基墙体材料的发展水平，促使工业废石膏墙体材料的规模化、产业化生产。

2. 利用工业石膏制备高强石膏

高强 α-半水石膏的大规模、低成本生产对于拓展石膏的利用渠道，促进石膏工业的发展有着非常重要的作用。水热法是高强 α-半水石膏制备的最切实可行的工艺，它能够有效控制 α-$CaSO_4 \cdot 0.5H_2O$ 晶体的形貌，也能够根据需要调整晶体的粒度大小和粒度分布，并可以在保证晶体质量的前提下极大提高转化速率，缩短生产周期。但是目前对于水热法制备高强 α-半水石膏的研究还处于初级阶段，对其基础理论研究和制备过程中的技术问题缺乏研究。利用工业石膏制备高强 α-半水石膏需要解决的工艺问题主要有：(1) 高强石膏制备动力学研究；(2) 高效的高强石膏晶体转晶剂的研究，(3) 高强 α-半水石膏生产设备研制和应用研究。

烟气脱硫系统联产高强石膏制品，由于脱硫石膏在产出后含有较大比例的水分，根据传统工艺采用脱硫石膏生产石膏制品的过程是：先烘干水分，生产出建筑石膏粉，然后再加水，最后经搅拌和浇注成石膏制品；采用“水热法”脱去脱硫石膏的一个半结晶水，获得α-半水石膏的浆体，然后浇注或压制成石膏制品。因此，这套技术方案既节约工业用水，也没有先干燥、再加水的相反生产工艺，全套技术既科学又简练，又节约能源，同时还节省干燥设备及其投资；另外，这种工艺生产出的石膏制品强度高，比传统工艺生产的纤维石膏板强度高30%，从而使其用途更加广泛。由此可见，联产石膏制品生产系统进入WFGD系统不仅能增值，还可以省去WFGD系统中的真空皮带脱水装置。

3. 利用工业石膏制备石膏基建筑储能材料

石膏基相变储能建筑材料是指在传统石膏建筑材料中加入储能相变材料（PCM）而制成的具有较高热容的一类墙体材料，利用石膏基相变储能材料构筑建筑围护墙体，不仅具有传统石膏基墙体材料优点，还降低了建筑围护墙体的传热系数，增加了建筑物的热惰性，减少了室内温度波动，从而提高室内环境的热舒适性，降低空调或采暖系统，提高了能源利用效率。

石膏基相变储能墙材和相变储能砂浆是一种比较新颖的石膏基相变储能材料，对其用作建筑围护结构中的储能型墙体材料的相关工艺、设计以及热工性能评价目前在国内虽然有所研究，但是尚处于起步阶段，同国外特别是欧洲市场应用较为广泛的相变储能型建筑围护结构相比，我国同类建筑产品的设计和生产还处于起步阶段，尚缺少一套综合的生产设备和热工性能的测试与评价体系。将工业石膏基墙体材料的开发同储能型建材结合起来，开发一种复合的工业石膏基相变储能墙体材料，不仅利用工业废弃石膏制备了新型墙体材料，还使得此类墙体材料具有更好的热工性能，对于降低我国建筑能耗，实现节能减排“十二五”规划目标具有很好的现实意义。

4. 多功能石膏砂浆的制备

石膏砂浆是水泥砂浆的换代产品，它能够克服水泥砂浆抹墙后出现空鼓、干裂、脱落等现象，与各种墙体基材都能很好地粘结，尤其适用顶棚抹灰，在加气混凝土墙上效果更佳，目前，北京的石膏砂浆市场已成熟，每年销售量达 15 万 t 左右，价格每吨为 500 元（未掺砂）；另外，天津、山西、河北、辽宁、吉林、黑龙江、上海等地区的大中城市应用也很广泛。石膏砂浆的保温性能对我国推广节能住宅，特别是高层节能住宅意义重大。随着上海建筑砂浆商品化和建筑节能工作的全面推进，石膏砂浆系列产品作为高品质的新型建材已显示出广阔的应用前景。

石膏制品由于自身绿色、环保、节能、轻质等特性，正面临着一个千载难逢的发展机遇。工业副产石膏是我国在向工业化强国前进中必然遇到的一个不可回避的问题，也是一个必须要解决的问题，如果不解决好这些问题，中国经济不可能正常可持续发展。利用工业副产石膏制备的石膏基建筑材料，可以达到节约能源、优化利用资源、减少环境污染，为人们提供更多健康、绿色的建筑材料及制品的目的，石膏制品的发展与化学石膏有效的资源化利用将在构建和谐社会的过程中发挥越来越重要的基础作用。